企业环境安全管理理论

生态环境部生态环境应急研究所　编著

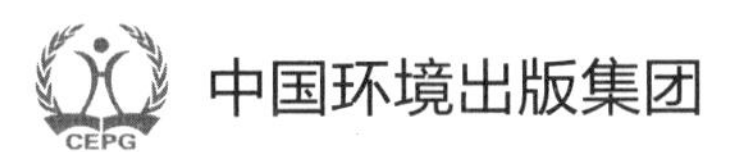

图书在版编目（CIP）数据

企业环境安全管理理论 / 生态环境部生态环境应急研究所编著 . —哈尔滨：哈尔滨出版社；北京：中国环境出版集团，2022.12

ISBN 978-7-5484-7038-0

Ⅰ.①企… Ⅱ.①生… Ⅲ.①企业环境管理—安全管理 Ⅳ.①X322

中国版本图书馆 CIP 数据核字（2022）第 244032 号

书　　名：企业环境安全管理理论
QIYE HUANJING ANQUAN GUANLI LILUN

作　　者：生态环境部生态环境应急研究所　编著
策划编辑：宋慧敏
责任编辑：韩金华
封面设计：宋　瑞

出版发行：哈尔滨出版社（Harbin Publishing House）
中国环境出版集团
社　　址：哈尔滨市香坊区泰山路 82-9 号　**邮编：**150090
北京市东城区广渠门内大街 16 号　**邮编：**100062
经　　销：全国新华书店
印　　刷：北京鑫益晖印刷有限公司
网　　址：www.hrbcbs.com　www.cesp.com.cn
E-mail：hrbcbs@yeah.net
编辑版权热线：（0451）87900271　87900272
销售热线：（010）67125803，（010）67113405（传真）

开　　本：787mm × 1092mm　1/16　**印张：**21.25　**字数：**430 千字
版　　次：2022 年 12 月第 1 版
印　　次：2022 年 12 月第 1 次印刷
书　　号：ISBN 978-7-5484-7038-0
定　　价：89.00 元

凡购本社图书发现印装错误，请与本社印制部联系调换。
服务热线：（0451）87900279

《企业环境安全管理理论》
编著委员会

主　编：陈　明　陈思莉　虢清伟

副主编：张政科　邴永鑫　常　莎

编　委：黄大伟　夏玉林　王　骥　宁甲练
潘超逸　王俊能　杨裕茵　张建强
冯立师　王　宁　陈　禧　洪　滨
马千里　姚玲爱　黄文光　郑文丽
李晨旭　赵熠辉　何柱琨　陈　云
黄荣新

前　言

生态文明是在坚持尊重自然、以人为本和环境优先理念的基础上，强调人与自然和谐共生的崭新社会形态，是政治文明、物质文明、精神文明、社会文明的基础和前提。生态文明建设是我国积极主动顺应广大人民群众新期待，进一步丰富和完善中国特色社会主义事业的总体部署，是对当今世界发展绿色、循环、低碳新趋势的深刻把握，是对可持续发展理论的拓展和升华。

然而，我国当前环境安全形势依然十分严峻，企业的结构性、布局性环境风险比较突出，生产安全事故引发的突发环境事件频发，社会关注度极高，对生态文明建设提出了巨大挑战。2018 年 5 月，习近平总书记在全国生态环境保护大会上强调，要始终保持高度警觉，防止各类生态环境风险积聚扩散，做好应对任何形式生态环境风险挑战的准备。要把生态环境风险纳入常态化管理，系统构建全过程、多层级生态环境风险防范体系。

为了把思想认识统一到党中央、国务院的新要求、新部署上来，积极应对挑战，需要积极推动企业环境管理向环境风险防控转型。经过近几年的实践探索，生态环境部生态环境应急研究所提出“以全过程环境安全管理为主线，以环境风险防控为核心，建立完善的现代企业环境安全管理体系”作为企业环境安全管理工作的理论基础，并组织编著了本书。

《中华人民共和国环境保护法》第四十七条指出，各级人民政府及其有关部门和企业应当按照《中华人民共和国突发事件应对法》的规定，做好突发环境事件的风险控制、应急准备、应急处置和事后恢复等工作；《中华人民共和国水污染防治法》规定可能发生突发水环境事件的企业和其他生产经营者应当依法做好突发水环境事件的应急准备、应急处置和事后恢复等工作；《突发环境事件应急管理办法》指出企业应当按照相关法律法规和标准规范的要求，完善环境风险防控措施。根据上述法律法规，企业环境安全管理已经具备了原则性规范和要求，本书的编著是落实这些规定和要求的具体举措。

本书是在企业环境安全管理工作不断探索、不断创新、不断发展、不断完善的历史背景下，通过详解企业环境安全管理的理论，围绕企业全过程环境安全管理，并精选近年来发生的典型突发环境事件案例编著而成的。通过阅读本书，可以深刻体会到企业环境安全管理工作从无到有、由小到大，实现了飞跃发展。

本书可为我国企业环境安全管理提供有益的指导，适用于企业决策层领导、管理层干部、操作层员工的环境安全培训和管理，适用于科研院校环境保护、生产安全、企业管理等相关专业师生教学和扩大知识面，同时也可为生态环境、应急管理等政府部门提供参考借鉴。

感谢生态环境部环境应急与事故调查中心在理论分析和典型案例方面给予的指导帮助。感谢广东省生态环境厅执法处、山东省生态环境厅应急与舆情处、北京市污染源管理事务中心、江苏省环境应急与事故调查中心、广东省环境科学研究院环境风险与损害鉴定评估研究所、重庆市生态环境保护综合行政执法总队、河北省生态环境应急与重污染天气预警中心等在政策解读和环境监管方面给予的宝贵支持。

企业环境安全管理涉及的专业领域较广，限于作者的能力和知识水平，本书难免有不足之处，敬请广大读者批评指正。

编著者

2022 年 11 月

目 录

第一章 概 述

企业环境安全管理是指对企业可能造成损害的各种突发环境事件的预防、处置、恢复重建等各项工作，突出了事前预防和持续改进的作用，是一种事前进行环境风险分析，开展过程控制，采取有效的防范手段和控制措施防止突发环境事件发生，减少可能引起的人身伤害、财产损失和环境污染的有效管理方式，属于现代化的环境管理范畴。企业环境安全管理运用系统的分析方法，对企业生产过程中可能发生的环境安全隐患进行风险评价和危害识别，强调预防、全员参与和全程监控，及时消除环境安全隐患。企业环境安全管理目标是确保消除和减轻生产过程中存在的环境风险和危害，避免突发环境事件的发生，保护相关工作人员的健康和财产安全，并保护生态环境等。企业建立和实施环境安全管理体系有以下作用。

可减少企业的成本，节约能源和资源。大多数突发环境事件是由于管理不严、操作人员疏忽引起的。通过建立和实施环境安全管理体系，提高环境安全管理水平，增强突发环境事件预防意识。一方面通过环境风险评价和管理尽可能避免突发环境事件的发生；另一方面，在突发环境事件发生时，通过有效的环境应急措施进行控制和处理，使影响和损失降到最低，从而降低处置和赔偿成本，提高企业的经济效益。

可改善企业形象，改善企业与当地政府和居民的关系。随着人们生活水平的不断提高，环境意识、健康意识与安全意识也得到提高，对优美环境、人身及财产安全的要求日益增多，一个对自身员工、周边社区及环境都爱护的企业势必会树立良好的社会形象。如果企业接连发生突发环境事件，既会造成环境污染，又会给周边社区环境安全构成威胁，不但会恶化与周边居民、社区之间的关系，还会受到政府的制裁、法律的惩处，给企业各项活动的开展造成诸多困难。通过建立和实施环境安全管理体系，强化企业的社会责任，更好地处理与周边社区的关系及公共关系。

可吸引合作方和投资。企业建立完善的环境安全管理体系可以吸引合作方和投资。随着社会和经济的发展，越来越多的合作方更加看重对方的环境安全管理状况。

可帮助企业满足环境相关法律、法规的要求。我国颁布了许多与环境保护相关的法律、法规，违反这些环境保护相关法律、法规的企业必须承担相应的法律责任，受到严厉的行政处罚和刑事处罚。建立和实施环境安全管理体系，可以通过不断制度化的措施改善企业的行为，从而避免企业因违反相关法律、法规或相关标准而受到处罚、关闭或被投诉曝光等后果。

可使企业经济效益、社会效益和环境效益有效结合。企业通过建立和实施环境安全管理体系，一方面，通过提高环境安全的管理质量可以改善企业形象；另一方面，通过预防和减少突发环境事件的发生，可以减少突发环境事件发生后的不必要损失，大大降低了用于处理突发环境事件的支出和赔偿，提高了经济效益。建立和实施环境安全管理体系不但可以满足社会及相关工作人员对企业环境安全的要求，又能增强市场竞争优势，使企业的经济效益、社会效益和环境效益得以有效结合。

企业建立和实施环境安全管理需要开展以下工作。

加强污染源头控制，实施新建项目环境风险评估制度。新建、扩建、改建企业均应在其环境影响评价文件中设置环境风险评价专题，对环境风险源识别、环境风险预测、选址及敏感目标、防范措施等作出评价，提出科学的、可实行的环境预警监测措施、环境应急处置措施及环境应急预案。凡未按相关规定进行环境风险评价、环境预警监测、环境应急处置或环境应急预案经审查不符合要求的新建项目，均不予审批。

开展环境安全隐患排查，建立环境风险源动态管理档案。涉及环境风险的企业应每年进行一次环境安全隐患自查。在自查中发现存在环境安全隐患问题的企业应尽快补做环境风险评价。环境风险源企业要按照环境风险评价审查意见，限期完善环境风险预警监测措施、环境应急处置措施和环境应急预案。经环境风险评价，存在重大环境安全隐患且选址不当的已建项目，应及时调整结构或进行搬迁。

完善环境预警体系，提升突发环境事件快速反应能力。制定企业环境安全的规范标准，用可量化的指标规范资源与环境的安全度，对存在的不安全的环境趋势发出预警信号，相关工作人员得以适时适度地做出调整。发现突发环境事件的企业要在规定时间内上报，发生较大、重大、特别重大突发环境事件时，可越级上报。

进行环境安全意识教育，加强对企业员工的培训及对周边群众的宣传。维护企业生态环境安全，最主要、最基本的方法就是要唤醒公众尤其是企业员工的环境安全意识，树立环境安全观念，将维护和改善生态环境作为经济和社会活动的基本准则和每个公民的行为准则。强化全社会环境安全防范意识，加强突发环境事件典型案例的警示宣传教育力度，提高环境风险源企业的环境安全意识和环保自律意识。广泛宣传环境相关法律法规和环境应急常识，增强公众尤其是企业管理者对突发环境事件的防范意识和应对能力，在全社会形成环境安全群测群防的良好氛围。定期组织环境安全管理队伍业务培训，切实提高企业应对突发环境事件的专业化水平。

深化环境安全管理体制改革，建立健全环境安全管理的基本制度。促进企业环境安全管理工作走上法制化、规范化轨道，严格执行环境安全管理工作责任制，落实企业环境安全主体责任，强化地方政府环境安全监管责任，实行生态环境损害责任终身追究制度。建立企业和地方政府部门间的联动协调制度，依靠专家和公众的力量，更广泛地采用先进的监测、预测、预警、预防和应急处置技术及设施，不断提高应对突发环境事件的指挥能力和科技水平。进一步发挥社会舆论监督作用，大力推进环境应急信息公开化、透明化。

第一节　企业环境安全管理基本概念

一、突发环境事件

（一）突发环境事件的概念

突发环境事件是指由于污染物排放或自然灾害、生产安全事故等因素，导致污染物或放射性物质等有毒有害物质进入大气、水体、土壤等环境介质，突然造成或可能造成环境质量下降，危及公众身体健康和财产安全，或造成生态环境破坏，或造成重大社会影响，需要采取紧急措施予以应对的事件。

生态环境部门负责污染源监管，安全生产主管部门负责危险源（泄漏）监管。生产设施发生的泄漏造成厂区内人员伤亡的属于安全生产事故，泄漏造成厂区界外人员伤亡与环境损害的属于突发环境事件。

突发环境事件会造成企业关停、公众身体健康受损、政府形象受损、相关人员被追责（行政责任、民事责任、刑事责任）、生态破坏、经济社会动荡的现象。突发环境事件对社会的影响远远大于安全生产事故，例如2005年吉林双苯厂爆炸事故影响的是一家企业，而该事故引发松花江污染后影响的是吉林省、黑龙江省和邻国俄罗斯，造成的影响之大、范围之广是始料未及的。大连中石油爆炸事故影响的是一个库区，而该事故引起的海洋污染影响的是大连100（n mile）^{2}的海域。

从环境保护历史上来看，一些重特大突发环境事件很大程度上主导了整个环境保护工作的发展方向，因此带来了环保理念、法律法规、体制机制、科学技术、社会舆论等领域一系列的变革。从这个角度上来讲，突发环境事件是环境资源矛盾在短时间内的集中爆发，但又对环境保护工作有着一定的推动作用。

（二）突发环境事件的特点

突发性：一般的环境污染源有其固定的排污方式和排污途径，并会在一定时间内有规律地排放污染物。突发环境事件不同于一般的环境污染，其没有固定的排放方式和排放途径，通常在瞬时或短时间内大量地排放环境风险物质，对环境造成严重的污染和破坏，给公民的健康、财产造成重大损失。

多样性：突发环境事件具有种类上的多样性，仅从起因上分析就可以分为由安全生产事故、交通事故、企业违法排污以及自然灾害等这几类引发的突发环境事件。同时，这几类起因下又有更详细的分类，引发原因的多样性导致了突发环境事件的多样性，也增加了环境应急处置的难度。

严重性：突发环境事件的危害主要表现在事中和事后两方面。在事故发生时不仅可能造成现场的人身伤亡和财产损失，同时一般还对周边环境造成不同程度的破坏，导致突发环境事件发生后周边环境需要长期的整治和恢复，这方面的花费往往是事中财产损失的数十倍。同时，如果突发环境事件受影响范围跨越了国界，则可能造成国家之间的环境纠纷问题。

可控性：人们可以通过增强防范、预警和应急处理能力来减轻突发环境事件的危害，降低或消除其带来的负面影响。企业通过加强突发环境事件的环境安全管理，对提高环境预防及应急响应能力具有重要意义。

（三）突发环境事件的分类

根据不同划分依据，突发环境事件有不同的类型。

根据突发环境事件起因划分：这是最常用的分类方法。次生突发环境事件的原因有安全生产事故（泄漏事故和火灾、爆炸事故）、道路交通事故、人为因素事故、自然灾害事故、输入型事故等。

根据受污染环境所属类型划分：可分为大气突发环境事件、水体突发环境事件、土壤突发环境事件、辐射突发环境事件、海洋突发环境事件等。

根据污染物性质划分：分为有机物突发环境事件、石油类突发环境事件、重金属突发环境事件、藻类突发环境事件、无机物突发环境事件等。

根据污染源所处社会领域划分：可以分为工业突发环境事件、农业突发环境事件、交通突发环境事件等。

根据事件时间因素划分：可以分为爆发型突发环境事件和累积型突发环境事件。爆发型突发环境事件多是由偶然性原生事故衍生而来的，如火灾爆炸等安全生产事故和交通事故导致化学品泄漏次生突发环境事件、地震洪涝等自然灾害次生突发环境事件等。累积型突发环境事件虽然也是突发的，但本质是污染的长期积累所致，这类事件的发生有其必然性（如太湖蓝藻暴发事件）。

（四）突发环境事件的分级

1. 企业突发环境事件分级

企业突发环境事件分为车间级突发环境事件、厂区级突发环境事件和社会级突发环境事件。

凡符合下列情形之一的，为车间级突发环境事件：车间发生局部火灾事故，利用应急物资能够控制险情，没有产生消防污水的；生产装置区或储罐区内化学品发生泄漏，利用吸附棉等应急物资及时进行处理，泄漏液并未排到车间、仓库、罐区外的；车间内槽体或废水输送管道破裂，导致废水发生少量泄漏，企业及时处理，泄漏液未流出车间外的；危险废物暂存区内危险废物发生泄漏，但泄漏物未排到暂存区外的；污水处理设施、废气处理设施发生故障，能及时抢修的；发生其他可控制在单元区域内的事件。注：以上事故的界定前提是在事故中并未发生人员伤亡。

凡符合下列情形之一的，为厂区级突发环境事件：厂区发生火灾事故，企业能够控制险情，消防污水没有溢出厂界范围的；车间或仓库化学品发生泄漏，泄漏液流出车间或仓库外，但能及时发现并采取措施，泄漏液控制在厂区范围之内的；厂区废水收集管网发生破裂，导致废水泄漏，企业及时发现，对泄漏废水进行围堵收集处理，泄漏废水并未对厂区外造成影响的；危险废物暂存区内危险废物发生泄漏，由于处理不慎或发现不及时导致泄漏物排到暂存区外，但并未排出厂区外的；化学品、危险废物在厂区范围内装卸过程中发生倾倒事故，但泄漏液并未下渗的；因企业污水处理设施事故，导致生产废水处理不达标，但并未排出厂区外的；因厂区内废气处理设施发生故障，使废气未能及时处理，导致厂区废气聚集影响员工身体健康、需转移厂区内部员工的。注：以上事故的界定前提是在事故中并未发生人员伤亡。

凡符合下列情形之一的，为社会级突发环境事件：厂区发生火灾事故，造成当地大气污染，并影响到周边环境敏感点的；厂区火灾产生的消防污水随雨水管道流出厂界范围，进入受纳水体，造成受纳水体污染的；厂区内发生化学品泄漏事故，处理不慎或发现不及时导致泄漏液排出厂外，造成环境污染的；厂区废水输送管道或水洗槽发生破裂事故，导致生产废水发生泄漏，并通过雨水管网排出厂区外，污染到外界环境的；因企业污水处理设施发生事故，导致生产废水处理不达标、直接排放，污染到外界环境的；因厂区内废气处理设施发生故障，使废气未能及时处理，导致厂区周边的废气浓度超标，影响周边社区居民正常生活，需转移疏散周边居民的；因周边企业发生火灾爆炸事故引发企业突发环境事件的；在车间级及厂区级突发环境事件中发生人员死亡的；因自然灾害（如地震、洪涝）等因素引发的突发环境事件；在厂区内发生其他不可控制的突发环境事件。

2. 社会级突发环境事件分级

根据《国家突发环境事件应急预案》（国办函〔2014〕119号），突发环境事件按照突发事件严重性和紧急程度，分为一般突发环境事件（Ⅳ级）、较大突发环境事件（Ⅲ级）、重大突发环境事件（Ⅱ级）和特别重大突发环境事件（Ⅰ级）。

凡符合下列情形之一的，为一般突发环境事件（Ⅳ级）：因环境污染直接导致3人以下死亡或10人以下中毒或重伤的；因环境污染疏散、转移人员5 000人以下的；因环境污染造成直接经济损失500万元以下的；因环境污染造成跨县级行政区域纠纷，引起一般性群体影响的；Ⅳ、Ⅴ类放射源丢失、被盗的；放射性同位素和射线装置失控导致人员受到超过年剂量限值的照射的；放射性物质泄漏，造成厂区内或设施内局部辐射污染后果的；铀矿冶、伴生矿超标排放，造成环境辐射污染后果的；对环境造成一定影响，尚未达到较大突发环境事件级别的。

凡符合下列情形之一的，为较大突发环境事件（Ⅲ级）：因环境污染直接导致3人以上10人以下死亡或10人以上50人以下中毒或重伤的；因环境污染疏散、转移人员5 000人以上1万人以下的；因环境污染造成直接经济损失500万元以上2 000万元以下的；因环境污染造成国家重点保护的动植物物种受到破坏的；因环境污染造成乡镇集中式饮用水水源地取水中断的；Ⅲ类放射源丢失、被盗的；放射性同位素和射线装置失控导致10人以下急性重度放射病、局部器官残疾的；放射性物质泄漏，造成小范围辐射污染后果的；造成跨设区的市级行政区域影响的突发环境事件。

凡符合下列情形之一的，为重大突发环境事件（Ⅱ级）：因环境污染直接导致10人以上30人以下死亡或50人以上100人以下中毒或重伤的；因环境污染疏散、转移人员1万人以上5万人以下的；因环境污染造成直接经济损失2 000万元以上1亿元以下的；因环境污染造成区域生态功能部分丧失或该区域国家重点保护野生动植物种群大批死亡的；因环境污染造成县级城市集中式饮用水水源地取水中断的；Ⅰ、Ⅱ类放射源丢失、被盗的；放射性同位素和射线装置失控导致3人以下急性死亡或者10人以上急性重度放射病、局部器官残疾的；放射性物质泄漏，造成较大范围辐射污染后果的；造成跨省级行政区域影响的突发环境事件。

凡符合下列情形之一的，为特别重大突发环境事件（Ⅰ级）：因环境污染直接导致30人以上死亡或100人以上中毒或重伤的；因环境污染疏散、转移人员5万人以上的；因环境污染造成直接经济损失1亿元以上的；因环境污染造成区域生态功能丧失或该区域国家重点保护物种灭绝的；因环境污染造成设区的市级以上城市集中式饮用水水源地取水中断的；Ⅰ、Ⅱ类放射源丢失、被盗、失控并造成大范围严重辐射污染后果的；放射性同位素和射线装置失控导致3人以上急性死亡的；放射性物质泄漏，造成大范围辐射污染后果的；造成重大跨国境影响的境内突发环境事件。

上述分级标准有关数量的表述中，“以上”含本数，“以下”不含本数。

（五）突发环境事件的现状

1. 总体情况

我国目前布局性环境风险仍十分突出，导致突发环境事件频发。根据 2020 年 6 月第二次全国污染源普查数据，沿江区域、沿河区域环境高风险行业企业集聚，全国三级以上河流沿线 5 km 范围内环境风险企业超过 0.9 万家，沿线 10 km 范围内环境风险企业近 1.6 万家。绝大部分化工企业建在大江大河两岸（占 70% 以上）。中小城市人居活动区域与高风险工业活动区域密集交织，约 1.1 亿人居住在环境高风险企业周边 1 km 范围内，并且约 1.4 亿人居住在交通干道 50 m 范围内。当前我国危险化学品生产量、库存量、进口量齐增，道路运输危险货物量近 300 万 t/d，化学品运输车超过 37 万辆，油气管道总里程达 13 万 km，尾矿库近万座，不确定性因素持续增长，环境安全形势依然严峻。

“十三五”期间，突发环境事件数量明显下降，突发环境事件已经得到有效遏制。但安全生产、化学品道路运输次生突发环境事件高发，占比为 85%，比“十二五”时期增长了 15%；全国现有化工企业约 21 万家，安全生产事故次生突发环境事件发生概率约 11 起 / 万家，交通事故次生突发环境事件概率约 6 起 / 万起。违法排污造成的突发环境事件管控成效显著，从“十二五”时期的 10% 下降至“十三五”时期的 4%。

“十三五”期间，单一水污染、单一大气污染、单一土壤污染、复合污染的事件比例分别为 31%、31%、3%、35%。涉水污染的事件比例达到 64%，7 起重大突发环境事件全部为突发水环境事件。油类、苯系物、烃类、酸碱及无机盐类（含重金属）、无机有毒有害大气污染物、其他污染物事件占比分别为 29%、18%、24%、12%、9%、8%。

2016—2021 年，全国平均每年近 300 起突发环境事件，各省份平均每年 9 起左右，部分省份超过 20 起，事件空间分布区域聚集性特征显著。中东部地区突发环境事件数量多，其中危险化学品泄漏突发环境事件比较频繁；西部地区突发环境事件数量少，其中油气突发环境事件概率较高。事件主要集中在川陕、两湖、环渤海、长三角、广东等地区，区域事件数量占全国总数的 67%。突发环境事件的重点流域分布：长江流域 498 起，占 37.7%；黄河流域 188 起，占 14.2%；珠江流域 168 起，占 12.7%；以上共计 64.6%。

2. 安全生产事故是次生突发环境事件的主要原因

安全生产事故仍然是次生突发环境事件的主要原因。由于企业的设备破损、违规施工及人员违规操作等多方面因素，造成有毒有害气体泄漏直接影响周边群众生命安全，或者造成含油、高毒类化合物或重金属废物外泄的危害，导致部分河流水质恶化，严重威胁饮用水水源地安全。具体原因如下。

产业分布不合理。大多数化工企业沿大江大河建厂，沿江城市也大多以江河水为饮用水水源；一些化工企业位于城区或紧邻居民区，有可能因化学品泄漏事故引发次生突发环境事件。

环境风险因素大量增加。随着我国化工行业的迅速发展，超大型石化生产装置、储存装置的日益增多，重大环境风险源的数量也在不断增加；大量长输油、输气的管线建设由于横跨不同地区，所处地理环境十分复杂，构成了新的环境风险因素；城市加油站、加气站均建于市区，并有相当数量建在人口密集区，而环境安全设施不完善，潜在危险性增大。

生产工艺落后、设备老化。许多中小型化工企业的生产工艺落后，装备水平低，污染防治设施简陋，环境应急处理处置设施几乎空白；经过多年的高负荷运行，设备普遍严重老化，有的已过报废年限，是导致突发环境事件的最大隐患。

化工企业违规操作。化工企业为追求更好的经济效益，在不具备环保和安全生产条件的情况下强行生产，从而导致突发环境事件频繁发生。例如 2004 年 2 月沱江特别重大水环境污染事件，涉事企业急于开工生产，在尿素水解系统两台给料泵出现问题的情况下连续进行投料试生产，尿素生产系统产生的工艺冷凝液没有经过水解塔有效处理，大量高浓度氨氮废水直接外排入沱江，造成特别重大突发水环境事件。

发生事故后处置不当。在事故应急救援过程中，重事故灾害处置，忽视环境安全和生态破坏，生产安全事故的救援往往次生环境污染，消防污水加重和扩大了污染危害。例如 2005 年 11 月，吉林市吉化双苯厂苯胺装置连续发生爆炸，由于消防污水处置不当，导致约 100 t 苯系物和硝基苯等有毒物质流入松花江，造成吉林省松原市、黑龙江省哈尔滨市等城市停水。

企业环境应急处置能力差。企业缺少必要的应急设备、监测仪器和个人防护设备。例如 2003 年 12 月重庆开县井喷突发环境事件中，应急救援防护服是从北京紧急调运到现场的，严重影响了污染控制工作的开展。

3. 交通事故是次生突发环境事件的次要原因

运输危险化学品车辆交通事故引发的突发环境事件仍未得到遏制，对事故点下游饮用水水源地造成严重威胁。具体原因如下。

运输单位和托运人为谋求利益，致使运输车辆严重超载，无证违法运输。运输单位和托运人对危险化学品运输的环境安全意识不足，没有按规定对驾驶员、装卸管理人员、押运人员进行有关环境安全知识培训。当托运人通过公路运输方式来运送危险化学品时，没有委托有资质的运输企业承运。

驾驶员人为原因导致交通事故。危险化学品长途运输中，由于驾驶员疲劳驾驶、弯道超速行驶、空挡滑行和超车等行为造成交通事故，从而导致突发环境事件屡有发生。

运输路线不合理，直接威胁饮用水安全。在危险化学品运输车辆交通事故引发的突发环境事件中，很大部分是由于运输路线不合理造成的。靠近饮用水水源地行驶时，一旦发生交通事故，将直接威胁群众饮用水安全。

事故发生后的信息报告和处理处置措施不当加重了污染损害。危险化学品在公路运输途中发生泄漏和火灾爆炸情况时，驾驶员未及时向有关部门报告。第一时间到达现场的应急人员未能妥善处置泄漏化学品或者灭火产生的消防污水，使不该扩散的点源污染变成了面源污染，增加了突发环境事件的事后处理难度。

二、企业环境安全管理

（一）环境安全管理的概念

环境应急处理处置是非常态的，爆炸、火灾、泄漏不可能天天发生，环境安全管理则是日常工作。对非常态突发环境事件的常态管理称为环境安全管理。环境安全管理不仅是处理突发环境事件，而且要以全过程管理为主线，以环境风险防控为核心。环境安全管理原则是事前预防为主——防止突发环境事件发生，事前预防与应急相结合——防止事态扩大。

近年来环境问题日益严重，环境安全已经成为影响人类社会生存和发展的重大问题之一，并且对国家安全产生重大影响。

影响环境安全的因素有很多，如资源的不合理利用、不合理的经济开发和工程开发、物种入侵、生态破坏、工业污染、危险化学品生产、运输的泄漏、突发环境事件等危及环境安全。危害环境安全的事件一般可能造成四方面影响：第一会影响生态环境和周边人民生活的质量，产生的污染或生态破坏可能存在大范围和长期的不良影响；第二会影响社会稳定，环境污染和生态破坏造成的环境损害可能会引起群众心理恐慌，影响社会安定，引发群众与企业或政府之间的矛盾和冲突，易发生群体事件；第三会影响经济的可持续发展，环境资源的破坏会影响经济发展的资源保障和足够的环境容量；第四会影响与邻国之间或区域之间的和谐关系，跨国环境污染或自然资源的破坏可能引发邻国之间或区域之间产生矛盾和冲突。环境安全是一个区域和谐发展的重要条件，是国家经济稳定和社会安定团结不可或缺的基础。

狭义上，影响环境安全的因素就是突发环境事件。美国、日本、欧盟等发达国家和地区已经把预防突发环境事件上升到国家和地区安全的地位，并制定了一系列环境安全管理方针路线，从机构、法律、政策措施等方面逐步建立起相应的环境安全管理制度。

2019 年 11 月，习近平总书记在中共中央政治局第十九次集体学习时指出，要健全风险防范化解机制，坚持从源头上防范化解重大安全风险，真正把问题解决在萌芽之时、成灾之前。要实施精准治理，预警发布要精准，抢险救援要精准，恢复重建要精准，监管执法要精准。为坚决贯彻落实习近平总书记重要指示要求，要针对环境安全管理的关键环节和重点领域开展务实性探索创新。

2018 年 5 月，习近平总书记在全国生态环境保护大会上指出，生态环境安全是国家安全的重要组成部分，是经济社会持续健康发展的重要保障。“图之于未萌，虑之于未有。”要始终保持高度警觉，防止各类生态环境风险积聚扩散，做好应对任何形式生态环境风险挑战的准备。要把生态环境风险纳入常态化管理，系统构建全过程、多层级生态环境风险防范体系。

2011 年 12 月，时任国务院副总理李克强在第七次全国环境保护大会上对环境安全管理有明确阐述，即坚持预防为先、及时应对，着力消除污染隐患，妥善处理突发事件。根据大会精神，企业和各级生态环境部门要牢固树立隐患险于事故、防范胜过救灾的理念，加大环境风险隐患排查和评估力度，把突发环境事件消灭在萌芽状态。建设快速高效的环境应急救援体系，充实环境应急救援物资和装备，一旦发生突发环境事件，及时启动环境应急预案，把损害降到最低。

（二）企业环境安全管理的概念

企业是现代经济社会的基础单元。企业环境风险类型主要包括有毒有害物质泄漏事故，如泄漏大气污染物或化学品液体导致的环境污染等；火灾、爆炸事故次生突发环境事件，如携带危险化学品的消防污水排放等；危险化学品在收集、储存、运输和处置过程中，因管理和应急措施不当，也可能造成突发环境事件的发生。

企业在经营运作的过程中，会面临诸多环境风险。随着社会的进步、民众环境意识的提升，与环境有关的风险管理变得愈发重要，越来越多的企业将其提到议事日程上来。国务院国有资产监督管理委员会发布的《中央企业全面风险管理指引》已将与环境有关的风险管理纳入其中。这些环境风险如果得不到有效控制，可能会给企业带来极大的负面影响，有些甚至是灾难性后果。企业要在日益复杂的竞争态势下获得持续成功，必须有效地应对各种与环境有关的风险的挑战。

环境风险管理是指根据环境风险评价的结果，按照适当的法规条例，选用有效的控制技术，进行削减风险的费用和效益分析；确定可接受风险度和可接受的损害水平；

并进行政策分析，考虑社会经济和政治因素；决定适当的管理措施并付诸实践，以降低或消除事故风险度，保护人群健康财产安全与生态系统的安全。环境风险管理是环境安全管理的重要组成部分，属于突发环境事件的事前预防阶段。

环境安全管理分为突发环境事件的事前预防、应急准备、应急响应和事后管理四个阶段，每个阶段的任务各不相同。企业环境安全管理是指可能对企业带来损害的各种突发环境事件的预防、处置、恢复重建等各项工作，关系着广大员工和群众的生命财产安全；关系着企业的生存和发展；关系着国民经济的持续健康发展和社会和谐稳定的大局。

（三）企业环境安全管理的重要性

加强环境安全管理工作是企业自身发展的内在要求和必须履行的社会责任。企业的发展不仅是在规模上的发展，更应是建立在具有环境安全保障的基础上的发展。企业是社会财富的创造者，为社会进步贡献力量，同时也需要满足社会环境、资源、安全等方面对企业的要求。若突发环境事件频发，不仅会给企业员工、周边群众生命财产造成损失，也会给企业生产活动、经营效益、企业形象乃至企业的长远发展造成重大影响，甚至给社会安定带来重大隐患。当前，在我国国民经济高速增长、市场需求强劲的形势下，企业生产任务重，装置设备高负荷运行，环境安全风险增大。对此，我们必须提高警惕，将环境安全管理工作视为企业生存发展的“生命线”，把企业的发展建立在环境安全保障的基础上，高度重视并切实做好企业环境安全管理工作。

企业环境安全管理的作用：一是满足政府对环境安全的法律法规要求；二是为企业的总目标以及各方面具体目标的实现提供保证；三是改进工作场所的环境安全性，减少突发环境事件的发生，保证员工的健康与安全不受影响，保护企业的财产不受损失；四是保护环境，满足可持续发展的要求；五是减少医疗、赔偿、财产损失费用，降低保险费用；六是帮助企业履行环境安全责任，满足公众的期望，保持良好的公共和社会关系；七是维护企业名誉，提升企业形象，推动企业环境管理现代化，增强市场竞争能力。

（四）企业环境安全管理的基本原则

预防为主，防控结合。企业立足于突发环境事件的预防、预测、预控，通过向全体员工宣传普及预防突发环境事件知识，提高员工的环保意识和技能。组织开展全体员工对危险化学品、危险废物等潜在环境风险源的辨识活动，认真落实相应的控制措施，降低环境安全风险。环境风险源的评价与识别是环境安全管理体系的精髓所在，充分体现了“预防为主”的管理理念。强调事前预防和全过程控制，对潜在的危害因素和可能发生的突发环境事件都做到心中有数，制定环境应急预案，做到事前能及时地发现事件的隐患，事件发生时能指导应急和救援行动，事后能跟踪监测污染物中长期的迁移扩散与转化及事件对环境的影响。

以人为本，减少危害。在突发环境事件的防范与应急处置过程中，始终把保障公众健康和生命财产作为首要任务，最大限度地减少突发环境事件及其造成的人员伤亡和环境危害。企业环境安全管理工作应以员工为中心，企业所有的生产经营活动都必须满足环境安全管理的各项要求，建立培训系统并对员工技能及能力进行评价，以保证环境安全管理水平的提高。

统一指挥，分级负责。企业应急领导小组总指挥应加强对环境安全管理工作的领导，统一指挥，完善环境应急处置运行机制，协调企业相关部门，完善分类管理、分级负责，落实行政领导责任制，整合现有资源，提高环境应急处置效率，应急救援小组要认真执行应急领导小组的各项决策、指挥，做好突发环境事件应急处置的相关工作。

快速响应，联动配合。积极做好应对突发环境事件的思想准备、物资准备、技术准备、工作准备，加强培训演练。企业应急领导小组在接到突发环境事件的信息后，应按程序立即实施环境应急响应，第一时间进行前期应急处置以控制事态。充分利用现有专业环境应急救援力量，整合环境监测网络，引导、鼓励实现“一专多能”，发挥经过专门培训的环境应急救援力量的作用。及时向公众、媒体和各利益相关方提供突发环境事件信息，统一发布，依靠社会各方资源共同应对。当出现企业不可控情况时，及时向上级主管部门求援，并积极配合行动。

全员参与，持续改进。为了有效地控制整个生产活动过程中的各种因素，企业必须对生产的全过程进行控制，并且要求全员参与。环境安全管理体系的基本思想是实现持续改进，要求企业在实施环境安全管理体系时始终保持持续改进的意识，周而复始地进行“规划、实施、监测、评估”活动，使企业环境安全管理水平不断提升。

（五）企业环境安全管理的主要内容

企业环境安全管理应有“日常抓管理、出事抓应对”的客观要求，应急处置是重点，日常管理是基础，两者互为因果并互相影响。只有常态管理、非常态事故应对都做到位了，才能真正保障企业环境安全。在平时，企业环境安全管理主要包括环境安全隐患的排查和治理、环境应急监测监控手段的提高等。在事故发生时，环境安全管理主要包括快速处置、快速监测预警、调动所有相关部门切断污染源及阻止污染扩大等。

采取防范措施。突发环境事件的风险企业要建立应急领导小组，在日常管理中加强防范，重点关注高环境风险领域，提出环境安全管理要求；对环境安全隐患进行排查和治理，落实环境风险源监控措施，建立环境风险源档案；监测污染物排放情况并开展监测数据分析，掌握排污状况和污染处理设施的运行动态，依据情况及时调整工艺；健全环境风险防控措施，尽可能避免突发环境事件的发生；对于高环境风险作业，应制定相应的管理程序，建立领导干部和环境安全管理员现场带班制度；加强对重点部位、关键环节的检查巡视，及时发现和解决环境安全问题，并据实做好交接。

企业应对环境风险按照特别重大、重大、较大、一般等级别进行分级管理，制定整改措施，防患于未然；企业应通过建立环境安全隐患报告激励机制，鼓励全体员工报告环境安全隐患，使企业环境安全管理由单一的事后处罚，转向事前奖励与事后处罚相结合的方式，从而强化突发环境事件的事前控制，消除环境不安全行为和环境不安全状态，把突发环境事件消灭在萌芽状态。

开展环境应急救援机构与专业队伍建设，队伍要有强有力的环境应急指挥体系、训练有素的环境监测人员和快速反应的设备、科学的预测模型和可查询的环境应急资料库。

制定环境应急预案并演练。向环境排放污染物的企业，生产、贮存、经营、使用、运输化学品的企业，产生、收集、贮存、运输、利用、处置危险废物的企业以及其他突发环境事件的风险企业，应当编制环境应急预案，包括相应的综合应急预案、专项应急预案和应急处置卡等，并且组织开展必要的桌面演练和综合应急演练。

开展环境应急知识培训宣传。企业要从根本上降低突发环境事件风险，解决环境安全方面存在的问题，人的因素非常重要。因此，要强化员工环境安全观念，树立环境安全意识，使环境安全管理体系与企业其他管理体系有机地融合。可能发生突发环境事件的企业，应结合各自的实际情况，开展有关突发环境事件应急知识的宣传普及活动。

积极处置突发环境事件。发生突发环境事件的企业应当根据环境应急预案立即启动应急响应，依照人、环境、财产、业务的重要性排序，采取有效措施，防止污染扩散；负责消除污染，将受损害的环境恢复原状，事故造成公有和私有财产损失的，企业应按有关规定给予赔偿；应急处置期间应服从统一指挥，提供相关资料。

向业务主管部门报告并及时通报可能受到影响的单位和居民。开展环境安全管理信息平台建设。一旦发生或可能发生突发环境事件，企业可以向当地生态环境部门报告，也可以通过拨打 110、119、12345 等向有关部门报告。当事故造成或者可能造成其他单位和居民受到污染危害时，企业应及时进行通报，并接受调查处理。

三、企业应急组织机构

企业内部应急组织机构一般由应急指挥机构和应急救援队伍组成。应急指挥机构包括应急领导小组、日常办事机构；当发生突发环境事件时，应急领导小组赶赴现场，自动转为现场指挥部。应急救援队伍由综合协调组、现场处置组、应急监测组、专家咨询组和医疗救护组等现场应急处理小组构成，企业可依据自身实际情况调整，例如企业可以通过签订协议的方式，委托第三方机构组建应急监测组和医疗救护组。突发环境事件发生时，可以向外部应急救援力量求援。企业应急组织机构的人员应与其日常职位匹配。

（一）应急指挥机构组成及职责

1. 总指挥

一般由企业的负责人直接担任。

日常职责：贯彻执行国家、当地政府、上级主管部门关于突发环境事件发生时应急救援的方针、政策及有关规定；对环境应急预案的编制、修订内容进行审定、批准；保障企业突发环境事件应急处置经费；审批并落实突发环境事件应急救援所需的监测仪器、防护器材、救援器材等的购置。

应急职责：接受政府的指令和调动；决定环境应急预案的启动与终止；审核突发环境事件的险情及应急处置进展等情况，确定预警和环境应急响应级别；发生环境事件时，亲自或委托副总指挥赶赴现场进行指挥及组织现场开展应急处置工作；发布环境应急处置命令；如果事故级别升级到社会级应急状态，负责及时向政府部门报告并提出协助请求；配合政府部门开展环境恢复、事件调查等工作。

2. 副总指挥

一般由企业分管环境安全、安全生产的副职厂长负责，并需要熟悉现场的实际情况。

日常职责：组织、指导企业突发环境事件的应急培训工作，协调指导环境应急救援队伍的管理和救援能力评估工作；检查、督促做好突发环境事件的预防措施和环境应急救援的各项准备工作，督促、协助有关部门及时消除有毒有害化学品的“跑冒滴漏”现象；监督环境应急体系的建设和运转，审查环境应急救援工作报告；负责对厂区内员工进行环境应急知识和基本防护方法的培训，向周边企业、村落提供本企业有关危险化学品特性、救援知识等的宣传材料。

应急职责：协助总指挥组织和指挥环境应急任务；直接指挥和协调事故现场应急处置工作；对环境应急行动提出建议；负责企业人员环境应急行动的顺利执行；控制现场出现的紧急情况；协调现场环境应急行动与场外人员操作指挥；配合政府有关部门进行环境恢复、事件调查、经验教训总结。

3. 应急领导小组办公室

应急领导小组办公室是企业环境安全管理的办事机构，受应急领导小组直接领导，负责处理应急领导小组的日常事务，可以设在企业办公室或行政部，一般由企业环境安全管理员、各应急救援小组组长等骨干人员组成。

日常职责：负责企业环境安全管理工作，指导企业环境应急体系建设；履行值守应急职责，综合协调信息发布、情况汇总分析等工作，发挥运转枢纽作用；负责组织环境应急预案制定、备案、修订工作；负责企业环境应急预案的日常管理工作；负责日常的接警工作；每日例行巡检厂内可能发生突发环境事件的区域，发现问题时及时纠正并排除环境安全隐患；检查抢险抢修、个体防护、医疗救护、通信联络等仪器装备的配备情况，检查其是否符合事故应急救援的需要。确保器材始终处于完好状态，保证在事故发生时能有效投入使用；组织环境应急的培训、演练等工作；建立并管理环境应急救援的信息资料、档案。

应急职责：上传下达总指挥安排的应急任务；迅速通知企业应急领导小组、各专业应急救援队伍及有关部门，查明事故源发生位置及原因，采取紧急措施，防止事故扩大；负责人员配置、资源分配、应急队伍的调动；上报事故信息并与相关的外部应急部门、组织和机构进行联络，及时通报应急信息；检查消防和医疗救护人员是否到位以及防止事故蔓延扩大的措施落实情况；当发生重大火灾、爆炸时，组织清点在岗人员；协同有关部门保护好现场，收集与突发环境事件有关的证据，参与突发环境事件调查处理。

（二）应急救援队伍及职责

1. 综合协调组

综合协调组是企业现场应急时的综合协调和后勤保障机构，一般由企业环境安全管理员和日常负责企业后勤的人员组成。

日常职责：熟悉疏散路线；管理好警戒疏散的物资；负责用电设施、车辆的维护及保养等；负责救援行动所需物资的准备及其维护等管理工作；参与相关培训及演练，熟悉应急工作。

应急职责：阻止非抢险救援人员进入事故现场；负责现场车辆疏导；根据现场指挥部的指令及时疏散人员；维持厂区内治安秩序；负责厂区内事故现场隔离区域和疏散区域的警戒和交通管制。

确保各救援队与场内事故现场指挥部广播和通信的畅通；负责修复用电设施或敷设临时线路，保证事故用电，维修被损害的其他急用设备设施；按现场指挥部命令，恢复供电或切断电源；负责车辆的安排和调配；为救援行动提供物资保证（包括应急抢险器材、救援防护器材、监测器材和指挥通信器材等），对事故现场的设备设施进行检查，查看是否可以再次使用或是否需要更换；负责应急时的后勤保障工作以及负责受灾群众的安置和食物供应工作。

负责善后处置工作，包括人员安置、补偿，征用物资补偿，救援费用的支付，灾后重建，污染物收集、清理与处理等事项；尽快消除事故后果和影响，安抚受害和受影响人员，保证社会稳定，恢复正常秩序。

2. 现场处置组

现场处置组是企业现场抢修及现场处置的机构，一般由企业中熟悉现场设备及现场工作的人员组成。

日常职责：负责消防设施的维护保养以及其他抢险抢修设备的管理和维护等工作；熟悉抢险抢修工作的步骤，并进行“封、围、堵”等抢救措施的训练和实战演习，保证事故中及时抢险抢修；负责应急池、雨水阀门、消防泵等环境风险防控措施的管理等。

应急职责：现场处置组在突发环境事件应急处置中起着关键性作用，既确保污染源头得到控制，也防止污染扩散和保障人员安全。负责紧急状态下现场排险、控险、灭火等各项工作。根据上级指令以及事故的态势，及时对发生气体、液体泄漏事故的管道、阀门进行关闭，阻止事故影响范围的扩大；对发生泄漏的管道、储罐进行排查，寻找泄漏位置，对泄漏位置进行堵漏，并尝试修复泄漏口；采取相应措施对危险源进行控制，包括切断附近火源、转移周围易燃易爆物品等，避免事故进一步蔓延。

负责对事故产生的污染物进行控制，避免或减少污染物对外环境造成危害。及时开启事故应急池阀门，将事故污水和消防污水引入事故应急池中进行处理；关闭雨水管网阀门，防止事故污水、废水进入雨水管道而导致事故的蔓延；负责对事故后产生的污染物进行相应处理。

负责抢修被事故破坏的设备、道路交通设施；负责抢救遇险人员，转移物资；及时掌握事故的变化情况，提出相应措施方案；根据事故变化及时向指挥部报告，以便统筹调度与救灾等有关的各方面人力、物力。

3. 应急监测组

应急监测组是企业环境应急监测及污染物截流的机构，一般由企业的环保相关人员组成。企业自身没有监测能力的，应与当地环境监测机构或其他相关机构衔接，签订协议，确保能够迅速获得环境应急监测支持。

日常职责：负责日常大气和水体的监测；负责环境应急监测设备的维护及保养等；参与相关培训及演练，熟悉应急工作，并负责制定其中的环境应急监测方案。

应急职责：负责对事故状态下的大气、水体环境进行监测，为环境应急处置提供依据与保障；协助当地生态环境局或监测站或具备相应资质的第三方检测机构进行环境应急监测。

4. 专家咨询组

专家咨询组是企业现场应急技术保障和参谋的机构，一般由企业环境保护、应急管理、工程技术、危险废物等方面的技术骨干、周边科研院校相关领域专家组成。

日常职责：指导环境应急预案的编制及修改完善；掌握生产区域内重大环境风险源的分布情况，了解国内外的有关环境应急救援信息、进展情况和形势动态，提出相应的对策和意见。

应急职责：对突发环境事件的危害范围、发展趋势作出科学评估，为应急领导小组的决策和指挥提供科学可靠的数据支撑；参与污染程度、危害范围、事件等级的判定，对污染区域的警报设立与解除等重大防护措施的决策提供技术依据；指导各应急救援小组进行现场处置；查明事故经过、人员伤亡、财产损失情况；查明事故原因，确定事故的性质和责任，提出对事故责任者的处理意见；检查事故应急处置措施是否得当以及存在的问题；评估突发环境事件对环境的破坏程度，进行事件处置经验教训总结；对生态修复和恢复重建等工作提出建议等。

5. 医疗救护组

医疗救护组是企业应急医疗救助的机构，一般由有医疗救护经验人员组成。

日常职责：负责人员救护所需物资的准备及其维护等管理工作；开展对企业人员的应急自救互救培训活动。

应急职责：负责携带医疗急救设备以及个人防护设备赶赴事故现场，对伤员进行救护、包扎、诊治和人工呼吸等现场急救措施；及时将受伤人员救护情况向上级报告，负责保护、转送事故中的受伤人员，根据人员伤亡情况，上报企业应急领导小组，并请求企业附近正式医疗机构支援。

（三）外部应急救援机构及职责

1. 邻近企业协助

与邻近企业建立良好的互助关系。在事故发生时，邻近企业能够在运输、人员、救治以及救援部分物资等方面给予帮助。同时也能够依据救援需要，提供其他相应支持。

2. 请求政府协调应急救援力量

当事故影响扩大、需要外部力量救援时，企业所在地的当地政府可以发布支援命令，调动相关政府部门，以及消防队、医院等救援机构进行全力支持和救护。

企业应急指挥机构根据现场情况调查和评估事件可能的发展方向，预测事件的发展趋势，判断是否请求外援，并在明确事件不能得到有效控制或已造成重大损失时，确定撤离路线，组织事件中心区域和波及区域人员的撤离和疏散。

在外部应急救援机构到来之后，企业应急指挥机构应向救援人员详细介绍现场情况，并说明危险性；依托有关部门或单位对企业周边环境进行监测，以确定事件影响程度，并对影响范围内的目标人员进行疏散。

（四）应急指挥顺序

发生突发环境事件时，根据事件类型及事件等级，迅速成立相应的应急指挥机构。社会级应急响应中，由应急领导小组总指挥负责企业应急救援工作的组织和调度；若总指挥不在企业，则由副总指挥担任临时总指挥；若总指挥和副总指挥均不在企业，则由生产单位负责人担任临时总指挥。各应急救援小组的组长若不在本单位，则由应急领导小组总指挥现场任命各应急救援小组的其余成员之一担任临时组长，负责本组的应急工作。在夜班和节假日时，由企业职位最高者担任总指挥，当社会救援力量到达后，由现场最高行政长官负责现场抢险救援工作的统一指挥。

厂区级应急响应中，由应急领导小组办公室负责企业应急救援工作的组织和调度；车间级应急响应中，由企业生产单位负责人现场指挥。突发环境事件应急处置期间，企业范围内一切救援力量与物资必须服从调派，各应急救援小组成员根据环境应急预案进行相应的应急工作。

第二节　我国企业环境安全管理

一、发展过程

（一）萌芽期（2005 年以前）

1971 年，北京某市场上贩卖的淡水鱼有异味，吃了这种淡水鱼的人出现中毒症状。周恩来总理指示由万里牵头组织调查，得出的结论为河北省张家口市宣化等地区多个工厂排放的污水导致官厅水库的水被污染。在不到一年的时间内，国务院向河北省、山西省、内蒙古自治区和北京市发出 6 份文件，责令各地认真治理水污染，花费近 3 000 万元。我国企业环境安全管理开始起步。

1988 年 3 月，国家环保局发布了《关于开展重大突发环境事件隐患大检查的紧急通知》，先后在河南省、浙江省、山西省、湖北省等的部分城市及上海市、哈尔滨市、沈阳市等进行了联合国环境规划署“阿佩尔计划”（APELL）的试点。

1990 年，国家环保局颁布了《关于对重大突发环境事件隐患进行风险评价的通知》。

1996 年，江泽民在第四次全国环境保护会议上的讲话中提到要将环境安全作为环境保护工作的一个目标，将环境安全与国家利益联系起来。

1999 年，国家环保总局出台了《危险废物转移联单管理办法》，加强对危险废物转移的管理。

2002 年，国家环保总局成立了环境应急与事故调查中心，与环境监察局“一套人马，两块牌子”。

2003 年，国务院将突发公共事件分成了自然灾害、事故灾难、公共卫生事件和社会安全事件四大类。突发环境事件归在事故灾难类。

2003 年，重庆市开县发生特大井喷事故。

2004 年，国家环保总局发布了《企业环境风险评价技术导则》。

（二）快速发展期（2005—2017 年）

2005 年 11 月，发生松花江重大水污染事件，此次事件是我国环境应急管理的重要里程碑。事件后，环境应急管理相关法律法规密集出台。

2005 年，国务院印发了《国务院关于落实科学发展观 加强环境保护的决定》（国发〔2005〕39 号），提出建立突发环境事件应急监控和重大突发环境事件预警体系。

2005 年，国家环保总局负责编制了事故灾难类的《国家环境应急预案》，对我国突发环境事件的预警及应急处置起到了重要指导作用。

2006 年，国务院印发了《国务院关于全面加强应急管理工作的意见》（国发〔2006〕24 号），对加强应急管理工作提出明确要求。

2007 年，国家颁布《中华人民共和国突发事件应对法》，其中第四条明确规定，国家建立统一领导、综合协调、分类管理、分级负责、属地管理为主的应急管理体制。

2007 年，国家环保总局发布了《危险废物经营单位编制应急预案指南》。

2008 年，环境保护部决定将环境应急与事故调查中心和环境监察局分设，各自独立运行，并将环境保护部环境应急指挥领导小组办公室设在环境应急与事故调查中心。

2010 年，环境保护部发布了《环境应急预案管理暂行办法》《石油化工企业环境应急预案编制指南》，重点规范环境应急预案管理，完善环境应急预案体系。

2011 年，环境保护部发布了《突发环境事件信息报告办法》，对企业信息报告时间等作出了规定。

2012 年，环境保护部发布了《企业环境风险等级评估方法》。

2013 年，国务院修订并出台《危险化学品安全管理条例》。

2014 年，环境保护部发布了《企业突发环境事件风险评估指南（试行）》《突发环境事件应急处置阶段环境损害评估推荐方法》等文件。

2015 年，新修订的《中华人民共和国国家安全法》明确把环境安全问题纳入国家安全体系中。

2015 年，环境保护部发布了《突发环境事件应急管理办法》《企业事业单位环境信息公开办法》《企业环境应急预案备案管理办法（试行）》《尾矿库环境应急预案编制指南》等文件。

2016 年，制定了《企业环境安全隐患排查和治理工作指南（试行）》。明确了企业隐患排查内容、隐患分级和企业隐患排查治理的基本要求，形成了企业风险评估—隐患排查—预案修订备案的环境应急预案编制体系。

2017 年，出台了《企业突发环境事件风险分级方法》，全国已有 4 万余家企业开展了突发环境事件风险评估；出台了《企业环境应急预案评审指南》。

（三）战略转型期（2018 年至今）

党的十九大以来，国家对企业环境安全管理工作提出了更高的要求。

2018 年 3 月，国务院机构改革，组建生态环境部、应急管理部。“大应急”体系蓝图基本形成，环境安全管理也开始面临着战略转型的机遇和挑战。

2018 年 5 月，习近平总书记出席第八次全国生态环境保护大会并发表重要讲话，提出要把生态环境风险纳入常态化管理，系统构建全过程、多层级生态环境安全管理体系。

2018 年 6 月，中共中央、国务院印发了《关于全面加强生态环境保护　坚决打好污染防治攻坚战的意见》，提出对环境风险进行有效管控。

2018 年 12 月，在广州召开全国环境安全管理暨有毒有害大气污染物预警体系建设试点推进会，推动化工园区和高环境风险企业预警体系建设。

2019 年，长江经济带的 21 038 家涉危涉重企业应急预案全部实现备案。

2019 年，生态环境部出台了《环境应急资源调查指南（试行）》《化学物质环境风险评估技术方法框架性指南（试行）》等技术规范。

2020 年，生态环境部印发《关于做好涉环境风险重点行业建设项目环境影响评价事中事后监督管理的通知》《突发生态环境事件应急处置阶段直接经济损失核定细则》等指导性文件。

2021 年 1 月，成立生态环境部生态环境应急研究所，环境应急研究机构建设向前迈进一大步。

2021 年 3 月，出台《中华人民共和国国民经济和社会发展第十四个五年规划和2035 年远景目标纲要》，提出严密防控环境风险，涉及建立健全重点风险源评估预警和应急处置机制等内容。

2021 年 11 月，中共中央、国务院印发《关于深入打好污染防治攻坚战的意见》，提出严密防控环境风险，涉及开展涉危险废物、涉重金属企业、化工园区等重点领域环境风险调查评估等内容。

2022 年 1 月，生态环境部、公安部、交通运输部联合出台《危险废物转移管理办法》，对危险废物转移作出明确规定。

2022 年 2 月，生态环境部出台《企业环境信息依法披露管理办法》，对企业的信息公开作出要求。

2022 年 4 月，生态环境部印发《关于开展突发环境事件风险隐患排查整治的通知》，并召开全国生态环境安全视频会议，部署开展突发环境事件风险隐患排查整治、环境安全风险防控工作，提出具体工作要求。

2022 年 11 月，生态环境部、应急管理部在北京签署《生态环境部 应急管理部关于建立突发生态环境事件应急联动工作机制的协议》，双方将从联合监管执法、情况通报、信息共享、处置联动、协商交流、能力建设、宣传推广、联合研究等 8 个方面，加强在突发环境事件应急方面的合作。

二、取得的进展

（一）重点行业企业环境应急能力基本形成

重点企业预案编制基本实现全覆盖。全国重点企业预案备案数已达 9 万多家，其中长江经济带和环渤海约 3 万家、黄河流域约 2 万家涉危涉重企业已实现环境应急预案备案率 100% 全覆盖。企业已能够在相关规范文件指导下自行开展环境安全隐患排查治理。

企业风险应急防控设施不断完善。根据第二次全国污染源普查数据，截流措施、事故污水收集措施、清净废水系统风险防控措施、雨水排水系统风险防控措施、生产污水处理设施风险防控措施满足要求的重点企业比例分别达到 74%、73%、86%、72%、87%。

（二）企业环境安全管理制度框架基本完备

先后修订实施《国家环境应急预案》（国办函〔2014〕119 号），印发《企业突发环境事件风险评估指南（试行）》（环发〔2014〕34号）、《企业事业单位突发环境事件应急预案备案管理办法（试行）》（环发〔2015〕4号）、《企业环境应急预案评审工作指南（试行）》（环办应急〔2018〕8号）、《企业突发环境事件风险分级方法》（HJ 941—2018），企业环境应急准备工作有章可循。印发《企业突发环境事件隐患排查和治理工作指南（试行）》，组织编制《企业突发水环境事件风险防控措施技术规范》，指导企业强化环境安全日常管控。

明确了企业环境安全管理主体责任，以及预防为主的环境安全管理方针政策。下发《关于加强重点地区铊突发环境事件防范工作的通知》（环办应急函〔2018〕1262号）、编制《有毒有害大气污染物环境风险预警体系建设技术导则》，强化重点领域指导。编制《突发生态环境事件应急处置阶段直接经济损失评估工作程序规定》、《突发生态环境事件应急处置阶段直接经济损失核定细则》（环应急〔2020〕28号），推动突发环境事件调查评估工作不断完善。

习近平总书记指出，坚持依法管理，运用法治思维和法治方式提高应急管理的法治化、规范化水平。为贯彻落实这些重要指示要求，生态环境部积极配合全国人大修订相关环保法律法规并认真组织实施，共编制、印发30余个环境应急相关规范性、指导性文件，对企业突发环境事件风险控制、风险预警、应急准备、应急处置以及调查评估全过程进行规范、指导。

（三）确定了全过程环境安全管理体系

2007年颁布实施的《中华人民共和国突发事件应对法》是指导预防和处置包括突发环境事件在内的各类突发公共事件的基本法律依据和规范性文件，为环境安全管理体系提供了基本框架。在此基础上，结合环境安全管理的特点和工作经验以及多年的实践，我国逐步确立了“以全过程管理为主线，以风险防控为核心”的环境安全管理体系。“以全过程管理为主线”是指将全过程管理贯穿于环境安全管理始终，强化事前预防、应急准备、应急响应、事后管理四个阶段，避免或减少突发环境事件的发生，降低突发环境事件的影响。“以风险防控为核心”是指突出风险防控在环境安全管理中的核心地位，充分调动企业、政府和社会等各方力量，实现环境风险的早发现、早预警和早消除。

事前预防：事前预防是指为减少和降低环境风险、避免突发环境事件发生而实施的各项措施，主要包括环境风险源的识别评估与监控、环境安全隐患排查、企业的环境风险评估、预测与预警等内容。

应急准备：应急准备是指为提高对突发环境事件的快速、高效反应能力，防止突发环境事件升级或扩大，最大限度地减少突发环境事件造成的损失和影响，针对可能发生的突发环境事件预先进行的组织准备和应急保障。预案管理是应急准备的核心内容，应急预案演练也逐步走向常态化。

应急响应：应急响应指突发环境事件发生后，有关企业、各级人民政府及各部门和社会团体，根据各自的法定职责和义务，为遏制或消除正在发生的突发环境事件，控制或减缓其造成的危害，根据事先制定的应急预案，采取的一系列有效措施和应急行动，包括应急救援、应急监测、现场调查、现场应急处置、信息发布和报告、警报和通报等环节。应急响应是全过程应急管理的重点，是应对突发环境事件的实战阶段，考验企业和政府的应急处置能力。

事后管理：事后管理指突发环境事件得到初步控制后，为使生产、工作、生活和生态环境尽快恢复到正常状态进行的各种善后工作，包括事件污染修复、污染损害评估、应急过程评估和案例分析等。突发环境事件应急处置阶段污染损害评估工作程序规定为界定事件等级、依法追究责任、加强事后管理提供依据。事后“吃一堑，长一智”，避免和预防事件的再次发生。还要开展经济、环境、社会影响评估，分析清楚事件对环境的危害。《突发环境事件应急管理办法》对此有所规定，且强调了企业的主体责任。

（四）环境安全管理员队伍正在逐步建立

环境安全管理员是负责企业环境安全隐患排查、环境风险评估、环境应急预案制定、突发环境事件应对以及日常污染防治检查等环境保护工作，并承担工作范围内法律责任的内部环境安全专业技术人员，承担企业应急领导小组办公室各项职责。环境安全管理员应掌握国家生态环境保护方针政策及法律、法规，掌握环境安全基础知识，掌握污染防治理论和技术，熟悉污染物测定和分析技术，掌握突发环境事件应急处置技术和相关知识，也应掌握清洁生产开展、污染治理、环境数据统计、治污设备监管等技术，掌握本企业的生产工艺和污染防治设施的基本情况。

环境安全管理员负责检查产生污染的生产设施、污染防治设施及存在环境安全隐患设施的运转情况，监督各环保操作岗位的工作，负责检查并掌握企业污染物的排放情况。同时，对工业危险废物实行全过程环境安全管理制度，积极防范突发环境事件。做到企业环境安全管理台账和资料完善整齐、装订规范、监测记录连续完整，指标符合环境安全管理要求，并且能全面反映企业的环境安全管理情况；建立和完善环境应急信息公开制度，制定工业企业环境安全分级标准和评判分级指标体系。环境安全管理员要进行专业的治污设施运营管理，掌握废水和废气污染物处理装置日常运行状况和监测记录、报表，包括现状处理量、处理效率、运行时间、处理前和处理后排放情况、日常运行存在的环境安全问题及解决措施落实情况等。

三、面临的挑战

（一）企业责任主体不落实

当前我国“企业出事，政府处置，群众受害”的情况依然普遍存在。企业不能积极履行加强环境应急预案管理、参与突发环境事件应对工作的法律义务，影响了处置工作，最终造成事态扩大。具体表现为：一是企业法律责任意识淡薄，包括藐视法律、忽视法律、无视法律、法律知识缺乏等。二是企业存在侥幸心理问题，包括利益最大化、地方保护、法不责众、攀比心态、赌徒心态等造成的侥幸心理。三是未履行事前防范主体责任，未做到环境安全排查诊断识别、环境风险评估、防控措施完善、环境应急预案编制等，事前环境风险问题不清晰，事发时无法应对产生的后果、导致事态扩大，企业各种潜在环境风险引发“多米诺骨牌”（指一系列的连锁反应）效应问题。四是恶意违法排污，包括暗管排污、渗坑渗井排污、稀释排污、其他逃避监管排污等。

企业环境安全文化的形成任重道远，企业的广大员工特别是一些领导干部在经营管理中的环境安全意识相对比较薄弱，没有充分认识到环境安全管理的重要性，在一定程度上还存在重经济效益、轻环境安全的意识，需要在环境安全管理的重要意义上开展大量宣传和贯彻工作，改变企业员工的现有思想观念和行为方式。

如何从突发环境事件的事后处置和污染物的末端治理转入到主动的环境安全管理，需要在企业发展战略中通盘考量。当前大部分企业虽然建立了自己的环保管理系统，但与国外企业相比，除了在形式上的相似之外，执行力方面仍存在流于形式的情况，一些企业还存在着在环境安全方面资金投入不足的现象，这就为企业将来的环境安全带来了隐患。

（二）“一案三制”建设有待加强

环境应急预案管理体系不健全。我国企业风险评估工作开展不足，部分企业至今仍未开展环境风险评估和应急预案备案工作，危险化学品仓储企业开展环境应急预案备案的较少，尾矿库环境风险评估工作开展率也较低；企业和各级环境应急预案缺乏有效衔接，环境应急预案管理规范化、制度化有待加强；重点行业环境应急预案编制、评估管理制度和技术方法不完善，预案的针对性和可操作性不足；企业事业单位在预案编制中更注重事中应急响应方面，忽略了事前环境风险防范和事后修复与损害赔偿方面。

企业环境安全管理法制不完善。企业环境安全管理相关法律法规覆盖范围不全，缺乏有力的行政强制措施，造成企业环境安全执法偏弱；环境风险防范和污染损害赔偿制度建设不健全；对突发环境事件处罚强度较小，企业违法成本低但守法成本高。

企业环境安全管理体制不顺。企业环境安全管理的整体性被“条条块块”的管理分割，缺乏强有力的统一规划和监管机制；区域和流域环境安全管理体制不健全，对跨行政区、跨流域的环境安全管理缺少有力的管理机制和控制措施。

环境应急联动机制建设有待深化。跨“大部门”环境应急联动机制仍有不足，信息共享、联合监管、协同处置等关键环节缺乏具体化、可操作性的实施机制；企业和地方政府环境应急指挥机构设置和职责不统一，导致沟通不畅、应急指令传递不及时、多头领导等问题直接影响环境应急处置工作效率；企业和政府部门协调联动不足，尚未形成环境风险防控合力，发生突发环境事件时，企业和有关职能部门不能在第一时间通报当地生态环境部门，常使不该扩散的点源污染变成了面源污染，增加了事故的后续处置难度。

（三）企业合作方环境安全监管不到位

企业合作方是指与企业合作关系密切的单位，如原材料供应商、危化品运输服务单位、处置危险废物单位、中介机构等。企业合作方的环境安全是指企业不能直接加以控制管理的，合作方承担的某些活动、产品和服务而产生的环境安全。企业合作方的环境安全并不是与企业毫无关系，恰恰相反，一旦企业合作方发生了突发环境事件，往往会严重影响到生产企业的发展，特别是化学品运输企业交通事故次生突发环境事件以及危废处置企业的危废非法倾倒事件更是关系到生产企业的生死存亡，一旦发生严重的突发环境事件，生产企业不但要承担损害赔偿责任，还会承担相应的刑事责任。

中介机构弄虚作假导致生产企业未能妥善处置环境安全隐患。例如江苏响水“8・12”特别重大爆炸事件中，6家中介机构出具虚假的失实文件，导致天嘉宜公司硝化废料重大风险和事故隐患未能及时暴露，干扰误导了有关部门的监管工作。2018年，盐城市海西环保科技有限公司在编制天嘉宜公司固废污染防治专项论证报告过程中，本来天嘉宜公司提出将硝化废料相关内容补充到论证报告中，但是盐城市海西环保科技有限公司提出增加硝化废料相关内容属于重大工艺变更，需要重新进行环评、审查和竣工验收，后来双方共同决定硝化废料问题不写入论证报告。

（四）企业环境安全管理能力落后

队伍建设不足。调查发现，大多数相关企业从事环境安全管理工作的人员数量在3人以下。企业的一线员工对于环境应急操作一知半解，甚至不会进行环境应急操作，能力和水平跟不上时代要求。如2004年2月，四川沱江水污染事件就是在强行开车运营时造成污染物泄漏引发的突发环境事件。

缺乏应急设备。缺乏针对企业突发环境事件处置的相关装备，例如应急监测设备、环境预警设备、应急处置设备以及各种防护设备。全国很多相关企业环境应急能力几乎仍是空白。

新技术新产品应用滞后。企业环境应急救援队伍没有广泛配备现代化高性能环境应急救援技术装备，如无人机、救援机器人、大型智能化机械、智能化装备管理系统、基于物联网和大数据的环境应急救援辅助决策技术等。没有充分发挥现代化技术装备在环境应急救援行动中的有效作用。

环境安全投入不足。企业环境安全投入没有与经济总量、社会投资总量保持同步增长，一直处于“欠账”状态。

应急处置能力薄弱。大部分企业规模小、工艺落后、设备陈旧、管理粗放，预警、预测能力薄弱，环境应急技术支撑不足，应急监测手段落后。环境应急社会化不足，缺乏区域环境应急能力协同配置与优化管理。环境应急信息化、科技化尚未得到充分应用。

四、对策建议

（一）落实环境安全管理主体职责

1. 创新企业环境安全管理理念

“十四五”时期是我国全面建成小康社会的巩固期，也是美丽中国和生态文明建设的关键五年，关系到“两个一百年”奋斗目标的实现，在环境安全管理面临复杂严峻形势的同时，也面临着更高的要求与更严格的标准。在此形势和背景下，为适应新的要求、迎接新的挑战，切实履行妥善应对突发环境事件的职责，我国企业环境安全管理体系亟待进一步完善，用全过程管理、综合管理、常态管理与非常态管理相结合的环境安全管理理念指导企业环境安全管理体系的发展。

全过程环境安全管理就是实现企业环境安全管理事前预防、事中处置、事后恢复的全过程管理。将环境安全管理向前拓展，完善、细化环境风险评价和环境应急预案，严格新建高危行业的环境风险评价审查，加强环境应急演练，熟悉响应程序，完善处置措施，促进责任落实和协调配合，突出环境安全隐患排查和动态管理。将环境安全管理向后延伸，突出事后管理，包括损失评估、灾后恢复重建、教训汲取和经验总结等工作，避免发生二次污染，尽可能减少灾害损失。

综合环境安全管理就是在企业内部设置权威的环境安全管理部门，将环境安全管理有机融入企业管理的各个环节，并进行综合协调，实现组织、信息、资源三者统一的综合环境安全管理体系。

在当前的经济发展阶段，突发环境事件仍然处于高发期，而突发环境事件的不确定性决定了非常态管理的必要性，这就决定了企业环境安全管理在很大程度上仍然需要以非常态管理为主；但在实施全过程环境安全管理思想指导下，环境安全隐患排查监管等很多工作都具有确定性，而且应对突发环境事件的准备工作也要常抓不懈，这就决定了常态管理的必要性。非常态管理与常态管理相结合，是企业环境安全管理发展的必然要求。

2. 明确企业环境安全管理主体职责

管理学中日益强调的企业社会责任逐渐成为突发事件应对过程中企业应负有法律义务的法理基础。《国务院关于加强环境保护重点工作的意见》（国发〔2011〕35 号）中明确提出“健全责任追究制度，严格落实企业环境安全主体责任”。因企业生产、贮存、经营、使用、运输等环节容易引发突发环境事件，企业作为责任主体，具有前期应急处置的义务；同时，企业对其生产流程、厂区环境最为熟悉，以及对周边环境敏感点较为了解，能够在第一时间获得突发环境事件信息。

企业负有环境安全管理的主体职责包括：在事前预防方面，开展环境风险排查、评估并完善防范措施（自行排查或委托专业机构排查评估），加强环境风险源监控、管理和运输处置等工作；在应急准备方面，提高环境风险防控成效，编制环境应急预案，建立专兼职环境应急救援队伍；在应急响应方面，防泄漏扩散、防止排污行为发生、报告政府及有关部门、通报有关居民与企业及相邻区域；在事后管理方面，接受调查处理、恢复重建或关闭、承担法律责任。

企业应深刻汲取以前发生的突发环境事件教训，认真贯彻落实国家有关法律法规、规范标准，自觉承担起突发环境事件所造成后果的法律责任、经济责任和社会责任，并制定行之有效的环境安全管理制度，建立环境安全管理机构，实行严格的环境安全管理，加强对车间、反应釜、化学品等的日常监控，定期检查环境应急处置设施的使用效果，加大环境安全隐患排查治理力度，及时消除环境安全隐患。相关企业应自觉承担社会责任，拿出相应的资金用于环境风险防范和环境应急知识教育、宣传，减少突发环境事件对公众健康可能造成的影响。

环境安全问题一定要居安思危、常抓不懈，要以“一失万无”的心态来对待。习近平总书记就防范化解重大风险提出既要有先手，也要有高招。结合生态环境领域重大环境风险的化解方式，制度设计及企业、园区环境安全主体责任落实缺一不可。要推进企业、园区、行政区域等多层面的环境风险防控工作，但目前工作开展多是靠行政手段推进，缺乏有效的监督，无法保证企业及园区切实落实环境安全主体责任、落实各项风险防控措施。建议将企业及园区整改情况与企业信用等级、金融信贷等环境经济手段挂钩，倒逼企业及园区落实环境安全主体责任。

3. 树立企业员工环境安全意识

企业若想要从根本上降低突发环境事件风险、解决环境安全方面存在的问题，就应强化员工环境安全观念的树立，建立环境安全管理文化，用这一文化改变员工的工作习惯行为，完善企业的内部管理。这是环境安全管理的发展趋势，也是环境安全管理员在企业中能够发挥的重要作用。

涉危险化学品、涉危险废物、涉重金属等存在环境安全风险问题的企业，要着力消除重大环境安全隐患，通过制定宣传方案、开展环境应急演练等多种方式，向员工宣传普及危险化学品的防灾和备灾知识，使员工明确其自身在环境应急预案中的职责，确保各项环境安全管理工作有人盯、有人管、有人促、有人干，坚决杜绝和防范重大、特大突发环境事件的发生。

需采取现场观察与沟通相结合的方式，纠正或阻止企业内环境不安全行为，推广或肯定环境安全行为，并对发现可能导致突发环境事件的不安全状态及作业环境条件提出改进措施建议，做好统计分析，培养员工养成相互纠正不安全行为的良好习惯。同时，建立激励机制，培养员工查找身边环境安全隐患的良好习惯，鼓励及时发现和整改环境安全隐患。

企业应急领导小组总指挥是影响环境安全的最重要因素，应通过身体力行树立环境安全的正确行为榜样，同员工、合作方和其他相关人员进行明确的双向交流，强化并奖励正确的行为，确保全体员工都能既完成所有的工作任务，又不发生任何突发环境事件。企业应急领导小组总指挥要建立清晰的环境安全目标、工作内容，以及职责和业绩考核办法，指派有关方面的环境安全专家，在企业上下建立起环境安全管理体系，形成文件，实施有力，组织落实。企业应急领导小组总指挥要督促企业内外环境安全方面经验教训的交流。

（二）加强“一案三制”建设

健全环境应急预案体系。健全环境应急预案体系是提高企业环境安全管理水平的基础。环境应急预案是基于企业危险源辨识和风险评估的应对方案，统筹安排环境突发事件事前、事发、事中、事后各个阶段的工作，是企业环境安全管理的主线任务。企业应了解本企业所有生产设施的潜在环境风险，建立危险化学品清单，开展环境风险评估，并在此基础上制定相应的环境应急预案，该预案应上报当地政府相关机构，依照有关规定完成备案，以便政府进行监督检查及突发环境事件发生时开展有效的环境应急处置。按照环境应急预案，每年至少组织开展一次企业级环境应急综合演练，定期开展各工段、车间的分项应急演练，并做好应急演练的总结和评估工作。

进一步完善企业环境安全管理法制体制建设。通过相关法律制度的制定和完善，明确企业环境安全管理的地位、职能和基本制度，明确企业应急领导小组办公室、政府环境安全管理部门、其他相关部门的事权与责任。推进企业环境安全管理的制度化和规范化建设，是企业环境安全管理的前提和基础，是企业环境安全管理有法可依的根本保证。

企业内部设有明确的环境应急管理机构或部门及相应的环境应急管理专职人员。企业第一责任人亲自负责环境应急管理工作，企业内部各级各部门环境应急管理职责明确、任务具体。

企业建立完善的环境应急管理规章制度，并发放到相关工作岗位。环境应急管理规章制度应包含以下内容：一是环境应急目标责任制，每年制定环境应急目标，并列入环境保护目标责任状中，严格落实环境应急责任；二是建立环境风险定期排查制度，定期排查分析企业内部环境风险，有针对性地开展隐患整改行动；三是突发环境事件报告和处置制度，按照相关规定，及时上报突发环境事件信息，有效开展突发环境事件前期处置工作；四是特征污染物定期监测制度，定期监测企业特征污染物，及时掌握环境风险变化动态；五是环境应急档案管理制度，对机构、预案、演练、物资、队伍、突发环境事件处置等环境应急管理工作相关的台账资料和档案材料进行规范存档等。同时，企业制定详细完整的突发环境事件应急处置规程并在重点环境风险单元悬挂。

总体思路就是以习近平生态文明思想为指导，坚持底线思维、预防为主、全过程管理，提高环境风险化解能力，以解决制约企业环境安全管理的突出问题为出发点，积极探索构建系统完备、科学规范、运行有效的有新时代中国特色的企业环境安全管理制度体系，实现企业环境安全管理制度的规范化、精细化、信息化，加强系统治理、依法治理、综合治理、源头治理，以制度建设带动应急体系的不断优化和应急能力的有效提升，为美丽中国和生态文明建设提供有力保障。

健全企业环境安全管理机制。健全企业环境安全管理工作机制是实现企业环境安全管理工作顺畅执行、高效运转的重要保障。企业环境安全管理工作机制包括内部工作机制、部门联动机制、公众参与机制等方面。

完善内部工作机制是将企业环境安全管理的各个环节融入环境综合管理中，企业建立环境安全管理机构，并充分发挥其综合协调作用。

完善企业和部门联动机制就是要加强企业与生态环境、应急管理、消防、公安、交通、水利、医疗卫生防疫、军队等部门的环境安全信息交流和沟通，利用签订合作协议、备忘录等形式，实现部门信息交流制度化和规范化。联动机制是搞好企业环境安全管理的关键环节，多数突发环境事件是由安全生产事故、交通运输事故等引发的，其预防、预警和处置需要不同部门的共同努力。很多重大、特大突发环境事件超出企业自身处置能力，社会上的许多突发环境事件往往也需要企业施以援手。

完善公众参与机制是指健全信息公开制度，建立多元信息系统，及时、有效、全面公开企业环境安全管理信息。突发环境事件发生后，企业及时向周边群众通报，提高群众自救互救的能力。

（三）加强合作方的环境安全监管

应根据环境影响的大小及相关方特点，采取不同的控制管理或施加影响的办法监管合作方的环境安全。对于需由合作方完成的工程和工作，要制定资格预审、选拔和续用标准，其中包括遵守企业环境安全标准。合同中应包括环境安全条款，并签订环境安全协议或环境安全责任书。发生项目收购或并购行为时，企业应明确由此引发的环境安全责任，组织环境安全尽职调查。

鼓励企业推行购买环境安全服务制度。建立第三方专家服务机构白名单制度，由国家、省级层面定期公布，鼓励重大风险源企业及化工园区购买环境安全服务。在选择供应商和承包商时，应及时将企业环境安全要求传达给供应商和承包商，对其资格进行审查，选择符合国家标准和企业环境安全要求的供应商和承包商。在签订协议时，应注明环境安全要求，包括对所提供产品及附属服务的环境安全要求。企业应急领导小组办公室应定期对其提供的产品及其附属服务进行评估，经评估达不到企业环境安全要求的，应从合格供应商和承包商名单中剔除。

外来检查、参观、学习及不从事施工作业的承包商人员进入企业厂区前，企业环境安全管理员应向其讲述企业有关环境安全注意事项。对长期在企业实习或从事技术服务的外来人员，应由企业应急领导小组办公室对其进行岗前培训，并经考核合格后发放出入证，其方可进入企业相关区域学习和作业。

运输危险化学品时要选择有危险化学品运输资质的单位，并与其签订书面协议。在危险化学品运输时要检查车辆和司机是否符合交通管理部门的相关规定要求，要有公安部门批准的“准运证”及运输车辆、行驶线路，并派押运员跟车押运。通过上述办法施加影响，进行控制和管理。

严控危险废物处置单位发生违法倾倒事件，要求其执行五联单制度，对承担危险废物转移运输单位的运输车辆安装在线监控系统并与交通管理部门联网。逐步实现危险废物转移审批网格化、转移联单电子化、转移监控信息化。

相关中介机构是特殊的合作方。企业开展环评、安评、竣工验收等报告的编制是通过专业的中介机构，使企业能更好地规避环境风险和安全风险，预防突发环境事件的发生，但由于中介机构与企业是委托代理关系，容易受到委托人的影响而作出虚假评价。审批合格但在现实中依然发生突发环境事件的现象大量存在。企业要开展与第三方中介机构的良性合作，真正通过开展科学、客观、公正的环评、安评、竣工验收等工作，为企业规避环境风险和安全风险。

（四）增强企业环境安全管理能力

企业环境风险控制科学准确。全面分析企业内部环境风险，科学评估不同情况下可能对外环境及周边敏感保护目标造成的影响，提出具有针对性和可操作性的风险防范措施。

环境风险预测预警及时有效。在有毒有害、易燃易爆气体贮存区、使用点等处，设置气体泄漏探测器，及时探测有毒有害、可燃气体泄漏情况，实现气体监视系统声光报警功能；设置罐区、围堰等部位的液体泄漏侦测器，及时侦测液体泄漏情况，并与中央监控室 24 h 联机。

环境风险防范设施建设规范合理。事故应急池容量应根据发生事故的设备容量、事故时消防用水量及可能进入应急事故水池的降水量等因素综合确定；建有将消防水、初期雨水和泄漏物料等收集进入事故应急池、清净下水排放缓冲池、初期雨水收集池的专用沟（管）；在清净下水排水排出厂区前应设置缓冲池；如无法设置缓冲池，须确保事故应急池容量满足清净下水、消防水收集需求；一旦清净下水、消防水浓度超标，可迅速切换至污水池处理，确保无法直接进入地表水体；建有初期雨水收集池或事故应急池，满足初期雨水收集需求；生产废水总排口处有关闭阀门，污染物或消防污水无法通过生产废水总排口外排；雨水排口处设有关闭闸阀，污染物和消防污水无法经过雨水排口直接外排；设置有效的切断或切换装置，可防止在事故状态下有害化学物质通过下（排）水系统进入江、河而引发突发环境事件；企业周边防护距离符合国家标准及国家和地方有关规定。

为环境应急监测准备基础资料。企业不具备环境应急监测能力的，应当结合企业可信环境风险事故，为环境应急监测准备基础资料。具体包括：事故发生的时间和地点，应急联络人及联系方式；可能泄漏到厂界外的污染物种类、数量、浓度，扩散模型；必要的水文气象条件（如水温、水流流向、流量、气温、气压、风向、风速）；企业和周边相邻建筑物平面图；周边水系、水源地、环境敏感目标分布情况。企业具备环境应急监测能力的，应制定环境应急监测预案，确保第一时间开展应急监测，并提供上述资料，配合生态环境部门开展公共区域应急监测。

健全管理、技术、装备支撑体系。引进、消化、吸收国外先进的企业环境安全管理方式、管理经验和污染防控技术，实施一系列解决方案和技术措施，化被动为主动，有条不紊地实施方案；鼓励、支持企业环境安全管理领域的技术研发，适时推广应用，提高企业环境安全管理的科学性；提高环境应急救援装备水平，更广泛地采用先进预测、预警、预防和应急处置技术及设施，不断提高应对突发环境事件的指挥能力和科技水平；保证技术物资储备充分，具备充足的环境应急物资和有效的调用方案，必须明确物资责任人；根据特征因子配备必需的水、气监测仪器设备，工作人员持证使用。

加强环境应急队伍建设。专兼结合、平战结合是企业环境应急队伍建设的有效形式。专业救援队伍和广大干部员工相结合，险时救援和平时防范相结合，是加强企业环境应急队伍建设的现实需要。要加强环境应急培训演练，强化实战能力。企业主要负责人和环境风险管理人员定期参加省级、市级、县级生态环境主管部门组织的环境应急人员培训班。企业内部制订不同层次、不同需求的培训计划，定期组织企业操作人员进行环境风险知识和管理能力的培训，明确应急启动流程和应对措施。企业应做到专职应急管理人员持证上岗率100%。

建设环境应急专家队伍。企业要充分利用周边科研单位、高等院校及大型工矿企业等单位的环境应急专家资源，通过推荐、评审等程序聘用环境应急专家，组建精干、高效、管用、共享的环境应急专家队伍体系，并实现动态管理。

第三节　国外企业环境安全管理

一、发展过程

随着社会的发展与进步，人类生产规模和消费规模日益扩大，发达国家“高投入、高消耗、高污染”的发展模式导致了严重的环境破坏，让环境安全问题日益凸显。从一定意义上来说，重大突发环境事件的发生推动了环境安全管理工作的发展。

1960年，福斯特等在《科学》杂志上发表《世界末日：公元2026年11月23日，星期五》的论文以来，有关地球安全的“警钟”越敲越响。全球气候变化、酸雨、放射性污染、洪水、水土流失和土地荒漠化等环境危机的出现，促使全社会重视生态环境保护。

1962年，美国科普作家蕾切尔·卡森创作了《寂静的春天》，描写因过度使用化学药品和肥料而导致环境污染、生态破坏，最终给人类带来不堪重负的灾难，这也是环境安全的启蒙类图书。

1972年，在瑞典斯德哥尔摩召开的人类环境会议上呼吁进行全球合作，共同迎接来自环境领域的挑战。

1976年7月，意大利塞维索发生化学污染事故；欧共体在1982年6月颁布了

《工业活动中重大事故危险法令》(82/501/EEC),简称《塞维索法令》。

1977年,美国著名的环境专家莱斯特·布朗将环境含义明确引入安全概念,提出要对国家安全加以重新界定,将环境引入安全概念和国际政治范畴。

1984年12月,印度博帕尔市农药厂发生异氰酸甲酯毒气泄漏事故,随后印度颁布了一系列防止重大化学品污染事故发生以及用于减轻事故环境危害后果的联邦法律、法规。

1986年4月,切尔诺贝利核电站发生泄漏事故。

1986年11月,发生莱茵河污染事故。

1987年,世界环境与发展委员会发布的《我们共同的未来》报告中,正式使用了"环境安全"这一用语,正式提出环境安全的理念。认为安全的定义除了对国家主权的政治和军事威胁外,环境问题已成为具有战略意义的问题之一。

1988年,联合国环境规划署的"阿佩尔计划"首次提出了环境安全这一概念。

1991年8月,美国发布《国家安全战略报告》,首次将环境安全视为国家利益的组成部分,这标志着环境安全的理念已被提升到了国家安全的战略高度,环境安全体系得到了扩展和重构。

1992年,联合国环境与发展大会通过的《21世纪议程》将环境安全理念提升到全球可持续发展计划行动蓝图中,使世界各国开始重视环境安全问题。

1996年7月,美国环境保护局、美国国防部和美国能源部签署了《谅解备忘录》,三个部门间建立合作框架以加强环境安全的执行能力。

1999年,俄罗斯在《俄罗斯联邦国家安全构想》中将环境问题纳入国家安全战略。该构想认为,在当前和可以预见的未来,国家安全的威胁主要集中在政治、经济、社会、环境等领域。

2000年12月,全世界122个国家在约翰内斯堡达成一致协议,制定一项国际公约,禁止使用或者严格限制使用12种毒性极强的化学品,这些化学品会通过食物链污染环境,引起人类先天性缺陷、癌症和儿童发育等问题。

2001年5月,包括中国在内的127个国家和地区的环境部部长和高级官员在瑞典首都斯德哥尔摩签署了一项国际公约,决定在世界各地禁止使用或限制使用12种持久性有机污染物。2004年5月17日,《斯德哥尔摩公约》正式生效。

2007年6月,欧盟《关于化学品注册、评估、许可和限制的法规》(REACH)开始生效,涉及化学品的生产、贸易和使用安全。

2010年,日本《外交蓝皮书》中明确提出,随着恐怖主义、贫困、环境等非传统的安全威胁不断加剧,应采取多方面的安全战略,不但要解决传统的安全威胁,也要解决非传统的安全威胁。

2010年6月，美国15个部级行政机构和41个独立行政机构联合发布《可持续力绩效战略规划》，将化学品管理和水资源管理等环境安全相关问题作为美国可持续发展的战略优先任务。

2012年，欧盟委员会建立专门的化学品监控管理体系，将欧盟市场上约30 000种化工产品及下游的纺织、轻工、制药等产品分别纳入注册、评估、许可三个监控管理系统，未能按期纳入该管理系统的产品不能在欧盟市场上销售。

21世纪以后，随着全球安全态势的变化以及全球环境问题的日趋紧迫，对环境安全的探讨也越来越多，世界各国尤其是一些发达国家把环境安全问题纳入本国安全与发展战略的考虑范围。环境安全的理念渗透到可持续发展战略的各方面，涵盖了生态、经济、社会、军事、政治等领域，演变成为继传统军事安全观之后，非传统的现代安全观的核心内容之一。

二、国外管理体系

（一）美国

美国环境应急管理法律体系以联邦法、联邦条例、行政命令、应急预案、规程和标准为主。具体来说，美国的联邦法主要规定应急任务的运作原则、行政命令定义和授权任务范围，联邦条例则提供行政上的实施细则。以《灾害救助与紧急援助法》和《全国紧急状态法》为例，前者是美国第一个与应对突发环境事件有关的法律，该法就紧急事件的范围、处置预案的制定、紧急状态的确认、紧急事件的处置等作了详细的规定；后者则规定了紧急状态的颁布程序、开始与终止的方式、紧急状态的期限和国家紧急权力的行使等内容。此外，1992年美国联邦紧急事务管理署公布的《联邦应急计划》是美国应急管理的基本法规，该法规主要规定了联邦政府危机管理运作的执行纲要等内容。此外，美国各州、郡、市政府则结合自身实际制定了严格于联邦法律的地方性法规，各职能部门制定了各种有关政府应急预案和企业应急预案编制的指导性文件。

目前，美国环境应急管理专项法包括《综合环境反应、补偿和责任法》《国家油类和危险物质污染事故应急计划》《化学突发环境事件应急准备计划》《安全饮用水法》《应急规划和社区知情权法》《石油污染法》等。这些法律主要针对石油、化学品和危险废物泄漏所导致的突发环境事件以及其他因素诱发的水污染、大气污染、土壤污染、海洋污染等突发环境事件。环境应急专项法则对以上事件的预防和准备、应急处置和救援、事后恢复和重建阶段中政府、企业、公民的权利和义务等各个方面作出了规定，并且建立了环境损害责任保险制度和有毒物质排放清单等制度。

美国环境保护局针对使用有害物质的企业发布了化学品事故防范相关法规及导则。这些法规和导则主要来源于风险管理计划（Risk Management Plan，RMP）规则，要求使用特定有害物质的企业制订风险管理计划，并且每五年需要修订一次，主要内容包括：识别化学品事故的潜在危害；识别企业预防事故发生需要采取的措施和步骤；说明事故发生时的应急处置程序。风险管理计划能够为地方应急管理部门提供有效的信息来应对化学品突发事件，对公众发布风险管理计划也能够促进沟通，增强对事件的预防以及应急响应能力。

美国环境保护局对储罐、应急围堰、应急池以及应急导流、截流等设施作了较为详细的规定，相关规定如下：贮存物料的物理化学性质能够现场提取并及时检测，检测结果需要包括处置、储存及暴露损害等信息，检测信息应及时更新；贮存设施应能够阻止非专业人士接触，并将各类伤害降至最低；定期检查设施，消除设施故障，防止设施因老化、操作失误等原因导致贮存物料泄漏，威胁人体健康；定期组织相关脱岗、在岗培训，保证相关人员具有应对突发状况的专业能力；采取预防措施，防止贮存物料发生燃烧等反应；确定溢出物应急拦截缓冲能力是否足够，具体能力取最大单体罐容量与罐区所有容量 10% 的最大值。

据美国国家交通运输安全局不完全统计，2010 年大约每天有 100 万美元批次的危险货物在美国本土通过公路、水路及铁路运输。运输危险货物意味着安全风险“已上路”，《联邦法典 49 号——危险物质规则》（简称“49CFR”）在危险品监管、风险防范方面起着至关重要的作用。此外，美国还设有化学安全委员会，化学安全委员会作为一个独立的联邦机构专门负责调查化工事故。化学安全委员会成员全部是化工安全专家以及化学和机械专业人员，由总统任命，经过联邦参议院批准。其职责是检讨相关法规及监管执法的缺失，寻找事故发生的根本原因，包括管理及预防方面存在的问题、设备故障、人为失误、不可预见的化学反应或其他危险等。该委员会也对一些可能存在的事故隐患开展调查，寻找消除隐患的办法。

美国法律规定，存在环境风险的企业必须缴纳突发环境事件责任保险金，将物品的种类、有害程度、处理方法等告知当地政府、环境部门以及周边居民，并且每月将排放物的数量、种类、浓度等检测报告报送当地环境部门，同时向各级应急委员会汇报。对于小型环境风险企业，市级环境部门 1 年或 3 年检查一次；对于大型环境风险企业，1 年检查一次；对于不遵守法律法规的环境风险企业，不定期检查。环境部门每次对环境风险企业例行检查的检查报告在互联网对公众发布。

（二）欧盟

欧盟的企业环境安全管理体系依托各国的环境安全体系逐步建立完善而成，以

REACH 法规、《塞维索法令》和民防机制为主体进行管理。REACH 法规注重环境安全管理中化学品的管理和预防；《塞维索法令》对重大事故灾害的预防、应急准备、响应均有涉及；民防机制主要是通过民防在应急响应中保护民众、环境、财产等。1996 年通过的《污染综合预防控制指令》是欧盟环境政策、法律中最主要的指令。2006 年发布的 REACH 法规对化学品的相关环境应急处置作出了详细规定。

欧盟的环境风险管理与环境安全管理紧密联系，主要在化学品与工业突发环境事件防控等领域，通过环境风险识别与评估，以及规范化学品生产者、使用者的有关义务与行为，实现对工业活动引发突发环境事件的风险防控；明确环境风险管理对象并分类分级管理，突出环境风险管理的针对性与高效性。欧盟出台了《工业活动的重大事故指南》等技术指导文件，旨在降低工业事故发生概率和降低事故对环境的影响。

（三）德国

德国“清单法”是评价企业水环境风险时评价功能较为全面、操作性很强的工具。这个方法以安全生产和风险预防为基本理念，针对企业的化学品溢出安全保护、转运环节、设备检测、废水分流等方面进行检查和评估。该方法在德国及欧洲地区得到了很好的推广应用，成果显著。“清单法”中核心指标包括风险源强、敏感目标和管控措施，其中管控措施指企业防范突发水环境事件所采取的一系列风险控制措施，覆盖了存储、管道、清污分流情况等。

德国危险化学品的消防主要由企业雇用的厂区消防员负责，只有在重大灾情时才会请求公共消防力量支援，但必须把危险品的种类、数量、存放位置等重要信息告知消防部门，以便采取有针对性的消防措施并避免消防人员伤亡。厂区消防人员不在公共消防序列，但与公共消防员接受相同标准的训练，“编外”身份并不影响其专业素质。由于这类消防员对企业的危险品生产和存放情况十分了解，且配备专用消防工具，在应对危险品火灾时，他们能在第一时间赶到现场并作出适当应对，安全控制火情。

在危险化学品存放方面，德国通过上百条法规加以管理。化学品如何存放、最大储存量多少等问题均须按法规行事，每家企业还须制定紧急救援方案并准备可能需要的灭火设备。相关企业必须严格遵守法律规定，并接受政府和保险公司的监管。

（四）英国

英国政府出台了《国内突发事件应急计划》，主要内容包括：在日常工作中，对可能的突发事件进行风险评估；制定相应的预防措施；进行应急处置的规划、培训及演练；在应对和处置突发事件过程中，强调各相关部门之间的合作、协调和垂直部门的沟通；突发事件处置结束后，尽快使社会在政治方面、经济方面、文化方面恢复到正常状态以及社会大众从心理、生理和生活的非常状态中迅速恢复到正常状态；及时总结应急处置过程中的经验教训。

在突发事件实际处置中，一般由警察部门牵头，消防救援和医疗救护这一类应急部门、紧密协作单位和事发地政府在第一时间参与，供水、电力、油气、交通、通信、气象、环境、食品等部门以及应急志愿者等广泛的社会力量及军队积极参与。

英国十分重视环境部门与消防部门的合作，在环境部门和消防部门互设相关领导职位，更有利于相互沟通合作；在消防设备中增加环境应急单元，配备吸油毡、收集袋、堵漏剂、围油栏等简易环境应急处理设备；环境应急相关人员参与消防现场的处置指挥，为消防人员提供环境安全资料，评估环境危害，在事故处理过程中使消防部门发挥环境应急处置作用。环境部门与消防部门合作带来的益处在英国是显而易见的，一是突发环境事件大大减少，这得益于消防人员到达现场后对现场的预先处理；二是减少了环境应急相关人员的环境处置工作量，降低了环境处置难度；三是由于事故污染造成的损失大大减少，据英方统计，每年因突发环境事件造成的经济损失减少约13 600万英镑。

（五）加拿大

加拿大环境应急管理框架是在联邦政府和省级政府既定的应急管理体系之内建立的，并在实践中不断发展与完善。加拿大为贯彻实行《环境保护法》，在2011年进一步完善并颁布了《突发环境事件管理条例》实施准则。《突发环境事件管理条例》重点对突发环境事件的信息公开进行规范，特别是对石化企业的环境信息公开进行了具体规定。

加拿大规定所有加拿大公民和组织都必须参与到环境应急管理的活动中，包括联邦、省和地区、自治市等各级政府以及社区、公民等，另外私营部门非政府组织、学术界以及国际机构等都可以申请参与环境应急管理工作。如加拿大灾害损失减轻协会是一个非营利性社会公共组织，其使命是开展各类预防灾害发生、减轻灾害损失的学术研究和工程建设，并向广大公众和单位提供咨询和教育，使社会公众懂得灾害发生后的自救互援。

（六）荷兰

荷兰采取多种方式将可能引发突发环境事件的隐患消灭在萌芽状态。荷兰十分注重事前的风险防范，一方面以法律法规的形式规定了危险化学品生产、运输从业人员的责任和行为活动，目的是防止、限制和尽量降低生产、危险货物运输过程中的违规操作对人造成的伤害以及对环境和财产造成的破坏，同时相关应急培训机构定期组织从业人员开展培训；另一方面提高危险化学品相关从业单位的门槛设置，荷兰要求申请从事危险化学品相关工作的单位，必须具备一定的经济能力，并且每年缴纳较高的保险费，以便于在事故发生后有充足的资金开展事故的处置和赔偿，避免产生资金不足导致处置延缓的情况。此外，荷兰还组织开展区域环境风险评估工作，以充分掌握辖区内存在的各种环境风险情况。2009 年，荷兰发布了《区域环境风险评估国家准则》，作为指导各安全区开展环境风险评估工作的纲领性文件，该文件描述了环境风险识别、环境风险分析与环境风险评价的方法，并阐述了如何将环境风险评估结果应用于政策制定。

（七）日本

由于日本自然灾害（如地震、洪水）多发，还在工业发展阶段经历了先污染后治理的过程，导致“水俣病”等环境公害事故多发，因此自 1960 年起，日本开始建立以企业公害、自然公害为环境防灾减灾主要对象，以各地方政府为防灾减灾主体的环境应急体系。随后在 1961 年颁布实施的《灾害对策基本法》作为日本预防灾害、应对灾害和灾后重建的根本大法，将日本的防灾由单项的防灾管理体系过渡到多灾种的综合防灾管理体制。自 1990 年以来，日本环境应急管理逐步由“综合防灾管理”转向“国家危机管理体系”，改变了过去重视地方自治体主导的情况，不断提高中央防灾机构的地位和功能，形成了“防灾减灾—危机管理—国家安全保障”三位一体的危机应对系统。

（八）新加坡

新加坡政府严格规定，新建立的工业设施必须远离人们的居住区域。化工行业的企业必须向政府相关部门提交量化环境风险分析报告，在报告中列明化学品的使用、存储和运输过程中所有可能存在的环境风险。政府相关部门对工厂的设计和运营也要提出环境安全方面的建议和措施，以使环境风险处于可以接受的范围内。在具体的化学品存放方面，新加坡规定，企业必须为所有有害的化学品或者易燃易爆品建立合适的存放地，要综合考虑到化学品的属性，比如是否相容、是否需要远离高温以及太阳直射等。

新加坡十分重视使用、生产、储存、运输和管理危险化学品人员的培训教育，以上人员除学习企业文化外，还必须学习所在岗位的环境安全要求、环境风险预警和防范以及发生事故后的应急对策。消防员至少每年隔月进行一次消防应急演练（共 6 次）、两年一次大型联合演练，吸纳从事危险化学品工作的员工参加。

三、对我国的启示

经过多年的探索和实践，国外许多国家的企业环境安全管理机制和体系已经发展得相对成熟，而我国企业环境安全管理起步较晚，与一些发达国家相比仍存在较大差距。目前，我国已经出台了一系列相关的规范性文件，但作为一个完整巨大的社会系统工程，我国企业环境安全管理体系建设还处于发展的初级阶段，有必要对国外的相关理论和突发环境事件的处置进行研究，总结国外在企业环境安全管理中的有益经验和成功做法，有助于进一步完善和加强我国企业环境安全管理体系建设。

国际上应对突发环境事件的经验主要包括以下几个方面：一是建立了一套完备的国家应对灾害危机的法律法规体系；二是建立了以各级政府为核心的、独立的应急指挥系统；三是注重事件与管理系统的有效连接；四是注重教育和培训；五是有充足的经费和发达的科技作为应对突发环境事件的物质保障；六是有开放畅通的公众信息通道。

（一）加强企业环境安全文化建设

国际上的企业环境安全发展经验表明，加强环境安全文化、环境安全理念建设，才能从本质上提高环境安全管理水平，逐步形成环境安全管理的长效机制。现代企业的环境安全已经发展成为企业的环境安全文化，并影响到企业相关的其他文化乃至社会文化，“以人为本”和可持续发展的思想得到了充分的体现。目前，很多国际企业每年要发布环境安全年度报告，为了体现报告数据可靠性、增加透明度、保证完整性、增强信誉、促进改进，很多企业对其环境安全年度报告进行第三方验证。

例如美国陶氏化工企业，该企业针对企业全体、每一道工序、每一名员工都有明确且严格的统一要求，并依据内部标准组织开展各类培训，确保整体企业环境安全到位，减少突发环境事件的发生概率。企业的应急预案内容更为丰富，如陶氏化工企业的应急预案共有 100 多个，不仅包括了全球的统一原则，应急预案更是细化到每一个具体的操作工段，从如何内部响应到如何与政府部门预案对接，都有明确的实施步骤。陶氏化工企业监控中心办公室设有主要生产工段的应急处置调度办公桌，每一张办公桌上放满了该工段和每一个环节、工序的应急预案，一旦发生事故，员工只需要按照操作规程进行操作，便可以化解事故。

陶氏化工企业设有专门的环境风险分析专家组，从事工艺环境风险管理、工艺危险了解、工艺环境风险分析、工艺环境风险控制工作；在工艺环境风险管理中，管理人员必须有危险和风险意识，进行风险分析和风险管理。企业控制环境风险就好比一个“洋葱”，生产设备（装置）位于“洋葱”的中心，从里到外有不同的保护措施

（层），比如紧邻设备的是基本的控制工艺警报和操作与管理，从里到外分别有警报操作和手工干预、自动化操作和回声探测仪、减轻设备的物理保护、构筑堤防的物理保护、工厂的环境应急响应，直到最后一道保护措施（层）就是公众环境应急响应。如果设备的环境风险越大，那么保护设防的措施就越多，即使一项保护措施失败了，仍有其他保护措施来控制环境风险事件的发生。

此外，在美国布拉佐斯港，包括陶氏化工企业在内的16家化工企业建立起联动机制，整合区域环境应急资源，分为0～3这四个警报级别。如企业发生较严重的突发环境事件时，不仅要通知当地政府应急部门，还要通知公众，必要时报告美国环境保护局，美国环境保护局会在事后进行调查。

（二）建立环境应急信息发布平台

建立统一的环境应急信息发布平台，企业和政府统一在平台发布环境应急信息，在突发环境事件发生后，企业和政府按照“快报事实、慎报结论”的原则，及时向媒体和公众发出权威的声音，避免公众因情况不明导致群体性事件，并在事件处置过程中和结束后，及时将污染情况、应对措施、损害评估等环境应急信息向社会公众和媒体公开。如德国巴斯夫公司爆炸事故发生时，巴斯夫公司主动并迅速地将情况告知公众，公众会听到警报信号和喇叭播报信息，同时还会被告知应如何采取措施。

突发环境事件调查报告是学习和研究突发环境事件的重要素材，荷兰、德国、加拿大以及美国等发达国家也都有专门的突发环境事件调查报告库。因此，在突发环境事件调查结束后，应由主管部门将突发环境事件调查报告按要求录入统一的信息平台，建立突发环境事件调查报告库。一方面，可以将突发环境事件调查报告公开向社会大众和媒体披露并接受监督；另一方面，突发环境事件调查报告的处置经验可供企业和各级应急部门学习借鉴。

（三）有效落实损害赔偿机制

德国、加拿大等国家都有环境赔偿法，保障环境应急事中和事后处置，用于清污费用、生态修复补偿、民事赔偿、刑事罚款的各项赔偿事项。加拿大主要是采用国际机制和国内机制相结合的办法解决生态损害赔偿问题，且设立了污染赔偿基金，使受害人能够更快捷地得到赔偿。德国颁布的《环境责任法》构建了德国生态环境损害赔偿的基本框架，其特色体现在直接保护的是受到损害的个人利益。《环境责任法》中规定因环境污染而致他人死亡的，造成损害的主体（个人或组织）必须支付他人医药治疗费、丧葬费等，还要赔偿第三方（因受害人死亡而丧失权利者）的赡养费、抚养费等。

2017 年 12 月 17 日，中共中央办公厅、国务院办公厅印发了《突发环境事件损害赔偿制度改革方案》。该方案明确，自 2018 年 1 月 1 日起，在全国试行突发环境事件损害赔偿制度，在全国范围内初步构建责任明确、途径畅通、技术规范、保障有力、赔偿到位、修复有效的突发环境事件损害赔偿制度。2019 年 6 月 5 日，中华人民共和国最高人民法院发布《最高人民法院关于审理突发环境事件损害赔偿案件的若干规定（试行）》，首次将“修复生态环境”作为突发环境事件损害赔偿责任方式；明确生态环境能够修复时，企业应当承担修复责任并赔偿生态环境服务功能损失，生态环境不能修复时，企业应当赔偿生态环境功能永久性损害造成的损失，并明确将“修复效果后评估费用”纳入修复费用范围；赔偿资金应当按照法律法规、规章予以缴纳、管理和使用。试行突发环境事件损害赔偿制度破解了我国“企业污染、群众受害、政府买单”的困局。

（四）逐步完善责任保险制度

突发环境事件责任保险是发生环境问题后的有效解决措施。投保企业一旦发生突发环境事件，可以由保险公司赔付一定限额的赔偿金，既减轻了企业的负担，也有助于弥补损失。如荷兰要求申请从事危险化学品相关工作的单位，必须具备一定的经济能力，并且每年缴纳较高的保险费，以便于在突发环境事件发生后有充足的资金支持开展事件的处置和赔偿工作，避免资金不足导致事件处置延缓情况的发生。1991 年，德国出台《环境责任法》，有关环境责任险的承保范围涉及土地、空气及水的污染。2007 年，德国推出了环境治理保险，丰富了环境保险的内容，提高了社会关于环境的保障程度。

突发环境事件给企业带来的巨大经济压力会直接影响应急救援的进展，并加重对环境的损害。如加拿大缅因州和大西洋铁路货运列车脱轨漏油事故中，考虑到应急响应成本，在火灾得到控制后就停止了现场所有处置工作。停工影响了应急响应和环境的治理，导致石油泄漏污染区域进一步扩大，造成更大范围的环境污染。发生突发环境事件之后，如果没有事故保险机制，大多数情况下会造成企业财务状况的崩溃，从而影响应急响应的进展及后续环境污染的治理。英国石油公司墨西哥湾钻井石油泄漏事故中，由于该公司未从商业市场上购买相关保险，而是从专业自保公司购买保险，理赔额度较小，该次墨西哥湾漏油事件赔偿金额 540 亿美元基本全部由该公司承担，致使该公司一度濒临破产。可见突发环境事件保险制度对补偿突发环境事件中企业的经济损失是至关重要的。

我国突发环境事件频发，若建立突发环境事件损害赔偿制度，企业污染环境的违法成本必然升高，通过在环境高风险领域建立环境污染强制责任保险制度，可以补偿环境高风险领域突发环境事件中受害人的经济损失。经多方努力，2018 年 5 月 7 日，生态环境部出台了《环境污染强制责任保险管理办法（草案）》，将建设好、运用好环境污染强制责任保险这项制度，引进市场化专业力量，通过“评估定价”企业环境风险，实现外部成本内部化，提高环境风险监管、损害赔偿等工作成效。

四、典型案例

（一）世界八大公害事件

随着现代化工、冶炼、汽车等工业的兴起和发展，环境污染事件频频发生，在 20 世纪 30 年代至 20 世纪 60 年代，发生了 8 起震惊世界的公害事件。

比利时马斯河谷烟雾事件：比利时马斯河谷工业区处于狭窄的河谷中，分布有许多重型工厂，包括炼焦、炼钢、电力、玻璃、炼锌、硫酸、化肥等工厂，以及石灰窑炉。1930 年 12 月 1 日开始，整个比利时由于气候反常变化被烟雾覆盖，在比利时马斯河谷还出现逆温层，雾层尤其浓厚，整个河谷地区的居民有几千人生病。病症表现为胸痛、咳嗽、呼吸困难等。一星期内导致 60 余人死亡。

美国多诺拉镇烟雾事件：该镇处于河谷。1948 年 10 月最后一个星期，大部分地区受反气旋和逆温控制，加上持续有雾，使大气污染物在近地层积累，二氧化硫及其氧化作用的产物与大气中尘粒结合，导致发病人数共计 5 911 人，占全镇人口的 43%，死亡 17 人。其症状表现为眼痛、喉痛、流鼻涕、干咳等。

美国洛杉矶光化学烟雾事件：光化学烟雾是大量碳氢化合物在阳光作用下，与空气中其他成分起化学作用而产生的。在 1952 年 12 月的一次光化学烟雾事件中，导致洛杉矶市 65 岁以上的老人死亡 400 多人。

伦敦烟雾事件：1952 年 12 月 4 日至 12 月 9 日，伦敦上空受高压系统控制，工厂生产和居民燃煤取暖排出的大量废气难以扩散，积聚在城市上空。直至 12 月 10 日，强劲的西风吹散了笼罩在伦敦上空的恐怖烟雾。大雾持续的 5 天时间里，据英国官方的统计，丧生者达 5 000 多人，在大雾过去之后的两个月内有 8 000 余人相继死亡。

日本水俣病事件：1925 年，日本在熊本县水俣湾建设氮肥公司，1949 年开始生产氯乙烯（C_2H_5Cl）和醋酸乙烯，生产过程中使用汞催化剂，大量未经过处理的含汞废水排放到水俣湾中。1956 年，水俣湾附近居民出现了一种奇怪的病，轻者出现口齿不清、步履蹒跚、面部痴呆、手足麻痹、感觉障碍、视觉丧失、震颤、手足变形等症状，重者出现精神失常、或酣睡、或兴奋、身体弯弓高叫等症状，直至死亡。这种怪病就是轰动世界的“水俣病”。1972 年，日本环境厅公布，汞通过鱼虾进入人体，此次事件造成汞中毒283人，死亡60人。

日本痛痛病事件：1955年，在日本神通川流域河岸出现了一种怪病，发病人出现骨骼严重畸形、易折等症状，最后衰弱疼痛而死。经调查分析，痛痛病是因河岸的锌、铅冶炼厂等排放的含镉废水污染了水体，使附近区域内稻米含镉。

日本四日市气喘病事件：1961—1970年，日本四日市石油冶炼和工业燃油产生的废气严重污染城市空气，重金属微粒与二氧化硫形成硫酸烟雾。2 000余人受害，此次事件造成死亡和不堪病痛而自杀者达数十人。

日本米糠油事件：1968年3月至8月，日本北九州市、爱知县一带生产米糠油，用多氯联苯作为脱臭工艺中的热载体。由于生产管理不善，多氯联苯混入米糠油，人和牲畜食用后中毒，致数十万只鸡死亡、5 000余人患病、16人死亡。

（二）突发大气环境事件

美国北卡罗来纳州“10·5”环境质量公司危险废物爆炸事件：2006年10月5日21时，美国爱贝斯镇环境质量公司厂区内的一处危险废物处置建筑起火，火势蔓延到可燃性液体储存车间，导致一个容量为200 m^3的装有可燃性危险废液的储存桶发生爆炸，事故造成大约30人（包括最先抵达现场的13名现场急救人员）因身体不适而到当地医院寻求救治，主要症状表现为呼吸困难和恶心。爆炸现场附近约17 000名居民疏散到附近临时安置场所避难2天。

印度博帕尔“12·2”农药厂异氰酸甲酯毒气泄漏事故：1984年12月2日晚上，位于印度博帕尔市北郊的美国联合碳化物（印度）有限公司的农药工厂中一个装有45 t液态甲基异氰酸酯（MIC）的储气罐的压力急剧上升。次日0时56分，储气罐阀门失灵，罐内的剧毒化学物质泄漏，以气体的形态迅速向外扩散。1 h后，毒气形成的浓重烟雾已笼罩在全市上空。此次事故共泄漏了40 t剧毒气体，酿成迄今为止世界上最严重的突发环境事件。事件导致超过50万人暴露于甲基异氰酸酯中，并造成了严重的伤亡。本次事件导致了6 495人死亡，12.5万人中毒，5万人失明，8万人永久残疾。事件还造成122例流产和死产，及77名新生儿出生不久后死去。受这次灾难影响的人口多达150余万人，约占博帕尔市总人口的一半。这次灾难对老人和儿童的侵害最为严重，因为他们的肺不是太小就是太弱，无法抵抗毒气的侵袭；许多幸存者永远失明，有些幸存者的鼻腔和支气管受到严重损伤。

本次事故发生的直接原因是由于员工操作不当，清洗管道时致使清洗水进入MIC储罐发生剧烈反应，放出大量热量，加剧MIC蒸发，罐内压力上升，最终导致罐壁破裂，发生泄漏事故。

间接原因有以下几个方面：

一是厂址选择不当。建厂时未严格按工业企业设计卫生标准要求，没有足够的卫生隔离带。工厂吸引着大量失业者和贫穷者，他们先后在工厂周围搭起棚房安家，最后与工厂一街之隔形成了霍拉和贾拉卡什两个贫民聚居的小镇。政府因顾及饥民的生计而做出妥协。在这次悲惨的事故中，两个小镇恰好在工厂下风侧，故两镇居民死伤最多，受害最重。

二是工厂存在严重的环境安全隐患。该厂自 1978 年至 1983 年先后曾发生过 6 起中毒事故，造成 1 人死亡、48 人中毒。这些事故却未引起足够重视，该厂没有认真吸取教训，最终酿成大祸。事故发生时，其安全装置中和燃烧塔最大设计处理能力仅为泄漏量的 1/4，根本不足以处理这次事故。按规程，MIC 储罐实际储量不得超过容积的 50%，而 610 号储罐实际储量超过 70%。在本次事故发生前，工厂已停产 6 个月。其间，工厂管理层采取了一系列措施来降低成本，比如减少对工艺设备和安全装置的维护与维修，致使事故中燃烧塔完全不起作用；淋洗器不能充分发挥作用以及停用冷冻系统等，据估计 610 号储罐温度长期为 20℃左右，而 MIC 储存温度应保持在 5℃左右。

三是环境监控预警系统不完善。该工厂没有设置早期报警系统，也没有自动监测安全仪表，仅有一套预警装置，且由于管理不善，事故发生后未能正常启动。因随意拆除温度指示和报警装置，当 12 月 2 日晚上 610 号储罐开始泄漏时，这些装置未能起到报警作用，失去了前期应急处置良机。

四是人员技术素质差。操作规程要求，MIC 装置应配置专职安全员、3 名监督员、2 名检修人员和 12 名操作员，要求关键岗位操作员大学毕业。而实际上该装置无专职安全员，仅有 1 名负责装置安全责任者、1 名监督员、1 名检修者，操作员中无大学毕业生，最高也只有高中学历，又因 MIC 装置的负责人刚从其他部门调入，没有处理 MIC 紧急事故的经验。事故发生前，操作人员注意到 MIC 储罐压力突然上升，但没有找到原因，没有打开泄压储罐阀门。此外还违章作业，清洗管道时操作人员没有插盲板将清洗管道和系统隔开，不知道水流入 MIC 储罐后可能发生的后果。此外，该厂员工缺乏必要的环境安全教育和自救、互救知识，灾难来临时又缺乏必要的环境安全防护保障，因此事故中员工束手无策，只能四散逃命。

五是缺少对 MIC 急性中毒的抢救知识。当地政府和工厂对 MIC 的毒害作用缺乏认识，认为泄漏气体没有毒性影响。事发后救助不及时，医疗机构和医务人员不知抢救方法。MIC 可与水发生剧烈反应，因此可用水破坏其危害性，如用湿毛巾可吸收 MIC 并使其失去活性。若及时向居民发布这一信息，可以避免导致众多人员死亡以及双目失明。当 12 月 5 日美国联合碳化物公司打电话称可用硫代硫酸钠进行抢救时，该厂怕引起恐慌而没有公开此信息。12 月 7 日，德国著名专家带了 5 万支硫代硫酸钠到印度的事故现场，说明该药对抢救中毒病人很有效，但当地政府持不同意见，要求该专家离开博帕尔市。

六是缺乏环境应急预案。政府和工厂均没有针对有毒化学品泄漏事故的环境应急救援和疏散计划，对环境紧急事态应对毫无训练，环境应急反应效率低，未及时采取有效措施防止污染范围扩大。由于没有科学的环境应急预案指导，大多数人只知道盲目逃离事发地点，有些人的逃离路线恰恰是毒气扩散的路线，致使许多人死在逃亡途中。

七是未及时公开信息。事发后，该工厂没有向市民提供逃生信息，反而迅速决定把灾难的严重性和影响公布得轻微些，试图以此来挽回形象。灾难过后的几天，公司的环境安全管理事务负责人仍旧把 MIC 描述为“仅仅是一种强催泪瓦斯”，甚至在灾难造成的严重后果被公布后，公司仍然秉持着与事发前相同的做法。

综上，导致博帕尔毒气泄漏事故的直接原因是水进入储罐内与 MIC 发生化学反应，间接原因是工厂设计及工人操作未遵循环境安全原则，环境安全设施失效，环境应急反应效率低，管理层缺乏环境安全意识，再加上事故当晚气象条件不佳等因素的综合作用，最终导致了本次突发环境事件的严重后果。

在受害者救助方面，博帕尔毒气泄漏事故发生后，美国联合碳化物公司强调将迅速采取措施处置灾难，并承诺对受害者展开救助。12 月 4 日，美国联合碳化物公司将救助物资及多名国际医疗专家送往印度，帮助博帕尔医疗部门进行紧急救治。12 月 11 日，该公司向“印度总理灾难紧急救助基金”提供了 200 万美元的资金。1985 年，该公司建立了“员工博帕尔救助基金”，筹集了超过 500 万美元资金。1987 年 8 月，美国联合碳化物公司又拿出 460 万美元作为人道主义救助基金。美国联合碳化物公司还采取多种措施，对博帕尔灾难中的受害者持续提供帮助，包括建立公益信托基金，以捐赠建造一家地方医院；向印度红十字会捐赠 500 万美元；同其他化工公司一起建立责任关怀系统，通过提高社会环境安全意识、环境应急准备及环境公益安全标准，帮助预防类似突发环境事件再次发生。

在突发环境事件后续影响方面，突发环境事件发生后，美国联合碳化物公司终止经营博帕尔工厂，却没有完全清理工业用地。该工厂继续泄漏一些有毒化学物质和重金属，且污染物进入当地的含水层。1989 年美国联合碳化物公司的实验室测试显示，从工厂附近采集的土壤和水样对鱼类有毒。据报道，工厂内的 21 个区域均受到高度污染。1991 年，当地政府宣布，超过 100 口井的饮用水有害健康。1994 年，据报道，21% 的厂房受到化学品的严重污染。

从此次事件中，我们得到如下经验启示：

一是加强环境风险防范。对于生产和使用化学危险品的工厂，在建厂前选址时，应作危险性评价，根据危险程度留有足够防护带。对剧毒化学品的储存量应以维持正常运转为限，降低危险化学品的储量，博帕尔农药厂每日使用MIC的量为5 t，但该厂却储存了55 t，如此大的储存量没有必要。

二是健全环境安全管理规程。提高操作人员技术素质，杜绝误操作和违章作业。严格交接班制度，记录齐全，不得有误，明确责任，奖罚分明。强化环境安全教育和健康教育，提高员工的自我保护意识，普及突发环境事件中的自救、互救知识。坚持持证上岗，不获得安全作业证者不得上岗。

三是强化环境应急预案管理。生产和加工剧毒化学品的工厂都应制订环境应急预案，并定期进行环境应急演练，使相关人员熟知环境应急防护、急救、脱险、疏散、抢险、现场处理等信息。

四是提高环境预警能力。对生产和加工剧毒化学品的装置应有独立的环境安全处理系统并定期检修，一旦发生泄漏事故，能及时启动环境应急处理系统，将毒物全部吸收和破坏。在生产和加工有毒化学品的装置旁应装配传感器、自动化仪表和计算机控制等设施，提高装置的环境安全水平和预警能力。

五是及时公开信息。准确、及时地传递和发布突发环境事件信息，能够对环境应急决策提供有力支撑，也能帮助降低突发环境事件损失，消除公众恐慌。该起突发环境事件发生后，工厂没有积极开展环境应急救援工作，没有向政府和公众提供真实的信息，造成救援延误和事件影响的扩大。

意大利塞维索“7·10”二噁英突发环境事件：1976年7月10日，意大利米兰以北15 km的塞维索（Seveso）附近一个小镇上，伊克梅萨化工厂的（1,2,3,4-四氯苯TBC）加碱水解反应釜突然发生爆炸。包括反应原料、生成物以及二噁英杂质等在内的化学物质一起冲破了屋顶，冲入空中，形成一个污染云团，这个过程持续了约20 min。在接下来的几个小时内，污染云团随风速达5 m/s的东南风向下风向迁移了约6 km，并沉降到面积约1 810 acre（1 acre=0.404 686 hm^2）的区域内，拥有超过3.7万人口的整个塞维索地区被暴露在高浓度二噁英之中，造成了轰动世界的二噁英突发环境事件。事故发生后几天内，有约3 300只家禽死亡。随后数月内，事故导致130多人出现氯痤疮（一种二噁英中毒的皮肤疾患），51名孕妇自然流产，没有直接造成人员死亡。为防止二噁英通过食物链迁移，当地宰杀了大约8万只动物。

二噁英事故发生当天，伊克梅萨化工厂立即通知当地居民田地中的蔬菜可能被污染，警告居民不要食用当地的农畜产品，同时声明爆炸泄漏的污染物中可能含有TCP、碱性碳酸钠、溶剂以及其他不明有害物质。他们还请求警察对居民发布警告，但遭到了拒绝，警察表示他们只能执行市卫生官员的命令，而该官员却不见踪影。事发第二天，当地市长向市民发布了田地中蔬菜可能被污染、不要食用的警告。7月

17 日，政府才宣布泄漏气体含有二噁英。2～3 周后，政府才动员事故发生地点周边处于高风险区域的社区居民进行撤离，整个疏散过程持续了几天。塞维索事故的响应缓慢贻误，被外界广泛批评。在 1978 年年底之前，大多数个人的赔偿工作已经在法庭之外解决。

作为该事故的直接结果，1982 年，欧共体通过和颁布了控制重大危险事故的《工业活动中重大事故危险法令》（82/501/EEC），简称《塞维索法令》，对重大环境风险源设施进行安全监管。经过几次修订后，根据目前的《塞维索法令Ⅱ》要求，危险工业设施应当建立应急响应计划，在化学事故发生后及时向可能受影响的公众通报事故信息，并采取相关措施保护公众和环境。

突发环境事件的严重后果不仅与事故直接涉及的化学品固有危害性相关，而且爆炸、火灾事故生成的燃烧分解产物也会造成严重的次生危害。本案例中三氯苯酚等有机氯化物爆炸燃烧产生二噁英污染物就是一个典型实例。企业环境应急预案内容应当包括如何和何时向公众披露事故泄漏相关信息以及化学品泄漏事故发生后如何保护公众和保护环境的方法。

（三）突发水环境事件

美国科罗拉多州“8·5”金矿废水泄漏事件：2015 年 8 月 5 日，美国科罗拉多州圣胡安郡金王矿发生酸性矿井废水及重金属尾矿泄漏事故。此次事故造成大约 11 356 m^3 的酸性废水流入阿尼玛斯河支流西蒙溪，并最终流入阿尼玛斯河中。大量含有重金属［如镉（Cd）、铅（Pb）、砷（As）等］的废水将阿尼玛斯河的河水染成了橘黄色。受此次矿井废水泄漏污染影响的地区包括科罗拉多州、新墨西哥州和犹他州三个州的部分城市和纳瓦霍族保留地。沿河的科罗拉多州和新墨西哥州宣布进入灾难状态，不少城市的饮用水安全受到影响。当地应急中心警告河流附近居民不要直接饮用井水；用河水做饭或者洗澡之前要对河水进行检测；人和宠物不要接触河水，更不能在河里捕鱼；农村的牲口也不能饮用河水。

匈牙利维斯普雷姆州“10·4”赤泥溃坝事故：2010 年 10 月 4 日 13 时 30 分，匈牙利维斯普雷姆州奥伊考的氧化铝厂 10 号赤泥塘的西北角决堤，大约 100 万 m^3 含有铅等重金属的赤泥外泄，影响周边区域近 40 km^2。事故共造成 10 人死亡，286 人入院治疗，下游河中无脊椎生物和鱼类几乎灭绝。这是匈牙利历史上最严重的生态灾难。匈牙利政府清理工作耗时 1 年，花费数千万美元。事件应急的两大目标是保障人身安全和阻止污染物进入多瑙河，因为污染物一旦进入多瑙河，可能引发长达 20～25 年才能解决的环境问题和大量的国际投诉与赔偿。匈牙利采用了三种方式控制地表水污染，包括石膏中和、建坝拦截以及酸中和。

美国宾夕法尼亚州“1·2”石油类物质泄漏事故：1988年1月2日，位于美国宾夕法尼亚州孟农加希拉河附近的亚什兰石油公司储油罐因底层板出现故障而倒塌，约2 300 t柴油泄漏，是美国最大的内陆石油泄漏事故。泄漏的柴油溢出厂内的事故堤，进入敞开式雨水渠并最终进入河流。柴油顺河流向下迁移了数公里，并沿河流横向和垂向迁移。柴油还从孟农加希拉河进入了作为100万人口（包括宾夕法尼亚州、维吉尼亚州西部和俄亥俄州）临时饮用水水源的俄亥俄河。有80个社区（大约100万人口）停止了饮用水供应，许多企业被迫暂时关闭取水口。该事故造成河流生态严重破坏，大量水生生物和陆生动物死亡。

瑞士巴塞尔“11·1”消防污水污染莱茵河事故：1986年11月1日，瑞士巴塞尔山道士公司956号仓库发生火灾。仓库共储存1 250 t农用化学品，这些化学品大多数对水生生物有剧毒，且可能对水生环境造成长期持续影响。因没有收集现场消防用水，约1万m^3消防污水携带30 t农药（其中包含10 t磷酸酯、约0.15 t汞）通过冷却水排水管流入莱茵河中。消防污水中含汞、含锌农药和其他农药造成了莱茵河流域的严重污染，莱茵河荷兰段水中汞含量超标3倍。水体污染迫使瑞士、联邦德国、法国及荷兰内从莱茵河取水的自来水厂均暂时停闭，采取应急供水措施。法国的渔业、旅游业和海水养殖业蒙受了巨大损失。莱茵河历史上第一次发生这样大的灾难，所以有人称这次事故是“水中的切尔诺贝利事件”。

（四）突发固废环境事件

加拿大不列颠哥伦比亚省“8·4”波利山尾矿溃坝泄漏事件：2014年8月4日，加拿大帝国矿业公司位于不列颠哥伦比亚省卡里布地区的波利山铜矿由于发生尾矿坑垮坝事故，造成大量含有重金属（主要是铜）的尾矿废水和废渣泄漏。含有重金属的污泥和废水夹杂着被冲倒的树木、泥沙和杂物从波利湖冲进黑泽丁溪，最终流入附近的科内尔湖。到事件发生后的第4天，也就是8月8日，面积为4 km^2的尾矿库基本流干。事故发生后所做的技术评估显示，该次尾矿溃坝事故共造成1 060万m^3上层清水、730万m^3矿渣、650万m^3间隙水以及60万m^3建筑材料泄漏。帝国矿业公司投入6 700万加元对周围受污染的水体进行清理和修复，此次溃坝事故也被称为加拿大历史上最严重的生态灾难之一。

美国北卡罗来纳州“2·2”丹河火电站粉煤灰泄漏事件：2014年2月2日，美国北卡罗来纳州伊登市附近，杜克能源公司已关闭的丹河火电站粉煤灰塘下的雨水管破裂，造成估计3.9亿t粉煤灰以及含重金属的7.8万m^3废水泄漏到粉煤灰塘道旁边的丹河中，河流下游110 km处河底粉煤灰累积到150 cm厚。北卡罗来纳州环境与自然资源局称此次事件为环境灾难。

科特迪瓦阿比让毒垃圾事件：2006年，一艘外国货轮通过代理公司在科特迪瓦阿比让十多处地点倾倒了数百吨有毒工业垃圾，引起严重环境污染，导致7人死亡，因不良反应而就医超过3万人次。此次突发环境事件引发科特迪瓦过渡政府集体辞职。

西班牙阿兹纳格拉市“4·25”尾矿坝坍塌尾矿泄漏事件：1998年4月25日凌晨3时30分，西班牙阿兹纳格拉市的一个尾矿库坝坍塌，造成400万～500万m^3的尾矿渣和尾矿水泄漏。泄漏物包括酸性的尾矿废水及具有毒害含量重金属（Zn、Cd、Pb等）的矿渣。事故中共有4 634 hm^2土地受到影响，其中约2 600 hm^2土地被尾矿渣覆盖。受到尾矿泄漏影响河段的水生生物几乎灭绝，污染清理行动历时3年，估计损失为240亿美元。

拉夫运河事件：1942年，美国一家电化学公司购买了这条大约1 km的废弃运河，当作垃圾仓库来倾倒大量工业废物，持续了11年。此后，纽约市政府在这片土地上陆续开发了房地产，盖起了大量的住宅和一所学校。从1977年开始，这里的居民不断发生各种怪病，孕妇流产、儿童夭折、婴儿畸形、癫痫、直肠出血等病症也频频发生。

（五）海洋油气开采平台溢油事故

美国墨西哥湾“4·20”英国石油公司钻井平台爆炸漏油事故：2010年4月20日，英国石油公司在美国墨西哥湾的海上石油钻井平台发生井喷爆炸着火事故，燃烧36 h后沉没，共造成11人死亡、17人受伤。4月24日，事故油井开始漏油，持续87天，约有490万桶原油流入墨西哥湾，污染波及沿岸五个州，造成大面积的海洋环境污染，对海洋生态的破坏难以估量，成为人类历史上最严重的一次原油泄漏事件。英国石油公司为应对漏油事故耗费了9.3亿美元，主要用于控制漏油的处置措施。此外，此次漏油事故对环境也造成了不可逆转的破坏，污染导致墨西哥湾沿岸1 000 mi（1 mi=1.609 344 km）长的湿地和海滩被毁，渔业受损，脆弱的物种灭绝。漏油事件发生后，美国政府在最初的10天内封锁了相关信息，影响到政府征集资源以应对危机的速度。

事故发生后，英国石油公司快速在休斯敦设立了一个大型事故指挥中心。从160家石油公司调集了500人参与其中，成立联络组、信息发布组、油污清理组、井喷事故处理组、专家技术组等相关机构。并与美国当地政府积极配合，寻求支援。动员各方力量，采取各种措施清理油污，聘请道达尔、埃克森等公司专家制定井喷漏油治理措施。英国石油公司先后尝试了防喷器系统重启、水下控油罩、顶部压井法等多种控油堵漏方法，安装吸油管回收部分原油，采用切管盖帽法成功引流漏油，实施静态压井法成功封住油井，依靠救援井实现彻底封堵。7月15日控制住漏油，并最终于9月

19日借助救援井封死了泄漏油井。在海面及海岸清污方面，从漏油点海面到海岸线划分出多个区域，采取多种应对之策。动用了4.7万人、7 000多艘船只，使用了围油栏约400万m、分散剂700多万L。在海面清污方面，在海底漏油处直接喷洒大量分散剂、消油剂；使用可控燃烧法处置水面漏油；采用撇油、水面扫油、机械收油等方法，将头发及动物毛皮装进长丝袜里进行吸油。在海岸清污与防护方面，主要采用了围油栏法防止海面浮油侵入海岸线，根据溢油漂流情况随时调整设备，在沿岸建立了72 km的沙护堤，在海滩上使用稻草垛堆成稻草围墙，沙滩清油机就地实现油沙分离。在外海清污方面，采用控制燃烧法：出动飞机寻找漏油带，利用渔船带动防火围油栏进行围控，点火燃烧的同时派遣海岸警卫队监控外来船只。

澳大利亚“8·21”“西阿特拉斯”海上钻井平台漏油事故：2009年8月21日，“西阿特拉斯”海上钻井平台发生泄漏。“西阿特拉斯”海上钻井平台属挪威海洋钻井公司，由泰国能源巨头泰国国家石油公司旗下的勘探生产公司（PTTEP）澳洲分公司营运，事发时位于澳大利亚西部金伯利海岸以北约250 km处作业。漏油点距离海面2.6 km。据该公司估计，出事海域每天漏出300～400桶原油，已有数百万升原油流入帝汶海，造成海洋生态灾难，无数海鸟和海洋生物危在旦夕。由于稳定的天气条件，大批泄漏的原油尚未靠近沿海水域。9月的人造卫星图显示，油污范围已达2.5万km^2，进入印度尼西亚海域，威胁到了邻近印度尼西亚的阿什莫岛的海洋生态保护区。

事故发生后，在钻井平台上工作的69名工作人员被转移至澳大利亚北部城市达尔文；澳大利亚有关部门出动了9架飞机向海面喷洒消油剂并出动17艘船设置围油栏，过往船只也被建议应该离钻井平台超过37 km远。该公司澳洲分公司动用了300名工程师，在国际专家小组的建议下，计划架设一个减压井，减压井距“西阿特拉斯”海上研井平台2 km，可在磁场感应器的引导下，寻找海下漏油点。一旦确定漏油点，可从减压井灌注泥浆，堵住漏油点。但是由于没有弄清楚新钻的减压井与漏油点的具体距离，三次“围堵”行动都失败了。10月26日，该公司开始第四次尝试，并最终“围堵成功”。

（六）正面典型案例

德国路德维希港“10·17”巴斯夫总厂爆炸事件：2016年10月17日，全球最大化工企业——巴斯夫（BASF）总部工厂发生爆炸并随即引发火灾。该火灾导致5人死亡，另外28人受伤，其中6人重伤。事故现场的地面受到污染，事故现场周围的有害物质浓度有所升高。事故发生前几天，一家专业管道施工公司在安全排空的乙烯管道进行装配作业，已更换部分管道零部件，实施预防性维护。10月17日11时30分，装配作业现场起火并爆炸。由于爆炸地点堆放有大量易燃液体及高压液化气体，很快引发了火灾，巴斯夫公司马上关闭了爆炸点附近的14个设施，包括两个蒸气裂解装置。一些临近港口的居民称呼吸受到了影响。事故发生时，一支烟柱升起，并向东北方向蔓延，路德维希港和桑多芬、沙尔霍夫和基尔施加图森的曼海姆地区的居民被要求关闭门窗。东北部的“污染云”被下午的大雨基本冲走。

事故发生后，巴斯夫公司对基地大门、路德维希港基地周边和曼海姆的空气进行了全面监测，监测显示未出现有害物质浓度超标，莱茵兰－普法尔茨州和路德维希港环境部门也证实了这一结果。巴斯夫工厂消防队实施救援、灭火和降温等措施，消防队按照压缩气体消防方案对泄漏产品的燃烧进行控制。路德维希港的特遣消防队扑灭了主火和几处二次火灾。消防队成立了危机小组，在管道所在的海沟上放置了一条泡沫毯，随后危机小组宣布133人从危险区撤离。公司关闭了200个设施中的20个，其中包括因事故原料供应缩短的蒸气裂解装置。

由于爆炸产生了大量浓烟，巴斯夫公司立即联系地方政府，呼吁附近居民尽量避免外出，保持门窗紧闭，要求附近儿童留在幼儿园与学校。同时设置了紧急呼救电话，爆炸发生后任何人只要感觉不适，均可以呼叫以寻求帮助。公司及时进行了空气监测，并在第一时间报告监测数据。事故发生后，巴斯夫公司马上通过互联网发布快捷的信息，在1 h之内通过在现场发布新闻稿，通知内部员工及外部的公众。

德国化工园区的应急装备现代化程度很高，不仅配备了大型水炮消防车、干粉消防车、化学救援车、涡喷消防车、举高消防车、洗消车、发电照明车等，而且配备的指挥车、直升机等装备科技含量高、野战性强，如指挥车能够多方互通，直升机能随时将侦察到的图像传回指挥中心，供辅助救援决策等。另外，一些小型救援设施也很新颖、实用。如巴斯夫公司在北莱茵河建造化学屏障，河道上的气幕拦截系统在每个下水道旁都配备装了防冻液的封堵袋，以便在发生物质泄漏时立刻用封堵袋盖住下水道口，防止污染外泄。在重大事故指挥时不用手机，而是用独立的事故指挥通信系统，一是避免网络堵塞，二是防范监听。

受媒体影响的公众舆论通常是造成企业不利态势的起因或扩大者，因此需要非常注重及时、准确、多渠道发布应急信息，避免舆论对事件造成不利影响。事故发生后，巴斯夫公司主动并迅速地将情况告知公众，公众除公司外的人员外，还包括基地3.5万多名员工、大量承包商、客户以及其他访客。事故发生时，他们听到警报信号和喇叭播报信息，同时被告知应如何采取措施。巴斯夫公司一系列快速、公开、透明、科学的处理措施，很好地安抚了民心。事故发生后，当地社会反响并不强烈，当地民众也没有过激的反应，保持着冷静。

巴斯夫公司反应及时迅速。对发生爆炸的事故原因、处理情况等公众关心的问题给予明确说明，并向事故波及区域内的民众提出应对建议。比如通告中说明了着火的产品是什么，采取了什么样的处理方式，有可能潜在的问题包括什么，处理过程会发生哪些情况等，让民众对于这场事故有所了解。尤为值得一提的是，巴斯夫公司设立了居民信息中心，以便与周边百姓及时沟通，这是防止信息以讹传讹、避免百姓因不了解内情而产生恐慌的重要举措，同时也体现了巴斯夫公司主动面对问题、解决问题、担当责任的决心。可以说，在这起突发环境事件中，巴斯夫公司展现出很强的危机公关意识，不给谣言以可乘之机，其快速、透明、科学的危机公关处理非常值得国内化工企业学习借鉴。

第二章　事前预防

事前预防是指为减少和降低环境风险，避免突发环境事件发生而实施的各项措施，主要包括环境安全隐患排查治理、突发环境事件风险评估、突发环境事件预警等内容。事前预防有两层含义：一是突发环境事件的预防工作，通过管理和技术手段，尽可能地防止突发环境事件的发生；二是在假定突发环境事件必然发生的前提下，通过预先采取一定的预防措施，降低或减缓其影响或后果的严重程度。对于突发环境事件，应当重在预防，而不是事件发生后的应急处置。后者的成本要比前者大得多。

环境安全隐患排查是指对企业生产过程中的环境风险源进行调查，排查可能存在的导致突发环境事件发生的环境安全隐患，对突发环境事件防范措施进行评估、督促整改与完善，预防、消除和防范突发环境事件的一种环境管理措施。环境安全隐患排查是一个动态的、持续改进的过程。隐患排查不等于环保检查。

突发环境事件风险评估是指对企业建设和运行期间发生的可预测突发性事件或事故引起有毒有害、易燃易爆等物质泄漏，或突发事件产生的新的有毒有害物质所造成的对人身安全与环境的影响和损害进行评估，提出防范、应急与减缓措施，以使企业事故率、事故损失和环境影响达到可接受水平的过程。

突发环境事件预警是指通过对预警对象和范围、预警指标、预警信息进行分析研究，及时发现和识别潜在的或现实的突发环境事件因素，评估预测即将发生的突发环境事件的严重程度并决定是否发出警报，以便及时地采取相应预防措施，减少突发环境事件发生的突然性和破坏性，从而实现防患于未然的目的。

第一节　环境安全隐患排查

一、概述

（一）基本概念

环境安全隐患指不符合环境保护法律、法规、规章、标准和环境安全管理制度的规定，或者因其他因素可能直接导致或次生突发环境事件的事实或状态，主要表现为环境安全管理存在的缺陷和环境风险防控措施的缺陷。

根据可能造成的危害程度、治理难度及企业突发环境事件风险等级，隐患分为重大环境安全隐患（以下简称“重大隐患”）和一般环境安全隐患（以下简称“一般隐患”）。情况复杂、短期内难以完成治理并可能造成环境危害的隐患和可能产生较大环境危害的隐患（如可能造成有毒有害物质进入大气、水、土壤等环境介质，次生危害较大）等环境安全的隐患可认定为重大隐患，除此之外的隐患可认定为一般隐患。

重大隐患包括环境应急预案三年都未修编，突发环境事件风险评估报告确定的风险等级偏低、与事实不相符合，在紧急事故状态下没有针对雨水、生产废水、生活污水的紧急拦截措施等。一般隐患包括环境安全管理制度未建立，环境应急预案编制可操作性不强，环境应急演练没有按照要求及时开展，环境安全隐患排查没有形成台账资料等。

企业可自行制定分级标准。企业应根据前述关于重大隐患和一般隐患的分级原则、自身突发环境事件风险等级等实际情况，制定本企业的环境安全隐患分级标准，可以立即完成治理的环境安全隐患一般可不判定为重大隐患。

环境安全隐患排查治理是企业环境安全管理的基础工作。企业开展环境安全隐患排查的原因一是企业是环境安全主体，二是企业环境安全隐患引发的突发环境事件占很高的比例。企业应努力及时发现、及时消除各类环境安全隐患，保证企业安全可持续生产。

隐患是问题，不应存在，发现后立即采取措施可消除；具隐蔽性、危险性，是导致事故发生的直接原因。风险是固有属性，客观存在，可控但很难完全消除；具备导致事故的潜在能力，是引发事故的根源。例如储罐客观存在风险，存在的隐患包括围堰设计不符合标准、罐体破损、管线老化、法兰腐蚀等。通过一定办法或采取措施，能够排除或抑制。

（二）面临的挑战

企业是现代经济社会的基础单元。企业环境风险类型主要包括有毒有害物质泄漏污染、火灾爆炸次生污染（如燃烧有毒产物、携带化学品的污染消防污水排放）等；在危险废物收集、储存、运输和处置过程中，因管理和应急措施不当，也可能造成突发环境事件。

1. 中小型企业的环境安全隐患防范形势不容乐观

总体看，国有大型企业对环境安全隐患防范工作比较重视，防范措施到位，但中小型企业尤其是私营企业的环境安全隐患防范形势不容乐观。一是环境安全意识不强，不愿投入，一些基本的环境安全防范措施得不到落实，无清净下水收集处置措施等。二是事故状态下防止环境污染的措施不力，基础设施建设不到位，应急物资、器材储备不足或没有储备。三是生产技术落后、科技含量低，无法形成集聚效应和配套产业链，基本没有配套风险防范措施，对区域环境安全构成较大隐患。

危险化学品使用单位尤其是使用危险化学品的化工生产企业，生产的时段性、流动性强，不利于环境安全监管。江苏响水天嘉宜公司爆炸事故中，天嘉宜公司违法违规经营和储存危险固废，同时没有按照有关规定，对本单位的固废存储场所进行重大风险源辨识评估，也没有将重大风险源向当地生态环境部门进行登记备案，致使大量环境安全隐患长期存在。

由于一些企业在破产、停产、转产过程中，遗留的大量危险化学品、危险废物和放射源处于无人管理的状态，构成重大环境安全隐患。

2. 选址不尽合理，历史遗留的和新产生的布局性环境安全隐患并存

很多项目都涉及环境敏感区，布局性环境安全隐患比较突出。由于城市的快速发展和城市规划管理的薄弱，很多化工企业建在市区，布设在城市水源上游，或多年前处于城市郊区但现在已被城市包围，居民区、生产区混杂，对社会生产和群众生活安全构成威胁，存在严重的环境安全隐患。大量长输油、输气管线横跨不同地区，所处地理环境十分复杂，构成了新的环境安全隐患。已有的问题未能得到解决，新的布局问题不断出现。一些地方不顾资源环境条件，推动重化工业的发展，争相新建、扩建化工石化区，有的工业园区环境风险已经很高但园区仍在加速扩张。

3. 企业尾矿库存在较大环境风险

我国尾矿库正常运行的约占 60%，危库、险库和危险性较大的病库约占 40%。相当数量的尾矿库都是在不安全的状态下运行的，这是一个巨大的隐患，严重威胁下游居民的生命财产安全，对环境也构成了相当的威胁。企业要加强尾矿库环境安全管理，加强对隐患进行登记、整改、销号的全过程管理。对建在禁建区内、主要污染物有毒、下游有集中式饮用水水源地或敏感点的尾矿库，要列为重大环境安全隐患。

4. 企业环境安全管理体系建设亟须加强

企业在其经营运作过程中，会面临诸多环境风险。随着社会的进步、环境意识的提升，环境安全管理变得愈发重要，越来越多的企业将其提到议事日程上来。环境安全管理如果得不到落实，有些环境安全隐患甚至会带来灾难性后果。

不少企业尚未全面开展危险化学品环境风险源的排查工作，企业综合应急信息平台尚未建立。一旦发生突发环境事件，企业难以及时有效掌控突发环境风险源状况，难以提供现场应急处置突发环境事件的技术和对策。大部分企业没有环境应急救援队

伍，不能第一时间组织队伍及时、快速清理污染物，不利于突发环境事件的处置。例如，天嘉宜公司未针对危险固废制定针对性的应急处置预案（如环境应急处置预案），并未组织员工进行应急演练，环境安全教育培训严重缺失。

5. 防范制度不健全，环境风险意识有待提高

很多企业没有建设消防污水收集池和初期雨水收集池。一旦发生重大事故，泄漏的物料、消防污水及污染雨水等极易通过下水道和雨排系统进入外部水体，造成突发环境事件。现有设计规范普遍不完善，对消防污水和清净下水的排水去向、事故应急池容积以及企业排水与外环境切断措施等缺少规定。此外，因认识不足，企业、政府部门和公众的环境风险意识仍有待提高。回过头来看一些项目环境影响报告书，还不同程度地存在内容不完整、针对性不强、深度不够的问题。

企业为追求最大的经济效益，在不具备环保和安全生产条件的情况下强行生产，从而导致突发环境事件频繁发生。如 2004 年 2 月的川化污染沱江案，企业急于开工生产，在尿素水解系统两台给料泵出现问题的情况下连续进行投料试生产，尿素生产系统产生的工艺冷凝液没有经过水解塔得到有效处理，大量高浓度氨氮废水直接外排入沱江，造成特大突发水环境事件。发生事故后由于处置不当，在事故应急救援过程中，注重事故灾害处置，但忽视了环境安全和生态破坏；生产安全事故的救援往往次生环境污染，消防污水加重和扩大了污染危害。

6. 规划与项目环境影响评价错位，实施区域性预防艰难

规划与项目环境影响评价衔接存在较大问题。对许多项目而言，单个来看其环保排放标准是合格的，有的甚至达到了先进水平；但从区域和环境容量来看，项目过分集中在一起，存在布局性隐患和污染物总量超标的问题。《中华人民共和国环境影响评价法》中虽然提出了规划环境影响评价的原则，但并未对实施方法与操作细则进行规定。由于规划与项目审批机制错位，一些重大规划由地方政府审批，而规划中的项目由国家部门审批、核准，宏观规划和微观项目在审批机制上倒挂，造成区域性污染防治存在困难。例如响水生态化工园区内很多企业的环保设施处于国内国际先进水平，如园区内的虹艳化工污水处理设施有铁碳微电解、芬顿氧化、混凝沉淀等各个工序以及 UASB 厌氧塔，但是由于很多产能落后、管理混乱的中小型化工企业也集中在响水生态化工园区内，存在布局性环境安全隐患，一家企业出事将导致全体企业被迫关停。

7. 盲目扩建化工园区产生环境安全隐患

一些化工园区已成为环境安全隐患的集中区，大多数园区的集中式污水处理设施建设严重滞后，没有按规划要求建设，或进展相当缓慢。化工园区普遍缺乏统一的区域性环境风险应急预案、监测体系和环境风险防范措施。大多数工业园区和地方政府

尚未建立相应的环境应急响应机制和区域联动机制，一旦发生较大事故、污染无法控制在厂内，外部区域响应跟不上，将会造成严重后果。响水爆炸事故中，由于各条入灌河都有相关闸坝，在关上闸坝并采用工程措施封堵后没有污水进入灌河。大多数其他工业园区没有相关防控措施，一旦发生重大事故，泄漏的物料、消防污水及污染雨水等极易通过下水道和雨排系统进入外部水体，进而流出工业园区，造成突发环境事件。

（三）总体要求

企业应当建立并完善隐患排查管理机构，配备相应的管理人员和技术人员，按照“谁主管、谁负责”和“全员、全过程、全方位、全天候”的原则，明确职责，加强对企业环境风险源、环境风险环节和环境风险设施的管理，对排查到的环境安全隐患立即开展治理工作。

一是建立隐患排查治理责任制。企业应当建立健全从主要负责人到每位作业人员，覆盖各部门、各单位、各岗位的隐患排查治理责任体系。明确主要负责人全面负责本企业隐患排查治理工作，统一组织、领导和协调本单位隐患排查治理工作，及时掌握、监督重大隐患治理情况。明确分管隐患排查治理工作的组织机构、责任人和责任分工，按照生产区、储运区或车间、工段等划分排查区域，明确每个区域的责任人，逐级建立并落实隐患排查治理单位责任制。

二是制定环境风险防控设施的操作规程和检查、运行、维修与维护等规定，保证资金投入，确保各项设施处于正常完好状态。

三是及时修订企业环境应急预案、完善相关环境风险防控措施。

四是定期对员工进行环境安全隐患排查治理相关知识的宣传和培训，企业内全体员工都应认识环境安全、杜绝突发环境事件的意义和重要性，了解突发环境事件处理程序和要求，了解处理突发环境事件的措施和器材的使用方法，特别是明确自己在处理突发环境事件中的职责。

五是有条件的企业应当建立与生态环境部门相关信息化管理系统联网的环境安全隐患排查治理信息系统。

六是如实记录环境安全隐患排查治理情况，形成档案文件并做好存档。隐患排查治理档案包括企业隐患分级标准、隐患排查治理制度、年度隐患排查治理计划、隐患排查表、隐患报告单、重大隐患治理方案、重大隐患治理验收报告、培训和演练记录以及相关会议纪要、书面报告等隐患排查治理过程中形成的各种书面材料。环境安全隐患排查治理档案应至少留存 5 年，以备生态环境部门抽查。

二、环境安全隐患排查内容

企业可以从环境安全管理情况和环境风险防控措施两大方面排查可能直接导致或次生突发环境事件的环境安全隐患。

（一）环境安全管理情况

1. 开展突发环境事件风险评估、确定风险等级情况

需要排查是否编制突发环境事件风险评估报告，并与预案一同备案；企业现有突发环境事件风险物质种类和风险评估报告相比是否发生变化；企业现有突发环境事件风险物质数量和风险评估报告相比是否发生变化；企业突发环境事件风险物质种类、数量变化是否影响风险等级；突发环境事件风险等级确定是否正确合理；突发环境事件风险评估是否通过评审。

2. 制定环境应急预案并备案情况

需要排查预案是否从可能的突发环境事件情景出发编制且典型突发环境事件情景是否无缺失；是否能让周边居民和单位获得事件信息；是否按要求对预案进行评审，评审意见是否及时落实；是否将预案进行备案，提交的材料是否包括编制说明；是否每三年进行回顾性评估。

3. 建立健全隐患排查治理制度、开展隐患排查治理工作并建立档案情况

需要排查是否建立隐患排查治理责任制；是否制定本单位的隐患分级规定；是否有隐患排查治理年度计划；是否建立隐患记录报告制度，是否制定隐患排查表；重大隐患是否制定治理方案；是否建立重大隐患督办制度；是否建立隐患排查治理档案。

4. 开展突发环境事件应急培训、如实记录培训情况

需要排查是否将应急培训纳入单位工作计划；是否开展应急知识和技能培训；是否健全培训档案，是否如实记录培训时间、内容、人员等情况。

5. 储备必要的环境应急装备和物资情况

需要排查是否按规定配备足以应对预设事件情景的环境应急装备和物资；是否已设置专职或兼职人员组成的应急救援队伍；是否与其他组织或单位签订应急救援协议或互救协议；是否对现有物资进行定期检查、对已消耗或耗损的物资装备进行及时补充。

6. 公开环境应急预案及演练情况

需要排查是否按规定公开环境应急预案及演练情况。

（二）水环境风险防控措施

企业环境风险防控措施不是防范火灾、爆炸、泄漏的措施，而是防止火灾、爆炸、泄漏等生产安全事故发生后，化学品、受污染的水排出厂界、进入外环境或防止危害进一步扩大的措施。三阀一池是水环境风险防控措施的主要内容，是隐患排查的重点。三阀一池包括雨水系统（清净下水排放系统）的总排口闸阀，生产污水系统的总排放口闸阀，围堰、防火堤、厂区装卸区污水收集池、危废贮存设施（场所）的排水管道接入雨水系统的闸阀，以及事故应急池。三阀一池示意如图 2-1 所示。

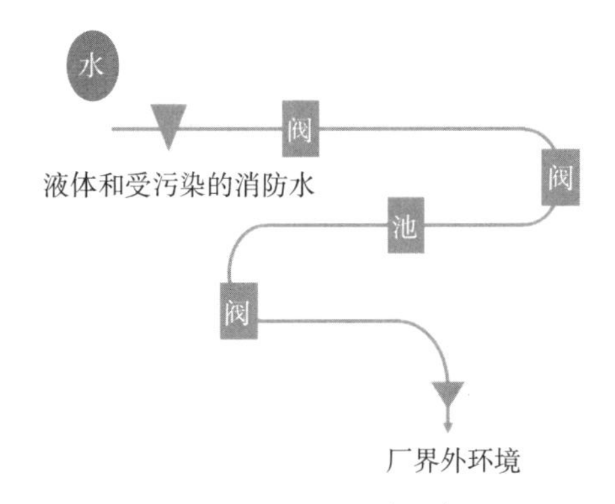

图 2-1　三阀一池示意

1. 事故应急池等收集与储存系统

事故应急池的主要作用是发生突发环境事件时有效地阻拦泄漏废液及其事故污水，防止其流淌扩散，从安全上有效地防止突发事件扩散，从环保上有效地防止污染扩大。事故应急池容量应根据发生事故的设备容量、事故时消防用水量及可能进入事故应急池的降水量等因素综合确定。已建成企业在厂区范围内无法建设事故应急池或容积不满足设计要求时，应经过充分论证后，与其他企业共建和共用事故应急池，其可用总容积应不小于应建设的事故应急池的有效容积，保证事故污水经排水管渠被有效收集。事故应急池宜采取地下式，事故污水通过管渠重力流排入，且应根据项目选址、地质条件等，采取防渗、防腐、抗浮、抗震等措施。日常状态下事故应急池占用容积不得超过 1/3，且保证在事故发生时 30 min 内能够紧急排空。

企业储存危险化学品的储罐等设施均应设置围堰，围堰能够容纳危险化学品泄漏的量，将泄漏的危险化学品控制在其内。如果储罐围堰容积不够容纳泄漏的化学品量，应在围堰内设置收集渠，收集渠内配备提升泵，能够将泄漏化学品抽到事故应急池。

企业厂区排水采取雨、污分流，未受污染的雨水可排入雨水收集管网统一收集后排放，在道路两侧地块内预留检查井。考虑到企业工业废水管网发生事故的可能性，在雨水出水口处设置初期雨水收集池及铸铁阀门的双保险作为事故应急装置，避免受污染的雨水直接排放。企业配置水泵，可以随时通过水泵将初期雨水池内的水泵入事故应急池。通过上述措施，实现雨水系统整体的三保险防控。

清净下水指装置区排出的未被污染的废水，如间接冷却水的排水、溢流水等。在清净下水排出厂区前应设置缓冲池，如无法设置缓冲池，须确保事故应急池容量满足清净下水、消防污水收集需求。一旦清净下水、消防污水污染物浓度超标，可迅速切换至事故应急池处理，确保无法直接进入地表水体。

需要排查是否设置围堰、初期雨水收集池、清净下水排放缓冲池、事故应急池等收集与储存系统；容积是否满足环评文件及批复等相关文件要求；在非事故状态下需占用时，是否符合相关要求，并设有在事故时可以紧急排空的技术措施；事故应急池位置是否合理，消防污水和泄漏物是否能自流进入事故应急池；如消防污水和泄漏物不能自流进入事故应急池，是否配备有足够能力的排水管和泵，确保泄漏物和消防污水能够全部得到收集；接纳消防污水的排水系统是否具有接纳最大消防污水量的能力，是否设有防止消防污水和泄漏物排至厂外的措施；是否通过厂区内部管线或协议单位，将所收集的废（污）水送至污水处理设施处理。

2. 厂内排水系统

企业须建有将消防污水、初期雨水和泄漏物等收集进入事故应急池、清净下水排放缓冲池、初期雨水收集池的应急输送通道。没有及时有效的输送系统，再大的收集与储存系统应对突发环境事件的有效性也可能是零。

企业应综合考虑当地地形、厂区平面布置、道路、雨水系统等因素，以自流排放为原则，对厂区进行合理的事故排水汇水区划分，尽量减少汇入事故污水的雨水量；企业排水系统应划分且不限于雨水排水系统和生产废水排水系统。消防污水、污染雨水、生产废水以及其他污水应排入生产废水排水系统或事故应急池；排水管渠与事故应急池连接处应设置必要的提升设备，保证事故状态下事故污水能迅速排入事故应急池；收集转运腐蚀性事故污水的排水管道应采用耐腐蚀的材料，其接口及附属构筑物应考虑相应的防腐蚀和防渗措施。日常状态下，企业应定期检查排水管渠的使用情况，定期清理内部垃圾，保证紧急状态下能够正常转移事故污水。事故排水收集系统如图 2-2 所示，导流渠如图 2-3 所示。

需要排查正常情况下，厂区内涉危险化学品或其他有毒有害物质的各生产车间、化学品仓库、储罐区、装卸区、码头、输送管道和危险废物贮存设施（场所）是否设置污水和事故液收集系统；上述场所的排水管道接入雨水或清净下水系统的闸阀是否关闭，通向事故应急池或污水处理设施的闸阀是否打开；受污染的冷却水，上述场所的墙壁、地面冲洗水和受污染的雨水（初期雨水）、消防污水等是否都能排入污水处理设施或独立的处理系统；有排洪沟（排洪涵洞）或河道穿过厂区时，排洪沟（排洪涵洞）是否与渗漏观察井、生产废水及清净下水排放管道连通。

图 2-2　事故排水收集系统

图 2-3　导流渠

3. 雨水、清净下水和污（废）水的总排口

当发生泄漏事故或火灾、爆炸事故时，企业雨水排放口应设有关闭闸阀，同时用沙袋将雨水井堵住，防止泄漏物料或消防污水通过雨水管网排入外环境；企业清净下水、生产废（污）水系统的总排放口也设置关闭闸阀，必要时在大门入口处采用沙袋作为截流围堤，确保将泄漏物或消防污水控制在企业范围内，可以在第一时间进入事

故应急池中暂存；泄漏事故或火灾、爆炸事故控制后，清洗地面废水收集后一同导入污水处理设施，或交由有资质的单位处理。

需要排查雨水系统、清净下水系统、生产废（污）水系统的总排放口是否设置监视器及关闭闸阀，是否设专人负责在紧急情况下关闭总排口，确保受污染的雨水、消防污水和泄漏物等全部收集；是否具备操作、管理维护环境风险防控设施的人员，人员是否熟练掌握环境风险防控设施的操作方法并具备紧急风险状况处理技能，包括事故污水拦截、堵漏、收集、转移、原地处理、固化等；管理维护人员是否定期检查环境风险防控设施的使用情况、定期维护，保证事故状态下设施能够正常运行。

4. 建设“3+3 级防控”措施

第 1 级防控措施：设置装置围堰、罐区隔堤（防火堤）和围堤，防止污染雨水和轻微事故泄漏造成的环境污染，将事故污染控制在装置（罐）区内。

第 2 级防控措施：包括事故污水收集池（罐）、初期雨水收集池、收集沟、管网、输水泵等，将事故污染控制在生产功能区内。

第 3 级防控措施：包括企业总排口之前的事故应急池（罐）等，切断污染物与外部的通道、导入污水处理设施，防止较大生产安全事故泄漏物料和消防污水造成的环境污染，将事故污染控制在企业内。

从事故污水产生到排放设置“3 级防控”措施即为企业级防控措施，确保“事故污水不出厂区”。当地政府应该在企业级防控措施的基础上，再增加 3 级防控措施，形成“3+3 级防控”措施。

第 4 级防控措施：即园区级防控措施。在园区内建设公共事故应急池，因地制宜在排洪渠分段建设永久性可调控闸坝，筛选出适合临时筑坝点位并储备筑坝物资，形成临时应急贮存能力。实施危化品输送管廊截流沟建设工程、污水处理设施完善改造、在线监测预警系统整合升级、环境应急物资库建设等提升项目，系统推进园区整体环境应急能力建设。

第 5 级防控措施：即区域级防控措施。在进入江、河、湖、海的总外排口前或城市污水处理厂终端建设事故缓冲池，作为事故状态下的储存与调控手段，将污染物控制在当地辖区内，防止重大事故泄漏物料和消防污水造成的环境污染。

第 6 级防控措施：即流域级防控措施。探明重大环境风险源、危化品运输高风险路段等所在流域可用于截流、引流、导流、贮存污染物的应急空间，以及可用于应急处置的桥梁、电站、水坝等环境应急设施，形成电子化成果，指导突发环境事件的科学处置，核心是“以空间换时间”。这一级防控措施也被称为“南阳实践”。

企业水环境风险防控措施如图 2-4 所示。

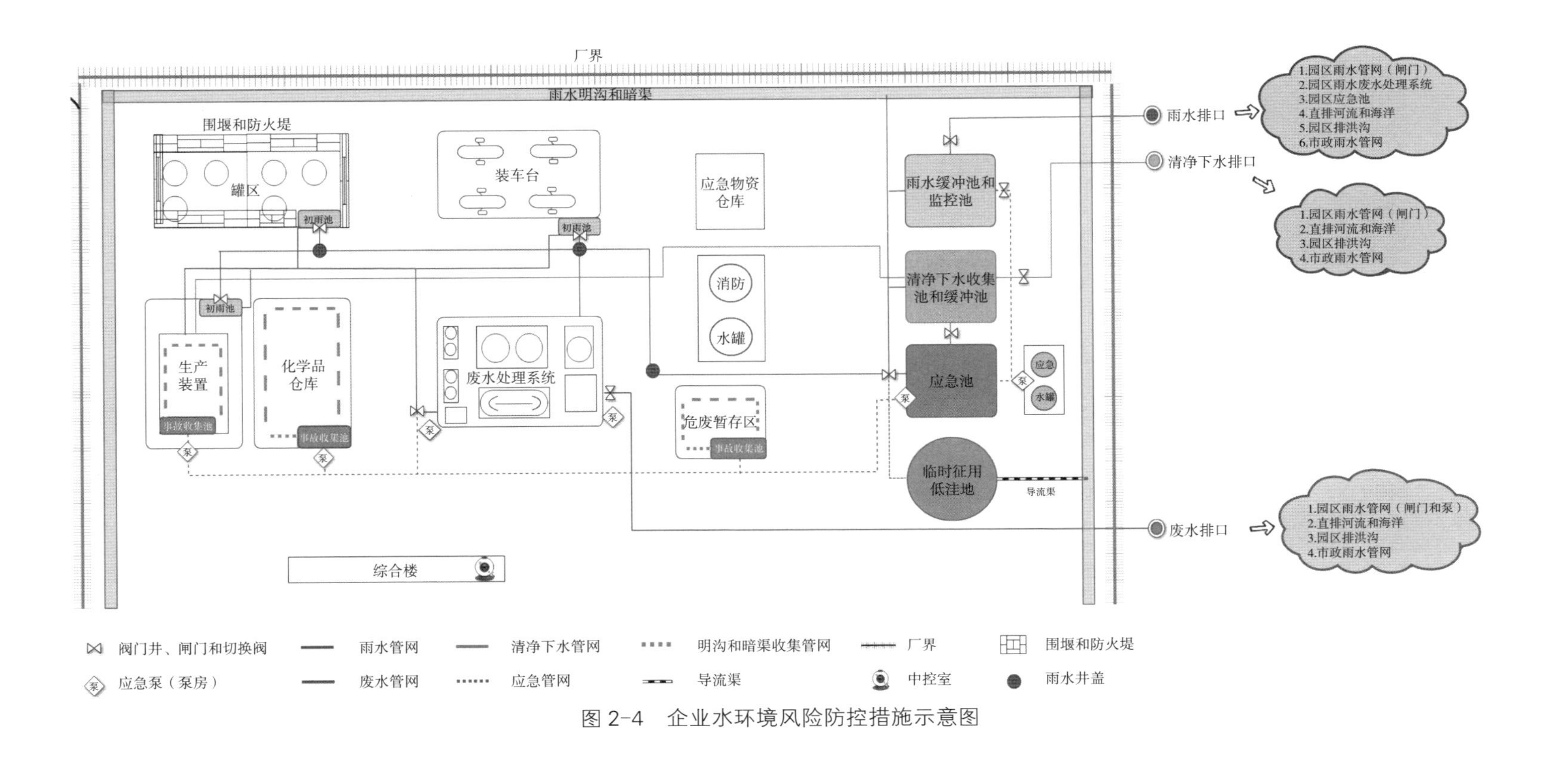

图 2-4　企业水环境风险防控措施示意图

（三）大气环境风险防控措施

企业厂区按照消防部门的要求安装易燃气体浓度报警装置，在存储物质发生泄漏时可及时发现处理；平时加强废气处理设施的维护保养，及时发现处理设备的隐患，并及时进行维修，确保废气处理设施正常运行；厂区备有备用发电机，停电或设备出现故障时，保障废气全部被抽入净化系统进行处理以达标排放；企业自行或委托第三方机构定期监测厂区排气口特征污染物及厂界无组织废气。

需要排查企业与周边重要环境风险受体的各类防护距离是否符合环境影响评价文件及批复的要求；涉有毒有害大气污染物名录的企业是否在厂界建设针对有毒有害特征污染物的环境风险预警体系；涉有毒有害大气污染物名录的企业是否定期监测或委托监测有毒有害大气特征污染物；突发环境事件信息通报机制建立情况如何，是否能在突发环境事件发生后及时通报可能受到污染危害的单位和居民。

以装置和罐区等为核心控制“点”、以企业厂界为关键防控“线”、以工业园区边界为重点防控“面”、以工业园区和周边敏感点为全面防控“域”，建设 4 级大气环境风险防控体系。

三、环境安全隐患排查管理

（一）隐患排查的方式和频次

企业应当综合考虑企业自身突发环境事件风险等级、生产工况等因素，合理制订年度工作计划，明确排查频次、排查规模、排查项目等内容。根据排查频次、排查规模、排查项目不同，排查可分为综合排查、日常排查、专项排查及抽查等方式。企业应建立以日常排查为主的隐患排查工作机制，及时发现并治理隐患，提出有针对性的防范措施并建立长效防控机制，有效降低环境风险等级，确保社会安全和谐。企业可根据自身管理流程，采取抽查方式排查隐患。

综合排查是指企业以厂区为单位开展环境安全隐患全面排查，重大等级环境风险企业每年不少于 4 次，较大等级环境风险企业每年不少于 2 次，一般等级环境风险企业每年不少于 1 次，隐患排查以厂区为单位开展。

日常排查是指以班组、工段、车间为单位，对单个或几个项目采取日常的、巡视性的排查工作，其频次根据具体排查项目确定。每月应不少于 1 次。例如每班检查环境风险环节各装置的运行情况；每天检查环境风险源的生产、消耗和保管情况；每月检查环境风险防范设施运行情况和突发环境事件应对准备工作落实情况。

专项排查是在特定时间或对特定区域、设备、措施进行的专门性排查。其频次根据实际需要确定。

企业在年底应总结记录环境安全隐患排查整改情况、环境安全管理制度建设情况、突发环境事件风险防范设施建设情况以及年度工作经费投入情况等。

在完成年度计划的基础上，当出现下列情况时，应当及时组织环境安全隐患排查：出现不符合新颁布、修订的相关法律、法规、标准、产业政策等情况的；企业有新建、改建、扩建项目的；企业环境风险物质发生重大变化，导致环境风险等级发生变化的；企业管理组织应急指挥体系机构、人员与职责发生重大变化的；企业生产废水系统、雨水系统、清净下水系统、事故排水系统发生变化的；企业废水总排口、雨水排口、清净下水排口与水环境风险受体连接通道发生变化的；企业周边大气和水环境风险受体发生变化的；季节转换或发布气象灾害预警、地质地震灾害预报的；敏感时期、重大节假日或重大活动前；突发环境事件发生后或本地区其他同类企业发生突发环境事件的；发生生产安全事故或自然灾害的；企业停产后恢复生产前。

（二）环境安全隐患自查自改

1. 自查自改的概念

自查是企业组织专业人员对本企业防范突发环境事件污染环境的措施进行“会诊”，根据自身实际制定环境安全隐患排查表，包括所有环境风险防控设施及其具体位置、排查时间、现场排查负责人（签字）、排查项目现状、是否为隐患、可能导致的危害、隐患级别、完成时间等内容。

光查不改等于没有排查。自改要求一般环境安全隐患即查即改、立行立改，重大环境安全隐患限期整改，明确闭环时限。一般环境安全隐患必须确定责任人，立即组织治理并确定完成时限，治理完成情况要由企业应急领导小组总指挥签字确认，予以销号。重大环境安全隐患要制定治理方案，治理方案应包括治理目标、完成时间和达标要求、治理方法和措施、资金和物资、负责治理的机构和人员责任、治理过程中的风险防控和应急措施或应急预案。企业应急领导小组总指挥要掌握重大环境安全隐患治理进度，指定专门负责人对治理进度进行跟踪监控，对不能按期完成治理的重大环境安全隐患，要及时加大治理力度。

对于重大环境安全隐患拒不整改的环境风险企业，《突发环境事件应急管理办法》中第七章第三十八条明确规定“未按规定开展环境安全隐患排查治理工作，建立隐患排查治理档案的”可以处 1 万元以上 3 万元以下罚款。

企业通过自查自改重新审视企业内部环境安全管理制度与环境风险防控措施，是对企业自身环境安全隐患的年检和阶段性治疗，可为企业环境安全管理工作奠定坚实的基础。通过自查自改行动，企业整改环境安全隐患，健全环境安全管理制度和完善环境风险防控措施，从而有效防控突发环境事件的发生，及时化解环境风险，确保环境安全。

2. 自查自改的内容

较大、重大等级的环境风险企业要开展以提升企业环境安全管理能力和环境风险防控措施为核心的自查自改。具体做法如下：

“一查改”企业环境安全管理机构与人员。企业建立健全环境风险管理机构，配备符合要求的专职人员，规范环境风险管理制度、非正常工况处置程序，落实环境应急专职人员培训、操作人员岗位操作技能培训，规范环境应急管理相关台账资料存档工作。

“二查改”企业突发环境事件风险等级识别情况。企业按照《企业突发环境事件风险评估指南（试行）》中规定的5个步骤开展环境风险评估，并在当地生态环境部门指导下，合理确定其环境风险等级。

“三查改”企业环境安全隐患排查治理情况。依据《企业环境安全隐患排查和治理工作指南（试行）》要求，确定隐患等级，落实整改方案。

“四查改”企业监测预警机制建设情况。企业针对有毒有害污染物建立风险预警系统，及时探测有毒有害污染物、可燃气体等的泄漏情况。企业应拥有自主监测能力，或与相关监测机构签订应急监测协议。

“五查改”企业环境风险防控措施。企业积极落实水环境和大气环境风险防控措施的建设，如有效防止泄漏物、消防污水、污染雨水等扩散至外环境的收集、导流、拦截、降污等措施，关键生产装置、危险化学品储罐区和仓库是否配备事故状态下防止突发环境事件的围堰、防火堤等设施及其维护情况，是否有事故状态下防止清净下水引发环境污染的设施和措施，确保应急废水不出厂；涉及有毒有害大气污染物的，需定期监测并建立环境风险预警体系。

“六查改”企业环境应急预案备案工作。企业按照生态环境主管部门相关要求，编制切实可行的环境应急预案并备案，制定详细完整的突发环境事件应急处置工作程序，提供清晰规范的图件。

“七查改”企业环境应急演练工作。企业按照《突发环境事件应急管理办法》要求，每年至少组织开展1次环境应急演练，撰写演练评估报告，分析存在问题，并根据演练情况及时修改完善应急预案。应急预案演练的管理工作实现制度化、规范化，具有较好实际效果。

“八查改”企业环境应急保障体系建设情况。企业应有自行组建的或与其他单位签订协议的专职救援队伍，保障充足的应急人员，具备充足的环境应急物资和有效的调用方案，明确物资责任人。

3. 隐患排查发现的常见问题

环境安全隐患排查中发现的常见问题包括：环境应急管理机构与人员应急知识和技能培训不完善；环境风险等级识别有缺陷，风险等级核定有出入，突发环境事件情景预设及后果分析不全面；环境安全隐患自查自改的内容不够细化，整改内容、完成时间和责任人等不够明确；监测预警机制建设方面，缺少针对有毒有害大气污染物的厂界环境风险预警体系，气体报警装置设置、定期监测及针对有毒有害大气污染物泄漏的应急措施尚待完善；环境应急防控措施方面，应急池有效容积不够，装置区、罐区和装卸区物料、污水等泄漏收集及截流措施仍需加强，厂区雨污不分流或雨污切换阀门损坏，雨水和污水排口缺少切断装置或设置不合理；环境应急预案可操作性差，缺乏针对性，未及时修订和备案；环境应急演练方面，缺少对应急预案中预设突发环境事件情景的演练，台账记录不完整；环境应急保障体系建设方面，应急装备和物资配备不足，没有定期检查台账，没有与其他单位签订应急救援协议。

4. 环境安全隐患整改举例

整改前：车间装置区域的围堰缺失。整改后：补全缺失的围堰，并增加护坡（如图 2-5 所示）。

整改前：雨水排口在河水面以下。整改后：原排口封堵，雨水改强排（如图 2-6 所示）。

图 2-5　补全缺失的围堰，并增加护坡

图 2-6　原排口封堵，雨水改强排

整改前：雨水排放口未安装应急切换阀。整改后：安装雨水排放口和事故应急池的切换阀（如图 2-7 所示）。

图 2-7　安装雨水排放口和事故应急池的切换阀

（三）环境安全隐患自报自验

1. 自报自验的概念

自报是指企业的非管理人员发现环境安全隐患时应当立即向现场管理人员或者本单位有关负责人报告；管理人员在检查中发现环境安全隐患时应当向本单位有关负责人报告。接到报告的人员应当及时予以处理。在日常交接班过程中，做好环境安全隐患治理情况交接工作；环境安全隐患治理过程中，明确每一工作节点的责任人。

自验是指重大环境安全隐患治理结束后，企业应组织技术人员和专家对治理效果进行评估和验收，编制重大环境安全隐患治理验收报告，由企业相关负责人签字确认，予以销号。重点环境风险源管理目录清单内的企业应主动公开环境安全隐患排查和整治情况，接受主管部门和群众的监督。

2. 重大环境安全隐患申报

对影响环境安全的突发环境事件隐患进行风险等级评估（重大、较大、一般）。有一部分风险会被企业确定为可接受的风险，则企业对该部分风险的措施为接受风险。企业不需要采取特别的应对措施，可维持现有的管理方式。而另外一些风险则可能被确定为需要应对的风险。针对需要应对的风险，企业需要采取相应的措施。环境安全隐患排查后，企业要新增环境风险投资。随着新增环境风险投资的陆续到位及整改措施的全面落实，企业环境安全管理能力必将有较大提高。

重大环境安全隐患实行归口申报处理制度。发现重大环境安全隐患时，应首先采取临时性防护措施，并立即实施整治工作，同时报生态环境部门备案。整治工作由企业检查、督促，生态环境部门负责协办、督办。凡未及时向主管部门申报重大环境安全隐患，或处理前未采取临时防护措施而发生事故，将追究企业应急领导小组总指挥责任。

四、环境安全隐患分级

（一）环境应急管理情况

1. 开展环境风险评估情况

重大环境安全隐患包括：未编制环境风险评估报告并与预案一起备案；未对环境风险单元进行识别；企业现有环境风险物质种类、数量等环境风险信息与环境风险评估报告相比发生变化；环境风险受体没有联系方式；环境风险等级认定与实际不符；环境风险评估未通过评审。

一般环境安全隐患包括：环境风险识别不全或环境风险受体识别不全；没有国内外及本企业的突发环境事件情景；缺失突发环境事件危害结果分析；防控措施分析不清晰；无应急池计算过程或未进行对比描述；针对需要整改的短期项目、中期项目和长期项目，没有具体完成时限或具体负责岗位；附图中雨污管网图无阀门、应急池等标注。

2. 制定环境应急预案并备案情况

重大环境安全隐患包括：未编制、备案企业环境应急预案，预案没有每三年进行回顾性评估；预案备案提交的材料未包括编制说明；未按要求对预案进行评审，未及时落实评审意见；可能的突发环境事件情景辨析不全；不能使周边居民和单位获得事件信息；预案中的环境风险防控措施与实际不符；环境应急响应程序措施实用性不强。

一般环境安全隐患包括：未按规定签发环境应急预案；与政府及有关部门应急预案的衔接关系不齐全；环境应急管理人员职责不明确；预防预警信息获取来源不完善；应急监测不完善或不具备实操性；自身没有监测能力，没有与相关监测机构签订应急监测协议；未明确环境应急预案培训、演练、评估修订等管理要求；未编制重点工作岗位的现场处置方案；未更新环境应急预案中相关单位和人员通讯录。

3. 开展环境隐患排查治理工作情况

重大环境安全隐患包括：未建立环境安全隐患排查治理制度，无隐患排查治理档案；未按预案要求开展日常巡检；对重大隐患未制定整改方案。

一般环境安全隐患包括：以安全等其他类型隐患代替环境安全隐患；发现一般环境安全隐患，未立即整改治理；未制订隐患排查治理年度计划；隐患排查频次不满足相关要求；环境安全隐患自查自改的内容不够细化，整改内容、完成时间和责任人等不够明确。

4. 开展环境应急培训情况

重大环境安全隐患包括：未组织开展环境应急知识和技能培训；未将环境应急培训纳入企业工作计划。

一般环境安全隐患包括：以其他类型培训代替环境应急培训；培训无针对周边群众的内容；未健全培训档案，未如实记录环境应急培训的时间、内容、人员等情况。

5. 储备环境应急资源情况

重大环境安全隐患包括：未开展环境应急资源调查或调查不充分；未配备与自身环境风险水平相匹配的环境应急物资装备；未建立环境应急物资装备快速供应机制；未设置专职人员或兼职人员组成的应急救援队伍；企业实际预案架构人员的职责与文本不相符。

一般环境安全隐患包括：以其他类型物资装备代替环境应急物资装备；没有明确物资责任人；未建立环境应急物资装备管理台账；未定期检查现有物资，未及时补充已消耗的物资装备；无应急救援队伍的企业未与其他组织或单位签订应急救援协议或互救协议；附图中环境应急物资分布图标注不清楚。

6. 环境应急演练情况

重大环境安全隐患包括：未按相关规定或环境应急预案要求的频次开展应急演练；缺少对环境应急预案中预设突发环境事件情景的演练。

一般环境安全隐患包括：以其他类型演练代替环境应急演练；未开展环境应急演练的总结和评估工作；未建立环境应急演练台账或台账不完整；未公开环境应急演练情况。

（二）环境风险防控措施

1. 水污染物收集和输送措施情况

重大环境安全隐患包括：厂区内涉危险化学品或其他有毒有害物质的各生产车间、化学品仓库、储罐区、装卸区、码头、输送管道和危废暂存间或堆场未设置污水和事故液收集系统；厂区雨污不分流或雨污切换阀门损坏，将车间冲洗水、储罐清洗水、生活污水、车辆冲洗水、事故排放水等生产废水排入雨水沟，混入雨水排放；没有应急输送通道将受污染的冷却水和冲洗水、受污染的雨水（初期雨水）、消防污水等排入污水处理设施或独立的处理系统；接纳消防污水的排水系统未按最大消防水量校核排水能力；有排洪沟（排洪涵洞）或河道穿过厂区时，排洪沟（排洪涵洞）与渗漏观察井、生产废水、清净下水排放管道连通。

一般环境安全隐患包括：生产车间、储罐区、固废堆场、运输装卸区等易受污染区域未采取防渗漏、防腐蚀、防淋溶、防流失措施；生产区域、原料管线、污水处理设施等存在“跑冒滴漏”现象；涉环境风险源场所的排水管道接入雨水或清净下水系统的闸阀没有常关，通向事故应急池或污水处理设施的闸阀没有常开；没有厂区雨污分流及事故污水收集、控制节点示意图。

2. 水污染物储存措施情况

重大环境安全隐患包括：未设置初期雨水收集池、清净下水排放缓冲池、事故应急池等储存系统；储存系统有效容积不满足环境影响评价文件及批复、环境风险评估报告等的相关要求；储存系统存在旁路、直通外环境；未配置传输泵、配套管线、备用柴油泵或柴油发电机等装置，消防水、泄漏物及初期雨水等不能通过自流或泵引设施提升至事故应急池，无法将事故应急池中的废水转输处置。

一般环境安全隐患包括：围堰、防火堤等未设置导流沟及外设排水切换阀；事故应急池非事故状态下被占用超过有效容积的1/3且无紧急排空技术措施；事故应急池未设置液位标识、标识牌；密闭事故应急池未留有观察口；事故应急池存在孔洞和裂缝；事故应急池保养维修期间，无其他暂存措施。

3. 水污染物截流措施情况

重大环境安全隐患包括：生产场所、一体装卸作业场所、物料储存场所、危废贮存场所等涉风险物质的区域未设置事故污水截流措施（围堰、环沟、防火堤、闸、阀等）；雨水、清净下水、排洪沟、污（废）水的厂区总排口等未设置截流措施；事故状态下，无有效措施防止废水、泄漏物、受污染的雨水、消防水等溢出厂界。

一般环境安全隐患包括：雨水、清净下水、排洪沟、污（废）水的厂区总排口未按要求设置监视器；雨水截留设施锈蚀、简陋（如简易闸板），存在渗漏现象；雨水截留设施正常情况下处于常开状态。

4. 大气环境风险防控措施

重大环境安全隐患包括：企业与周边重要环境风险受体的各类防护距离不符合环境影响评价文件及批复的要求；排放纳入《有毒有害大气污染物名录》气体的企业没有在厂界建设针对有毒有害特征污染物的环境风险预警体系；没有定期监测或委托监测有毒有害大气特征污染物；未确定事故状态下的监测因子。

一般环境安全隐患包括：排放纳入《有毒有害大气污染物名录》气体的企业未建立有毒有害大气特征污染物名录；信息通报机制不健全，不能在发生突发大气环境污染事件后及时通报可能受到危害的单位和居民。

（三）危险废物与污染防治设施

1. 危险废物防控情况

重大环境安全隐患包括：危废暂存间或堆场未开展安全风险辨识；危险废物贮存

超过 1 年；近 3 年未按照国家有关规定申报危险废物有关资料，且次数超过 3 次；对属性不明的固体废物未开展鉴定工作。

一般环境安全隐患包括：危废暂存间或堆场未设置固定防雨、防扬散、防流失、防渗漏等措施；危废暂存间或堆场未设置泄漏液体导流沟和收集池；危废暂存间未按规范设置观察窗口、铁门双锁、危险废物标识和流转记录等；易燃、易爆及排出有毒气体的危险废物稳定化后进入贮存设施贮存，未配备有机气体报警、火灾报警装置和导出静电的接地装置；可能产生粉尘、挥发性有机物、酸雾以及其他有毒有害气态污染物的危险废物贮存设施未设置气体收集装置和气体净化设施。

2. 污染防控设施情况

重大环境安全隐患包括：脱硫脱硝、煤改气、挥发性有机物回收、污水处理、粉尘治理、RTO 焚烧炉等 6 类污染防治设施未开展安全风险辨识；污染防治设施未运行或损坏、处理效果不佳。

一般环境安全隐患包括：排放口无标识或标识不规范；管理维护人员未定期检查维护污染防控设施；不具备操作、管理维护污染防控设施的人员，不熟练掌握污染防控设施的操作方法且不具备紧急风险状况下的处理技能，包括事故污水拦截、堵漏、收集、转移、原地处理、固化等。

第二节　环境风险评估

一、概述

（一）基本概念

环境风险指发生突发环境事件的可能性及突发环境事件造成的危害程度。

环境风险源指化学品生产、储存、流通、销售、使用等过程中，导致环境敏感点（如集中式饮用水水源，学校、医院等人群集中区以及重要生态功能区等）存在潜在环境风险的客体以及相关的因果条件。

环境风险单元指长期或临时生产、加工、使用或储存环境风险物质的一个（套）生产装置、设施或场所或同属一个企业且边缘距离小于 500 m 的几个（套）生产装置、设施或场所。

突发环境事件风险物质是指一种物质或若干种物质的混合物，由于其化学、物理或毒性特性，使其具有易导致火灾、爆炸或中毒的危险。临界量规定了某种（类）化学物质及其数量。

环境风险受体指在突发环境事件中可能受到危害的企业外部人群、具有一定社会价值或生态环境功能的单位或区域等。

环境风险系统：由于人类对环境风险并非无能为力，因此环境风险不能被简单地看作是由事故释放的一种或多种危险性因素造成的后果，而应看作是风险产生、风险控制、受体暴露所有因素构成的系统。环境风险系统如图 2-8 所示。

环境风险评估指确定突发环境事件发生概率、模拟突发环境事件的危害程度并计算其风险值大小、对其可接受性做出评价、提出风险预防控制措施的过程。

环境风险管理指在环境风险状况调查的基础上，根据环境风险评估的结果，按照有关法规政策，进行削减风险的费用、效益分析，确定可接受风险度和损害水平，选用有效的控制技术和管理措施，降低突发环境事件风险，保护人群健康与生态系统的安全。树立环境风险最小化、全过程管理和优先管理的环境风险管理策略。

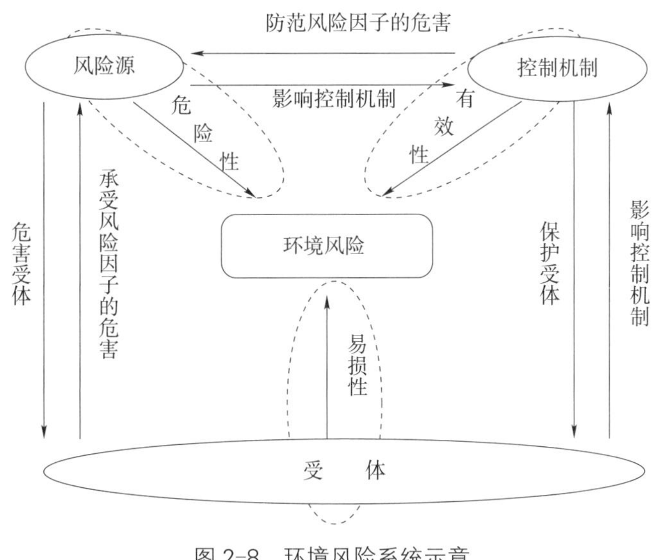

图 2-8　环境风险系统示意

（二）企业环境风险评估

企业环境风险评估是指对企业建设和运行期间发生的可预测事故引起有毒有害、易燃易爆等物质泄漏，或事故产生的新的有毒有害物质所造成的对人身安全与环境的影响和损害进行评估，提出防范、应急与减缓措施，以使企业事故率、事故损失和环境影响达到可接受水平的过程。企业环境风险评估作为环境安全管理工作中的重要内容，是预防、处理突发环境事件需要首要开展的工作。

企业环境风险评估的目的是找出存在于环境中的潜在突发环境事件危险，为环境风险源拥有者制定合理可行的防范与减缓措施提供依据。

以企业为单位，评估其可能的环境风险，并针对性地制定风险防范措施，对突发环境事件的预防、处置和赔偿都有重要的意义。企业正常的运营包含了环境风险源的生产、搬运、使用及储存的全过程，企业能作为环境事件管理与预防的主体。

企业环境风险评估的基本思路是：通过对企业环境风险源与环境通道和敏感目标关联性的分析与评估，分别对每个环境风险源进行风险分级评估，确定环境风险源级别；通过污染扩散等相关模型计算企业潜在环境风险对环境的危害范围；在此基础上，通过调研资料分析，统计危害范围内的环境敏感点个数；依据敏感点类型，结合已有环境敏感点的危害概化指数体系，确定模型计算参数，计算环境风险源对人口、经济、社会、生态的损失指数；进一步计算企业对大气、水、土壤的环境危害指数；通过加权得到环境风险源综合评价指数；依据识别标准体系，评估企业的级别。简单概括，企业环境风险评估可以按照环境风险识别、环境风险分析、划定环境风险等级 3 个步骤实施。

企业环境风险评估的核心是确定企业环境风险的潜在危害后果。与已有的环境风险辨识不同，确定企业环境风险的潜在危害后果时不仅考虑源对人的损伤，还要考量环境风险对环境的综合影响，包括人口、生态、社会、经济等多个方面。应把以人为本、预防为主作为基本出发点，把突发环境事件引起场所界外人群的伤害、环境质量的恶化和生态系统的破坏作为关注的重点。

环境风险主要有 3 个来源，第一类是化工企业，七成环境风险来自化工企业，包括化工产品的生产、运输和储存；第二类是尾矿库，主要是重金属污染；第三类是企业偷排。1976 年，意大利小镇塞维索发生了化学泄漏，引发了环境风险管理的核心——企业对环境风险做出评估。国外的环境风险评估主要包括物质和量，例如 0.1 g 氰化钠可以导致 10 个人死亡，但不会发生大面积社会灾难，但如有 100 t，环境风险就非常大。结合中国特色，我国增设了两个指标，第一个是所处的敏感目标和环境，例如有无学校、医院、水源地等敏感目标；第二个是企业内部的管理水平，例如突发环境事件预案。根据环境风险评估报告，可以进行重点风险企业的监管。哪些企业要交污染强制险，交多少合适，事后赔付多少合适，也建立在环境风险评估的基础上。

（三）需要开展环境风险评估的企业

对重大突发环境事件进行汇总、归纳分析，可以发现大多数突发环境事件与生产使用危险化学品的企业、储存易爆易腐蚀物质的仓库、有毒有害物质运输途经的敏感地域发生的事故密切相关。特别是一些大型的化工、石化企业，其原料及产品大多数为易燃、易爆和有毒化学品，包括苯、甲苯、氨、氯等，而且生产过程多处于高温、高压或低温、负压等苛刻条件，发生突发环境事件的隐患较为突出。

因此，生产、使用、存储或释放涉及环境风险物质（包括生产原料、燃料、产品、中间产品、副产品、催化剂、辅助生产物料、“三废”污染物等）以及其他可能引发突发环境事件的化学物质的企业需要进行环境风险评估。

有下列情形之一的，企业应当及时划定或重新划定本企业环境风险等级，编制或修订本企业的环境风险评估报告：未划定环境风险等级或划定环境风险等级已满三年的；涉及环境风险物质的种类或数量、生产工艺过程与环境安全管理措施或周边可能受影响的环境风险受体发生变化，导致企业环境风险等级变化的；发生突发环境事件并造成环境污染的；有关企业环境风险评估标准或规范性文件发生变化的。

企业可以自行编制环境风险评估报告，也可以委托相关专业技术服务机构编制。新建、改建、扩建相关项目的环境影响评价报告中的环境风险评价内容可作为企业编制环境风险评估报告的重要内容。

二、环境风险识别

在收集相关资料的基础上，按照《企业突发环境事件风险等级划分方法》的要求，并综合考虑环境风险企业、环境风险传播途径及环境风险受体，进行环境风险识别。环境风险识别对象包括企业基本信息、环境风险单元（环境风险源）、环境风险物质和数量、生产工艺、环境风险单元的防控措施、周边环境风险受体、现有应急资源情况等。根据识别结果，制作企业地理位置图、厂区平面布置图、周边环境风险受体分布图，企业雨水、清净下水收集和排放管网图，污水收集和排放管网图以及所有排水最终去向图，并作为评估报告附件。

（一）企业基本信息

包括企业名称、组织机构代码、法定代表人、企业所在地、中心经度、中心纬度、所属行业类别、建厂年月、最新改扩建年月、主要联系方式、企业规模、厂区面积、从业人数等（如为子公司，还需列明上级公司名称和所属集团公司名称）；地形、地貌（如在泄洪区、河边、坡地）、气候类型、年风向玫瑰图、历史上曾经发生过的极端天气情况和自然灾害情况（如地震、台风、泥石流、洪水等）；环境功能区划情况以及最近一年地表水、地下水、大气、土壤环境质量现状。

（二）环境风险源

环境风险源是存储或使用环境风险物质，具有潜在环境风险，在一定的触发因素作用下能导致环境风险事故的单元。按环境风险源的运动特性可分为固定风险源与移动风险源。

环境危险源与环境风险源既有区别又有联系。环境危险源是从职业安全角度关注重大工业事故的防范及对人体的伤害，缺乏针对事故污染物释放对周边敏感受体影响的考虑；环境风险源则是从生态环境保护角度考察重大工业事故演化成突发环境事件后，对厂外的人群与周边敏感环境受体所产生的危害性后果。因此，从环境角度，对厂外环境风险受体的危害分析与评估是区分环境危险源与环境风险源的根本。

环境危险源发生排污行为并可能影响敏感对象时才为环境风险源，否则环境危险源不是环境风险源。污染源突然可能影响敏感对象时才为环境风险源，否则污染源不是环境风险源（如在戈壁滩上的污染源）。环境风险源一定是污染源和环境危险源，但污染源和环境危险源不一定是环境风险源。

关联环境风险源是指所关注的空间周边存在的不属于同一法人责任空间，可能引起更大的环境危害，在所关注的空间发生事故时可能引起连锁事故的环境风险源，如储有易燃易爆品、有毒性气体单位。例如，在江苏响水事故中，受影响最重的是涉事企业周边的一个企业。

环境风险源主要存在于以下几种空间和形式：

一是生产使用危险化学品的企业。生产使用危险化学品的企业存在发生突发环境事件的隐患，潜在危险性较大的为大型化工、石化企业。化工、石化企业的原料及其产品大多数为易燃、易爆和有毒化学品。由于生产过程多处于高温、高压或低温、负压等苛刻条件下，在内因方面存在的危险因素较多。因此，从事生产、使用、运输危险化学品的企业是需要关注的焦点。纵观以往的突发环境事件，绝大多数企业可能存在人员专业素质差、生产设备故障、管理纰漏、环境安全意识薄弱等问题，使潜在的环境安全隐患复杂化，导致发生事故的可能性增大。

二是储存易燃、易爆、易腐蚀物质的仓库。储存易燃、易爆、易腐蚀物质的仓库发生突发环境事件的概率较高。易燃、易爆物质对热、撞击、摩擦敏感，易被外部火源点燃，引发爆炸，并可能产生有毒烟雾或有毒有害气体，造成污染；酸碱腐蚀物质腐蚀性强，储存容器部件易破损，导致化学物质泄漏，对水体等环境要素造成污染。

三是有毒有害物质运输。运输有毒有害物质的车辆、船舶途经崎岖不平的山区道路、交通繁忙的城镇、饮用水水源地上游等敏感地域发生意外翻车、翻船，有毒有害物质泄漏并进入水体、大气、土壤中，将严重污染附近的环境。如污染物进入水体不仅污染水体，而且也对水体下游的饮用水安全构成威胁；污染物进入大气，将严重危及附近环境及生命安全；污染物进入土壤将可能严重破坏土壤环境平衡，造成土壤及生态环境影响。

四是污染物超标排放或长期累积造成的危害。污染物长期累积造成的危害一般有：长期累积在河流上游的劣质水或污水由于降雨、洪水、人为控制排放等原因，排入下游水质较好的河段、形成严重污染；长期累积在大气环境中的污染物产生光化学烟雾；陆源污染物长期排入海洋，在海洋形成赤潮灾害等；铅、镉等污染物长期排放累积造成的重金属突发环境事件等。

（三）环境风险物质和数量

环境风险待评估企业内可能存在大量的潜在环境风险单元，分别评估每一单元将导致待评估环境风险源过多。环境风险源的初步筛选主要用于降低待排查环境风险源数量，突出重点。环境风险源筛选主要依据待排查单元内环境风险物质及其数量，方式是考察环境风险物质含量与其所界定临界量的关系。若评估单元内的环境风险物质数量等于或超过该临界量，则定义该单元为待评估环境风险源。

环境风险物质指由于意外释放可能导致环境污染的有毒有害物质（化学品）。这些物质在特定的自然社会环境条件下，由于人为或意外因素或由不可抗力引起其物理、化学稳定性发生变化，可导致环境受到严重污染和破坏，直至造成人身伤亡，使当地经济、社会活动受到较大影响。

单元内环境风险物质的确定需考虑以下 3 个方面：单元内每次存放某种环境风险物质的时间超过 2 天；单元内每年存放某种环境风险物质的次数超过 10 次；单元内的环境风险物质在正常作业条件下产生。如果单元内储存着多种环境风险物质，那么在辨识过程中生产经营单位应首先考虑风险最大的那种物质是否超出上述的定义范围，这样生产经营单位就可以明确界定待评估单元内的环境风险物质。

对于存放环境风险物质的罐区储罐和其他容器，环境风险物质的量应当是储罐或者其他容器的最大容积量。对于存放环境风险物质的生产场所储罐和其他容器，以及运输区、处理处置场所，环境风险物质的量应当是储罐或者其他容器的实际存在最大量。应当从每天、每季度或者自身规定的时间段内的登记情况来获取这些数据。应注意这个量不同于储存区的最大容积量，生产经营单位必须在申报表格中对这一点进行详细的说明。

如果单元内存在的环境风险物质数量低于相对应物质临界量的 5%，并且该物质放到单元内任何位置都不可能成为重大突发环境事件发生的诱导因素，那么就其本身而言，单元内应该不会发生重大突发环境事件，这时该环境风险物质的数量不计入筛选过程计算中。但生产经营单位应当提供相应的文件说明，指出该物质的具体位置，证明其不会引发突发环境事件。

待评估单元内存在的环境风险物质为单一种类时，则该物质的数量即为单元内环境风险物质的总量；若环境风险物质数量等于或超过相应的临界量，则单元被定义为环境风险源。单元内存在的环境风险物质为多种类时，则根据下式计算；若满足式（2-1），则单元被定义为环境风险源：

$$\sum_{i=0}^{n}\frac{q_i}{Q_i}>1 \tag{2-1}$$

式中：q_i——每种环境风险物质实际存在或者以后要存在的量，且数量超过各环境风险物质临界量的5%，t；

Q_i——环境风险物质临界量，t。

（四）生产工艺

生产工艺包括高温、高压或低温、负压等有可能造成企业环境风险的过程工艺。应详细统计生产工艺种类、规模、能够产生的极端理化特征（如产生的最高温度、最大压强等）以及该工艺在企业布局中的分布等。认定环境风险企业时需要增加考虑企业的危险生产工艺，当这些危险生产工艺超过一定规模时，该企业也应被定为环境风险企业。

（五）环境风险单元的防控措施

环境风险单元的防控措施包括每个环境风险单元所采取的水、大气等环境风险防控措施。包括截流措施、事故排水收集措施、清净下水系统防控措施、雨排水系统防控措施、生产污水处理设施防控措施，毒性气体泄漏紧急处置装置和毒性气体泄漏监控预警措施，环评及批复的其他风险防控措施落实情况等。

（六）周边环境风险受体

影响企业风险的因素除了企业的环境风险物质与企业生产工艺外，企业所处的环境条件也是重要的影响因素。如果环境风险物质、生产工艺、防控措施相同的企业所处的环境不同，发生突发环境事件后，对环境的影响也有着巨大的差别；简单而言，就是同一类型环境风险企业在不同的环境条件下所产生的污染危害程度具有很大的差别。例如，处于人口密集区或靠近饮用水水源地的企业发生突发环境事件的危害远远高于处在人口稀少区、不靠近水源的相同类型企业的危害。因此，在对企业的环境风险进行评价时，需要同时考虑环境条件对企业环境风险的影响。

对企业的地理位置以及在城市布局中的分布进行调查，特别需要判断企业周边是否存在环境敏感区，以及分析企业对环境敏感区的危害特征，如企业发生事故后污染带到达环境敏感区的速度和时间等。一般考察的环境敏感区包括水环境敏感区、土壤环境敏感区、大气环境敏感区。

（七）现有应急资源情况

现有应急资源情况是指第一时间可以使用的企业内部应急物资、应急装备和应急救援队伍情况，以及企业外部可以请求援助的应急资源情况，包括与其他组织或单位签订应急救援协议或互救协议情况等。列表说明名称、类型（指物资、装备或队伍）、数量（或人数）、有效期（指物资）、外部供应单位名称、外部供应单位联系人、外部供应单位联系电话等。

应急物资主要包括处理、消解和吸收污染物（泄漏物）的各种絮凝剂、吸附剂、中和剂、解毒剂、氧化还原剂等；应急装备主要包括个人防护设备、应急监测装备、应急通信系统、电源（包括应急电源）、照明设备等。

三、环境风险分析

（一）后果情景分析

1. 收集国内外同类企业突发环境事件资料

列表说明日期、地点、装置规模、引发原因、物料泄漏量、影响范围、采取的应急措施、事件损失、事件对环境及人造成的影响等。

2. 提出所有可能发生突发环境事件情景

结合突发环境事件情景，说明可能次生突发环境事件的最坏情景：火灾、爆炸、泄漏等生产安全事故及可能引起的次生、衍生厂外环境污染及人员伤亡事故（例如，因生产安全事故导致有毒有害大气污染物扩散出厂界，消防污水、泄漏物及反应生成物从雨水排口、清净下水排口、污水排口、厂门或围墙排出厂界，污染环境等）；环境风险防控设施失灵或非正常操作（如雨水阀门不能正常关闭，化工行业火炬意外灭火）；非正常工况（如开、停车等）；污染治理设施非正常运行；违法排污；停电、断水、停气等；通信或运输系统故障；各种自然灾害、极端天气或不利气象条件；其他可能的情景。

3. 每种情景源强分析

针对每种情景进行源强分析，包括释放环境风险物质的种类、理化性质、最小释放量和最大释放量、扩散范围、浓度分布、持续时间、危害程度。

4. 每种情景环境风险物质释放途径、环境风险防控与应急措施、应急资源情况分析

对可能造成地表水、地下水和土壤污染的，分析环境风险物质从释放源头（环境

风险单元)，经厂界内到厂界外，最终影响到环境风险受体的可能性、释放条件、排放途径，环境风险防控与应急措施的关键环节，需要的应急物资、应急装备和应急救援队伍情况。

对可能造成大气污染的，依据风向、风速等分析环境风险物质少量泄漏和大量泄漏情况下，白天和夜间可能影响的范围，包括事故发生点周边的紧急隔离距离、事故发生地下风向人员防护距离。

当企业发生突发环境事件时，所受影响的环境介质可能是单一的，但大多数情况下是综合的，即企业所产生的污染可能同时危害到大气环境、水环境和土壤环境。因此，研究企业环境风险时，需要全方位地综合考察企业对大气环境、水环境和土壤环境可能产生的风险，并将风险值进行累计，作为企业总的环境风险。除此之外，在考察企业对不同环境介质的风险时，需要分析企业的环境风险特征，即主要的环境风险危害，这是指导企业预防、应对突发环境事件的关键。

事故环境风险区域是指企业污染可能的警戒区域。根据各种存在或潜在的环境风险物质的最大可能储存量，设定最不利的事故条件，结合企业周边污染扩散条件，计算出最大可能危害范围，包括大气环境危害半径、水环境危害范围(面积)、土壤污染半径。

5. 每种情景可能产生的直接、次生和衍生后果分析

根据上述分析，从地表水、地下水、土壤、大气、人口、财产乃至社会等方面考虑并给出突发环境事件对环境风险受体的影响程度和范围，包括需要疏散的人口数量、是否影响饮用水水源地取水、是否造成跨界影响、是否影响生态敏感区生态功能、预估可能发生的突发环境事件级别等。

6. 最大可信事故确定

任何一个系统均存在各种潜在事故危险。环境风险评价不可能对每一个事故均进行环境风险计算和评价，尤其对于庞大复杂的系统而言，因其既不经济，也无必要性。为了评估系统环境风险的可接受程度，在环境风险评价中筛选出系统中具有一定发生概率、其后果是灾难性的事故，且其环境风险值为最大的事故——最大可信事故作为评价对象。

最大可信事故是指在所有预测的概率不为零的事故中，对环境(或健康)危害最严重的重大事故。而重大事故是指有毒有害物质泄漏事故和导致有毒有害物质泄漏的火灾、爆炸事故，给公众带来严重危害，对环境造成严重污染。

(二)差距分析

根据上述分析，从以下 5 个方面对现有环境风险防控与应急措施的完备性、可靠

性和有效性进行分析论证，找出差距、问题，提出需要整改的短期、中期和长期项目内容。

1. 环境风险管理制度

进行环境风险防控和实施应急措施的制度是否建立，环境风险防控重点单位的责任人或责任机构是否明确，定期巡检和维护责任制度是否落实；环评及批复文件的各项环境风险防控和应急措施要求是否落实；是否经常对员工开展环境风险和环境安全管理宣传与培训；是否建立突发环境事件信息报告制度并有效执行。

2. 环境风险防控与应急措施

是否在废气排放口、废水排放口、雨水排放口和清净下水排放口对可能排出的环境风险物质，按照物质特性、危害，设置监视、控制措施，分析每项措施的管理规定、岗位职责落实情况和措施的有效性。是否采取防止事故排水、污染物等扩散、排出厂界的措施，包括截流措施、事故排水收集措施、清净下水系统防控措施、雨水系统防控措施、生产污水处理设施防控措施等，分析每项措施的管理规定、岗位职责落实情况和措施的有效性。涉及毒性气体的，是否设置毒性气体泄漏紧急处置装置，是否已布置生产区域或厂界毒性气体泄漏监控预警系统，是否有提醒周边公众紧急疏散的措施和手段等，分析每项措施的管理规定、岗位责任落实情况和措施的有效性。

3. 环境应急资源

是否配备必要的应急物资和应急装备（包括应急监测）；是否已设置专职或兼职人员组成的应急救援队伍；是否与其他组织或单位签订应急救援协议或互救协议（包括应急物资、应急装备和救援队伍等情况）。

4. 历史经验教训总结

分析、总结历史上同类型企业或涉及相同环境风险物质的企业发生突发环境事件的教训，对照检查本企业是否有防止类似事件发生的措施。

5. 需要整改的短期、中期和长期项目内容

针对上述排查的每一项差距和隐患，根据其危害性、紧迫性和治理时间的长短，提出需要完成整改的期限，分别按短期（3个月以内）、中期（3～6个月）和长期（6个月以上）列表说明需要整改的项目内容，包括整改涉及的环境风险单元、环境风险物质、目前存在的问题（环境风险管理制度、环境风险防控与应急措施、应急资源）、可能影响的环境风险受体。

（三）实施计划

针对需要整改的短期、中期和长期项目，分别制订完善环境风险防控和应急措施的实施计划。实施计划应明确环境风险管理制度、环境风险防控措施、环境应急能力

建设等内容，逐项制定加强环境风险防控措施和应急管理的目标、责任人及完成时限。

每完成一次实施计划，都应将计划完成情况登记建档备查。

对于因外部因素致使企业不能排除或完善的情况，如环境风险受体的距离和防护等问题，应及时向所在地县级以上人民政府及有关部门报告，并配合采取措施以消除环境安全隐患。

四、划定环境风险等级

完成短期、中期或长期的实施计划后，应及时修订环境应急预案，划定或重新划定企业环境风险等级，并记录等级划定过程。

通过定量分析企业生产、加工、使用、存储的所有环境风险物质数量与临界量比值（Q），生产工艺与环境风险控制水平（M）以及环境风险受体敏感性（E），按照矩阵法对企业突发环境事件风险（以下简称“环境风险”）等级进行划分。环境风险等级划分为一般环境风险、较大环境风险和重大环境风险三级，分别用蓝色、黄色和红色标识。评估程序如图 2-9 所示。

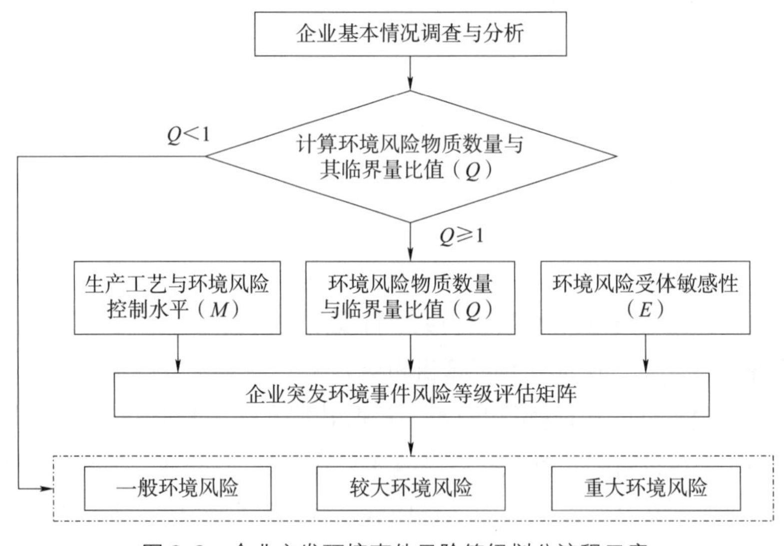

图 2-9　企业突发环境事件风险等级划分流程示意

（一）环境风险物质数量与临界量比值（Q）

针对企业的生产原料、燃料、产品、中间产品、副产品、催化剂、辅助生产原料、“三废”污染物等，列表说明物质名称，CAS 号，目前数量和可能存在的最大数量，在正常使用和事故状态下的物理性质、化学性质、毒理学特性、对人体及环境的急性和慢性危害、伴生 / 次生物质，以及基本应急处置方法等，标明是否为环境风险物质。

计算所涉及的每种环境风险物质在厂界内的最大存在总量（如存在总量呈动态变化，则按年度内某一天最大存在总量计算；在不同厂区的同一种物质，按其在厂界内的最大存在总量计算）与其在表 2-1 中对应临界量的比值 Q。

当企业只涉及 1 种环境风险物质时，计算该物质的总数量与其临界量比值，即为 Q；当企业存在多种环境风险物质时，则按式（2-2）计算物质数量与其临界量比值（Q）。

$$Q = \frac{q_1}{Q_1} + \frac{q_2}{Q_2} + \cdots + \frac{q_n}{Q_n} \tag{2-2}$$

式中：q_1，q_2，…，q_n——每种环境风险物质的最大存在总量，t；

Q_1，Q_2，…，Q_n——每种环境风险物质的临界量，t。

当 $Q<1$ 时，企业直接被评为一般环境风险等级，以 Q 表示。

当 $Q \geqslant 1$ 时，将 Q 值划分为 $1 \leqslant Q < 10$、$10 \leqslant Q < 100$ 和 $Q \geqslant 100$，分别以 Q_1、Q_2 和 Q_3 表示。

表 2-1　部分常见环境风险物质及临界量清单

序号	物质名称	CAS 号	临界量 /t
第一部分　一般环境管理危险化学品			
1	甲醛	50-00-0	0.5
2	四氯化碳	56-23-5	7.5
3	乙醚	60-29-7	10
4	苯胺	62-53-3	5
5	甲醇	67-56-1	500*
6	异丙醇	67-63-0	5
7	丙酮	67-64-1	10
8	三氯甲烷	67-66-3	10
9	天然气	74-82-8	5
10	溴甲烷	74-83-9	7.5
11	乙烯	74-85-1	5
12	乙炔	74-86-2	5
13	氯甲烷	74-87-3	10
14	甲胺	74-89-5	5

续表

序号	物质名称	CAS 号	临界量 /t
15	氰化氢	74-90-8	2.5
16	丙烷	74-98-6	5
17	乙胺	75-04-7	10
18	乙腈	75-05-8	10
19	乙醛	75-07-0	5
20	乙硫醇	75-08-1	10
21	二氯甲烷	75-09-2	10
22	二硫化碳	75-15-0	10
23	环丙烷	75-19-4	5
24	异丁烷	75-28-5	5
25	异丙胺	75-31-0	5
26	1,1- 二氯乙烯	75-35-4	5
27	光气	75-44-5	0.25
28	三甲胺	75-50-3	2.5
29	环氧丙烷	75-56-9	10
30	硫酸二甲酯	77-78-1	0.25
31	异丁腈	78-82-0	10
32	二氯丙烷	78-87-5	7.5
33	三氯乙烯	79-01-6	10
34	乙酸甲酯	79-20-9	5
35	过氧乙酸	79-21-0	5
36	1,2- 二氯苯	95-50-1	10
37	3,4- 二氯甲苯	95-75-0	10
38	氯乙酸甲酯	96-34-4	7.5
39	硝基苯	98-95-3	10
40	乙苯	100-41-4	10
41	苯乙烯	100-42-5	10
42	1,4- 二氯苯	106-46-7	10
43	1,2- 二氯乙烷	107-06-2	7.5
44	丙腈	107-12-0	5
45	丙烯腈	107-13-1	10

续表

序号	物质名称	CAS 号	临界量 /t
46	乙二胺	107-15-3	10
47	甲酸甲酯	107-31-3	5
48	甲苯	108-88-3	10
49	氯苯	108-90-7	5
50	苯酚	108-95-2	5
51	正己烷	110-54-3	500*
52	环己烷	110-82-7	10
53	丙烯	115-07-1	5
54	六氯苯	118-74-1	1
55	2,4,6- 三硝基甲苯	118-96-7	5
56	2,4- 二氯苯酚	120-83-2	5
57	2,4- 二硝基甲苯	121-14-2	5
58	二甲胺	124-40-3	5
59	乙酸乙酯	141-78-6	500*
60	丙二烯	463-49-0	5
61	溴化氰	506-68-3	2.5
62	一氧化碳	630-08-0	7.5
63	二甲苯	1330-20-7	10
64	二氧化硫	7446-09-5	2.5
65	三氧化硫	7446-11-9	2.5
66	氯化氢	7647-01-0	2.5
67	磷酸	7664-38-2	2.5
68	氟化氢	7664-39-3	5
69	氨	7664-41-7	7.5
70	硝酸	7697-37-2	7.5
71	溴	7726-95-6	2.5
72	铬酸	7738-94-5	0.25
73	氟	7782-41-4	0.5
74	氯	7782-50-5	1
75	硫化氢	7783-06-4	2.5
76	铬酸钾	7789-00-6	0.25

续表

序号	物质名称	CAS 号	临界量 /t
77	磷化氢	7803-51-2	2.5
78	硅烷	7803-62-5	2.5
79	发烟硫酸	8014-95-7	2.5
80	四氯化硅	10026-04-7	5
81	溴化氢	10035-10-6	2.5
82	二氧化氯	10049-04-4	0.5
83	一氧化氮	10102-43-9	0.5
84	二氧化氮	10102-44-0	1
85	白磷	12185-10-3	5
86	硝基氯苯	25167-93-5	5
87	硫	63705-05-5	10
88	石油气	68476-85-7	5
89	煤气（CO，CO 和 H_2、CH_4 的混合物等）	—	7.5
90	铜及其化合物（以铜离子计）	—	0.25
91	锑及其化合物（以锑计）	—	0.25
92	铊及其化合物（以铊计）	—	0.25
93	钼及其化合物（以钼计）	—	0.25
94	钒及其化合物（以钒计）	—	0.25
95	锰及其化合物（以锰计）	—	0.25
96	油类物质（矿物油类，如石油、汽油、柴油等；生物柴油等）	—	2 500**
97	剧毒化学物质	—	5
98	有毒化学物质	—	50
99	COD_{Cr} 质量浓度≥10 000 mg/L 的有机废液	—	10
100	NH_3-N 质量浓度≥2 000 mg/L 的废液	—	1
第二部分　重点环境管理危险化学品			
101	苯	71-43-2	10
102	氯乙烯	75-01-4	5
103	环氧乙烷	75-21-8	7.5
104	丙酮氰醇	75-86-5	2.5
105	四乙基铅	78-00-2	2.5

续表

序号	物质名称	CAS 号	临界量 /t
106	萘	91-20-3	5
107	氯化氰	506-77-4	7.5
108	三氧化二砷	1327-53-3	0.25
109	汞	7439-97-6	0.5
110	砷	7440-38-2	0.25
111	砷化氢	7784-42-1	0.5
112	1,2,4- 三氯代苯	120-82-1	2.5
113	1,3- 二硝基苯	99-65-0	0.5
114	五氯硝基苯	82-68-8	0.5
115	2- 氯苯胺	95-51-2	5
116	壬基酚	25154-52-3	1
117	氰化钾	151-50-8	0.25
118	氰化钠	143-33-9	0.25
119	砷酸	7778-39-4	0.25
120	五氧化二砷	1303-28-2	0.25
121	亚砷酸钠	7784-46-5	0.25
122	氯化汞	7487-94-7	0.25
123	重铬酸铵	7789-9-5	0.25
124	重铬酸钾	7778-50-9	0.25
125	重铬酸钠	10588-01-9	0.25
126	四氧化三铅	1314-41-6	0.25
127	一氧化铅	1317-36-8	0.25
128	硫酸铅（含游离酸＞3%）	7446-14-2	0.25
129	硝酸铅	10099-74-8	0.25
130	二氧化硒	7446-8-4	0.25

* 代表该种物质临界量的确定参考了《危险化学品重大危险源辨识》（GB 18218—2009）。

** 代表该种物质临界量的确定参考了欧盟《塞维索法令》。

（二）生产工艺与环境风险控制水平（*M*）

采用评分法对企业生产工艺、安全生产管理、环境风险防控措施、环评及批复的其他环境风险防控措施落实情况、废水排放去向等指标进行评估汇总，确定企业生产工艺与环境风险控制水平。评估指标及分值分别如表 2-2 与表 2-3 所示。

表 2-2　企业生产工艺与环境风险控制水平评估指标

评估指标		分值
生产工艺		20 分
安全生产管理	消防验收	2 分
	危险化学品安全评价	2 分
	安全生产许可	2 分
	危险化学品重大环境风险源备案	2 分
水环境风险防控措施	截流措施	8 分
	事故排水收集措施	8 分
	清净下水系统防控措施	8 分
	雨排水系统防控措施	8 分
	生产废水系统防控措施	8 分
大气环境风险防控措施	毒性气体泄漏紧急处置装置	8 分
	生产区域或厂界毒性气体泄漏监控预警系统	4 分
环评及批复的其他环境风险防控措施落实情况		10 分
废水排放去向		10 分

表 2-3　企业生产工艺与环境风险控制水平

生产工艺与环境风险控制水平值（M）	生产工艺与环境风险控制水平
$M<25$	M1 类水平
$25\leqslant M<45$	M2 类水平
$45\leqslant M<60$	M3 类水平
$M\geqslant 60$	M4 类水平

1. 生产工艺

列表说明企业生产工艺及其特征：生产工艺名称，反应条件（包括高温、高压、易燃、易爆），是否属于《重点监管危险化工工艺目录》或国家规定有淘汰期限的淘汰类落后生产工艺装备等。

按照表 2-4 评估企业生产工艺情况。具有多套工艺单元的企业，对每套生产工艺分别评分并求和。企业生产工艺最高分值为 20 分，超过 20 分则按最高分计。

表 2-4　企业生产工艺

评估依据	分值
涉及光气及光气化工艺、电解工艺（氯碱）、氯化工艺、硝化工艺、合成氨工艺、裂解（裂化）工艺、氟化工艺、加氢工艺、重氮化工艺、氧化工艺、过氧化工艺、胺基化工艺、磺化工艺、聚合工艺、烷基化工艺、新型煤化工工艺、电石生产工艺、偶氮化工艺	10 分 / 套
其他高温或高压、涉及易燃易爆物质等的工艺过程①	5 分 / 套
具有国家规定限期淘汰的工艺和设备②	5 分 / 套
不涉及以上危险工艺过程或国家规定的禁用工艺和设备	0

注：①高温指工艺温度≥300℃，高压指压力容器的设计压力（P）≥10.0 MPa，易燃易爆物质等是指按照《化学品分类、警示标签和警示性说明安全规范》（GB 20576～20599、GB 20601、GB 20602）所确定的化学物质。

②指国家发展改革委发布的《产业结构调整指导目录（2021 年版）》中有淘汰期限的淘汰类落后生产工艺和装备。

2. 安全生产管理

按照表 2-5 评估企业安全生产管理情况，并附相关证明文件。

表 2-5　企业安全生产管理

评估指标	评估依据	分值
消防验收	消防验收意见为合格，且最近一次消防检查合格	0 分
	消防验收意见为不合格，或最近一次消防检查不合格	2 分
危险化学品安全评价	开展危险化学品安全评价；通过安全设施竣工验收，或无要求	0 分
	未开展危险化学品安全评价，或未通过安全设施竣工验收	2 分
安全生产许可	非危险化学品生产企业，或危险化学品生产企业取得安全生产许可	0 分
	危险化学品生产企业未取得安全生产许可	2 分
危险化学品重大环境风险源备案	无重大环境风险源，或所有危险化学品重大环境风险源均已备案	0 分
	有危险化学品重大环境风险源未备案	2 分

3. 环境风险防控措施

从生产装置、储运系统、公用工程系统、辅助生产设施及环境保护设施等方面，列表说明每个涉及环境风险物质的环境风险单元及其环境风险防控措施的实施和日常管理情况。

对照表 2-6，列出并评估企业所采取的水、大气等环境风险防控措施，包括截流措施、事故排水收集措施、清净下水系统防控措施、雨排水系统防控措施、生产废水防控措施、毒性气体泄漏紧急处置装置、生产区域或厂界毒性气体泄漏监控预警措施、环评及批复的其他环境风险防控措施落实情况等。若企业具有一套收集措施，兼具或部分兼具收集泄漏物、受污染的清净下水、雨水、消防污水功能，应按表 2-6 对照相应功能要求分别评分。

表 2-6　企业环境风险防控措施

评估指标	评估依据	分值
截流措施	(1)各环境风险单元设防渗漏、防腐蚀、防淋溶、防流失措施，设防初期雨水、泄漏物、受污染的消防水(溢)流入雨水和清净下水系统的导流围挡收集措施(如防火堤、围堰等)，且相关措施符合设计规范； (2)装置围堰与罐区防火堤(围堰)外设排水切换阀，正常情况下通向雨水系统的阀门关闭，通向事故存液池、事故应急池、清净下水排放缓冲池或污水处理设施的阀门打开； (3)前述措施日常管理及维护良好，有专人负责阀门切换，保证初期雨水、泄漏物和受污染的消防水排入污水系统	0 分
	有任意一个环境风险单元的截流措施不符合上述任意一条要求的	8 分
事故排水收集措施	(1)按相关设计规范设置事故应急池、事故存液池或清净下水排放缓冲池等事故排水收集设施，并根据下游环境风险受体敏感程度和易发生极端天气情况，设置事故排水收集设施的容量； (2)事故存液池、事故应急池、清净下水排放缓冲池等事故排水收集设施位置合理，能自流式或确保事故状态下顺利收集泄漏物和消防污水，日常保持足够的事故排水缓冲容量； (3)设抽水设施，并与污水管线连接，能将所收集物送至厂区内污水处理设施处理	0 分
	有任意一个环境风险单元的事故排水收集措施不符合上述任意一条要求的	8 分
清净下水系统防控措施	(1)不涉及清净下水； (2)或厂区内清净下水均进入污水处理设施；或清污分流，且清净下水系统具有下述所有措施： ①具有收集受污染的清净下水、初期雨水和消防污水功能的清净下水排放缓冲池(或雨水收集池)，池内日常保持足够的事故排水缓冲容量；池内设有提升设施，能将所集物送至厂区内污水处理设施处理； ②具有清净下水系统(或排入雨水系统)的总排口监视及关闭设施，有专人负责在紧急情况下关闭清净下水总排口，防止受污染的雨水、清净下水、消防污水和泄漏物进入外环境	0 分
	涉及清净下水，有任意一个环境风险单元的清净下水系统防控措施不符合上述(2)要求的	8 分
雨排水系统防控措施	厂区内雨水均进入污水处理设施；或雨污分流，且雨排水系统具有下述所有措施： ①具有收集初期雨水的收集池或雨水监控池；池出水管上设置切断阀，正常情况下阀门关闭，防止受污染的水外排；池内设有提升设施，能将所集物送至厂区内污水处理设施处理； ②具有雨水系统外排总排口(含泄洪渠)监视及关闭设施，有专人负责在紧急情况下关闭雨水排口(含与清净下水共用一套排水系统的情况)，防止雨水、消防污水和泄漏物进入外环境； ③如果有排洪沟，排洪沟不通过生产区和罐区，具有防止泄漏物和受污染的消防污水流入区域排洪沟的措施	0 分
	不符合上述要求的	8 分

续表

评估指标	评估依据	分值
生产废水防控措施	（1）无生产废水产生或外排； （2）或有废水产生或外排时： ①受污染的循环冷却水、雨水、消防水等排入生产污水系统或独立处理系统； ②生产废水排放前设监控池，能够将不合格废水送污水处理设施重新处理； ③如企业受污染的清净下水或雨水进入污水处理设施处理，则污水处理设施应设置事故水缓冲设施； ④具有生产废水总排口监视及关闭设施，有专人负责启闭，确保泄漏物、受污染的消防水、不合格废水不排出厂外	0 分
	涉及废水产生或外排，但不符合上述（2）中任意一条要求的	8 分
毒性气体泄漏紧急处置装置	（1）不涉及有毒有害大气污染物的； （2）或根据实际情况，具有针对有毒有害大气污染物（如硫化氢、氰化氢、氯化氢、光气、氯气、氨气、苯等）的泄漏紧急处置措施	0 分
	不具备有毒有害大气污染物泄漏紧急处置装置的	8 分
生产区域或厂界毒性气体泄漏监控预警措施	（1）不涉及有毒有害大气污染物的； （2）或根据实际情况，具有针对有毒有害大气污染物（如硫化氢、氰化氢、氯化氢、光气、氯气、氨气、苯等）设置生产区域或厂界泄漏监控预警措施	0 分
	不具备生产区域或厂界有毒有害大气污染物泄漏监控预警措施的	4 分
环评及批复的其他环境风险防控措施落实情况	按环评及批复文件的要求落实其他环境风险防控措施的	0 分
	未落实环评及批复文件中其他环境风险防控措施要求的	10 分

4. 雨排水、清净下水、生产废水排放去向

列表说明企业雨排水、清净下水、经处理后的生产废水排放去向，受纳水体名称、受纳水体汇入河流及所属水系，受纳水体的年平均流速、流量和最大流速、流量等。按照表 2-7 评估各类水的排放去向。

表 2-7　企业雨排水、清净下水、生产废水排放去向

评估依据	分值
不产生废水或废水处理后 100% 回用	0 分
进入城市污水处理厂或工业废水集中处理厂（如工业园区的污水处理设施）	7 分
进入其他单位	
其他（包括回喷、回灌、回用等）	
直接进入海域或江河、湖、库等水环境	10 分
进入城市下水道再入江河、湖、库或进入城市下水道再入沿海海域	
直接进入污灌农田或进入地渗或蒸发地	

（三）环境风险受体敏感性（E）

列出企业周边所有环境风险受体情况：

以企业厂区边界计，周边 5 km 范围内大气环境风险受体（包括居住、医疗卫生、文化教育、科研、行政办公、重要基础设施、企业等主要功能区域内的人群、保护单位、植被等）和土壤环境风险受体（包括基本农田保护区、居住商用地）情况，并列表说明名称、规模（人口数、级别或面积）、中心经度、中心纬度、与企业距离、相对企业方位、服务范围（取水口填写）、联系人和联系电话等内容。

企业雨水排口（含泄洪渠）、清净下水排口、废水总排口下游 10 km 范围内水环境风险受体（包括饮用水水源保护区、自来水厂取水口、自然保护区、重要湿地、特殊生态系统、水产养殖区、鱼虾产卵场、天然渔场等）情况，以及按最大流速计，水体 24 h 流经范围内涉及国界、省界、市界等情况，并列表说明名称、规模（级别或面积）、中心经度、中心纬度、与企业距离、相对企业方位、服务范围（取水口填写）、联系人和联系电话等内容。

根据环境风险受体的重要性和敏感程度，由高到低将企业周边的环境风险受体分为类型 1、类型 2 和类型 3，分别以 E1、E2 和 E3 表示（如表 2-8 所示）。如果企业周边存在多种类型环境风险受体，则按照重要性和敏感度高的类型计。

表 2-8　企业周边环境风险受体情况划分

类别	环境风险受体情况
类型 1（E1）	（1）企业雨水排口、清净下水排口、污水排口下游 10 km 范围内有如下一类或多类环境风险受体的：乡镇及以上城镇饮用水水源（地表水或地下水）保护区；自来水厂取水口；水源涵养区；自然保护区；重要湿地；珍稀濒危野生动植物天然集中分布区；重要水生生物的自然产卵场及索饵场、越冬场和洄游通道；风景名胜区；特殊生态系统；世界文化和自然遗产地；红树林、珊瑚礁等滨海湿地生态系统；珍稀、濒危海洋生物的天然集中分布区；海洋特别保护区；海上自然保护区；盐场保护区；海水浴场；海洋自然历史遗迹； （2）或以企业雨水排口（含泄洪渠）、清净下水排口、废水总排口算起，排水进入受纳河流，24 h 流经范围内涉跨国界或省界的； （3）或企业周边现状不满足环评及批复的卫生防护距离或大气环境防护距离等要求的； （4）或企业周边 5 km 范围内居住区及医疗卫生、文化教育、科研、行政办公等机构人口总数大于 5 万人，或企业周边 500 m 范围内人口总数大于 1 000 人，或企业周边 5 km 涉及军事禁区、军事管理区、国家相关保密区域
类型 2（E2）	（1）企业雨水排口、清净下水排口、污水排口下游 10 km 范围内有如下一类或多类环境风险受体的：水产养殖区；天然渔场；耕地、基本农田保护区；富营养化水域；基本草原；森林公园；地质公园；天然林；海滨风景游览区；具有重要经济价值的海洋生物生存区域； （2）或企业周边 5 km 范围内居住区及医疗卫生、文化教育、科研、行政办公等机构人口总数大于 1 万人，小于 5 万人；或企业周边 500 m 范围内人口总数大于 500 人，小于 1 000 人； （3）企业位于岩溶地貌、泄洪区、泥石流多发等地区

续表

类别	环境风险受体情况
类型 3（E3）	（1）企业下游 10 km 范围内无上述类型 1 和类型 2 包括的环境风险受体； （2）或企业周边 5 km 范围内居住区及医疗卫生、文化教育、科研、行政办公等机构人口总数小于 1 万人，或企业周边 500 m 范围内人口总数小于 500 人

（四）企业环境风险等级划分

根据企业周边环境风险受体的 3 种类型，按照环境风险物质数量与临界量比值（Q）、生产工艺与环境风险控制水平（M）矩阵，确定企业环境风险等级。

企业周边环境风险受体属于类型 1 时，按表 2-9 确定企业环境风险等级。

表 2-9　类型 1（E1）的企业环境风险分级表

环境风险物质数量与临界量比值（Q）	生产工艺与环境风险控制水平（M）			
	M1 类水平	M2 类水平	M3 类水平	M4 类水平
$1 \leqslant Q < 10$	较大环境风险	较大环境风险	重大环境风险	重大环境风险
$10 \leqslant Q < 100$	较大环境风险	重大环境风险	重大环境风险	重大环境风险
$100 \leqslant Q$	重大环境风险	重大环境风险	重大环境风险	重大环境风险

企业周边环境风险受体属于类型 2 时，按表 2-10 确定企业环境风险等级。

表 2-10　类型 2（E2）的企业环境风险分级表

环境风险物质数量与临界量比值（Q）	生产工艺与环境风险控制水平（M）			
	M1 类水平	M2 类水平	M3 类水平	M4 类水平
$1 \leqslant Q < 10$	一般环境风险	较大环境风险	较大环境风险	重大环境风险
$10 \leqslant Q < 100$	较大环境风险	较大环境风险	重大环境风险	重大环境风险
$100 \leqslant Q$	较大环境风险	重大环境风险	重大环境风险	重大环境风险

企业周边环境风险受体属于类型 3 时，按表 2-11 确定企业环境风险等级。

表 2-11　类型 3（E3）的企业环境风险分级表

环境风险物质数量与临界量比值（Q）	生产工艺与环境风险控制水平（M）			
	M1 类水平	M2 类水平	M3 类水平	M4 类水平
$1 \leqslant Q < 10$	一般环境风险	一般环境风险	较大环境风险	较大环境风险
$10 \leqslant Q < 100$	一般环境风险	较大环境风险	较大环境风险	重大环境风险
$100 \leqslant Q$	较大环境风险	较大环境风险	重大环境风险	重大环境风险

（五）级别表征

企业环境风险等级可表示为“级别（Q代码＋生产工艺与环境风险控制水平代码＋环境风险受体类型代码）”。例如，Q范围为$1 \leqslant Q < 10$，环境风险受体为类型1，生产工艺与环境风险控制水平为M3类的企业突发环境事件环境风险等级可表示为“重大（Q1M3E1）”。

五、环境风险预防

（一）预防制度

强化对企业全体员工的环境安全教育、操作技能培训工作，严格遵守厂区各类环境安全管理规章制度和岗位操作规程；强化环保、安全和消防管理，完善各项管理制度，加强日常监督检查；厂区制定装卸、操作、存储过程中的防范措施及其他环境风险防范措施，保证各环节风险降至最低；对环境风险源应落实管理岗位责任制，明确环境风险防控重点岗位的责任人，建立定期巡检和维护责任制度，加强污染治理设备的检修及保养，提高管理人员素质，确保设备长期处理良好状态，使设备达到预期的处理效果。

各类化学品应计划采购，严格控制储存量，防止危险品外流。应严格检验化学品质量、数量、包装情况、有无泄漏。应采取适当的养护措施，在贮存期内定期检查，发现其品质变化、包装破损、渗漏、稳定剂短缺等，应及时处理。对各类化学品、危险废物，根据物化特性分门别类单独存放，特别是互相干扰、互相影响的物品应隔离存放。储存区应有标识牌和应急处置说明，非操作人员不得随意进出。

制定设备管理制度，将每台设备的维护、保养的责任落实到人。一旦发现泄漏，即刻采取措施进行相应处置，以免事故扩大化。安全附件及仪表按国家相关法律法规强制检定，主要包括场内机动车辆、化学品容器、压力容器应该配备的安全阀、压力表等。在生产装置投产前应制定安全操作规程；装置投产后，应根据运行实际情况及时完善各项安全操作规程，确保工艺操作规程和安全操作规程的贯彻执行。

（二）环境风险源监控

为了有效控制突发环境事件的发生，必须从防止环境安全隐患条件和激发条件产生入手，对环境风险源进行全面监控，严密监视环境风险源的安全状态以及向事故临界状态转化的各种参数的变化趋势，及时发出预警信息或应急指令，把事故隐患消灭在萌芽状态。

1. 环境风险源仪器监控

针对厂区环境风险源，企业建立应急监控系统，对重要设备运行与重点区域人员活动情况进行实时监控（监控方法包括探头数据监控、电子设备视频监控等），并做好检查记录和交接班记录。

视频监控：企业应对生产装置、储罐仓库、污水处理设施、废气处理设施等重点危险源和主要道路、厂区大门等重要场所安装视频监视系统，进行 24 h 监控，并设有专人对监控内容进行实时查看，若出现异常情况，可通过监控发现进而通报给相应的车间和领导，及时处置。

废气、废水实时监控：安装废气、废水实时监控系统，废气排放浓度超过限值时可实时得知情况，出水口在线监控设备监控排污许可证规定的指标，废水处理达标后再外排出厂区。严格禁止污染源自动监测设施不正常运行的逃避监管行为。例如，2017 年，某企业擅自停用 COD 在线监测仪水质采样泵，致使无法采集监测总排口废水，设备采样管被拔出并连接至自备水样瓶，人为干扰了在线监测设备，造成污染源自动监控系统不能正常运行。依据《行政执法机关移送涉嫌犯罪案件的规定》和最高人民法院、最高人民检察院司法解释的规定，依法追究相关责任人刑事责任。同时，生态环境部门依据《污染源自动监控设施现场监督检查办法》第二十条和《中华人民共和国水污染防治法》第七十条的规定，责令该企业立即改正违法行为，并处罚款 8 万元。

监控装置的操作人员必须持证上岗，企业应定期对上述人员开展培训，以保证各类监控报警系统正常使用并发挥其作用；为了确保监控装置运行的可靠性，企业应建立 24 h 值班制度，一旦出现紧急情况，可由值班人员先期处理，同时通知相关人员和单位进行救援。

2. 环境风险源人工巡查

对环境风险源、污染物排放口进行日常监测和巡查，遵循“早发现、早报告、早处置”的原则对异常情况及早处置。

环境风险源定期巡检：企业设置环境安全管理员，严格按照分级危险点巡回检查，每月巡查不得少于 1 次，并做好检查记录；发现突发环境事件隐患时应立即整改，不能立即整改的，交由相关人员落实整改方案。生产车间主管做好对车间的日常生产管理，每日至少巡查 1 次；在检查过程中发现设备出现故障、物料传输发生泄漏等可疑迹象时，可组织人员消灭事故源头。做好对储罐区、危险化学品仓库和危废暂存库的日常管理，每日至少巡查 1 次，检查危化品出入库登记，建立相关的档案记录。每日对废气处理设施进行巡检，确保设施正常运行。每日对污水处理设施进行巡检，若发现墙体出现裂痕等问题，应立即进行抢修。对污水设施排放口的阀门进行检查，若发现设备异常或损害，立即维修或更换。每年进行 1 次防雷防静电检测，其中甲类车间每半年进行 1 次检测。

应急物资设备检查：按规范要求加强对厂区消防设施完好性的定期检查，保证消防设施处于完好状态，保持消防通道畅通；定期组织消防训练，使每个员工都会使用消防器材。对厂区应急物资至少每季度保养、维护 1 次，并做好登记，消耗物品及时补充；发现应急物资损坏、破损以及功能达不到要求的，要及时进行更换，确保应急物资种类、数量满足应急救灾的需要。

（三）降低环境风险

降低环境风险是指企业通过采取措施将环境风险降到可接受的水平。为降低环境风险，可以考虑降低其发生的可能性或减轻其后果。企业在确定有关降低环境风险的措施时，可以对事前、事中、事后等各阶段均作适当的考虑。事前自觉履行环境安全隐患防范职责；事中防止事态扩大，将环境危害控制在最小范围内；事后被政府查处后，一定要按规定时限要求依法履行法定责任，防止因未依法履行法律责任进而引发新的违法行为。企业应根据其需要应对的环境风险的性质，选择采取合理可行的措施，这些措施包括加强资源配置、加强沟通、完善生产过程控制、加强末端污染物治理等。

1. 分担环境风险

分担环境风险是指企业通过合同等方式与另一个具有实力的个人或机构共同承担其环境风险。通过保险来分担环境风险是最常见的方式。企业与承保人签订合同，按照约定缴纳保险费，当突发环境事件发生时由承保人在合同规定的责任范围之内进行经济赔偿。值得注意的是，以保险方式进行环境风险分担往往是针对其经济赔偿责任的，企业应该承担的其他法律责任是承保人不可以分担的。

企业还可通过将企业的部分过程交由外部供应商来实施的方式进行环境风险分担。如企业将污水处理设施交由具备资质的专业污水处理公司运营，双方通过合同明确各自的责任，由此企业可分担部分环境风险。

2. 规避环境风险

环境风险规避是企业通过回避、停止或退出含某一环境风险的活动，以完全避免特定环境风险的措施。当环境风险达到企业不可接受程度，且企业没有能力将环境风险降低到可接受的水平或者进行合理的风险分担时，企业需要选择规避环境风险。规避环境风险的常用措施有调整产品结构、变更工艺等。

调整产品结构：控制、预防化学品危害最理想的方法是不使用有毒有害和易燃、易爆的化学品，但这很难做到，通常的做法是选用无毒或低毒的化学品替代已有的有毒有害化学品。例如，用甲苯替代喷漆和涂漆时使用的苯，用脂肪烃替代胶水或黏合剂中的芳烃等。

变更工艺：虽然调整产品结构是控制化学品危害的首选方案，但是目前可供选择的替代品往往是很有限的，特别是因技术和经济方面的原因，不可避免地要生产、使用有毒有害化学品。这时可通过变更工艺消除或降低化学品危害。如以往用乙炔制乙醛，采用汞作为催化剂，现在发展为用乙烯为原料，通过氧化或氧氯化制乙醛，不需用汞作为催化剂。通过变更工艺，彻底消除了汞害。

3. 环境风险后评估

高风险企业应开展环境风险后评估工作。根据企业环境风险评估结果，对环境承载力进行分析，针对环境风险制约因素，提出完善环境安全管理的指导性建议和今后发展定位或方向的原则性结论。环境风险后评估内容主要包括以下几个方面：企业现状及环境安全隐患分析；选址环境敏感性、装置布置合理性分析；环境影响回顾性分析；重点项目原环境影响评价回顾分析；环境安全管理措施分析；今后发展对策；结论与建议。

环境风险后评估工作应与各企业发展规划环境影响评价或所在地区区域环境影响评价相结合。拟开展或正在开展规划环境影响评价或区域环境影响评价的，应按上述要求补充后评价内容并纳入规划环境影响评价或区域环境影响评价结论；尚未编制规划环境影响评价或区域环境影响评价的，应单独开展环境风险后评价工作。

第三节　突发环境事件预警

一、概述

突发环境事件预警是指通过对预警对象和范围、预警指标、预警信息进行分析研究，及时发现和识别潜在的或现实的突发环境事件因素，评估预测即将发生突发环境事件的严重程度并决定是否发出警报，以便及时地采取相应预防措施、减少突发环境事件发生的突然性和破坏性，从而实现防患于未然的目的。

（一）预警意义

突发环境事件预警是应急工作的“前哨”，是从日常管理向应急状态的转折点。加强突发环境事件预警的意义在于可以将被动型应对突发环境事件向主导型防范突发环境事件转变，对环境风险由被动防范提高至过程控制，侧重事后应急救援向事前预警管理转变，由减轻污染损失向减轻环境风险转变。

突发环境事件预警体系形成了系统完备的环境风险监控、预警能力，对企业重点环境风险源进行实时监控，最快、最有效发挥现有环境应急防控措施和资源，最大限度地防范和控制突发环境事件的危害。通过先进的监测技术和手段以及快速有效的数据传输和分析，及时利用环境应急综合管理信息平台进行预测、应急响应决策和指导，达到及时发现问题、解决问题的目的。为维护企业高速、可持续的发展提供有力的支撑，减少因事故风险造成的经济损失，维护社会稳定。减少突发环境事件的发生概率，有效防御次生环境灾害对环境的污染，保护区域环境质量，减少突发环境事件后续处置的费用。因此，突发环境事件预警体系的建设有效地保障了企业以及周边环境安全，具有极大的环境效益。

但是当前突发环境事件预警尚处于起步阶段，仍然以定性提醒为主，没有形成定量的分析预判能力。虽然开展了预警体系建设试点工作，但是全国仅有很小部分的化工园区和饮用水水源地开展了预警体系建设工作，并且预警体系仍主要集中在特征污染物的在线监测阶段。由于预警标准、预警机制以及溯源模拟等大数据应用尚在探索中，监测获取的数据尚难直接、快速、高效转化为预警和应急措施，突发环境事件应急处置工作仍然处于被动应对的局面。

（二）预警分类

突发环境事件预警分为事故预警和风险预警。

事故预警：发生或可能发生事故，并次生突发环境事件时，企业应急领导小组应及时发出事故预警，立即发出启动企业环境应急预案的指令，必要时请求救援；当各装置发生火灾、爆炸、有毒有害物质泄漏等事故时，各装置负责人应向事故应急池、污染处置设施等的负责人进行事故预警。

风险预警：当地气象台发布特大雷暴雨等异常气候警报时，企业应急领导小组应及时发出风险预警；主要污染处理设施中任何一个设施不能正常发挥作用时，也应及时发出风险预警，如污染物收集处理设施（包括企业厂区的废水收集输送管线、污水处理设施、废气收集管道、废气处理设施）、事故应急池及泵站重要机泵故障等。

避免将预警和处置混为一谈或者完全独立、不能有效衔接。第一种是接到报警时事故未发生但是有可能要发生，可以发布预警并采取相应的预警行动予以应对，根据事态发展解除或升级；第二种是接到报警时事件已经发生，需要立即采取应急处置措施，两者是前后承接发展关系。

（三）预警分级

根据事件的影响范围和可控性，企业突发环境事件的预警等级划分为车间级（潜在紧急状态，只需要动用企业的局部力量就能处置的事件）、厂区级（有限紧急状态，可能需要动用企业的整体力量才能处置的事件）、社会级（完全紧急状态，可能需要动用外部力量才能处置的事件）等3个级别。

事件的影响范围和可控性取决于环境风险物质泄漏的类型、火灾爆炸强度、废水事故外排情况、废气超标情况、事件对人体健康和安全的即时影响、事件对外界环境的潜在危害以及企业自身应急响应的资源和能力等一系列因素。

突发环境事件的预警级别由低到高对应三级、二级、一级，分别用蓝色、黄色和红色标示；根据事态的发展情况和采取措施的效果，预警可以升级、降级或解除。

1. 车间级预警

发生车间级突发环境事件或无组织排放异常前，或者事件已经发生但险情在较短时间内可以得到控制，不会给外环境造成明显影响，有足够时间进行准备的情况下，发布三级预警信息。凡符合下列情形之一的，应启动车间级预警。

（1）自然灾害预警

根据天气预报，在暴雨、台风等恶劣天气可能导致生产车间、仓库被破坏或废水处理设施、废气处理设施被毁坏，可能引发化学品、危废、废水、废气少量泄漏之前；当地政府部门发出当地台风、汛涝、地震等短期预报，预报为蓝色，可能导致企业发生车间级突发环境事件时。

（2）厂区事故预警

物料泄漏事故预警：物料装卸、使用、存储等过程中，料桶中的原料、产品包装破损，导致物料少量泄漏之前，或闻到强烈的刺激性味道；管道将要发生泄漏事故；在生产单元现场可以很快隔离、控制和清理的物料少量泄漏；出现少量泄漏，未对相邻设备造成威胁；泄漏对周边环境没有污染，利用现有应急设备可自行救援。

火灾、爆炸事故预警：某个生产单元存在火灾隐患，可能引发小型火灾、爆炸事故；生产单元现场可以很快扑灭的小型火灾；初始火灾，现场利用所有应急设备可自行救援，人员轻伤。

废气泄漏事故预警：废气处理装置存在异常情况，可能影响废气正常排放；企业有毒有害大气污染物泄漏影响非生产区域空气质量，但不会对人员健康造成影响。

废水泄漏事故预警：污水处理收集管道、阀门、池体出现小部位破损，可能造成废水少量泄漏；事故泄漏的化学品、危废、生产废水或灭火产生的消防污水未超出现场防控体系处理能力。

危废泄漏事故预警：危废暂存库贮存条件不适，可能发生少量泄漏、撒漏。

（3）其他预警条件

周边单位发生事故，可能导致企业发生车间级突发环境事件时；智能监控系统出现故障时；因发生突发环境事件造成 1 人中毒或轻伤；造成企业直接经济损失 10 万元以下；其他事故可能导致车间级突发环境事件的。

2. 厂区级预警

可能造成伤亡或对企业造成较大负面影响的厂区级突发环境事件发生前，事件有可能在厂内，也有可能在厂外，但只有有限的扩散范围，可预料在极短时间内得到处置控制，或者消除污染源后影响很快就会消除，不会对外界环境产生长期或累积性影响的情况下，发布二级预警信息。凡符合下列情形之一的，应启动厂区级预警。

（1）自然灾害预警

根据天气预报，在强暴雨、台风、地震等可能导致生产车间、仓库被破坏或废水处理设施、废气处理设施被毁坏，可能引发化学品、危废、废水、废气的较大量泄漏；当地政府部门发出当地台风、汛涝、地震等短期预报，预报为黄色，可能导致企业发生厂区级突发环境事件时。

（2）厂区事故预警

物料泄漏事故预警：物料装卸、使用、存储等过程中，料桶中原料、产品包装大面积破损，导致物料较大量泄漏之前，或闻到强烈的刺激性味道并使人感到不适；管道发生泄漏时。

火灾、爆炸事故预警：厂内有火源出现，电气设备、电线电路故障或烟感器、温感器多个传出警报，可能引发燃爆事故；火灾、爆炸事故存在扩大的趋势，可能对社会安全、环境造成较大影响，可能威胁到周边群众；厂区周边发生的火灾、爆炸事故可能严重危及本厂。

废气泄漏事故预警：风机、风管、缓冲罐等多个部位有损坏或检修出现问题，可能导致废气超标排放；废气排放浓度或速率接近警戒线（标准），预计未来 1 h 可通过采取措施，确保废气能稳定达标排放；企业少量泄漏的废气或火灾事故产生的二次污染物未引起周边居民不适。

废水泄漏事故预警：污水处理收集管道、废水池体、防渗层可能大面积破损，可能造成废水较大量泄漏；厂区废水排口污染物超标排放；事故泄漏的化学品、危废、生产废水或灭火产生的消防污水已超出现场防控体系处理能力，上述废物或事故污水已进入厂内的事故污水防控体系，但未出厂。

危废泄漏事故预警：危废暂存库储存容器由于外力撞击而受损严重，可能发生多种或较大量泄漏、撒漏。

（3）其他预警条件

周边单位发生事故并发布环境污染橙色及以上预警，可能导致企业发生厂区级突发环境事件时；生产车间请求启动厂区级预警时；因发生突发环境事件需疏散转移人员 10 人以上，或造成 1～3 人严重中毒；造成企业直接经济损失 10 万元以上、100 万元以下；车间级预警及应急处置不能快速解决且有继续扩大趋势；其他事故可能导致厂区级突发环境事件的。

3. 社会级预警

能够造成重大伤亡及对企业造成重大负面影响的突发环境事件发生前，或者事件已经进入场外，情况十分紧迫，需要一定时间才能得到处置控制，不采取措施将会严重影响到企业的外部环境，或者企业无法控制事件，需请求外部支援的情况下，向企业责任人、受威胁的相关单位（部门）和社会公众发布一级预警信息。凡符合下列情形之一的，应启动社会级预警。

（1）自然灾害预警

根据天气预报，在超强暴雨、台风、地震等可能导致仓库、车间被破坏或废水处理设施、废气处理设施被毁坏，可能引发化学品、危废、废水、废气的大量泄漏并流到厂外之前；当地政府部门发出当地台风、汛涝、地震等短期预报，预报为橙色、红色，可能导致企业发生社会级突发环境事件时。

（2）厂区事故预警

物料泄漏事故预警：物料装卸、使用、存储等过程中，料桶中原料、产品包装大面积破损，导致物料大量泄漏到厂外之前，或闻到强烈的刺激性味道并使人感到非常不适；管道发生大量泄漏时；泄漏事故次生突发环境事件，污染水体、土壤、地下水等，并引起当地社会及舆论关注。

火灾、爆炸事故预警：厂内有火源出现，电气设备、电线电路故障或烟感器、温感器多个传出警报，可能引发大型燃爆事故；火灾、爆炸事故对社会安全、环境造成重大影响，需要紧急转移安置周边群众；火灾、爆炸事故引发大气污染、水污染等；厂区周边发生的特别严重火灾、爆炸事故可能危及本厂。

废气泄漏事故预警：风机、风管、缓冲罐等多个部位有损坏或检修出现问题，可能导致废气大量超标排放；废气已超标排放，且预计在未来 1 h 内可能持续、未得到有效控制，排放浓度有进一步升高的可能；企业泄漏的废气或火灾事故产生的二次污染物引起周边居民不适或接到居民投诉。

废水泄漏事故预警：污水处理收集管道、废水池体、防渗层可能大面积破损，可能造成废水大量泄漏并流出到厂外；泄漏化学品、危废、生产废水和灭火产生的消防污水经雨水管网外排进入受纳水体，且预计未来 1 h 内可能持续、未得到有效控制，有进一步扩大的可能；泄漏或超标排放可能影响附近集中式水源保护区水质。

危废泄漏事故预警：危废暂存库储存容器由于外力撞击而受损严重，可能发生多种或大量泄漏、撒漏并流出到厂外。

（3）其他预警条件

周边单位发生事故，政府发布环境污染黄色及以上预警，可能导致企业发生社会级突发环境事件时；生产车间根据突发环境事件情况判断已超出现有应急救援能力，请求启动社会级预警时；因发生突发环境事件造成 1 人以上死亡或 3 人以上严重中毒或窒息；造成企业直接经济损失 100 万元以上；厂区级预警及应急处置不能快速解决且有继续扩大趋势；其他事故可能导致社会级突发环境事件的。

二、预警系统

突发环境事件预警系统的建设是符合当今企业环境安全管理理念并具有战略远见的重大举措。突发环境事件预警系统可以按如下的定义进行概括：突发环境事件预警系统 = 快速的突发环境事件信息 + 预警。

快速的突发环境事件信息需要相关的监测数据和历史数据，这些影响评估的数据都是确定性数据，区别于用概率表示的风险评估数据。图 2-10 是突发环境事件预警链示意。

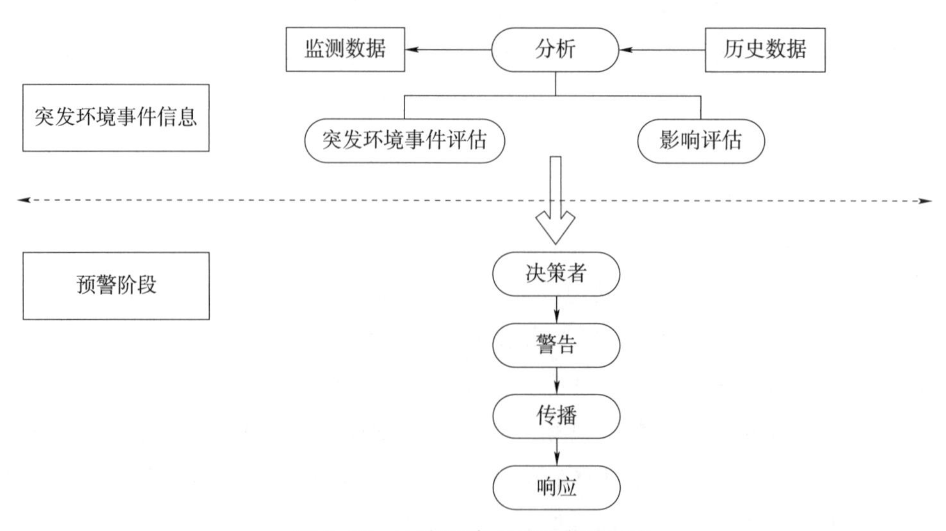

图 2-10　突发环境事件预警链示意

排放的大气污染物和水污染物可能造成突发环境事件的企业，应当建立健全突发环境事件预警体系，及时采取相应的防控措施。

在突发环境事件的几种类型中，涉水的突发环境事件对人体的影响一般是长期的、非致命的，涉有毒有害大气污染物的突发环境事件一般是致命的，需要引起高度关注。例如 2018 年山东博兴县化工园区发生一起甲醇泄漏事故，由于该化工园区有毒有害大气污染物预警体系较为完备，发现苗头后仅用时 10 秒，消除隐患用时 3 分 17 秒，成功避免了更大事件的发生。2018 年陕西韩城西昝工业园区一氧化碳和硫化氢气体泄漏 17 h 后，当地政府才获知信息，造成 38 名群众因身体不适紧急就医。

（一）预警监测

环境监测数据分析处在突发环境事件预警系统的核心位置。企业应当对大气污染物和水污染物的排放口与周边环境进行定期监测，必要时可安装自动在线监测设施。当监测数据超过规定的突发环境事件预警阈值后立即预警。

环境监测活动贯穿于突发环境事件发生、发展的全过程，但重在事件发生前的环境预警监测。通过环境监测，及时发现引发突发环境事件的潜在风险，对风险发生概率、时间、地点、原因、可能波及范围、可能造成的危害程度以及变化趋势做出分析判断，提前做好应对准备，以最大限度减少突发环境事件带来的损失。企业要根据排污许可证要求和当地监管要求，定期自行监测或委托第三方机构进行监测。

当环境预警监测发现有毒有害大气污染物或者水污染物泄漏后，立即启动应急响应程序开展环境应急监测。对于企业无力承担的环境应急监测项目，可向当地生态环境部门环境监测站请求帮助。

1. 大气污染物预警监测

利用书面调查、现场排查、仪器监测等方法，全面摸排有毒有害大气污染物和危险化学品种类和数量，最后确定预警因子。在企业的边界安装相关仪器设备，建设“边界防护型”预警体系。

涉及氨气、氯气、氯化氢、硫化氢、光气、苯等有毒有害气体时，企业需要建设有针对性的大气环境风险预警站点。预警站点包括环境风险单元站、厂界站、扩散途径站、环境敏感区站、移动站等，如检测到泄漏并触发报警值，应立即发出警报。

在所有主要的环境风险单元处设置预警站点，布设点位紧邻原辅料存储、使用、装卸和运输等场所（如储罐、反应釜）的外侧；有密闭收集设施的，点位应选择在生产车间门窗排放口处；露天设置（或有顶无围墙）的，点位应选在距离 5 m 以内浓度最大位置；采样高度应设置在常人呼吸带高度，即采样口应在离地面 1.5～2 m 处。

结合风向和占地面积，在厂界附近的点、线段设置预警站点。同一企业应设置不少于 2 个厂界点位，分别设置在主导风向的上风向和下风向，兼顾排放强度最大的环境风险单元特征污染物的最大落地浓度；采样高度应距地面 3～15 m，若设置在屋顶采样，采样口应与屋顶有 1.5 m 以上的相对高度。占地面积 25 万 m^2 及以上的，应设置不少于 3 个厂界预警点位，分别设置在主导风向的上风向、主导风向的下风向和第二主导风向（一般采用污染最重季节的主导风向）的下风向。占地面积大于 1 km^2 的，还应考虑在厂内设置扩散途径点。环境风险单元紧邻厂界的，环境风险单元站点可与厂界站点合并设置，但应满足上述要求。

在工业园区中心或公共区域、工业园区边界、相邻工业园区间、工业园区周边等监测因子扩散途径的点或线段设置系列预警站点，宜以 500 m、1 km、2 km 和 5 km 等距离为各站间隔。扩散途径站点的实际布设位置应考虑局地风向、周边环境、预警时效、控制范围、主要道路情况等因素。预警位置和方向应根据需要定期、不定期调整。

在环境敏感区主导上风向设置预警站点，其实际布设应考虑局地风向、周边环境、群众影响、主要道路情况等因素。

有条件的企业可开展移动监测，在企业环境风险单元、厂界、工业园区边界、扩散途径、环境敏感区及其他关注的各点位进行巡检，并在发生突发环境事件时开展溯源监测和应急监测。采样高度应设置在离地面 1.5～2 m 处。

2. 水污染物预警监测

企业水污染物自动监测站的监测项目一般是几个常规指标和企业的特征污染物，监测频次一般为每 4 h 采样分析 1 次，可根据管理需要提高监测频次。监测数据传输至企业环境安全管理信息平台和当地环境监测中心。自来水供水企业还应开展城市集中式饮用水水源地水质生物毒性预警监测建设。

企业要对自动监测设施的运维和管理负主体责任：要设置监控站房，配备空调、供电等设施；取样管路为明管；确保废水流量计、在线监测设备等自动监控设施正常运行；禁止擅自拆除、闲置自动监控设施；禁止改动相关参数、数据、程序，或违反技术规范，采取更换、稀释、吸附、吸收、过滤等方式处理监控样品。

（二）预警信息

1. 预警信息的获得途径

通常企业获取突发环境事件预警信息的途径包括但不限于以下几个途径：基层生产单位或岗位上报生产安全事故信息；经环境风险评估、环境安全隐患排查、专业检查等发现可能发生突发环境事件的征兆；政府新闻媒体公开发布的预警信息；上级政府主管部门向企业应急领导小组告知的预警信息；企业内部检测到污染物排放不达标现象；周边企业或社会群众告知的突发环境事件信息。

2. 预警信息平台

预警信息平台是预警体系的运行中枢，以企业基础环境信息库为基础，以大气和水污染扩散模型为核心，实现对突发环境事件的快速预测、环境响应和应急预案选择等功能，使企业通过在客户端的数据输入和选择操作，实现对各种情景进行模拟预测和应急处置综合效果分析的功能。

预警信息平台汇集了基础信息动态管理、实时数据采集分析、预警报警与信息推送、辅助指挥调度等多种功能。为配套预警信息平台，应专门开发手机 App 和企业终端处理系统，使企业能在第一时间获取信息。平台基于地理信息系统界面，具有基础信息、数据分析、阈值测定、预警预报、溯源模拟、信息发布、数据传输、辅助决策、指挥调度等功能，具体如下。

基础信息：包括企业环境风险单元、环境敏感区和预警子站的空间分布信息；其中，企业信息有完整的“一厂一档”，如企业名称、原辅料使用量、厂区人员分布、产品产量、副产物产生量、物品危险特性、事故处置方法、应急预案等；基础信息应能进行检索、查询、添加、修改、删除等，并实现自动批量导入和导出；能调用系统监控对象的地图、平面图、装置工艺流程图、应急救援线路图和紧急疏散线路图以及其他基础数据。

数据分析：具备以图表方式动态显示区域大气环境、水环境的实时监控数据、查询统计和对比分析功能；可在地图、平面图、应急救援线路图和紧急疏散线路图等上叠加数据、实时曲线、状态图、柱状图、模拟图，或进行列表显示；能够查询任意时段、站点、类型的子站信息，包括监控因子项目、实时值、标准值、超标倍数、时间，并且与实时数据监控页面的状态相关联。

阈值测定：具备预警子站仪器的远程控制功能，包括启动分析、校验仪器、设置运行参数、更改时间状态、调整数据采集频次、控制现场视频等；可以方便地采集、调阅各预警子站的各种监控信息，进行报警跟踪、处理。

预警预报：具备突发环境事件预警阈值管理功能，具备实时污染物种类、浓度数据、影响范围和预警等级的分析功能，具备污染扩散线、等污染浓度面等地图绘制功能；应能通过闪烁、动态文字、声音等方式告警，并能显示预警相关信息。

溯源模拟：具备污染源解析和污染溯源功能，通过监控数据关联分析、异常数据对应风险单元分析、污染源诊断，结合地理信息系统（GIS）地图和大气、水扩散模型，实现突发环境事件的定位、定级和实时动态模拟。

信息发布：根据发布规则选择发布对象，及时发送预警信息；应具有突发环境事件预警状态显示、发布规则设置、预警信息编辑、预警发布、预警反馈、预警记录查询等功能，并能自动生成环境风险预警报告。

数据传输：根据当地实际情况选择合适的网络接入方式，用于突发环境事件预警平台数据传输、预警信息发布和信息共享，同时兼顾视频会商需求。考虑与其他信息系统的集成与接口，满足企业和政府相关部门对信息共享、信息交换和信息上报的要求。

辅助决策：具备对企业各类突发环境事件进行后果计算和风险分析的功能，提前或实时形成各环境风险单元的泄漏、燃烧、爆炸等各类突发环境事件的频率、可能性和事故后果模拟计算的后果库和风险库，便于突发环境事件发生后快速调用，为环境应急响应提供决策参考。

指挥调度：具备全局资源可视化调度功能，直观展示人员位置、物资位置、事件位置、监控子站、环境敏感区、影响范围等信息；具备全方位的事件信息掌控功能和直接调取突发环境事件位置的各类视频、监控信息功能；具备多途径通信调度功能，指挥中心可与现场处置人员、相关单位联络人进行实时语音、视频、短信等多途径沟通，及时、高效地进行指令的上传下达。

其中，溯源模拟功能可以快速锁定污染源头、分析发展趋势，是处置决策的基础，同时也是技术难点。需要长期大量的数据积累和精准的分析计算，才能提高溯源和模拟的可靠性，根据报警点位与环境风险源信息、风向风速、河流流速、企业工况等要素，快速锁定泄漏源头。模拟分两步：事件初期根据安全疏散距离，快速确定需要疏散的人群；然后通过模型计算，跟踪研判大气污染物和水污染物扩散趋势，采取进一步的响应措施。

（三）系统运行

建立健全突发环境事件预警系统运行制度，明确管理、质控、检修、考核、演练和环境应急响应等运行规范，自行或委托第三方单位承担运行服务工作。第三方单位运行的模式即让专业队伍管理运行、提供服务，实现建设管理一体化，既提高了管理水平，又降低了运行费用。

预警系统管理主要指企业要建立完善的管理制度和严格的操作规程，企业员工应严格按照各项规程进行巡检、操作，正常生产情况下保证每班全方位巡检 1 次，特殊情况下（如暴雨、大风、高低温天气）结合环境风险源监控情况加大巡检次数，最终保证及时、准确地传达、上报预警信息。

预警系统设备灵敏、技术要求高，稍有损坏或受其他因素影响，就会影响数据的准确性，甚至直接误导应急响应。因此，必须严格质量控制，并配套管理制度，才能确保体系长期稳定、高效运转。每年对突发环境事件预警设备进行 1 次校准，每月对设备关键部件进行清洁维护，每周对传输数据质量进行审核，切实保障数据的准确性。

不得随意停止预警系统的运行。预警系统停止运行时，应如实记录原因及处理措施，应按要求及时向企业应急领导小组总指挥和生态环境部门报告。

突发环境事件预警的最后效果取决于处在危险中的人群的应急能力。要使突发环境事件预警系统发挥其应有的作用和价值，必须对公众和企业员工进行必要的教育和培训，使处在危险中的人群尽快获知危险，关注突发环境事件预警信息，并能知道如何去应对。另外，环境应急预案演练也是十分必要的，应预先告知企业员工和周边群众应采取的防护措施、可利用的逃生路径，以及如何最有效地避免生命财产损失等。

三、预警研判和发布

（一）预警研判

企业现场人员看到环境预警信息，应立即判定监控仪器是否正常运行，确定异常数据的有效性，必要时采取人工质控措施；若确定为假警，针对假警的内容进行相应的信息处置；若收集到的有关信息证明突发环境事件即将发生、发生的可能性增大或已经发生，应在第一时间上报企业应急领导小组办公室。应急领导小组办公室组织有关部门和应急专家，在收集相关信息的基础上（包括接警人员先行处置的结果），根据信息分析，对该事件的危害程度、紧急程度和发展态势进行会商初判，及时向企业应急领导小组总指挥报告相关情况，提出启动相应突发环境事件应急预警的建议，然后由企业应急领导小组总指挥确定预警等级，采取相应的预警措施。必要时可同时安排人员进行前期应急处置，采取相应的防范措施，避免事态进一步恶化。

预警研判必须作为最优先处理的事情，采取两人协同在现场确认或其他人员相同警报佐证的方式。

（二）预警发布

1. 通信信息工具

维修人员要保证通信信息工具的畅通、完好，以使环境预警信息能得到快速、准确的传递。对于车间级事件，采用固定电话、手机、对讲机等进行预警；对于厂区级事件，企业应急领导小组办公室根据事态情况，通过手机、对讲机、警铃、手摇报警器、广播等向企业内部发布事故消息，做出紧急疏散和撤离等指令，必要时向社会和周边发布预警；对于社会级预警信息的发布、调整和解除，当地政府可通过广播、电视、报刊、通信网络等和组织人员逐户通知等方式进行。

企业应急救援小组之间采用手机、对讲机等进行联系，应急救援小组成员的电话必须 24 h 开机，禁止随意更换电话号码的行为。若电话号码发生变更，必须在变更之日起 48 h 内向企业应急领导小组办公室报告，企业应急领导小组办公室向各成员和部门发布变更通知。

2. 预警信息发布规则

突发环境事件预警信息由企业或者平台软件自动发布，辅助开展环境安全管理、决策、应急响应工作。预警信息发布对象为企业员工、可能受威胁的环境敏感区相关单位（部门）和社会公众。预警信息发布采取授权分级管理，根据不同发布对象，采取有区别的预警信息内容和发布方式。

车间级和厂区级预警信息由企业自己发布，可包括事故类型（如火灾、爆炸、污染物泄漏等）、规模、影响范围、发生地点、发展变化趋势、有无人员伤亡、报告人姓名和联系方式等。

社会级预警信息由地方政府发布，或者发布的信息得到地方政府批准。对社会公众发布的信息可包括对人体健康的影响、防护措施，疏散时的路线、时间、随身携带物、交通工具、目的地等。

车间级预警发布：现场人员立即报告现场负责人，现场负责人视情况协调相关部门进行现场处置，落实巡查、监控措施；如隐患未消除，应通知相关应急人员做好应急准备，并及时报告企业应急领导小组办公室。由企业应急领导小组办公室发布三级预警信息，并立即做好三级及以上预警准备。

厂区级预警发布：现场人员立即报告现场负责人，现场负责人及时报告企业应急领导小组办公室，由企业应急领导小组总指挥发布二级预警信息，并立即做好二级及以上预警准备，在 2 h 内通知当地政府和生态环境、应急管理、消防等部门。

社会级预警发布：现场人员立即报告现场负责人，现场负责人核实情况后立即报告企业应急领导小组办公室。当事件发展趋势超出企业应急救援能力，企业应急领导小组应立即向当地政府和生态环境、应急管理、消防等部门报告，请求支援并申请启动一级预警。地方政府发布一级预警信息后，企业环境应急指挥工作和应急救援力量交由地方政府统一指挥。

各应急救援小组根据发布的预警信息级别，开展警戒区域设置、人员疏散与救援等工作，预警信号级别通过事故警铃或手提扩音喇叭进行识别。

四、预警应对

进入预警状态后，企业应当采取以下措施。

（一）启动污染溯源工作

明确预警有效后，应立即启动污染溯源工作，必要时采取人工巡检方式复核，准确记录事件发生的时间、地点，单元名称、风险源名称、污染物名称及影响范围、诱因及可能造成或已造成的环境污染危害与人员伤亡、财产损失等情况，综合研判污染影响范围和环境风险；检查易发生事故部位及隐患挂牌部位的设施状况，尽可能采取补救措施以避免事故的发生。

（二）做好启动应急响应的准备

各应急救援小组相关人员进入应急待命状态，准备好应急抢险工具和物资，做好启动应急预案并进行应急响应的准备。检查企业事故单元物料贮量情况；检查同类物料切换罐、泵、系统管线情况；检查事故现场的清污分流设施、各排口隔油设施完好状况；清理污水和雨排系统积存油、杂物，保持排水通畅，降低环境风险度；控制好事故应急池液位，做好启动围堰及事故应急池以接纳水污染物的准备工作；做好启动污水处理设施的准备；立即安排人员开展应急监测，随时掌握并报告事态进展情况。

（三）安排值班和其他防范措施

企业应急领导小组办公室安排熟悉应急预案的人员 24 h 值班，直至预警解除；结合企业环境风险源识别结果发布预警指令，企业应急领导小组办公室向现场各部门、各车间传达预警指令；各部门、各车间接到预警指令后安排熟悉应急预案的人员值班；针对突发环境事件可能造成的污染，封闭、隔离或者限制使用有关场所，中止可能导致污染扩大的行为和活动；通知与应急抢险无关的可能受到危害的人员做好撤离的准备；调集环境应急物资和设备，采取一切可能的防范措施，减少污染的扩散、蔓延；除厂内启动预警程序外，应立即向邻近企业、生态环境部门和当地政府报告情况；周围企业做好启动环境应急预案准备。

五、预警降级和解除

（一）预警降级

在借助外围救援力量后突发环境事件得到有效控制（如泄漏物已得到有效吸附与转移，事故污水已有效收集至事故应急池且事故应急池仍有部分容量应对后续突发情况），其扩大风险减小，救援力量可满足控制事故发展的需求时，可通过判断进行预警降级，事故预警可从一级预警调整为二级预警。

当预计突发环境事件涉及范围已经在企业救援力量可控范围内，事故预警可从二级预警调整为三级预警；当突发环境事件产生的污染物排入外环境的隐患被确认消除，或者产生的污染物已得到控制并处理，可解除预警。

（二）预警解除

预警降级和解除遵循“谁批准发布预警信息、谁决定降级和解除”的原则。经过对突发环境事件进行跟踪监测并对监测信息进行分析评估，在确认引起预警的条件消除和各类隐患排除后，应急救援队伍向应急领导小组详细说明事件的控制和处理情况，并提出申请结束预警建议，应急领导小组根据结束条件决定结束预警。由企业应急领导小组办公室采用广播、手机或对讲机联系、发送信息等方式通知相关部门、车间，宣布预警解除，适时终止相关措施。

预警解除可分为以下 3 种情况：发布预警信息时事故未发生，发布了三级预警，但未进行环境应急处置，预警解除；发布预警信息时事故未发生，发布了二级预警，并采取了应急处置措施，突发环境事件处置完成后预警解除；接到报警时事故已发生，启动一级预警，突发环境事件处置完成后预警解除。为简化程序，一般而言，预警解除即响应自动终止，响应终止即预警自动解除。

预警研判、报告、发布、解除级别对应要素如表 2-12 所示。

表 2-12　预警研判、报告、发布、解除级别对应要素

要素	预警分级		
	一级（社会级）	二级（厂区级）	三级（车间级）
研判（报告）人	应急领导小组总指挥（厂长）	应急领导小组副总指挥（分管环境安全的副厂长）	生产单位（工段）作业班组长
报告对象	政府应急部门	应急领导小组总指挥（厂长）	应急领导小组办公室
报告内容	事故地点、泄漏物品名称及数量估计、事故区域、受伤人员及程度	事故地点、泄漏物品名称及数量估计、事故区域、受伤人员及程度	事后处置交代
报告方式	电话初报、书面续报	电话、现场报告等	现场报告、电话等
接警研判方式	通过厂长确认或其他报告佐证	通过分管环境安全的副厂长确认或其他报告佐证	现场核实
研判时限要求	不超过 0.5 h	不超过 10 min	立即
启动预案级别和处置措施	政府启动应急预案。企业配合政府做好应急处置	启动综合应急预案，将事故次生环境污染控制在厂内	控制泄漏源，启动专项预案
发布预警、升降级、解除确认人	当地政府	应急领导小组总指挥（厂长）	应急领导小组办公室

第三章　应急准备

应急准备是指为提高对突发环境事件的快速、高效反应能力，防止突发环境事件升级或扩大，最大限度地减少事件造成的损失和影响，针对可能发生的突发环境事件而预先进行的组织准备和应急保障。

应急准备涉及内容很多，但一般都在环境应急预案中规定了各项应急准备工作，因此制订环境应急预案及开展必要的演练是应急准备的主要任务。

预案管理是应急准备的核心内容，环境应急预案是整个事件应急管理工作的具体反映。在预案中，对环境应急管理的方针和原则、组织体系和职责、预防和预警、应急响应、应急保障和后期处置等内容应进行详细规定。当突发环境事件发生时，及时实施环境应急预案，可对事件的发展进行有效控制，降低事件的危害程度。

通过预案的演练，使每一个参加者熟知自己的职责及工作内容、周围环境，当突发环境事件发生时，能够熟练地按照预定的程序和正确的方法采取行动。应急预案演练逐步走向常态化。

除了环境应急预案的制定与应急演练，加强队伍和能力建设（包括环境安全宣传教育培训、应急处置技术和设备的开发等工作）也是应急准备的重要内容。

第一节　环境应急预案管理

一、概述

环境应急预案是指企业为了在应对各类事故、自然灾害时，采取紧急措施，避免或最大限度地减少污染物或其他有毒有害物质进入厂界外大气、水体、土壤等环境介质而预先制定的工作方案。

环境应急预案是事前准备的工作方案，是应急机制的载体、应急培训的大纲、应急演练的脚本和应急行动的指南。环境应急预案主要用于明确事前、事中、事后谁来做、做什么、何时做、用什么做。一是保证权责分配的有效性，结合本企业的组织体系，确立最优化的运行机构；二是保证应急响应的有效性，确定最优化的应急流程和措施；三是保证资源调配的有效性，确定最优化的应急资源调配程序和方法。

环境应急预案的基本认识包括：假定突发环境事件肯定发生；突发环境事件具有不可预见性和严重破坏性；环境应急预案的重点是应急响应的协调指挥；环境应急指挥的核心是控制；环境应急预案应覆盖应急准备、初级响应、扩大响应、扩大应急和应急恢复全过程；环境应急预案只写能做到的；强调环境应急预案的培训、宣传和演练。

在环境应急预案体系中，企业的环境应急预案是分级管理的最低一层，却是最重要的一环。因为企业是产生突发环境事件的源，是预防和应急的第一线，各级政府部门负责环境监督管理和应急管理协调。环境应急预案体系是否合理和有效，关键是企业的环境应急预案。政府部门的环境应急预案主要是促进企业建立合理的和有效的环境应急预案，从而保证突发环境事件发生之前的有效防范，突发环境事件发生后快速、有序的反应和应急。企业的环境应急预案应与政府部门的环境应急预案不同，既要建立环境安全管理制度，更要确定设备、技术、操作的具体措施。

企业应当每年至少组织一次预案培训工作，使有关人员了解环境应急预案的内容，熟悉应急职责、应急程序和应急处置措施，普及突发环境事件预防、避险、自救、互救和应急处置知识，提高从业人员的环境安全意识和应急处置技能。

（一）应急预案的分类

1. 按照预案适用范围和功能分类

按照环境应急预案适用范围和功能，环境应急预案可划分为综合环境应急预案、专项环境应急预案以及应急处置卡片。

综合环境应急预案指从企业层面上总体阐述企业处理突发环境事件的应急预案，是应对各类突发环境事件的综合性文件。

专项环境应急预案指针对企业具体的突发环境事件类型、环境风险单元和应急保障而制定的应急方案，具备明确的救援程序和具体的应急救援措施。

应急处置卡片指针对各种突发环境事件情景，指导现场处置措施及时有效实施，减缓或者避免有毒有害物质扩散进入环境，对处置流程、操作步骤、应急处置措施、单位职责、所需应急资源等内容事前规定并反复演练后公开周知的操作卡片。应急处置卡具有更强的针对性，对指导现场具体救援活动的操作性更强。

2. 按照突发环境事件的级别分类

根据突发环境事件严重性、紧急程度、危害程度、影响范围，公司内部控制事态的能力以及需要调动的应急资源，可以将环境应急预案分为三级。

三级环境应急预案（车间级）针对事件的有害影响局限在各构筑物或作业场所内，并且可被现场的操作者遏制和控制在企业局部区域内。

二级环境应急预案（厂区级）针对事件的有害影响超出车间范围，但局限在企业的界区之内并且可以被遏制和控制在企业区域内。

一级环境应急预案（社会级）针对事件的有害影响超出企业控制范围，废水或大气污染物已泄漏至外环境。

3. 按照预案对象和级别分类

根据环境应急预案的对象和级别，应急预案可分为下列 4 种类型：应急行动指南或检查表、应急响应预案、互助应急预案、应急管理预案。

应急行动指南或检查表：针对已辨识的危险采取特定应急行动，简要描述应急行动必须遵从的基本程序，如发生情况向谁报告、报告什么信息、采取哪些应急措施。这种应急预案主要起提示作用；对相关人员要进行培训，有时将这种预案作为其他类型应急预案的补充。

应急响应预案：针对现场每项设施和场所可能发生的事故情况编制应急响应预案，如化学泄漏事故的应急响应预案、台风应急响应预案等。应急响应预案要包括所有可能的危险状况，明确有关人员在紧急状况下的职责。这类预案仅说明处理紧急事务所必需的行动，不包括事前要求（如培训、演练等）和事后措施。

互助应急预案：为相邻企业在事故应急处理中共享资源、相互帮助制定应急预案。这类预案适合资源有限的中小企业以及高风险的大企业，这些企业需要高效的协调管理。

应急管理预案：应急管理预案是综合性的事故应急预案，这类预案应详细描述事故前、事故过程中和事故后何人做何事、何时做、如何做。这类预案要明确完成每一项职责的具体实施程序。

（二）应急预案的结构

由于各类环境应急预案各自所处的行政层次和适用范围不同，其内容在详略程度和侧重点上会有所差别，但都可以采用基于环境应急任务或功能的“1+4”预案编制结构，即一个基本预案加上环境应急功能设置、特殊环境风险管理、标准操作程序和支持附件。

基本预案：基本预案是对环境应急管理的总体描述。主要阐述被高度抽象出来的共性问题，包括环境应急的方针、组织体系、环境应急资源、各环境应急组织在应急准备和应急行动中的职责、基本环境应急响应程序以及环境应急预案的演练和管理等规定。

环境应急功能设置：环境应急功能是环境应急救援中通常都要采取的一系列基本的环境应急行动和任务，如指挥和控制、警报、通信、人群疏散、人群安置和医疗等。针对每一环境应急功能，应确定其负责机构和支持机构，明确在每一功能中的目标、任务、要求、应急准备和操作程序等。环境应急预案中功能设置数量和类型要因地制宜。所有的环境应急功能都要明确“做什么”、“怎么做”和“谁来做”三个问题。

特殊环境风险管理：特殊环境风险管理在重大突发环境事件风险辨识、评价和分析的基础上，针对每一种类型的特殊环境风险，明确其相应的主要负责部门、有关支持部门及其相应承担的职责和功能，并为该类环境风险的专项预案的制定提出特殊要求和指导。

标准操作程序：按照在基本预案中的环境应急功能设置，各类环境应急功能的主要负责部门和支持机构须制定相应的标准操作程序，为组织或个人履行应急预案中规定的职责和任务提供详细指导。应保证标准操作程序与环境应急预案的协调和一致，其中重要的标准操作程序可作为环境应急预案的附件或以适当的方式引用。标准操作程序的描述应简单明了，一般包括目的与适用范围、职责、具体任务说明或操作步骤、负责人员等。标准操作程序应尽量采用活动检查表形式，对每一活动留有记录区，供逐项检查核对时使用。通过标准操作程序，可以保证在事件突然发生后，即使在没有接到上级指挥命令的情况下，可在第一时间启动环境应急响应，提高环境应急响应速度和质量。

支持附件：环境应急活动中各任务的实施都要依靠支持附件的配合和支持。这部分内容最全面，是环境应急的支持体系。支持附件的内容很广泛，一般包括组织机构附件、法律法规附件、通信联络附件、信息资料数据库、技术支持附件、协议附件、通报方式附件、突发环境事件处置措施附件等。

（三）应急预案的基本框架

环境应急预案的基本框架包括环境安全管理的预防、准备、响应和恢复 4 个阶段。

预防主要是减少和降低环境风险。突发环境事件的预防是由政府、企业和个人共同承担的。国家有关法律规定了污染者的责任，企业应采取足够的预防措施来保证其应急预案的高效。在该阶段中，必须明确企业和政府部门需要做的工作，确定潜在的环境风险、敏感的环境资源。

准备即突发环境事件发生之前采取的行动，关键是如何提高对突发环境事件的快速、高效反应能力，以减少对人的健康和环境的影响。企业和社区、生态环境部门、政府其他部门等共同制定处理突发环境事件的环境应急预案，通过对预案进行检查和演练，不断改进完善。

响应是指突发环境事件发生前、发生期间和发生后立即采取的行动，目的是保护生命，使财产损失、环境破坏减小到最小限度，并有利于恢复。当突发环境事件发生时，任何单个组织不可能完成全部的环境应急工作。高效的环境应急响应需要企业、政府、社会团体和当地救援队伍的共同参与。

恢复是在突发环境事件发生后对环境损害的清除和恢复。突发环境事件通常对环境有中长期的影响。当突发环境事件初步处理结束后，通过对损害的评估，来预测可能造成的中长期影响，设计恢复行动。

按照以上 4 个阶段，环境应急预案内容主要分为总则、应急预防和预警、应急准备、应急响应、应急终止和善后、预案评审发布。这六大块形成一个有机联系并持续改进的、循环的管理体系，构成了环境应急预案的基本要素，是环境应急预案编制所应涉及的基本方面。这六大基本要素可分为若干个二级要素。

二、应急预案编制

编制环境应急预案是按照环境应急管理中预防为主的原则，对环境应急响应工作做好事前准备。编制环境应急预案的一个重要前提就是假定某类突发环境事件已发生，通过对其情况进行分析，整合现有能力和资源，动员周边力量进行准备。通过编制环境应急预案，可以发现预防系统的缺陷，更好地促进突发环境事件预防工作。

（一）应当编制应急预案的企业

应当编制环境应急预案的企业包括：可能发生突发环境事件的污染物排放企业，如污水、生活垃圾集中处理设施的运营企业；生产、储存、运输、使用危险化学品的企业；产生、收集、贮存、运输、利用、处置危险废物的企业；尾矿库企业，如湿式堆存工业废渣库企业、电厂灰渣库企业；其他应当纳入适用范围的企业。

企业是编制环境应急预案的责任主体，企业法定代表人或实际控制人是预案编制工作的责任人。根据应对突发环境事件的需要，开展环境应急预案编制工作，对环境应急预案内容的真实性和可操作性负责。

企业不编制环境应急预案或者不执行环境应急预案，导致突发环境事件发生或者危害扩大的，依据国家有关规定对负有责任的主管人员和其他直接责任人员给予处分；构成犯罪的，依法追究刑事责任。

（二）应急预案编制的种类

企业环境应急预案可包括综合应急预案、专项应急预案、应急处置卡片等类别。其中，重大环境风险企业应包括综合应急预案、专项应急预案以及应急处置卡片；较大环境风险企业的综合应急预案和专项应急预案可合并编写；一般环境风险企业可简化环境应急预案体系。企业根据环境风险等级评估结果及应急管理需求调整专项应急预案和应急处置卡片的数量。目前只有部分企业编制了应急处置卡，更多企业只有综合应急预案，内容多是原则性规定。应做到综合预案体现战略性、专项预案体现战术性、现场处置预案体现操作性。企业环境应急预案体系结构如表 3-1 所示。

表 3-1　企业环境应急预案体系结构

<table>
<tr><th>企业环境风险等级</th><th>综合应急预案</th><th>专项应急预案</th><th>应急处置卡片</th></tr>
<tr><td>重大环境风险</td><td>需要</td><td>需要</td><td>需要</td></tr>
<tr><td>较大环境风险</td><td colspan="2">可合并编制</td><td>需要</td></tr>
<tr><td>一般环境风险</td><td colspan="3">可合并编制</td></tr>
</table>

（三）应急预案编制的要求

企业可以自行编制环境应急预案，也可以委托相关专业技术服务机构编制环境应急预案。委托相关专业技术服务机构编制的，应由企业和编制机构联合成立编制小组，明确预案编制的执行负责人和牵头部门。

环境应急预案编制应当符合以下要求：符合国家相关法律、法规、规章、标准和编制指南等的规定；符合本企业、本地区突发环境事件应急工作实际；建立在环境敏感点分析基础上，与环境风险分析和突发环境事件应急能力相适应；环境应急人员职责分工明确、责任落实到位；预防措施和应急程序明确具体、操作性强；环境应急保障措施明确，并能满足本企业、本地区应急工作要求；环境应急预案基本要素完整，附件信息正确；与相关应急预案相衔接。

专业技术服务机构必须有资质要求，技术人员要经过培训。编制环境应急预案时可以形成联盟，借助行业协会的力量，对相似的企业开展服务，共同提高行业的环境安全管理能力。可以通过环境应急预案的示范作用或者企业的领头作用，带动企业环境应急预案的编制。

环境应急预案的批准者必须是企业的最高行政领导者。在编制过程中，企业技术人员要充分参与。企业要提供足够的资金，保证环境应急预案的编制和环境应急预案的实施。加大对环境应急预案的培训与演练，并将培训与演练的结果和经验及时反馈到环境应急预案的修订中。环境应急预案的首次编制时间和以后的每次更新、批准时间要反映到最新的环境应急预案中。

1. 应急预案编制的格式

封面：应急预案封面主要包含应急预案编号、应急预案版本号、企业事业单位名称、应急预案名称、编制单位名称、颁布日期等内容。

责任表：责任表需包含应急预案编制单位、人员名单及签名。如委托外部单位编制应急预案，编制单位应包含委托单位全称、统一社会信用代码、编写人员及签名。

批准页：应急预案必须经发布企业主要负责人批准，方可发布。

目录：目录包含编号、标题和页码，一般至少设置两级目录。

预案内容：预案内容包含总则、基本情况、组织指挥架构、预防预警、应急响应、应急终止、善后处置、保障措施、预案管理等。

附件：包含附图和附表。

2. 应急预案编制的技术细节

合理设置环境应急机构。在环境应急机构设置时，除了应急领导小组等必要的机构外，应根据企业人员配置情况适当地调整应急救援小组的数量。应急救援小组的人员不宜过少，一般应有 3～5 人，以确保突发环境事件发生时，应急救援小组有足够的人员可到位。有一些环境应急预案照本宣科，对总共只有十多个员工的企业，却分了五六个行动组，明显脱离了实际。

列清楚环境风险受体的联系方式。为确保突发环境事件发生或可能发生时，企业能及时通报可能受到危害的单位和居民［如储存高浓度废液（废水）的企业排水下游的饮用水水源保护区，储存液氨的企业周边 150 m 距离内的居民区等］，必须清楚环境风险受体的联系人和联系电话。

环境应急预案与环境应急体系建设规划有原则区别。环境应急预案是环境应急活动的具体指导，环境应急活动必须以现有能力和资源为基础。动员现有力量和整合存量资源成为环境应急预案编制与实施的基本原则。未来建设目标和规划内容不应列在环境应急预案中。

不能与安全生产应急预案以及安全评价混淆。突发环境事件与安全生产事故不同，但安全生产事故发生后往往次生突发环境事件，这就决定了突发环境事件和安全生产事故息息相关的特点。现阶段，环境应急预案已经初步形成体系，并与环境影响评价中的环境风险评估有机衔接，编制环境应急预案时按照规范进行即可，特别要注意删除安全生产方面的内容，安全评价的内容也不再赘述。

（四）应急预案编制的步骤

成立环境应急预案编制组。成立以企业主要负责人为领导的应急预案编制工作组，针对可能发生的事件类别和应急职责，结合企业部门职能分工抽调预案编制人员。预案编制人员应来自企业相关职能部门和专业部门，包括应急指挥、环境风险评估、生产过程控制、安全、组织管理、监测、消防、工程抢险、医疗急救、防化等各方面的专业人员和企业内部、外部专家。预案编制工作组应进行职责分工，制定预案编制任务和工作计划。

开展资料收集及现场踏勘。进行企业事业单位资料收集和现场踏勘，调查内容包括但不限于表 3-2 所示的内容。

表 3-2 预案编制应获取的参考资料

序号	主要内容	重点内容
一、资料收集		
1	基本信息	企业名称、社会统一信用代码、法定代表人、所在地、行业类别、规模、厂区面积、从业人数、建厂时间、最新改扩建时间、主要联系方式、项目建设情况等
2	自然环境概况	区域地形地貌、水文水系、灾害性气象发生情况
3	环境功能区划情况	所在地区水、气、声等环境功能类别划分
4	环境质量现状情况	所在地区年度环境质量报告书
5	环境风险物质情况	企业产品、原辅材料生产或使用、贮存情况
6	生产工艺	企业主要工艺流程、生产设备及环保设备，“三废”产生、排放及处置情况
7	环保、安全、消防等手续执行情况	环保、安全、消防等手续执行情况，企业环境安全制度制定及落实情况
8	现有环境风险防控与应急措施情况	企业在危险化学品储运、生产工艺风险防范、环保设施风险防范、火灾事故防范、事故污水收集、次伴生污染防治等方面的措施落实情况
9	现有应急资源情况	企业内部应急物资、应急装备和应急救援队伍情况，以及企业外部可以请求救援的应急资源
10	突发环境事件发生情况	企业近五年内突发大气环境事件、水环境事件发生情况
二、现场踏勘		
1	周边环境风险受体情况	企业周边水、大气、土壤等环境风险受体分布情况
2	环境风险防控与应急资源	企业环境风险防控措施与应急资源现场分布情况
3	监控预警措施	有毒有害大气污染物、可燃气体监控预警系统设置情况（风险单元及厂界）
4	截流措施	环境风险单元防渗漏、防淋溶、防流失措施，装置围堰与罐区防火堤（围堰）设置情况、雨污水阀门设置情况、日常管理维护情况
5	事故污水收集系统	应急池位置、容积、管线等情况
6	清净下水系统	清污分流、清净下水收集系统、排放口情况
7	雨水排水系统	雨污分流、初期雨水收集池或雨水监控池设置情况，雨水沟、相关阀门设置情况，雨水排放口监视系统及标志牌设置情况
8	生产污水处理设施	企业生产废水收集池、管线、处理措施、排放口设置情况，以及排放去向
9	危废管理	危废产生、贮存、运输、利用、处置情况

开展环境风险评估和应急资源调查。环境风险评估包括但不限于分析各类事故演化规律、自然灾害影响程度，识别环境危害因素，分析与周边可能受影响的居民、企业、区域环境的关系，构建突发环境事件及其后果情景，确定环境风险等级。应急资源调查包括但不限于调查企业第一时间可调用的环境应急队伍、装备、物资、场所等应急资源状况和可请求援助或协议援助的应急资源状况。

编制环境应急预案。合理选择类别，确定内容，重点说明可能的突发环境事件情景下需要采取的处置措施、向可能受影响的居民和单位通报的内容与方式、向生态环境部门和有关部门报告的内容与方式，以及与政府预案的衔接方式，形成环境应急预案。在编制过程中，应征求员工和可能受影响的居民和单位代表的意见。

评审和演练环境应急预案。企业组织专家和可能受影响的居民、单位代表对环境应急预案进行评审，开展演练以进行检验。评审专家一般包括环境应急预案涉及的相关政府管理部门人员、相关行业协会代表、具有相关领域经验的人员等。

签署发布环境应急预案。环境应急预案经企业有关会议审议，由企业主要负责人签署发布。

预案发布后，企业应定期组织开展应急演练以进行检验，若演练中发现问题，应及时修订预案。

环境应急预案编制程序如图 3-1 所示。

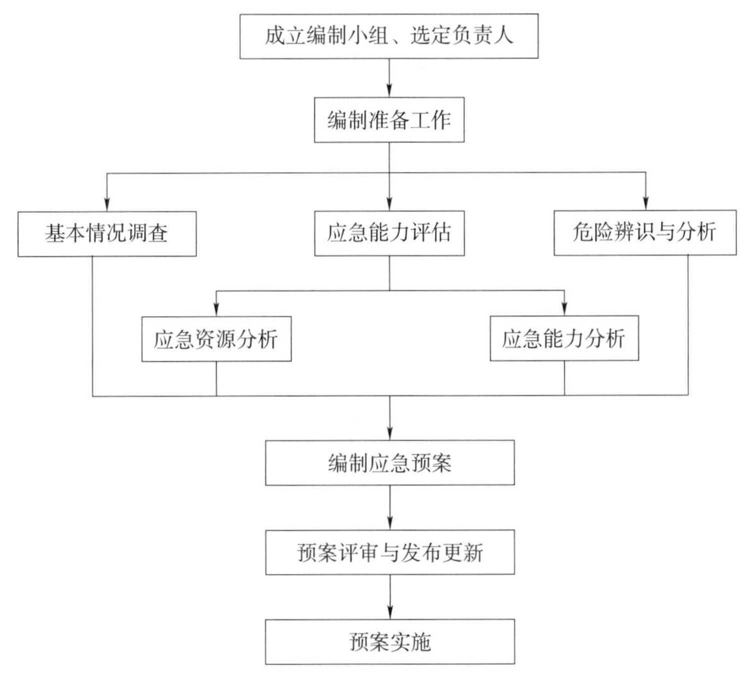

图 3-1　环境应急预案编制程序

三、应急预案内容

（一）综合应急预案

企业编制的综合应急预案要体现自救互救、信息报告和前期应急处置特点，侧重明确现场组织指挥机制、应急队伍分工、信息报告、监测预警、不同情景下的应对流程和措施、应急资源保障等内容。

1. 总则

包括编制目的、编制依据、适用范围、事件分级、工作原则和环境应急预案体系等。说明企业应急预案体系的构成情况，明确综合应急预案、专项应急预案、应急处置卡片等预案的名称、数量，以及采用专章或专篇的形式。

事件分级应切合企业实际情况，按照企业突发环境事件严重性、紧急程度及危害程度，对突发环境事件进行合理分级，应尽量具体、量化。突发环境事件分级、预警分级、应急响应分级三者之间应对应、衔接。常见问题包括直接照搬国家、省份的分级，没有符合企业实际情况；超过国家分级的要求；分级过于简单，没有具体、量化。

2. 本单位的概况

根据企业突发环境事件风险评估报告的相关内容，简要说明企业基本信息和环境风险现状，可包含以下内容：基本信息、装置及工艺、“三废”情况、批复及实施情况、环境功能区划情况、周边环境风险受体、环境风险物质、环境风险单元、历史事故分析、环境风险防范措施等。

常见的问题包括信息陈旧，照抄环评内容；信息缺失，如环境风险受体类型的确定不合理，仅对周边居民进行识别，缺少对周边医疗卫生机构、文化教育机构、科研单位、行政机关、企事业单位、商场、公园等受体的识别，没有敏感点人口、联系人、联系方式，企业周边敏感源信息与企业实际不符或不全；没有明确生产、使用、储存危险化学品的种类、数量等情况；没有明确“三废”污染物的产生量、排放量及去向；水域污染型企业未说明周边敏感水体情况，如河流下游 10 km 以内的取水点；大气污染型企业没有风向玫瑰图。

3. 应急组织指挥体系与职责

明确企业内部应急组织机构的构成，一般由应急领导小组、日常办事机构、综合协调组、现场处置组、应急监测组、专家咨询组和医疗救护组等构成，企业可依据自身实际情况调整。明确突发环境事件发生时可请求支援的外部应急救援机构及其保障的支持方式和能力，并定期更新相关信息。

环境应急预案应列出所有参与应急处置的人员的姓名、所处部门、职务、联系电话、应急工作职责、负责解决的主要问题等。企业内部应急组织机构需要明确具体人员的日常职位。企业应急组织机构的人员应与其日常职位匹配。注意与企业突发环境事件应急预案以及生产安全预案等预案中组织指挥体系的衔接。建立分级应急响应机制，明确不同应急响应级别对应的指挥权限（如车间负责人、企业负责人、接受当地政府统一指挥）。政府及其有关部门介入后，环境应急指挥权的移交及企业内部的调整。

常见的问题包括体系构成人员安排不合理、职责不清楚，不能结合企业内部部门、人员实际情况编制。各应急处置小组不能明确日常及应急职责，职责有缺失或交叉重复现象。如某企业组织体系中现场处置组人员为安全环保科的机关工作人员且只有2人，未将基层工作人员纳入队伍；应急组织指挥“身兼多职”，几个应急处置小组组长为同一个人；应急处置小组成员没有具体人员名单。

4. 预防与预警机制

预防是从突发水环境事件风险防控措施、突发大气环境事件风险防控措施、隐患排查治理制度、日常监测制度等方面明确企业突发环境事件预防措施。对本企业的环境风险物质情况进行分析，主要包括环境风险物质的基本情况以及可能产生的危害后果及严重程度。明确应急物资储备情况，针对企业环境风险源数量和性质应储备的应急物资品名和基本储量等。常见问题包括没有列表对每种危险化学品的理化性质进行具体识别、分析；辨识过程中缺少工艺单元名称、主要设施名称、储存量、临界量等信息。

预警机制指企业根据事故信息、外部机构发布的预警信息等，指示企业内部相关部门和人员做好突发环境事件防范和应对准备的响应机制。预案应明确环境风险源监测监控信息的获得途径以及采取的预防措施；说明生产工艺的自动监测、报警、紧急切断及紧急停车系统，可燃气体、有毒气体的监测报警系统，消防及火灾报警系统等；明确24 h有效的内外部联络手段和方式；明确预警信息分析研判的主体、程序、时限和内容等；明确企业预警信息发布主体与发布内容；明确预警信息接收、调整、解除程序。

企业应依据潜在突发环境事件危害程度、可能影响范围等因素，采用定性与定量相结合的指标，确定企业事业单位内部预警分级标准，如按照由高到低分为红色、黄色、蓝色等预警等级。

5. 环境应急响应

分级响应程序：按照分级响应的原则，确定不同级别的现场组织机构和负责人。并根据事件级别的发展态势，明确应急指挥机构应急启动、应急资源调配、应急救援、扩大应急等响应程序和步骤，并以流程图表示。根据突发环境事件预警级别研判结果，结合企业控制事态的能力以及需要调动的应急资源等，企业突发环境事件可分为社会级响应（一级）、厂区级响应（二级）和车间级响应（三级）。

信息报告：明确信息报告责任人、时限和发布的程序、内容及方式，主要包括：内部报告，明确 24 h 应急值守电话，明确企业内部信息传递程序、责任人、时限、方式、内容等；外部报告，明确事件发生后向业务主管部门、上级单位报告事件信息的流程、方法、方式、内容、时限和责任人；信息通报，明确事件发生后向可能遭受事件影响的单位以及向请求援助单位发出有关信息的方法、方式和责任人。

环境应急处置措施：根据可能发生突发环境事件的污染物性质、事件类型、严重程度和可能影响范围，制定相应的应急处置措施，明确处置原则和具体要求。应急措施应包含但不限于污染源切断和控制、污染物处置、人员紧急撤离和疏散、现场处置、次生污染防范。

明确防止污染物向外部扩散的设施、措施及启动程序；特别是为防止消防污水和事件废水进入外环境而设立的环境应急池的启用程序，包括污水排放口和雨水排放口的应急阀门开合和事件应急排污泵启动的相应程序；明确减少与消除污染物的技术方案；明确事件处理过程中产生的次生衍生污染（如消防污水、事故废水、固态或液态废物等，尤其是危险废物）的消除措施；明确如何得到应急过程中使用的药剂及工具。

应急措施还包括应急过程中采用的工程技术说明；在生产环节所采用的应急方案及操作程序；工艺流程中可能出现问题的解决方案；事件发生时紧急停车停产的基本程序；控险、排险、堵漏、输转的基本方法；污染治理设施的应急措施；危险区、安全区的设定；事件现场隔离区的划定方式；事件现场隔离方法；明确事件现场人员清点、撤离方式及安置地点；明确应急人员进入、撤离事件现场条件、方法；明确人员的救援方式及安全保护措施；明确应急救援队伍的调度及物资保障供应程序。

常见的问题包括预案中的应急物资与应急物资储备清单上不对应；相关预案衔接不畅，现场应急时容易造成各行其是的局面，不利于内外协调、形成合力；部门职责不够细化，应急措施不够具体，在突发环境事件发生时，根据预案内容不能有效应对；没有明确应急处置的实施主体，责任人不应是企业部门人员，应为应急组织机构中的小组或小组成员。

环境应急监测：明确环境应急监测方案，包括污染现场、实验室环境应急监测方法、仪器、药剂，可能受影响区域的监测布点和频次等。在突发环境事件发生时，企业环境监测机构要立即开展应急监测。若自身没有监测能力，应迅速与当地环境监测机构或其他协议监测机构联系，确保能够第一时间获得环境监测支持。在外部监测机构到达后，企业应配合相关机构进行环境监测。

6. 环境应急终止

结合企业的实际，明确环境应急终止责任人、终止的条件和环境应急终止的程序；同时，在明确环境应急状态终止后，应继续进行环境跟踪监测和评估。

通常企业可以从以下几个方面明确终止条件：事故现场得到控制，事故条件得到消除；污染物的泄漏或释放已得到完全控制；事件造成的危害已彻底消除，无继发可能；事故现场的各种专业应急处置行动无继续的必要；采取必要的防护措施以保护公众免受再次危害，并使事件可能引起的中长期影响趋于合理并且尽可能低的水平；根据环境应急监测和初步评估结果，由应急领导小组决定应急响应终止，下达应急响应终止指令。

7. 善后处置

明确现场污染物的后续处置措施以及环境应急相关设施、设备、场所的维护。应制定可行的善后处置措施、事件现场的保护措施、现场清洁净化和环境恢复措施、事件现场洗消工作负责人和专业队伍、洗消后的二次污染的防治方案；应调查评估是否采取有效环境风险防范措施避免事件发生，及时查明事件的发生经过和原因，总结应急处置工作的经验教训，做出科学评价，制定改进措施，并向相关部门报告。必要时配合有关部门对突发环境事件的中长期环境影响进行评估。

8. 保障措施

环境应急通信：明确与环境应急工作相关的单位和人员的联系方式及方法，并提供备用方案。建立健全环境应急通信系统与配套设施，确保环境应急状态下信息通畅。

环境应急队伍保障：明确环境应急响应的人力资源，包括环境应急专家、专业环境应急队伍、兼职环境应急队伍等人员的组织与保障方案。

环境应急装备保障：明确企业环境应急处置过程中需要使用的应急物资和装备的类型、数量、性能、存放位置、管理责任人及其联系方式等内容。

其他保障：根据环境应急工作需求，确定其他相关保障措施（如经费、交通运输、治安、技术、医疗、后勤、体制机制等的保障）。

9. 预案管理

预案培训：明确对员工开展的应急培训计划、方式和要求。明确对可能受影响的居民和单位的宣传、教育和告知等工作。

预案演练：明确不同类型环境应急预案演练的形式、范围、频次、内容及演练评估、总结等要求。

预案修订：明确预案评估、修订、变更、改进的基本要求、时限及采取的方式等。

10. 附则

预案的签署和解释：明确预案签署人、预案解释部门。

预案的实施：明确预案实施时间。

11. 附件

企业应急通讯录；外部单位（政府相关单位、救援单位、专家、环境风险受体等）通讯录；企业区域位置图、厂区周边及内部道路图、环境风险受体分布图、周边水系图；企业内部人员撤离路线；环境风险单元分布图；应急物资装备分布图；企业雨水、清净下水和污水收集、排放管网图，应标注事故应急池位置、容量、控制阀节点等详细情况；风险监控预警及应急监测图，须标注风险监控点位及监测因子和点位。

（二）专项应急预案

企业应根据自身实际情况制定专项环境应急预案，可按照环境要素（水环境、大气环境、土壤环境等）、污染要素（废水、废气、危险废物等）和事故次生环境事件（化学品泄漏、火灾爆炸等）分类。

针对某一类型突发环境事件制定的应急预案，主要包括突发环境事件分析、监控预警措施、应急职责分工、应急处置程序、应急终止等内容。

1. 突发环境事件分析

阐述可能发生的突发环境事件特征，包括事件引发原因、涉及的环境风险物质以及事件的影响范围等。

2. 监控预警措施

根据可能发生的事件类型，明确各项监控预警措施，包括监控措施、环境风险管理制度、环境应急队伍及物资储备等。

3. 应急职责分工

组织结构：根据可能发生的事故类型和应急处置需求，明确应急队伍和人员等，并注意与综合应急预案中应急组织机构以及应急处置卡片中人员的衔接。

单位职责：规定专项环境应急预案组织结构中各单位的应急工作职责、协调管理范畴、负责解决的主要问题等。

4. 应急处置程序

根据事件类型，明确应急处置程序及措施，可采用组织结构图、流程图、路线图、表单等形式，并辅以文字说明，简明表达各项要点。对于可能涉及的空间信息，可在平面布置图上进行标注。

同时应明确以下内容：污染源切断措施、污染物控制措施、污染物消除措施、应急监测和监控措施、现场人员的防护和疏散、人员救护、应急终止和事后恢复等，注意与应急处置卡片的有机衔接。

部分企业的应急专项预案对应急处置措施的介绍是泛泛的，是“放之四海而皆准”的措施，忽略了企业之间的差异性。如对石化企业来说，其主要的潜在风险源是生产废水、废气、危险废物的事故排放和危险物料的泄漏、火灾爆炸等。编制应急预案时应根据事故的相同点，采用类似的处置技术；而同类企业中由于生产规模、生产工艺特点和经营范围的不同亦存在很大的区别，在编制专项应急预案时需根据企业的实际情况突出“个性”。

5. 应急终止

明确现场应急响应结束的基本条件和要求。

典型行业企业突发环境事件情景设置的参考示例如表 3-3 所示。

表 3-3　典型行业企业突发环境事件情景设置（参考示例）

典型行业	事故情景设置	主要环境风险物质	来源 / 用途	可能产生的后果
印染行业	危险化学品泄漏	硫酸	还原染料、阳离子染料	水环境污染
	危险化学品泄漏、火灾等安全事故	盐酸	冰染料、苯胺黑、酸性染料	氯化氢气体、消防污水
		苯胺	酸性染料	苯胺，一氧化碳、二氧化碳、氧化氮等燃烧产物，消防污水
	危险化学品泄漏、火灾爆炸等安全事故	氨水	涂料	分解放出氨气，消防污水
		甲醛	硬挺整理工序的防腐剂	甲醛，一氧化碳、氮氧化物等燃烧产物，消防污水
		连二亚硫酸钠	还原染料	产生可燃气体硫化氢、二氧化硫、一氧化碳、氮氧化物等燃烧产物，消防污水
	污水处理设施运行异常	酸、碱、表面活性剂、低分子有机酸、染料和荧光增白剂，有机金属络合物，重金属盐，POPs 等	退浆废水、煮炼废水、漂白废水、丝光废水、染色废水、印花废水	废水超标排放
	污泥处理设施非正常运行、非法处置	污泥	废水处理	危险废物污染

续表

典型行业	事故情景设置	主要环境风险物质	来源 / 用途	可能产生的后果
印制电路板行业	危险化学品泄漏	硫酸镍	化学镀或电镀	水环境污染，受高热分解出氧化硫
		氰化物		水环境污染
		氯化镍		水环境污染，受高热分解出氯化氢气体
	危险化学品泄漏、火灾爆炸等安全事故	甲醛		甲醛，一氧化碳、氮氧化物等燃烧产物，消防污水
	危险化学品泄漏、火灾爆炸等安全事故	盐酸	蚀刻	氯化氢气体，消防污水
		氨水		分解放出氨气，消防污水
		退锡液（硝酸型）	退铅锡	大气环境污染、水环境污染
	危险化学品泄漏	硫酸	去钻污、微蚀刻	水环境污染
		次氯酸钠	污水处理破氰反应	大气环境污染、水环境污染
	污水处理设施运行异常	Cu^{2+}、Ni^{2+}、Ag^{+}、Au^{+}、Sn^{2+}/Sn^{4+}、Pb^{+} 等金属离子	磨板废水、络合废水、电镀废水、含镍废水、含氰废水、有机废水、一般清洗废水	废水超标排放
	危险废物泄漏、非法处置	HW22、HW23、HW31、HW34、HW35	周期性的换缸液、废水处理	危险废物污染
	废气处理设施运行异常	粉尘、酸碱废气、有机废气（非甲烷总烃及苯系气体）	钻孔、磨板、电镀、蚀刻、显影、文字印刷	废气超标排放
制革行业	危险化学品泄漏、火灾等安全事故	硫氢化钠	脱毛工序	水环境污染，遇酸产生硫化氢气体
		甲酸	浸酸工序中调节 pH，染色工序中调节 pH	水环境污染
		盐酸	浸酸工序中调节 pH	氯化氢气体，消防污水
	危险化学品泄漏	硫酸	浸酸工序中调节 pH	水环境污染
		碱式硫酸铬	鞣制工序作铬鞣剂，复鞣工序作矿物鞣剂	水环境污染
	污水处理设施运行异常	有机废物（污血、蛋白质、油脂），硫化物、石灰，碳酸钠，三价铬，表面活性剂，复鞣剂等	准备工段废水、鞣制工段废水、整饰工段废水	废水超标排放

续表

典型行业	事故情景设置	主要环境风险物质	来源 / 用途	可能产生的后果
制革行业	危险废物泄漏、非法处置	HW21、HW35	废水处理，皮革切削工艺	危险废物污染
	废气处理设施运行异常	硫化氢、氨气、有机挥发物、恶臭	脱毛、脱灰、涂饰等过程	废气超标排放
造纸行业	危险化学品泄漏、火灾爆炸等安全事故	连二亚硫酸钠	废纸浆漂白	产生可燃气体硫化氢、二氧化硫、一氧化碳、氮氧化物等燃烧产物，消防污水
		次氯酸钠	纸浆漂白	氯气、消防污水
		盐酸	酸洗	氯化氢气体、消防污水
		氨水 / 液氨	蒸煮	分解放出氨气，消防污水
	危险化学品泄漏	硫化氢	使用含硫化学品，原料中植物纤维与植物碎屑含有的蛋白质与纸浆池的密闭缺氧环境	空气污染
	污水处理设施运行异常	pH、SS、色度、COD、BOD_5、挥发酚、硫化物、氟化物、石油类等	造纸废水	废水超标排放
	原料堆场火灾、暴雨天气	SS、COD	消防污水、初期雨水、烟尘、CO、CO_2	废水超标排放
	危险废物泄漏、非法处置	HW08	机油、油墨	危险废物污染
	废气处理设施运行异常	氧化硫、氮氧化物、挥发性有机化合物等	锅炉燃烧，制浆，蒸煮	废气超标排放
火电行业	危险化学品泄漏、火灾爆炸等安全事故	柴油	锅炉点火及助燃系统	产生可燃气体硫化氢、二氧化硫、一氧化碳、氮氧化物等的燃烧产物，消防污水
		次氯酸钠	软水系统及污水处理	氯气，消防污水
		盐酸	软水系统及污水处理	氯化氢气体，消防污水
		氢气	发电机冷却	爆炸，消防污水
		氨水 / 液氨	锅炉脱硝	分解放出氨气，消防污水
	废气处理设施运行异常	氮氧化物、二氧化硫、重金属等	锅炉燃烧	废气超标排放

（三）应急处置卡片

针对主要情景、关键岗位、重要设施（如围堰、应急池、雨水污水排放口闸门等）设置相应应急处置卡片，明确特定环境事件的现场处置措施的整套流程及相应部门，包括风险描述、报告程序、上报内容、预案启动、排查、控源截污、监测、后勤保障、后期处置、恢复处置和注意事项等方面的内容，并在重要位置粘贴上墙。

突发环境事件应急处置卡片（响应级别）、应急设施卡片、岗位应急响应卡片分别如表 3-4、表 3-5、表 3-6 所示。

表 3-4　突发环境事件应急处置卡片（响应级别）

处置程序	应急处置措施	责任岗位	可利用应急资源
事故情景			
报警及预案启动			
断源			
截污			
消污			
监测			
后期处置			
注意事项：			

表 3-5　应急设施卡片

负责人		联系方式	
有效容积			
主要收集范围			
日常维护要求			
应急操作流程			

注：围堰、应急池、污水排放口闸门、雨水排放口闸门等应急防护设施需配备相应处置卡片。

表 3-6　岗位应急响应卡片

岗位名称			
姓名		联系方式	、
风险因素			
可能波及范围			
信息报告流程			
应急响应要求			
可利用应急资源			
企业应急负责人电话		上级主管单位联系电话	
外部应急救援机构联系电话 消防报警电话 119　　急救号码 120　　公安报警电话 110			

四、应急预案评估和修订

企业应当在环境应急预案草案编制完成后、环境应急预案审签发布前，组织评估小组对本企业编制的环境应急预案进行评估，以确保预案的持续适宜性、有效性和科学性。及时发现环境应急预案中的问题，并找到改进的措施。评估包括内部评估和外部评估，内部评估是环境应急预案草案完成后，企业组织评估；外部评估是由地方生态环境部门或其授权单位邀请生态环境、应急管理、工程技术、环境恢复、组织管理、医疗急救等方面的专家对企业的预案进行评审。

企业环境应急预案评估小组的组成人员应当包括环境应急预案涉及的相关部门环境应急管理人员、相关行业协会、相邻重点风险源单位代表、周边社区（乡、镇）代表以及应急管理和专业技术方面的专家。评估人员数量，原则上较大以上突发环境事件风险（以下简称“环境风险”）企业不少于 5 人，一般环境风险企业不少于 3 人；其中，较大以上环境风险企业评估专家不少于 3 人，可能受影响的居民代表、单位代表不少于 2 人。

评估可以采取会议评估、函审或者相结合的方式进行。会议评估是指企业组织评审人员召开会议，进行集中评估；函审是指企业通过邮件等方式将环境应急预案文件送至评估人员，进行分散评估。较大以上环境风险企业一般应采取会议评估方式，并对环境风险物质及环境风险单元、应急措施、应急资源等进行查看核实。

（一）文本评估

评估对象为环境应急预案及相关文件，包括环境应急预案及其编制说明、环境风险评估报告、环境应急资源调查报告（表）等文本。环境应急预案包括综合应急预案、专项应急预案、应急处置卡片或其他形式预案的，可整体评估，并将这些预案之间的关系作为评审重点之一。环境应急预案评估小组应当重点评估环境应急预案的实用性、基本要素的完整性、内容格式的规范性、应急保障措施的可行性以及与其他相关预案的衔接性等内容。

1. 编制说明

过程及问题说明：说清预案编修过程、征求意见采纳情况、演练暴露问题及解决措施。常见问题是编制说明有意见建议清单，并说明了采纳情况及未采纳理由，但是缺少演练（一般为检验性的桌面推演）暴露问题清单及解决措施，并且未体现在预案中。

专家意见：企业应依据专家评审意见修改完善环境应急预案内容，说明修改内容。

2. 环境风险评估报告

风险分析：评估环境风险受体敏感程度。核实企业周边环境风险受体及类型划分的准确性，对企业周边 5 km 范围内大气环境风险受体和企业雨水排口（含泄洪渠）、清净下水排口、废水总排口下游 10 km 范围内水环境风险受体进行评估。常见问题是识别范围不完善，缺少水环境风险受体识别；环境风险受体没有联系方式；没有识别出所有重要的环境风险物质和环境风险单元。

等级划分：核实环境风险物质数量与临界量比值（Q）是否准确；重点核对生产工艺、环境风险防控措施各项指标以及突发水环境事件、突发大气环境事件发生情况的赋值是否合理。常见问题是企业环境风险等级和备案表的内容不一致。

情景构造：列明国内外同类企业的突发环境事件信息，提出本企业可能发生的突发环境事件情景；源强分析，至少包括释放的环境风险物质的种类、释放速率、持续时间、范围；明确每种情景下环境风险物质释放途径、环境风险防控与应急措施、应急资源情况；危害后果分析，重点分析环境风险物质的影响范围和程度。常见问题是没有列出国内外及本企业的突发环境事件信息及情景；源强分析不全；危害结果分析内容缺失。

差距分析：评估环境风险管理制度建立情况，如环境风险防控和应急措施制度是否建立等；核实截流措施、事故排水收集措施、雨水系统防控措施、毒性气体泄漏装置及措施是否符合规范；评估环境应急资源能否满足环境应急需要。常见问题是环境管理制度缺失环评及批复文件的各项环境风险防控和应急措施要求；截留措施及雨水系统防控措施不符合规范要求；只简单说明厂区内事故应急池容积大小，未给出具体核算过程。

完善计划：针对需要整改的项目，是否制订具有可行性的完善计划，并较好地进行整改完善。常见问题是针对需要整改的短期、中期和长期项目，未写明具体完成时限。

附图：评估要求的附图是否齐全。常见问题是污水收集、排放管网图没有标注应急池位置、容量、控制阀节点等详细情况。

3. 环境应急预案

应急预案体系：说明企业应急预案体系的构成情况，主要考察企业在环境应急预案编制过程中能否清晰地把握预案体系定位、衔接关系；说明本预案与生产安全事故预案等其他企业内部预案的衔接关系，与政府及有关部门应急预案的衔接关系，辅以预案关系图。常见问题是企业应急预案缺乏与当地生态环境部门应急预案的衔接关系。

组织指挥机制：以应急组织体系结构图的形式，说明组织指挥机制；明确组织体系的构成及其职责，明确应急状态下的指挥运行机制，建立统一的应急指挥、协调和决策程序。指挥运行机制是指总指挥与各行动小组相互作用的程序和方式，总指挥能够对突发环境事件状态进行评估，迅速有效进行应急响应决策，指挥和协调各行动小组活动，合理高效地调配和使用应急资源。常见问题是企业预案现场处置组牵头单位为当地生态环境部门等，预案实施主体不清。

预防预警：明确企业可能的突发环境事件预防措施；明确监控信息的获得途径；明确企业内部预警分级标准；明确企业内部预警程序，包括预警条件，预警等级，预警信息发布、接收、调整、解除程序和发布内容、责任人。常见问题是没有明确企业可能的突发环境事件预防措施；预警程序内容不全。

应急响应：明确响应流程与升（降）级的关键节点，并以流程图表示，部分企业应急预案缺少应急响应流程图；根据突发环境事件的危害程度、影响范围、周边环境敏感点、企业应急响应能力等，建立分级应急响应机制，明确不同应急响应级别对应的指挥权限交接。常见问题是缺少应急响应流程图；应急响应责任人不明确或者与组织指挥体系中机构人员不呼应，存在“相关科室”“相关人员”等大量不确定性表述。

信息报告：企业内部报告应明确企业内部事件信息传递的责任人、程序、时限、方式、内容等；外部报告应明确企业向当地政府及生态环境部门等报告的责任人、程序、时限、方式、内容等，辅以信息报告格式规范；信息通报应明确企业向可能受影响的居民、单位以及向协议应急救援单位传递信息的责任人、程序、时限及有效性、方式、内容等。常见问题是忽略了信息通报内容。

应急处置措施：根据环境风险评估，分别说明可能的事件情景及应急处置方案，明确相关岗位人员采取措施的时间、地点、内容、方式、目标等；应明确事件现场人员清点撤离的流程、方法与安置地点，并给予撤离路线；涉及火灾事故时，明确火灾情景下启动消防设备、隔离工艺设备、围堵及拦截可能的污染物、妥善处置污染物、启动可能涉及的水处理系统与公用工程的方式、方法与程序；涉及化学品泄漏时，明确不同化学品泄漏情况下围堵泄漏物的方法、方式及应急物资，明确防止泄漏物进入雨水系统的方法、方式及应急物资，明确外溢不可能阻止情景下的控制措施程序。常见问题是可能发生突发环境事件情景不全；现场处置措施不具体，不能体现第一时间采取关闭、封堵、围挡、喷淋等措施切断和控制污染源，无消防污水、废液等的收集、清理和安全处置工作内容；缺少人员撤离方案；没有或未按要求编制应急处置卡，应急处置卡没有按照人员职责岗位和事件演变情景进行分类。

应急监测：监测方案应明确监测项目、采样（监测）人员、监测设备、监测频次等；企业自身没有监测能力的，应与当地环境监测机构或其他机构衔接，确保能够迅速获得环境监测支持，并附协议。常见问题是应急监测方案制定不详细，对监测因子、布点方案等内容只做原则性规定，缺失应急监测技术支持单位。

应急终止：结合企业实际，明确应急终止责任人、终止条件和应急终止程序；同时在明确应急状态终止后，应继续进行环境跟踪监测和评估。

善后处置：说明善后处置的工作内容和责任人，一般包括现场污染物的后续处理；环境应急相关设施、设备、场所的维护；配合开展环境损害评估、赔偿、事件调查处理等。常见问题是缺乏事件调查处理内容。

保障措施：说明环境应急预案涉及的应急通信、应急队伍、应急装备以及其他保障。

预案管理：安排有关环境应急预案的培训和演练。

专项预案：评估是否包括事件分析、应急职责分工、监控预警和应急处置等内容。常见问题是重大环境风险企业没有按照要求编制专项预案。

应急处置卡：针对主要情景、关键岗位、重要设施（如围堰、事故应急池、雨水污水排放口闸门等）设置卡片，明确特定环境事件现场处置措施的整套流程及相应部门，包括风险描述、报告程序、上报内容、预案启动、排查、控源截污、监测、后勤保障、后期处置、恢复处置和注意事项等内容。评估应急处置卡类型和关键内容有无缺失。常见问题是重大环境风险企业和较大环境风险企业没有按照要求编制应急处置卡。

附图：评估要求的附图是否齐全。常见问题是缺少水环境风险受体分布图。

4. 环境应急资源调查报告（表）

调查过程：评估调查过程是否明确，调查内容是否符合格式。叙述调查过程，需具备《环境应急资源调查表》和《企事业单位环境应急资源调查报告（表）》，且绘制环境应急资源分布图、说明调配路线。常见问题是调查内容不符合格式，表格没有按照环境应急队伍、装备、物资、场所等 4 个类型进行区分。

物资：评估环境应急资源是否充足，是否可应对突发环境事件。

5. 应急预案各文本职能

应急预案文本是应急预案编制的核心，是处置突发环境事件或日常演练时的重要工具，文字、章节应做到精练不累赘；应急预案编制说明是对调查、编修、征求意见及推演等全过程的总体说明，做到简单明了即可；环境风险评估报告的主要内容有资料准备与环境风险识别，可能发生的事件及后果分析，现有环境风险防控、环境应急管理差距分析及完善措施、实施计划，划分事件风险等级等，要有详细调查结果、分析过程及评估结论；环境应急资源调查报告说清事件应急资源调查概要、过程及数据核实、结果与结论。其中，评估报告及调查报告是预案文本编制的重要依据和支撑。目前，应急预案中普遍存在各文本职能不清、内容互相重复引用导致烦冗不精练等问题，其中企业基本情况、环境风险分析、环境应急资源等内容重复较多。

按照《企业事业单位环境应急预案评审工作指南》，企业环境应急预案中，以下3类情形可以直接判定为未通过评审：无单独的《环境风险评估报告》和《环境应急资源调查报告（表）》；未从可能的突发环境事件情景出发或典型突发环境事件情景缺失；周边居民和单位无法获得事件信息。

（二）现场评估

1. 人员管理

架构组成：企业内部应急组织机构一般应由应急领导小组、日常办事机构、现场处置组、应急监测组、后勤保障组、专家组构成。核实企业实际人员架构组成是否与备案文件相符。常见问题是应急组织机构人员流动较快，没有及时更新通讯录；存在一人多岗情况。

应急处置：核实企业应急组织体系人员是否了解各自岗位的职责、应急处置流程及措施等，包含但不限于如何判定风险物质、切断污染源、紧急撤离人员、现场处置等；是否清楚了解突发环境事件发生时防护用具、重要应急资源的使用、操作。常见问题是缺乏防护用具、重要应急资源的实际使用和操作经验。

信息通报：核实信息报告责任人是否了解信息通报程序和方式。常见问题是企业环境安全管理人员对信息通报过程及程序不够熟悉，需要加强对应急预案的理论学习。

2. 风险管理

完善计划：核实现场设施等按照评审修改意见和《环境风险评估报告》中的完善计划修改、完善的程度。常见问题是未按照完善计划中的期限完成整改任务。

风险监控：核实企业是否按照备案预案要求开展车间日检、月度检查等；核实企业日常巡查或排查点检记录，如对单个风险单元、重要设施、车间、厂区等的日常巡查。常见问题是企业开展了生产安全日常巡查并有记录，但环境安全巡查执行力度不够，同时未做好巡查记录。

管理制度：核实企业是否建立与《环境风险评估报告》或应急预案中文件相符的管理制度，如隐患排查治理制度、监测巡查制度等。常见问题是尚未建立监测巡查制度。

应急处置卡：核实现场处置方案或应急处置卡等是否粘贴在厂区明显位置。常见问题是现场处置方案或应急处置卡等没有粘贴上墙。

应急标识：核实企业应急组织机构及职责、环境风险单元、重要防控设施、物资储备场所、疏散路线图等重要标识资料是否上墙。企业应注意及时更新应急标识系统，当应急标识系统老化、不清晰，或者存放的化学品发生变动时，应及时更新标志牌上的信息，保证各个关键点的标志牌所反映的信息能够起到实际的应急作用。常见问题是各类重要设施、环境风险单元等应急标识设置不全；没有在企业内部道路上设置逃生路线指示标志及与避难场所距离。

演练、培训：核实企业是否按照预案内容要求频次、方式组织演练、应急知识和技能培训；核实企业历年演练记录，是否与备案时提出的方式、频次等相符；核实企业培训、宣传记录，包括培训时间、内容、人员等情况。常见问题是未按环境应急预案的要求开展环境应急演练和培训。

信息公开：核实企业是否按规定公开应急预案演练、培训等信息。常见问题是忽略了预案和培训的信息公开。

3. 环境风险评估及应急资源

环境风险识别：核实企业实际重要环境风险单元分布是否与备案文件相符，核实企业实际环境风险物质种类、不同地点储存量是否与备案文件相符。若不相符，应及时更新备案。常见问题是企业环境风险出现重大变动但未及时备案。

生产工艺：结合《环境风险评估报告》中生产工艺的描述、环境风险等级划分中生产工艺的评分，核实企业生产工艺及所产生“三废”的去向、处置情况。

应急资源：核实企业是否按规定储备必要的环境应急装备和物资，重点调查备案的环境应急资源与企业实际资源是否一致，包括专职和兼职应急队伍，自储环境应急装备，自储环境应急物资，应急处置场所，应急物资或装备存放场所和应急指挥场所；核实企业是否组织应急队伍；核实企业是否对现有物资进行定期维护检查，是否有证明材料，如物资档案、维护更新记录、采购记录等。常见问题是企业应急物资定期维护作证材料不全，有环境应急物资名单，但是没有各自的型号和报废日期，无法进行及时更换。

安全隐患排查：核实企业是否定期开展环境安全隐患排查治理工作，是否具有隐患排查记录。常见问题是企业不能提供隐患排查记录。

4. 突发环境事件风险防控措施

危险化学品储存：核实危险化学品储存地、危废间是否按照标准设计规范建设，是否安排专人维护管理，且危废是否妥当处理。危废处理如有委托第三方，是否签订协议以及留存出入记录。常见问题是企业危废间建设不标准，没有相应的危废间标识；危废转移未做好记录。

截流设施：核实企业是否具备围堰和事故废水收集措施（管、渠、泵等），围堰和事故废水收集措施是否符合设计规范、专人维护管理且维护良好，保证切实可用。企业危险化学品储罐围堰常见问题是排水切换阀安装在围堰内部、没有外设，同时正常情况下通向雨水系统的阀门没有常闭。

事故排水收集措施：核实企业各环境风险区域是否具备应急收集措施或事故应急池。事故应急池常见问题是容量小、未与相关场所连通、水位高或兼作其他功能池、地势较高的事故应急池没有水泵的备用电源、地下事故应急池没有观察窗而无法及时了解水位状况等。

雨排水系统防控措施：核实企业是否雨污分流；清水、污水、雨水管网及排放口数量与位置是否与预案描述相符；雨水管网排放口应急闸门（切换阀）等是否满足应急需求。常见问题是排放口无标识或标识不规范、无应急切断装置、应急切断装置不便于操作或切断效果不好、雨水排放口晴天有水流等。

生产废水处理系统防控措施：核实企业生产废水排放前是否设监控池，是否能够将不合格废水送废水处理设施重新处理；废水处理系统是否设置事故水缓冲设施；生产废水总排口是否规范化管理。常见问题是废水处理系统监控池、事故水缓冲设施建设滞后；生产废水总排口没有监视及关闭设施。

废气处理设施：核实企业是否具备备案对应措施，措施是否符合设计规范、专人维护管理且维护良好；废气收集设施及处理设施是否定期检查及更换吸附物质（如活性炭）。常见问题是废气未经处理便直接排放、废气处理设施未运行或损坏、处理效果不佳、喷淋塔等废气处理设施无收容措施、废气排放口标识不规范等。

毒性气体泄漏装置及措施：是否具有针对有毒有害气体（如硫化氢、氰化氢、氯化氢、光气、氯气、氨气、苯等）的泄漏紧急处置措施或监控预警系统。常见问题是排放纳入《有毒有害大气污染物名录》的气体的企业没有针对有毒有害气体的环境风险监测预警手段。

日常监测：企业是否自身或委托第三方对废气、废水排放开展定期监测，如有委托第三方，是否签订协议；或者是否有监测报告。常见问题是企业自身没有监测能力，但未与第三方签订委托监测协议；对废水、废气没有进行定期监测，无法提供监测报告。

（三）应急预案修订

环境应急预案编制单位应当根据评估结果，以及针对应急演练和应急处置中暴露出的问题，进一步完善、更新应急预案，持续改进预案文本；预案文本中涉及姓名的，全部放入附件，文本中只写单位、职务，人员调整后发一份通知，调整附件即可；企业可将周边企事业单位的应急物资列出，应急物资共享并随时更新。

企业结合环境应急预案实施情况，至少每3年对环境应急预案进行1次回顾性评估。有下列情形之一的，及时修订：面临的环境风险发生重大变化，需要重新进行环境风险评估的；环境应急监测预警及报告机制、应对流程和措施、应急保障措施发生重大变化的；在突发环境事件实际应对和应急演练中发现问题，需要对环境应急预案作出重大调整的；日常应急管理中发现预案缺陷的；应急管理组织指挥体系与职责发生重大变化的；重要应急资源发生重大变化的；应急设备和救援技术发生变化的；有关法律法规和标准发生变化的；其他需要修订的情况。

对环境应急预案进行重大修订的，修订工作参照环境应急预案制定步骤进行。对环境应急预案个别内容进行调整的，修订工作可适当简化。企业应当将新修订的预案报原预案备案管理部门重新备案。预案备案部门可以根据预案修订的具体情况要求修订预案的企业对修订后的预案进行评估。

应当编制或者修订环境应急预案的企业不编制环境应急预案、不及时修订应急预案或者不按规定进行应急预案评估和备案的，由县级以上生态环境部门责令限期改正；逾期不改正的，依据有关法律法规给予处罚。

例如2017年2月8日安徽省铜陵市恒兴化工公司燃爆事故次生突发环境事件，恒兴化工擅自增建高沸点溶剂油储罐后，未及时评估修订应急预案。已有预案存在多处错漏，厂区平面布局与实际情况不符，未针对性设置突发环境事件情景并分析事故可能涉及的特征污染物，在事件应对中难以发挥应有作用。

五、应急预案备案

现在很多企业编制环境应急预案还只是应付检查，地方政府审查完后企业将环境应急预案束之高阁，没有发挥环境应急预案的作用。目前规定企业要到当地生态环境部门备案，提供4份材料：一是环境风险评估报告；二是资源调查报告，例如堵井盖的沙袋在什么地方等；三是预案的文本和说明，重点是情景假设和卡片式管理，化学品泄漏事故和火灾、爆炸事故发生后怎么办，厚厚的一本预案分解到每个员工岗位上就是一张卡片，从厂长到员工都要清楚自己做什么；四是专家论证。生态环境部门每年要抽查预案备案情况，突发环境事件发生后则要倒查，没有按照预案做好环境安全管理工作，或是如果照预案做还是没有避免问题，那说明预案没有编制好，将要对企业进行严肃追责。

（一）备案的实施

企业应当在环境应急预案签署发布之日起 20 个工作日内，向企业所在地县级生态环境部门备案。县级生态环境部门应当在备案之日起 5 个工作日内将较大和重大环境风险企业的环境应急预案备案文件报送市级生态环境部门，重大的同时报送省级生态环境部门。

受理备案的生态环境部门（以下简称“受理部门”）应当及时将备案的企业名单向社会公布。企业应当主动公开与周边可能受影响的居民、单位、区域环境等密切相关的环境应急预案信息。

跨县级以上行政区域的企业环境应急预案，应当向沿线或跨域涉及的县级生态环境部门备案。县级生态环境部门应当将跨县级以上行政区域的企业环境应急预案备案文件报送市级生态环境部门，跨市级以上行政区域的同时报送省级生态环境部门。

省级生态环境部门可以根据实际情况，将受理部门统一调整到市级生态环境部门。受理部门应及时将企业环境应急预案备案文件报送有关生态环境部门。

企业环境应急预案有重大修订的，应当在发布之日起 20 个工作日内向原受理部门变更备案。环境应急预案个别内容进行调整、需要告知生态环境部门的，应当在发布之日起 20 个工作日内以文件形式告知原受理部门。

生态环境部门受理环境应急预案备案，不得收取任何费用，不得加重或者变相加重企业负担。

（二）备案提交的材料

企业环境应急预案首次备案，现场办理时应当提交下列文件：环境应急预案备案表；环境应急预案及编制说明的纸质文件和电子文件（环境应急预案包括环境应急预案的签署发布文件、环境应急预案文本；编制说明包括编制过程概述、重点内容说明、征求意见及采纳情况说明、评审情况说明）；环境风险评估报告、环境应急资源调查报告、环境应急预案评审意见的纸质文件和电子文件。

也可以通过信函、电子数据交换等方式提交备案文件。通过电子数据交换方式提交的，可以只提交电子文件。

受理部门收到企业提交的环境应急预案备案文件后，应当在 5 个工作日内进行核对。文件齐全的，出具加盖行政机关印章的环境应急预案备案表。

提交的环境应急预案备案文件不齐全的，受理部门应当责令企业补齐相关文件，并按期再次备案。再次备案的期限由受理部门根据实际情况确定。受理部门应当一次性告知需要补齐的文件。

（三）备案的监督

县级以上生态环境部门应当及时将备案的环境应急预案汇总、整理、归档，建立环境应急预案数据库，并将其作为制定政府和部门环境应急预案的重要基础；应当对备案的环境应急预案进行抽查，指导企业持续改进环境应急预案；抽查企业环境应急预案，可以采取档案检查、实地核查等方式。抽查可以委托专业技术服务机构开展相关工作；应当及时汇总分析抽查结果，提出环境应急预案问题清单，推荐环境应急预案范例，制定环境应急预案指导性要求，加强备案指导。

企业未按照有关规定制定、备案环境应急预案，或者提供虚假文件备案的，由县级以上生态环境部门责令限期改正，并依据国家有关法律法规给予处罚。县级以上生态环境部门在对突发环境事件进行调查处理时，应当把企业环境应急预案的制定、备案、日常管理及实施情况纳入调查处理范围。

受理部门及其工作人员有下列情形之一的，由生态环境部门责令改正，情节严重的，依法给予行政处分：对备案文件齐全的不予备案或者拖延处理的；对备案文件不齐全的予以接受的；不按规定一次性告知企业需补齐的全部备案文件的。

六、应急预案衔接

（一）内部应急预案体系

1. 规章管理制度

编制规章管理制度是为了建立有效的突发事件预防和处置工作机制，采取有效预防措施，确保突发事件在第一时间内得到合理有效的控制，对已经发生和正在发生的突发事件做好处理工作，防止事件扩大和减少突发事件损失。

2. 企业生产安全事故应急预案

该应急预案是企业应对企业内的生产安全事故的专项应急预案和规范性文件。该预案由企业制订后批准、实施。该预案与企业环境应急预案为平行关系，应急领导小组保持一致。企业发生突发事件时，如事件性质具有多方向性，难以判别专项预案是否启动时，根据事件相对各预案相应事件等级的划分，及时果断启动相应事件等级最高的专项预案，如等级相同的，启动危害或严重性最大的对应预案。

3. 企业环境应急预案

该应急预案包含综合应急预案、专项应急预案和应急处置卡片。该预案由企业制订后批准、实施。综合应急预案为企业应对企业内的突发环境事件的综合应急规范性文件；专项应急预案为针对企业具体的突发环境事件类型、环境风险单元和应急保障而制定的应急方案，具备明确的救援程序和具体的应急救援措施。专项应急预案主要包括危险化学品泄漏事故专项应急预案、火灾爆炸事故专项应急预案、危险废物泄漏事故专项应急预案等；应急处置卡主要包括有毒有害气体泄漏应急处置卡、储罐泄漏应急处置卡、危险废物泄漏应急处置卡、油类物质泄漏应急处置卡等。

4. 企业内部各应急预案的衔接

环境应急预案作为企业对突发环境事件开展预防、预警及处置救援工作的指导性文件，与企业安全生产事故应急预案内容相互协调，两者相辅相成，共同构成企业突发环境事件、安全生产事故的应急预案体系，以确保在发生事故或各类突发事件时能够按照预案体系开展应急救援工作，从而保障企业及周边人员、财产以及区域环境的安全。

当企业发生突发环境事件时，首先对突发环境事件性质及类别进行界定，然后由企业应急领导小组总指挥批准启动环境应急预案，根据预案响应程序对突发环境事件进行及时有效处置。涉及安全类的突发事件或事故时，首先启动企业安全生产事故应急预案，对安全事件或事故进行处置；可能会对环境造成不利影响或造成的环境污染可能会对员工及周边居民带来损害时，应立即启动环境应急预案，对突发环境事件进行处置，并对受到影响的环境及人员身体状况进行监测与追踪，直到该次事件对周围环境及人员的影响被认定为无不利影响为止。

（二）应急预案与外部预案联动

企业环境应急预案是企业所在地环境应急预案体系的一个单元，也是企业所在地环境应急体系的有机组成部分之一。企业环境应急预案接受当地生态环境部门的应急领导和指挥，属于上下衔接关系、被包含的关系。

1. 企业所在地市级突发公共事件总体应急预案

企业所在地市级突发公共事件总体应急预案是市政府应对本行政区域内的突发环境事件、安全生产事件等突发事件的应急预案，一般由市政府委托有关部门牵头制定、报市政府批准后实施。主要内容包括组织机构与职责、预警和报告、应急响应、应急保障、后期处置等。

2. 企业所在地市级环境应急预案

企业所在地市级环境应急预案是市政府针对辖区内可能发生的突发环境事件制定的环境风险防范和环境应急处置预案，主要内容包括应急指挥体系及职责、预防预警机制、运行机制、指挥协调、应急处置、社会动员、事件通报、应急终止、恢复和重建等。一般由市政府委托有关部门牵头制定、报市政府批准后实施。

该环境应急预案是企业环境应急预案的上位预案，对企业环境应急预案起指导作用，企业环境应急预案不应与该环境应急预案相抵触。市政府将按照整个行政区的环境应急工作总体安排编制或修编该环境应急预案及其他一系列环境应急预案。

3. 企业所在地区级环境应急预案

企业所在地区级环境应急预案是区政府应对本行政区域内突发环境事件的应急预案，一般由区政府委托有关部门牵头制定、报区政府批准后实施。

该环境应急预案是企业所在地区域性的应急预案，为企业预案的上位预案，对企业环境应急预案起指导作用，企业环境应急预案不应与该环境应急预案相抵触。区政府将按照整个行政区的环境应急工作总体安排编制或修编该环境应急预案及其他一系列环境应急预案。

4. 企业环境应急预案和外部应急预案的衔接

企业生产过程中涉及物料化学品泄漏事故、废水废气非正常工况下的事故性排放、火灾爆炸事故等环境风险，一旦发生突发环境事件时，可造成重大人员伤亡、重大财产损失，并可对某一地区的生态环境构成重大威胁和损害。在这种情况下，单纯依靠企业自救已不足以应对事件的紧急处置，必须依靠政府力量加以救援，因此企业必须做好企业环境应急预案与当地各级政府应急预案的衔接工作。

预案分级响应的衔接：当突发环境事件级别为车间级或厂区级，处于企业能力可控制范围内时，启动企业环境应急预案，对突发环境事件进行处置，处置妥当后，按照程序向生态环境部门报告处理结果。当突发环境事件扩大到社会级，超出了企业的应急处置能力时，企业环境应急预案应与企业所在区（县）政府和部门环境应急预案建立应急联动，立即向当地政府和生态环境、应急管理、消防等部门请求支援，应急指挥权上交，企业环境应急力量积极全力配合。同时，立即联系周边企业及社区，借助周边企业、社区的应急设施、设备等应急资源及力量，对突发环境事件进行处置。当周边企业已启动环境应急预案时，企业也应做好启动本企业环境应急预案的准备。

环境应急组织机构、人员的衔接：企业应急组织机构接受属地政府部门的监管和领导，做好企业应急职能和地方政府应急职能的衔接，形成接受属地政府统一指挥、功能齐全、反应灵敏、运转高效的应急救援体系。当发生突发环境事件时，企业应急领导小组应及时承担与当地政府或各职能管理部门应急指挥机构的联系工作，及时将事件发生情况及最新进展向有关部门汇报，同时编制突发环境事件报告，并报告上级部门。

环境应急救援保障的衔接：企业开展突发环境事件应急救援时，要充分发挥属地政府相关部门应急救援专业队伍训练有素、规模大的特点，以及各方面专家集中、技术优势突出和物资储备充分、救援装备先进的优势，提高应急资源利用效率，弥补自身应急救援资源的不足。企业和周边企业建立良好的环境应急互助关系，在较大或重大突发环境事件发生后，共享区域应急资源。当企业的环境应急救援物资不能满足事故现场需求时，可在应急领导小组协调下向其他企业请求援助，以免突发环境事件的扩大，同时应服从当地政府调度，援助其他单位。企业建立环境应急救援专家库，在紧急情况下可以联系专家以获取技术支持。

应急信息的衔接：一方面，企业自身建设高效的突发环境事件预防、预报、预警网络及通信系统和应急信息平台，充分利用和整合已有的数据资料，加快环境应急技术支撑体系建设，为环境应急决策提供更加科学、翔实的支持。另一方面，要充分依托社会应急信息资源渠道，及时掌握地方政府关于环境应急管理的规定政策，了解环境应急管理的发展动态和环境应急技术发展方向，保持与属地政府应急救援部门信息交流渠道的畅通；一旦发生突发环境事件，要按照事件报告的规定及时报各级政府相关部门，坚决杜绝瞒报、迟报和漏报问题的发生。

总之，预案联动、机构联动、资源联动、信息联动、互助救援、互为补充有利于协调有序开展环境应急处置工作，降低环境危害，减少人员伤亡和财产损失。

七、问题和对策

（一）存在问题

1. 企业环境应急预案管理薄弱

长期以来，受利益驱动，企业普遍存在“重生产、轻环保”的现象。目前企业环境应急预案管理薄弱。

第一个问题是“无”。很多企业没有编制环境应急预案，有些企业把环境应急预案和生产安全事故应急预案混为一谈，不明白环境应急预案应当如何编制；部分企业存在侥幸或漠视心理，认为只要企业不出事，制定环境应急预案就没有必要，如果企业出事了，有环境应急预案也没用；企业环境应急预案管理并非“立竿见影”的工作，而且应急预案的编制、评估、演练，应急物资储备以及应急能力建设等都需要资金支持，许多企业本身环保资金不足，认为企业环境应急预案管理是“花冤枉钱”。重庆开县“12・23”特大井喷事件造成243人遇难，应急人员背着压缩空气呼吸机进入现场，点燃了一根穿天龙爆竹，射入空中，高浓度的硫化氢气体被点燃，燃烧为无害的气体。如果当时企业有环境应急预案，泄漏一开始就点燃硫化氢，就不会造成200多人遇难。

第二个问题是“差”。有些企业照搬照抄其他企业或者管理部门的应急预案，造成了企业、部门、政府的应急预案“千篇一律”，缺乏针对性和可操作性；有些企业只是为了应付检查，环境应急预案没有建立在本企业环境安全隐患排查、环境风险评估的基础上，没有建立在应急物资储备、应急处置能力的建设上，没有建立在对周边敏感点的分析和了解上，环境应急预案编制水平低、质量差，缺乏应有的实用性和有效性；有些企业为节省经费，没有委托相关专业技术服务机构编制环境应急预案，但自己编制的应急预案又不符合相关规定，难以通过评估和备案，应急预案管理的其他环节也就无从谈起。2018 年宁夏中卫“3・14”海天精细化工火灾事故次生突发环境事件暴露出的问题是作为预案编制基础的环境风险评估以及应急资源调查等相关工作缺失，导致环境应急预案操作性不足。

水平低的其他表现包括：一是环境特点不突出。很多预案的突发环境事件情景分析不够，大量摘抄生产安全事故预案救援内容，缺乏“救环境”的具体应对措施。二是内容繁杂、重点不突出。很多预案篇幅冗长，有的长达上百页甚至几百页，大量内容是对企业基本信息、环境风险评估、应急资源调查的简单重复，难以找到有用信息。三是预案衔接不到位。一些企业的综合预案、专项预案、现场预案定位不清、内容相仿，而体现“前期应急处置”的内容明显不足，与企业内部其他预案、与政府环境应急预案的关系梳理不到位、衔接不够。

例如 2015 年 11 月 23 日甘肃陇星锑业有限责任公司“11・23”尾矿库泄漏次生重大突发环境事件暴露出的问题是甘肃陇星锑业有限公司《陇星锑业选矿厂环境应急预案》（2014 年版）未按照《甘肃省企事业单位环境应急预案编制指南》等技术文件的要求提出针对特征污染物的有效处置措施；应急监测方案中也没有提出对锑进行监测，未能给企业环境应急处置提供有效决策支撑；提出储备的环境应急物资仅包括编织袋、铁锹、少量石灰等，无法满足环境应急处置需求。

第三个问题是“死”。有些企业制定了环境应急预案之后就将预案束之高阁，认为环境应急预案就是用来应付检查的，只要编制了环境应急预案就算完成了任务，便可万事大吉，以为一案在手、万事无忧，在实际工作中未真正有效实施。不论今后生产经营活动如何变化，环境风险环节怎样转移，既不开展环境应急演练，也不进行修订完善，更不重视应急预案的培训和宣传工作。企业环境应急预案评估工作流于形式，应急预案备案不规范。在发生突发环境事件时，这样的应急预案完全丧失指导作用，沦为一纸空文。

2. 企业环境应急预案备案进展不平衡

目前，全国企业备案率离备案全覆盖的目标还有一定差距。同时，备案管理不规范，备案管理权限不统一。一些地方备案管理带有“审批”色彩，如为企业指定评审专家、要求过多的专家数量、组织或主导评审，甚至变形式核对为内容审查。服务不到位的现象较普遍，很多省（区、市）仍未发布备案重点行业企业名录，大部分地区没有开展备案监督，对企业环境应急预案的汇总、分析、抽查、指导不够。

3. 环境应急预案在应急准备中的核心引领作用未得到充分有效发挥

目前以企业和各级政府为主体的预案体系多数仅解决了环境应急基本职责和应急程序问题，对于超出企业范围和能力的区域性、流域性突发环境事件，存在预案缺失或针对性、可操作性差等突出问题。环境应急预案体系缺少统筹规划，各级、各类环境应急预案之间仍缺乏有效衔接。

（二）解决方案

1. 做好企业环境应急预案体系建设

健全预案体系是提高企业环境安全管理水平的基础。凡事预则立，不预则废。环境应急预案是基于企业环境风险源辨识和风险评估的应对方案，统筹安排突发环境事件事前、事发、事中、事后各个阶段的工作，是企业环境安全管理的主线。如果企业环境应急预案科学可行，预案规定的内容得到很好的落实，就能有效预防、从容应对突发环境事件。2009 年 5 月 19 日 19 时 50 分，四川省德阳市旌阳区的新场气田 926-2 号井发生井喷事故；由于企业和当地政府深刻汲取了 2003 年“12・23”事故教训，制定了科学有效的环境应急预案，与有关方面密切配合，及时控制了事态，安全转移安置 1 万多名群众，没有造成人员死亡。20 日 5 时，井喷天然气被点燃，疏散群众陆续返回。一部好的环境应急预案是多少个企业多年经验和智慧的结晶，有的甚至是血的代价和惨重损失换来的。把这些宝贵的东西凝结在一起，预案就有了历史性、集成性。如果没有完善的环境应急预案，事到临头就会应对无措，小灾也会酿成大祸。

建立完备的环境应急预案体系是当前企业环境安全管理工作的当务之急。环境应急预案编制工作不仅要抓进度，更要抓质量。在企业环境应急预案体系建设中要注意以下几个问题。

预案要“全”：横向上，环境应急预案要覆盖企业所有类型的突发环境事件；纵向上，预案要覆盖所有生产经营环节、所有单位和人员，不仅企业要制定预案，每个车间、班组都要有相应的环境应急预案。内容上，不仅要包括环境应急处置，还要包括预防预警、恢复重建；不仅要有应对措施，还要有组织体系、响应机制和保障手段。

预案要“准”：环境应急预案务必切合实际、有针对性。要根据时间发生、发展、演变规律，针对企业不同环境安全隐患的特点和薄弱环节，科学制定和实施环境应急预案。预案务必简明扼要、有可操作性。一个大企业所有环境应急预案本子摞起来很厚，但具体到每一个岗位，一定要简洁明了，最多也就半页纸甚至三五句话。要把岗位预案做成活页纸，准确规定操作规程和动作要领，让每名员工都能做到“看得懂、记得住、用得准”。

预案要“活”：环境应急预案不是一成不变的，务必持续改进。要认真总结经验教训，根据作业条件、人员更替、外部环境等不断变化的实际情况，及时修订完善环境应急预案，实现动态管理。环境应急预案不是孤立的，务必衔接配套。各类企业都要逐步建立健全环境应急预案备案管理制度，实现企业与政府、企业与关联单位、企业内部之间预案的有效衔接。

预案要“练”：环境应急预案是为了实战，实战需要演练。演练搞得好，可从中获取宝贵经验，其价值不亚于事故代价换来的教训。演练不是演戏，要从实际出发、注重实效，不能走过场、为演练而演练。演练形式可以多种多样，但都必须精心设计、周密组织。要针对演练中发现的问题，及时制定整改措施，真正达到检验预案、磨合机制、锻炼队伍的目的。演练是为了保障安全而进行的，但首先要保障演练本身的安全。

2. 环境应急预案的管理

在预案类别上注重针对性，避免“千篇一律”。企业的环境应急预案包括综合环境应急预案、专项环境应急预案和应急处置卡片。

在预案内容上注重完整性，避免“支离破碎”。一部完整的应急预案应当充分体现应对突发事件的各环节工作，明确突发事件预防、处置、善后的全过程。在预案内容上应具备基本要素，符合政策要求，不断吸收成功经验，采用科学方法，还应该充分体现自身特色。

在预案应用上注重操作性，避免“空洞无物”。制定应急预案首先要讲究明确，明确体现突发事件应对处置的各环节工作。其次要做到实用，制定应急预案就是要实际管用，所以一定要从实际出发，还要体现一定的灵活性。最后，应急预案的编制还应该力求精练，文字上坚持“少而精”，目的明确、结构严谨、表述准确、文字简练。

在预案制作上注重规范性，避免“杂乱无章”。严格程序，制定应急预案编制管理办法，对预案起草、审批、印发、备案等程序作出明确规定。明确格式，对结构框架、呈报手续、体例格式等作出相关规定。此外，应急预案的编制标准也应统一。

在预案管理上注重实效性，避免“束之高阁”。由于应急预案是根据以往的经验和可能出现的突发事件的特点等编制的，与实际情况可能存在一定的差距，而且突发事件在不同的发展阶段也具有不同的特征，解决方法也不尽相同。因此，必须加强对应急预案的动态管理，对其进行宣传解读、培训演练、评估修订，使之不断完善，以符合实际需要。

提高企业环境应急预案管理的积极性和主动性。一是加强企业环境应急预案管理的宣教力度。企业要认识到，环境应急预案可用、实用对加强企业管理大有裨益，是实现企业长期发展的重要手段，从而转变观念，由“让我做”转变为“我要做”。二是企业进行规范的环境应急预案管理，通过学习其他企业的环境应急预案管理工作，总结先进经验，增进交流；生态环境部门编发各行业企业环境应急预案范本，为相关行业企业提供参考。

3. 企业环境应急预案应进行优化

预案“情景化”：企业通过环境风险评估分析可能的突发环境事件情景，通过环境应急资源调查明确可用资源，结合历史突发环境事件案例，确定本企业所有可能的事件情景。

预案“简明化”：企业环境应急预案文本重点说明指挥机制、信息传递方式、应对流程和措施，说清政企联动、公众联动以及与企业生产安全事故等预案的衔接关系，避免简单照抄其他预案。环境风险评估报告和应急资源调查报告作为预案支撑文本，应避免在预案中大量重复。

预案“卡片化”：企业环境应急预案以现场处置为主，更侧重于实用性和可操作性，明确具体岗位的责任人员、工作流程、工作内容，并落实到应急处置卡上，使每一名员工熟悉自己在突发环境事件应对中的责任，保证突发环境事件发生时各司其职。

第二节　环境应急演练

一、概述

环境应急演练是指为检验环境应急预案的有效性、环境应急准备的完善性、环境应急响应能力的适应性和环境应急人员的协同性而进行的一种模拟环境应急响应的实践活动。环境应急演练使每一个参加救援的人员都熟知自己的职责、工作内容、周围环境，在突发环境事件发生时，能够熟练按照预定的程序和方法开展救援行动，减少突发环境事件造成的损失。

（一）应急演练目的

开展环境应急演练的主要目的是检验预案、锻炼队伍、磨合机制和科普宣教。

检验预案：通过演练，检验企业和员工对环境应急预案的熟悉程度，发现预案中存在的问题，以修改完善预案，提高预案的适用性和可操作性。检验和测试应急设备和环境监测仪器的可靠性。

锻炼队伍：通过演练活动，提高企业环境应急相关人员的应急处置能力。

磨合机制：通过演练过程，澄清相关各方的职责，改善不同机构、人员之间的沟通、协调机制。

科普宣教：通过演练，加强公众、媒体对企业环境应急预案和环境安全管理工作的理解，提高公众的环境安全意识。

企业应根据环境应急预案的策划要求，定期开展不同层级、不同场景的突发环境事件应急演练，对环境应急预案进行评估或按照既定的环境应急预案进行现场实际测试后，根据评估结果和实际响应效果，对环境应急准备的充分性和环境应急响应的及时性、准确性和有效性进行评审，找出环境应急准备和响应过程中存在的不足和问题，采取修订完善、加强教育培训等措施，改进环境应急准备和响应过程，达到磨合机制、锻炼队伍的目的。

环境应急演练的目标如表 3-7 所示。

表 3-7　环境应急演练的目标

序号	目标	展示内容	目标要求
1	应急动员	展示事件预警、动员应急救援人员的能力	企业采取系列举措，向应急救援人员发出警报，通知或动员有关应急救援人员各就各位；及时启动现场指挥部和其他应急支持设施，使相关应急设施从正常运转状态进入紧急运转状态
2	指挥和控制	展示指挥、协调和控制环境应急响应活动的能力	企业具备应急过程中控制所有响应行动的能力。事故现场指挥人员、应急救援小组负责人都应按应急预案要求，建立事故指挥体系，展示指挥和控制环境应急响应行动的能力
3	事态评估	展示获取事故信息、识别事故原因和致害物、判断事故影响范围及其潜在危险的能力	企业具备通过各种方式和渠道，积极收集、获取事故信息，评估、调查人员伤亡和财产损失、现场危险性以及危险品泄漏等有关情况的能力；具备根据所获信息，判断事故影响范围，以及对公众和环境的中长期危害的能力；具备确定进一步调查所需资源的能力；具备及时通知场外应急组织的能力
4	资源管理	展示动员和管理环境应急响应行动所需资源的能力	企业具备根据事故评估结果，识别环境应急资源需求的能力，以及动员和整合内外部环境应急资源的能力
5	通信	展示所有应急响应地点和应急救援人员有效通信交流的能力	企业建立可靠的主通信系统和备用通信系统，以便与有关岗位的关键人员保持联系
6	应急设施	展示应急设施、装备及其他应急支持资料的准备情况	企业具备足够应急设施，且应急设施内装备和应急支持资料的准备与管理状况能满足支持环境应急响应活动的需要
7	警报与紧急公告	展示向公众发出警报和宣传保护措施的能力	企业具备按照环境应急预案中的规定，迅速完成向一定区域内公众发布应急防护措施命令和信息的能力

续表

序号	目标	展示内容	目标要求
8	应急救援人员安全	展示监测、控制应急救援人员面临的危险的能力	企业具备保护应急救援人员安全和健康的能力，主要强调应急区域划分、个体保护装备配备、事态评估机制与通信活动的管理
9	警戒与治安	展示维护警戒区域秩序，控制交通流量，控制疏散区和安置区交通出入口的组织能力和资源	企业具备维护治安、管制疏散区域交通道口的能力，强调交通控制点设置、执勤人员配备和路障清理等活动的管理
10	紧急医疗服务	展示有关现场急救处置、转运伤员的工作程序，交通工具、设施和服务人员的准备情况，以及医护人员、医疗设施的准备情况	企业具备将伤病人员运往医疗机构的能力和为伤病人员提供医疗服务的能力
11	泄漏物控制	展示采取有效措施遏制危险品溢漏、避免事态进一步恶化的能力	企业具备采取针对性措施对泄漏物进行围堵、收容、清洗的能力
12	消防与抢险	展示采取有效措施控制事故发展、及时扑灭火源的能力	企业具备采取针对性措施，及时组织扑灭火源、有效控制事故的能力
13	撤离与疏散	展示撤离、疏散程序以及服务人员的准备情况	企业具备安排疏散路线、交通工具、目的地的能力以及对疏散人员交通控制和引导、个人防护、治安、避免恐慌情绪的能力并对人群疏散情况进行跟踪、记录

（二）应急演练要求

环境应急演练要求过程逼真、组织有序、通信畅通、决策果断、手段先进，体现各岗位上下联动、快速反应的协调能力；应根据现场的基本情况设置演练场景，尽量与实际相符，但不能采用真正的危险状态进行演练，以避免不必要的伤亡；环境应急演练之前应对演练场景进行周密的方案策划，编写场景说明书是方案策划的重要内容。

环境应急演练前应对有关人员进行必要培训，但不应将环境应急演练的场景介绍给应急响应人员；要求尽可能多的企业人员有机会参加环境应急演练，熟悉疏散的路线和各种指挥信号；整个预案演练过程应有完整的记录，作为训练评价和未来训练计划制订的参考资料，演练结束后应适时作出评价。

（三）应急演练内容

环境应急演练的内容包括：演练科目时间顺序符合逻辑，各单位的相互支援、配合和协调的程度；突发环境事件应急抢险；环境应急救援人员进入事故现场的防护指导；通信和报警信号的联络，报警与接警；急救与医疗；企业内洗消；环境应急监测演练；事故区清点人数及人员控制；交通控制及交通道口的管制；居民及无关人员的撤离以及有关撤离工作的演练；新闻发布和向上级报告情况及向周边企业通报情况；事故进一步扩大时所采取的措施；事故的善后处理；当时当地的气象情况对周围环境、对事故危害程度的影响等。

（四）应急演练现状

目前，企业环境应急演练重“演”轻“练”，实训欠缺。近年来，企业组织的应急演练多是在脚本设计下开展的现场“演”，缺乏实战的“训”和“练”，环境应急状态下的现场应变能力和实战能力仍待提高。此外，与企业外部应急救援部门协调联动不足，缺少“原生事故”与“次生事件”一体化的实战演练，因救援不专业、不全面造成的二次伤害和环境污染时有发生。

企业要在生产安全事故处置演练中增加次生突发环境事件内容，尤其针对突发环境事件发生后如何尽快采取有效措施消除或者减轻污染的扩散并及时向有关部门报告进行实战演练。企业环境应急演练可以和生态环境部门或者其他相关部门的应急演练有机结合，开展联合演练，及时总结演练经验。依照持续改进的原则，企业应每年组织 1 次环境应急演练，以检验环境应急预案的可操作性、实效性。

二、应急演练分类

（一）桌面演练和实战演练

按组织形式可分为桌面演练和实战演练两类。

1. 桌面演练

桌面演练又称为图上演练、沙盘演练、计算机模拟演练、视频会议演练等，是指参演人员在非实战的环境下，利用地图、沙盘、流程图、计算机模拟、视频会议等辅助手段，针对事先假定的环境应急演练情景，讨论和推演环境应急决策及现场处置的过程，从而促进相关人员掌握环境应急预案中所规定的职责和程序，提高环境应急指挥决策和协同配合能力。桌面演练通常由环境应急组织（机构）的代表或关键岗位人员参加，按照环境应急预案及其标准工作程序讨论紧急情况时的应对措施。桌面演练在室内完成，其情景和问题通常以口头或书面叙述的方式呈现。

桌面演练的基本任务是锻炼参演人员解决问题的能力，解决应急组织相互协作和职责划分的问题，并为实战演练或综合演练做前期准备。事后采取口头评论形式收集参演人员的建议，提交一份简短的书面报告，总结演练活动并提出有关改进应急响应工作的建议。企业应经常组织重点车间、重点岗位的桌面演练。企业环境安全管理员可以与工业园区其他工作人员共同组成若干工作组，择机开展桌面演练。

2. 实战演练

实战演练是指参演人员以现场实战操作的形式开展的演练活动，即参演人员在贴近实际状况和高度紧张的环境下，根据演练情景的要求，利用环境应急处置涉及的设备和物资，针对事先设置的突发环境事件情景及其后续的发展情景，通过实际决策、行动和操作，完成真实环境应急响应的过程，从而检验和提高相关环境应急人员的临场组织指挥、队伍调动、应急处置技能和后勤保障等应急能力。实战演练通常要在特定场所完成。

实战演练由于是现场演练，演练过程要求尽量真实，调用更多的应急人员和资源进行实战性演练，可采取交互式方式进行，一般持续几个小时或更长时间；演练完成后，除采取口头评论外，应提交正式的书面报告。企业可以结合生产安全应急演练，向后拓展，开展环境应急实战演练。

（二）单项演练和综合演练

按内容规模可分为单项演练和综合演练两类。

1. 单项演练

单项演练是指涉及环境应急预案中特定应急响应功能或现场应急处置方案中一系列或单一应急响应功能的演练活动。一般在企业内部进行，注重针对一个或少数几个岗位的特定环节和功能进行检验。单项演练的基本任务是针对环境应急响应功能，检验环境应急人员以及环境应急体系的策划和环境响应能力。演练完成后，除采取口头评论形式外，还应提交有关演练活动的书面汇报，提出改进建议。

2. 综合演练

综合演练是指涉及环境应急预案中多项或全部应急响应功能的演练活动。注重对多个环节和功能进行检验，是对企业和政府部门之间应急机制和联合应对能力的检验。综合演练一般要求尽量真实，调用更多的应急人员和资源，并开展人员、设备及其他资源的实战性演练，以检验相互协调的应急响应能力。

（三）检验性演练、示范性演练和研究性演练

按目的作用可分为检验性演练、示范性演练和研究性演练三类。主要目的是提高企业环境应急队伍的训练水平。

1. 检验性演练

检验性演练是指为检验企业环境应急预案的可行性、环境应急准备的充分性、环境应急机制的协调性及相关人员的环境应急处置能力而组织的演练，也称校阅性演练。

企业环境应急队伍或指挥机关就环境应急接警与出警响应、指挥与资源调度、调查与污染处置、监测与预测预警、通信与信息报送等应急程序进行分解训练。检验性演练的主要目标是对训练成果进行检验。

典型的检验性演练方式是无脚本演练。企业应急领导小组不提前打招呼、不预先发通知、直接发出指令、直奔模拟现场。接到指令后，企业各岗位按照应急预案规定，关闭雨污阀排口，将泄漏的物料及消防污水收集至厂内事故应急池。各应急救援小组按照指令制定应急处置方案，并紧急协调外部应急救援队伍配合开展应急演练工作。演练终止后，召开复盘总结会，讲评演练效果，进一步完善企业环境风险防控体系。

2. 示范性演练

示范性演练是指为向观摩人员展示环境应急能力或提供示范教学，严格按照环境应急预案规定开展的表演性演练，意在为其他企业的环境应急队伍树立样本、确立标准。

3. 研究性演练

研究性演练是指为研究和解决突发环境事件应急处置的重点、难点问题，探索新的环境应急思路、作战样式、编制体制和试验新方案、新技术、新装备而组织的演练。可以针对危险化学品管理、环境应急指挥、环境应急监测、信息通信保障、环境应急救援及污染物处置等企业专业化队伍进行单一专业演练，分别查找问题，提出解决方案。

不同演练组织形式与内容交叉组合，可以形成单项桌面演练、综合桌面演练、单项实战演练和综合实战演练等多种演练方式。企业应当根据实际情况，选择适合的演练方式。

三、应急演练组织

环境应急演练应在相关环境应急预案确定的环境应急领导机构或指挥机构领导下组织开展。在演练领导小组的统一领导下，成立由相关单位有关领导和人员组成的策划组、保障组和评估组。对不同类型和规模的演练活动，其组织机构和职能可以适当调整。

（一）演练领导小组

综合实战演练时，企业和生态环境、消防、应急等部门要成立由各自领导组成的演练领导小组，由演练领导小组负责演练活动的组织领导，审批演练的重大事项。演练领导小组组长一般由当地政府分管生态环境的领导担任，在演练实施时一般担任演练总指挥；副组长一般由企业应急领导小组总指挥和生态环境部门负责人担任；小组其他成员一般由各参演单位负责人担任。在演练实施阶段，演练领导小组组长、副组长通常分别担任演练总指挥、副总指挥。同时，根据需要，可成立现场指挥部。

对于桌面演练和单项实战演练，其组织结构可以适当简化，演练领导小组组长一般由企业应急领导小组总指挥担任；副组长一般由企业应急领导小组副总指挥担任；小组其他成员一般由企业各演练参与单位负责人担任。

（二）策划组

策划组负责环境应急演练策划、演练方案设计、演练实施的组织协调、演练评估总结等工作。策划组设总策划（或称总导演）和副总策划（或称副总导演）、文案组、协调组、控制组、宣传组等。对于桌面演练和单项实战演练，可以将总策划、文案组、控制组精简为导调组。

1. 总策划

总策划（总导演）是演练准备、演练实施、演练总结等阶段各项工作的主要组织者，一般由企业具有环境应急演练组织经验和突发环境事件应急处置经验的人员担任，也可以由演练总指挥兼任；副总策划（副总导演）协助总策划开展工作，一般由企业副职领导担任。

2. 文案组

在总策划的直接领导下，文案组负责制订演练计划、设计演练方案、编写演练总结报告以及演练文档归档与备案等；其成员应具有一定的演练组织经验和突发环境事件应急处置经验，但不能是参加该次演练活动的人员，同时收集、报送、发布演练期间的各类信息。负责该次演练文字资料的收集归档。

3. 协调组

协调组负责与演练相关单位以及企业内部各岗位之间的沟通协调，督促参演各单位按照演练总体设计细化演练方案并按要求组织演练，其成员一般为企业及参与单位的行政、外事人员。

4. 控制组

在演练实施过程中，在总策划的直接指挥下，负责向演练人员传送各类控制消息，引导环境应急演练进程按计划进行。其成员最好有一定的演练经验，也可从文案组和协调组抽调，常称为演练控制人员。同样其成员不能是参加该次演练活动的人员。

5. 宣传组

宣传组负责编制演练宣传方案、整理演练信息、组织新闻媒体和开展新闻发布等。

其成员一般是企业及参与单位的宣传岗位人员。

（三）保障组

保障组成员一般是企业及参与单位的信息、后勤、财务、办公等岗位人员，常称为技术或后勤保障人员。保障组可分为技术保障组、编导摄制组、综合协调组等。

1. 技术保障组

技术保障组对演练所需各类物资装备的购置、制作、调集、联合调试和维护等技术方案进行总体设计，组织落实企业与参演单位之间、参演单位与应急领导小组的演练信息传递，确保演练相关信息渠道畅通。具体负责保证演练指挥部的指挥调度系统、施救现场的通信系统、环境及污染源在线监控系统网络畅通；负责在观摩场地实现事故演练处置现场的数据和“单兵－指挥车－指挥中心”音视频交互，并负责包括指挥平台、信息通信系统、演练模型等在内的设备的选购、安装、调试；负责演练指挥平台及预测模式的优化设计和开发，并保障企业参演单位音视频切换、现场演练多过程多场景同步导播、导演和预制作，同时负责演练所有信息数据的采集、编制工作。

2. 编导摄制组

编导摄制组负责对演练全过程专题片的总体策划、编导和摄制，负责主会场与分会场、各演练现场的拍摄和视频信号传递。负责编制分步演练剧本，组织落实分步演练专题片的编导和摄制（含配音合成等）。编制该次演练全过程纪录片。

3. 综合协调组

综合协调组准备演练场地、道具、场景，承担演练车辆、人员生活保障工作，并在突发环境事件发生后负责重点岗位（部位）的安全保卫工作，维持演练现场秩序，避免混乱和人为破坏；清点各岗位受伤人员并向指挥部通报，调查统计因环境污染造成的灾情并上报应急领导小组。同时组织相关队伍进入场地进行处置和救护，指导周边群众进行自救、互救。

（四）现场指挥部

环境应急演练时一般要成立现场指挥部，现场指挥部由一个总指挥和若干个副总指挥组成。演练筹备阶段，其职责是按演练工作计划安排、演练脚本或剧本，协助演练领导小组和策划组进行分解训练、预演练。当演练进行时，现场指挥部组织相关单位进行环境应急响应和污染物处置，并根据现场情况向当地政府部门请求支援，向上级有关部门汇报突发环境事件的发生情况；同时，在发生突发环境事件并危及人身安全时，对企业内部员工和周边群众逐一落实疏散工作。

参加演练的队伍按照应急预案所规定的环境应急组织指挥体系，在现场指挥部的指挥协调下，开展演练活动。

（五）评估组

评估组负责设计环境应急演练评估方案和演练评估报告，对演练准备、组织、实施及其安全事项进行全过程、全方位观察记录和评估，及时向演练领导小组、策划组和保障组提出意见、建议。其成员一般包括评估人员、过程记录人员等，尤其是环境应急管理专家、具有一定演练评估经验和突发环境事件应急处置经验的专业人员，但不能是参加该次演练活动的人员，常称为演练评估人员。评估组可由企业自行组织。

（六）参演队伍和人员

参演队伍包括环境应急预案规定的企业有关工作人员、各类专兼职环境应急救援队伍以及志愿者队伍等。

参演人员一般应是环境应急预案中明确规定了应急处置职责的个人、机构与队伍。参演人员承担具体演练任务，针对模拟事件场景做出环境应急响应行动，有时也可使用模拟人员替代未在现场参加演练的单位人员，或模拟事故的发生过程，如释放烟雾、模拟泄漏等。

四、应急演练准备

环境应急演练准备是整个演练活动的第一步，也是最重要的阶段。在这一阶段，企业组建演练工作班子，重点进行演练计划和脚本制定、演练方案设计、演练动员与培训、环境应急演练保障等系列演练筹备工作，并依据演练的总体要求，通过检查环境应急装备、物资的储备和维护、保养状况和方式，评估目前参演队伍环境应急能力是否能满足演练的需求，结合参演单位和岗位实际情况选择演练的内容，做好环境应急演练人员、车辆、物资、指挥调度、监测仪器、通信设备等各项演练环节的落实工作。

（一）制订演练计划

企业在开展演练准备工作前，应先制订演练计划。演练计划是有关演练的基本构想和对演练活动的详细安排，一般包括演练的目的、方式、时间、地点、内容，参与演练的机构和人员，演练的宣传报道、日程安排和保障措施等，演练计划又称筹备方案。为做好环境应急演练计划，企业要先成立环境应急预案演练工作领导小组，负责安排专人进行演练工作计划研讨和编制。

（二）召开演练筹备会

当制订演练计划后，企业应组织召开演练筹备会。当开展综合实战演练时，企业在筹备会上要就有关演练的基本构想和对演练活动的详细安排，向参加环境应急演练的生态环境、应急管理、消防、卫生等政府部门进行通报，与其一起商讨演练内容，其目的是明确各单位和企业在该次演练中的职责和各自承担的任务，确立各单位在演练筹备中的领导小组和执行组成员，并要求各单位按演练职责分工分头准备。筹备领导小组和执行组原则上分别由各单位相关负责人组成。单项实战演练一般在企业内部进行，企业应急领导小组办公室组织参加演练的员工按照已制定的专项应急预案或应急处置卡片进行演练筹备。

（三）设计演练方案

企业在举办演练活动前组织制定演练方案。演练方案一般由策划组负责编写，由演练领导小组批准。

演练方案的设计一般包括确定演练目标、明确组织职责、设计演练情景、细化实施步骤、设置时间与地点等内容。

1. 确定演练目标

演练目标是为实现演练目的需完成的演练任务及效果。目标一般说明“由谁在什么条件下完成什么任务，依据什么标准或取得什么效果”。目标应简单、具体、可量度、可实现。一次演练的目标可以有多项甚至上百项。每项演练的目标都与演练内容密切相关，在演练内容中要有相应的事件和问题导出演练活动，并在演练评估中有相应的评估项目判断该目标的实现情况。

2. 明确组织职责

这部分内容包括明确主办、会办、协办、参演单位及其职责，还有演练组织领导机构及工作组。当开展综合实战演练时：一是由企业和政府相关部门成立演练领导小组，明确主办、会办、协办、参演单位主要领导，领导小组负责统一领导、指挥演练的筹备和实施，包括确定演练方案及演练总脚本，协调解决演练准备和实施过程中出现的重大问题等。各参演单位也要相应成立由“一把手”负责的领导小组，统一指挥本单位演练的筹备及实施，并明确具体责任人负责本单位演练的各项组织实施具体工作。二是成立演练领导小组办公室，负责统一组织协调演练筹备及实施工作，协调解决演练准备过程中的具体问题。领导小组办公室一般由相关参演单位抽调人员组成，集中办公，按各组的职能职责分头完成演练的各项筹备工作。

对于桌面演练和单项实战演练，其组织结构可以适当简化。

3. 设计演练情景

演练情景是为演练而假设的突发环境事件及其发生发展和环境应急响应、处置过程。演练情景的作用包括：一是为演练活动提供初始条件；二是通过一系列的情景事件，引导演练活动继续直至演练完成。演练情景包括演练情景概述和演练事件清单。

演练情景概述：对演练情景的概要说明，为演练活动设置初始的场景。演练情景概述中要说明突发环境事件类别、发生的时间及地点、事态发展速度、污染物强度与危险性、受影响范围、人员和物资分布、已造成的损失情况、后续发展预测、气象及其他环境条件。

演练事件清单：要明确演练过程中各场景的时间顺序和空间分布情况。事件的时间顺序决定了演练的实施步骤。演练事件的设计应以突发环境事件真实案例为基础，符合事件发展的科学规律。对每项演练事件，要确定其发生的时间及地点、事件的描述、控制消息和期望参演人员采取的行动。确定演练过程中向演练人员传递的事件信息，包括消息发送方、接收方、传递方式、传递时间和内容等。规定演练人员在收到控制消息后应该采取的应急响应行动。

重点展现内容：必须按照该次演练所要达到的目的突出演练重点展示的内容，为观摩和脚本设计确定基调，一般来说有以下几方面内容：企业相关岗位、政府相关部门、各级政府对突发环境事件的报告程序；企业环境应急响应，及时处理泄漏、爆炸等事故，组织设备抢修，疏散人员，切断污染源头，采取措施避免污染物出厂区，环境污染的应急预警，环境应急监测；政府相关部门启动相关应急响应，采取应急措施积极处置，协调各级、各部门形成联动；生态环境部门启动环境应急响应，开展环境应急监测和对污染态势的预测工作，会同应急管理、消防、卫生医疗等部门组织专业应急救援队伍进行应急处置等。

4. 细化实施步骤

实施步骤是为保障多个演练情景按一定逻辑顺序进行实施而规定的工作步骤。实施步骤设计一方面是为假设的突发环境事件及其发生发展和环境应急响应、处置过程设计具体内容，保障各情景发生发展的连贯性；另一方面是通过一系列工作步骤规定，保障演练活动从筹备设计直至演练完成的有序性和时效性。实施步骤主要包括演练情景实施步骤和演练筹备工作实施计划。

演练情景实施步骤：演练情景实施步骤也称演练过程。一般来说，环境应急演练情景实施步骤设计内容主要包括事故发生和企业启动环境应急预案、企业事故报告与初始扑救，救援小组按预案响应到位和对事故污染进行初步评估、对外发布环境预警和建立环境应急工作区域，现场环境应急监测和数据分析与报送，污染发展态势模拟和环境应急专家评估，确定环境应急救援和实施事故现场的专业救援处置，环境应急状况终止和环境恢复等。以综合实战演练为例，设计的演练过程一般分为事故发生、信息报送、前期应急处置、预警发布、应急处置、应急终止、善后处理、评估总结共8个阶段。

演练筹备工作实施计划：演练筹备工作实施计划也称演练筹备工作安排，内容主要是按演练阶段进行工作倒计时安排，即设计筹划、脚本研讨、场景制作（设备购置）、设备联动、分阶段推演、多部门联合预演、演练观摩等重要阶段的工作时间倒排情况。同时明确每一阶段或每一个环节的工作任务、责任岗位、完成期限。以综合实战演练为例，主要包括以下内容。

召开演练工作动员、部署会议。工作任务：主要是企业组织制定演练实施方案，报生态环境部门审定，确定演练领导小组、领导小组办公室、工作组成员和参演单位名单及联系方式，筹备并组织召开动员会。

制定演练议程、方案，编制演练脚本。工作任务：成立临时工作组，集中办公，完成相关筹备工作，包括集中培训临时工作组全体参加人员；细化演练方案，确定各单位分步演练日程，编制演练总脚本；编制并实施宣传策划方案，组织同期宣传；指导各参演单位制定完善本单位的环境应急预案，并报领导小组批准。

组织分步演练，完成演练纪录片摄制。工作任务：组织各参演单位分步演练，并完成分步演练纪录片的拍摄、剪辑等；调试各级指挥中心之间、现场同步演练点与各指挥中心间的有关信息通信传输渠道，实现传输渠道畅通，为正式演练的通信提供保障服务；联系、确定演练评估专家组，并组织对各参演单位的演练进行指导，为正式演练做好评估准备。

组织进行同步预演练。工作任务：组织两次以上的预演练，并调试有关设备和组织程序等，为预演做好充分准备。

5. 设置时间与地点

演练具体时间由领导小组确定，一般来说正式演练时间控制在半天内为好。地点视演练重点展现内容而定，分为现场观摩和室内观摩两种，一般演练要设主会场（观摩指挥中心）、分会场（演练现场指挥部）、同步演练单位地点（各参演单位的相关调度和故障现场等）。

6. 工作要求

一是要做好各类预案的收集、整理工作。在筹备演练前期，首先收集各类应急预案，包括企业各类环境应急预案以及各参演单位的应急预案。研究各级、各类应急预案之间的衔接关系，重点是理清各级启动应急响应的级别关系、汇报流程等内容。

二是要精心策划、编写好各类演练方案。依据演练总体工作方案，各参演单位要根据自身实际，在相关部门和专家的指导下，组织人员精心策划，编写本单位的演练子方案。方案要综合考虑各种因素，包括演练组织、演练内容、演练过程、后勤保障等多方面内容，方案须经演练领导小组办公室审核批准。

三是具体落实和细化各项工作。根据当地环境实际和潜在安全风险，合理设置突发环境事件情景。加强演练期间环境安全管理，确保演练期间环境安全。加强各参演单位的协调，按演练总体设计细化演练方案，确保分步演练、同步演练和摄制工作符合总体设计要求，落实演练期间各参演单位环境安全管理要求。做好技术支持工作，包括实现主会场与分会场、同步演练现场之间的音视频传输和主会场信息下传等。做好新闻宣传策划工作，充分发挥媒体作用，让全社会了解突发环境事件发生的可能，以及突发环境事件发生时的环境应急处置措施。加强协调，精心拍摄和编制分步演练的纪录片。编制评估方案，合理选配评估专家，做好对演练方案设计编制、组织策划、实战演练效果和宣传效果等的评审。做好演练的后勤保障工作。

四是要高度重视脚本的编写工作。编写演练脚本是演练的关键环节，决定了整个演练的质量和水平。总脚本要根据各相关环境应急预案的规定编写，同时要符合演练总体方案的技术要求，做到演练主线清晰、流程逻辑合理。脚本中的流程序号、时间、事故、场景画面、人物对白、解说词等要素表述具体、明确、清楚，且必须经过内部推演及专业机构的技术审核，具有可操作性。脚本应能规范或指导录制和转播工作。

五是认真做好演练组织和配合工作。各单位要加强组织领导，制订本单位具体工作计划，全面落实各项措施。要以演练为契机，提高企业、各级管理机构、社会团体的环境应急综合能力，有效减少突发环境事件对人民群众造成的损失。对同步演练、分步演练中各单位产生的各项费用，本着节约、高质量完成工作的原则，由企业、协办单位和参演单位自行承担。

7. 方案评审

对综合性较强、环境安全风险较大的环境应急演练，评估组要认真对照企业重大环境风险源、重点部位及敏感区域，从科学性和安全性入手对演练方案制定的实施内容进行评审，确保演练方案科学可行，以确保环境应急演练工作的顺利进行。必要时将评审后的演练方案再次提交筹备会进行确定，并以确定稿为基础开展演练的筹备工作。

（四）演练脚本和工作文件

1. 编写演练脚本

演练脚本要按照环境应急预案规定的职责分工与承担的任务编写，围绕预案展开，紧扣预案的各个环节和各项要求。编写时一要突出实战特点，演练脚本必须从实战出发，针对环境应急指挥调度、响应、处置、监测的特点和要求编写。做到重点突出、情景逼真，结合环境应急响应程序与关键步骤精心编排，使演练达到实战的效果。二要简洁、便于操作，由于演练要动用较多人力、物力，因此演练脚本编写要把握好点和面的关系，力求简洁、便于操作，既要使参加演练的人员、装备都得到演练，又要抓住重点，突出主要部分，保证演练质量，节约人力、物力，提高演练效率。

脚本编写方法：应急演练脚本必须主题明确，内容连贯、流畅，有较强的逻辑性。同时，应具有很强的针对性和可操作性。在编写方法上，既可按事故情景演变过程编排演练脚本，也可按环境安全管理响应程序编排。总的要求是要使参演人员得到一次实战锻炼，其环境应急意识及能力获得提高。

按响应程序编写脚本。突发环境事件应急处置一般包括预案启动、应急待命、应急响应、应急终止等程序与步骤，应急演练脚本可以按此程序与步骤对演练任务分别进行描述。主要描写各个演练阶段的起止时间、场景布置、人员动作、情景解说等内容。该类演练脚本多适合综合实战演练。例如，某化工厂发生火灾，并引发突发环境事件，企业立即启动环境应急预案，环境应急人员按照制定的各类环境应急预案做出相应的应急响应。这样就可以按环境应急信息受理、突发环境事件甄别、启动预案、应急准备、赶赴现场、现场调查指挥、实施监测处置、应急终止、关闭预案、后期监测工作、移交和后评估等程序分步编写演练脚本。

按事故情景编写脚本。以设计的事故情景演变为主线是环境应急演练脚本编写的一种方法。有的突发环境事件演变很快，极短时间内就可能发展到严重状态。因此，编写应急演练脚本时可以直接对事故情景下的某项演练动作进行编排，对预案的某个部分或环节开展重点演练，同样可以达到锻炼队伍、提高突发环境事件应急响应能力的目的。该类演练脚本动用人力、物力少，牵扯面小，灵活机动，效率高，很适合单项演练。

突发环境事件具有复杂性、偶然性和不可预见性。因此，环境应急预案需要不断修订完善，演练脚本也要模拟各种可能发生的突发环境事件情景，编写不同版本（如单项演练、综合演练等）供演练使用。平时的演练越逼真，在真正的危机来临时所受到的损害就越小。

脚本编写步骤：演练脚本的编写采取由粗到细、分工协作、不断完善的方式。即首先由应急准备人员根据事故情景和演练内容方案编制粗放的演练总脚本，然后由各环境应急专业组指定人员根据粗放的总脚本，分头编写本组详细的分脚本，并注意及时协调各分脚本编写中出现的问题。分脚本编写完成后，再着手编写详细的总脚本，然后经过对各分脚本和总脚本的多次讨论和协调，形成具有一定可操作性的、较详细的一份总脚本和若干份分脚本。为检验脚本的可操作性，进一步发现脚本中的不足和不协调之处，要组织各专业组进行单项演练以及两次综合预演练，并根据演练和预演练的经验反馈，对演练分脚本和总脚本进行修改完善，最终定稿。

这样的脚本编写过程有如下优点：一是使得有关方面专业人员参与脚本编写，从而改善了总脚本及各分脚本的可操作性和协调性；二是使得作为环境应急响应骨干的有关方面专业人员通过编写脚本，得到了在环境应急预案及其执行程序方面的较全面细致的培训。

脚本编写样式：脚本编写样式没有一个统一的格式，但是可根据演练重点展现内容而定，分为观摩型脚本和互动型脚本两种。观摩型脚本主要是因为演练的观摩是在现场进行的，并且是展示性的，不需要观摩人员和参演人员互动。主要通过解说词、字幕、同期声、特写画面、现场画面、同期声加画面等方式把整个演练的过程展现出来。这种脚本也适用于预先录制（不是实时的）的演练片的制作。互动型脚本需要观摩人员和参演人员互动，承担一定的演练任务。

2. 编写演练方案文件

演练方案文件是指导环境应急演练实施的详细工作文件，内容一般包括演练基本情况、演练情景、演练实施步骤、评估标准与方法、后勤保障、安全注意事项等。根据演练类别和规模的不同，演练方案文件既可以是一个文件，也可以是一组多个文件。多个文件一般包括演练人员手册、演练控制指南、演练评估指南、演练脚本细化文件、演练宣传方案、应急处置方案等，分别发给相关人员。对涉密环境应急预案的演练或不宜公开的演练内容，还要制定保密措施。

演练人员手册：演练人员手册是对演练基本情况和注意事项的说明文件。内容应包括演练概述、组织结构、时间、地点、参加单位、演练目的、演练情景概述、演练现场标识、演练后勤保障、演练安全注意事项等，但不包括演练的细节，如演练事件清单等。演练人员手册可发放给所有参加演练的人员。

演练控制指南：演练控制指南是关于演练控制、模拟等活动的工作程序和职责的说明。演练控制指南的内容包括演练情景概述、演练事件清单、演练场景说明、参演人员及其位置、演练控制规则、策划组人员组织结构与职责、通信联系方式等。演练控制指南主要供演练导调人员使用，一般不发给参演人员。

演练评估指南：演练评估指南是有关演练评估方法与程序的说明。演练评估指南内容应包含演练情景概述、演练事件清单、演练目标、演练场景说明、参演人员及其位置、评估人员组织结构与职责、评估人员位置、评估表格及相关工具、通信联系方式等。演练评估指南主要供演练评估人员使用。

演练脚本细化文件：对于重大综合性示范演练，为了确保演练顺利实施，根据演练脚本编制相关细化文件，详细描述演练时间、场景、事件、处置行动及执行人员、指令与对白、视频画面与字幕、解说词等。

演练宣传方案：演练宣传方案内容主要包括宣传目标、宣传方式、传播途径、主要任务及分工、技术支持、通信联系方式等。

应急处置方案：突发环境事件往往是由于危化品的泄漏、爆炸，污染物大量进入大气、水体等环境中而造成的，因此监控和预测危化品污染扩散是环境应急处置的首要任务。此时企业要编写好演练中涉及的危化品污染特性和应急处置方案，方案中要包括危化品的理化性质、危险特性、健康危害、安全防护、环境标准、监测方法、应急措施和储运等内容。

（五）演练动员与培训

在演练开始前企业要进行演练动员和培训，确保所有演练参与人员掌握应急基本知识、演练基本概念、演练规则、演练情景和各自在演练中的任务。一是对导调人员进行环境岗位职责、演练方案编制、演练过程控制和管理等方面的知识和技能培训；二是对评估人员进行环境应急岗位职责、演练评估方法、工具使用等方面的培训；三是对现场参演人员进行环境应急预案、环境应急知识与技能及个体防护装备使用等方面的培训；四是对所有演练参与人员进行环境应急基本知识、演练基本概念、环境安全知识等方面的培训。

（六）筹备推进

在进行演练培训的同时，按设计的演练方案，企业要迅速落实演练领导小组、策划组、保障组和评估组及现场指挥部人员到位，按演练阶段进行工作倒计时安排，推进各单位、各环节及总脚本研讨、场景制作（设备购置）、设备联动、分阶段推演、多部门联合预演等重要阶段的工作。

企业还要负责向各个组传达演练领导小组的指令，联系各组和督促各组的工作进度；报告各组筹备工作中的重大问题；负责向领导小组报告演练推进情况，并主持相关协调工作会议和组织分部演练或合练。如发现推进过程中存在的难点和不能解决的问题，要及时提出建议以迅速解决问题。筹备工作推进期间，要避免演练经费不落实、应急设备购置迟缓、各参加或协助演练单位准备不到位等方面的不利现象产生。

五、应急演练实施

（一）演练动员

在演练正式开始前应进行演练动员，确保所有演练参与人员了解演练现场规则、演练情景和各自在演练中的任务。必要时可分别召开导调人员、评估人员、参演人员参加的预备会。

导调人员预备会主要讲解演练情景事件清单，策划组组成及通信联系方法，导调人员的工作单位、任务及其详细要求，演练现场规则，演练安全及安保工作的详细要求等。

评估人员预备会主要讲解演练情景事件清单，演练目标、评估准则，评估组组成及通信联系方法，各评估人员的工作单位、任务及其详细要求，演练现场规则，演练安全及安保工作的详细要求等。

参演人员预备会主要讲解参演人员演练前应当知道的信息，包括各类参演人员的识别、演练现场标识、演练开始与终止的条件，有关行政事务、后勤保障或通信联系方式，演练安全及安保工作的详细要求等。

（二）演练启动

演练正式启动前一般要举行简短仪式，由演练总指挥宣布演练开始，然后由总导演启动演练活动。

桌面演练中一般由总导演叙述演练情景，并辅以演示材料（地图、图片、视频、软件模拟、沙盘等），提出第一个演练问题或发出第一个事件消息，开始演练活动。

实战演练中一般是通过事先设计好的方式将演练场景呈现给演练参与人员，由总导演发出第一个事件消息，触发演练活动。

（三）演练执行

1. 演练指挥与行动

演练总指挥负责演练全过程的监督控制。出现特殊或意外情况时，在与其他相关人员会商后迅速作出决策，必要时可调整演练方案，尽量保证演练的继续进行。当演练总指挥不兼任演练总导演时，由演练总指挥授权总导演对演练过程进行控制。

现场总指挥按照应急预案规定和演练方案要求，指挥参演队伍和人员开展对模拟演练事件的应急处置行动，完成各项演练活动。

参演人员按照应急预案所规定的职责和程序，听从现场指挥人员指挥，开展应急处置行动，完成各项演练活动。

模拟人员按照演练方案要求，模拟未参加演练的机构、单位或人员的行动，并作出信息反馈。

2. 演练过程控制

总导演负责演练过程的控制，原则上应严格按照演练方案执行演练的各项活动。

桌面演练过程控制：在桌面演练中，演练活动主要围绕对所提出的问题进行讨论。由总导演以口头或书面形式，一次引入一个或若干个问题。参演人员根据环境应急预案或有关规定，针对要处理的问题，讨论应采取的行动。每一个问题都有一个建议的讨论时限，如果已经超过设定的时限，总导演可以选择终止讨论或者延长时间。

桌面演练有两种讨论方式。第一种是全体参演人员共同对一个问题进行讨论，并根据讨论结果确定行动方案；第二种是每个参演人员（或小组）只得到与其有关的问题，参演人员独立（或小组协商后）作出行动决定。

实战演练过程控制：在实战演练中，主要是通过传递控制消息来控制演练进程。总导演按照演练方案发出控制消息；指挥人员向参演人员和模拟人员传递控制消息，向总导演报告演练行动情况和出现的各种问题。控制消息可由人工传递，也可用对讲机、固定电话、手机、传真机、网络等方式传送。

参演人员和模拟人员接收到模拟事件信息后，按照发生真实事件时的应急处置规则，或根据事先设计好的行动方案，采取相应的应急处置行动。

当演练过程中出现演练行动过于提前、延迟或偏离预定方向等问题时，总导演可通过临时生成控制消息、取消控制消息，必要时强行干预等手段，保证演练按计划顺利完成。

3. 演练解说

在综合性示范演练的实施过程中，企业可以安排专人对演练过程进行解说。解说内容一般包括演练背景描述、进程讲解、案例介绍等。对于有演练脚本的重大综合性示范演练，可按照脚本中的解说词进行讲解。

4. 演练记录

企业要安排专门人员，采用文字、照片和声像等手段对演练实施过程进行记录。文字记录一般由评估人员完成，主要包括演练实际开始与结束时间、演练过程控制情况、各项演练活动中参演人员的表现、意外情况及其处置等内容。对于照片和声像记录，可安排专业人员在不同现场、不同角度进行拍摄，尽可能全方位反映演练实施过程。

在实战演练中，可能因演练方案或现场决策不当，出现人员“伤亡”及财产“损失”等后果。对此，评估人员要进行详细记录，事后评估总结时要给予特别关注。

5. 演练宣传报道

企业要重视演练的宣传报道工作。演练宣传组要事先做好演练宣传报道方案，及时准备新闻通稿，必要时可邀请相关媒体到现场观摩。对不宜或不便公开的演练内容，企业要采取必要的保密措施，做好保密工作。为避免信息不畅造成社会恐慌，企业或当地政府及相关部门要提前做好通知、报道。

（四）演练终止

演练正常实施完毕，由总导演发出演练结束信号，由演练总指挥宣布演练结束。

演练结束后所有人员停止演练活动，按预定方案集合进行讲评总结，并按计划组织解散。后勤保障人员负责对演练场地进行清理和恢复。

演练实施过程中出现下列情况，经演练领导小组决定，由演练总指挥按照事先规定的程序和指令终止演练：出现真实突发环境事件，需要参演人员参与应急处置时，要终止演练，使参演人员迅速回归其工作单位，履行应急处置职责。出现特殊或意外情况，短时间内不能妥善处理或解决时，可提前终止演练。

演练实施的完整流程如图 3-2 所示。

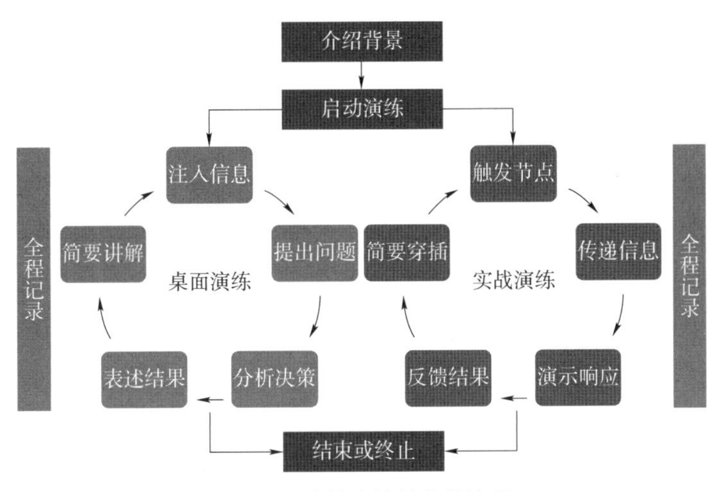

图 3-2 演练实施的完整流程

六、应急演练评估

（一）演练评估的内容

企业要组织开展演练评估。演练评估是在全面分析演练记录及相关资料的基础上，对比参演人员表现与演练目标要求，对演练活动及其组织过程做出客观评估，并编写演练评估报告的过程。

在演练实施过程中，应当在演练区域的关键地点和各参演单位的关键岗位上，派驻训练有素的评估人员。评估人员通过观察演练的进程，记录参演人员采取的每一项关键行动及其实施时间和效果。演练结束后，可通过组织评估会议、填写演练评估表和对参演人员进行访谈等方式，进一步收集演练组织实施的情况。还可要求参演单位提供对本单位及参演人员表现进行评估的报告。

演练评估报告的主要内容一般包括演练执行情况，预案的合理性与可操作性，应急指挥人员的指挥协调能力、参演人员的处置能力，演练设备、装备的适用性，演练目标的实现情况，演练的成本效益等。

（二）演练总结

企业要组织开展环境应急演练总结。演练总结可分为现场总结和事后总结。

现场总结一般在演练一个阶段结束后，由导调人员或现场观摩的专家组当场有针对性地做出。内容主要包括本阶段的演练目标、参演队伍及人员的表现、演练中暴露的问题、解决问题的办法等。

事后总结指在演练结束后，由策划组和评估组根据演练记录、演练评估报告、环境应急预案，对演练进行较为系统的总结，并形成演练总结报告。参与演练的单位也可对本单位的演练情况进行总结。

演练总结报告中一般应包括演练目的、时间、地点、气象条件，参与演练的部门、组织和人员，演练计划与演练方案，演练情况的全面评估，演练中发现的问题与原因、可能造成的后果及纠正措施建议，对应急预案和有关执行程序的改进建议，对应急物资、装备维护与更新方面的建议，对应急组织、应急响应人员能力与培训方面的建议，对应急演练组织工作的建议，其他受演练启发得到的经验与教训等。

（三）成果运用

对演练中暴露出来的问题，演练单位应当及时采取措施予以改进，包括修改完善环境应急预案、有针对性地加强环境应急人员的教育和培训、对环境应急物资装备开展有计划的更新等，并建立改进任务表，按规定时间对改进情况进行监督检查。下面以演练中暴露出来的部分问题为例进行说明。

问题一：企业部分员工虽有到场但未参演，没有对事故现场进行应急处理，部分参演员工状态不够紧张。整改措施：要求所有参演岗位都必须严格按照演练要求参演，做出相应的演练动作；不同岗位的员工加强联合演练工作，提高事故应急处理能力；强调演练的严肃性、认真性，认真做好事故处理工作，将演练当做真正事故来对待。

问题二：现场风向发生改变，应急领导小组下令转移，部分参演员工未快速转移，且部分处置人员未佩戴空气呼吸器。整改措施：强调事故状态下，应急领导小组指令的传达落实，加强人员培训，应佩戴空气呼吸器到达泄漏现场并开展应急救援工作，做到人人合格过关。

问题三：发现现场有人员中毒后，未及时转移中毒人员，而是使用担架固定转移中毒人员，延误人员抢救时机。整改措施：加强事故状态下搜救人员的培训工作，人员坠落跌倒伤到骨头且现场无有毒介质泄漏的情况下，转移人员应使用担架固定伤者。对于中毒人员，应立即转移，不需要担架，二次转移再使用担架。

问题四：卫生医疗部门到场时间较长，到达后车辆无人引导，一时找不到伤员位置，部分医疗人员穿凉鞋。整改措施：日常演练中应明确专人负责人员、车辆引导工作，确保人员、车辆能准确到达并开展救援；对于应急协议单位，应按照协议要求进行检查督促考核工作，加强协议单位的应急培训，确保能够及时到达事故现场，并清楚应急指挥部情况、受伤人员临时救护位置以及与现场应急人员交接的流程；协议单位应按照企业的管理规定，做好劳保着装等工作。

问题五：消防高喷车日常养护、维护不到位，初始喷黄水带来环保次生问题。应急对讲机等指挥器材设备未及时发放给消防人员。整改措施：消防支队对每一辆消防车的储水情况进行检查，确保消防车出水洁净；进一步明确对讲机等设备的派发流程，提高工作开展的时效性。

问题六：部分消防污水流出企业。整改措施：加强培训，现场操作人员要清楚厂区内每一个清污分流位置以及操作方法，对消防污水做好分级管控措施，根据水量、水质等因素，确定去向和处置方式。完善消防污水防控预案，实施上游拦截措施，不能等到进入污水处理设施后再处置。

（四）文件归档与备案

企业在演练结束后应将演练计划、演练方案、演练评估报告、演练总结报告等资料归档保存。

对于由上级有关部门布置或参与组织的演练，或者其他法律、法规、规章要求备案的演练，企业应当将相关资料报有关部门备案。

第三节　环境安全管理能力建设

一、概述

习近平总书记指出，要把生态环境风险纳入常态化管理，系统构建全过程、多层级生态环境风险防范体系。为贯彻落实这些重要指示要求，围绕企业环境安全管理能力建设补短板、强弱项，不断加强企业应急预案管理、应急队伍及信息化建设，推动落实各方面、各环节的责任和措施，提高企业生态环境风险防范水平。

鉴于在生产经营过程中有可能出现的环境安全风险和突发环境事件，企业应当强化自身的环境应急反应和环境应急救援能力，提高突发环境事件的预防与防范能力，并且落实相关的环境应急和救援演练工作，这是做好企业环境安全管理工作的核心内容。

第一，增强企业环境法制意识，克服麻痹大意和侥幸心理，落实相关责任和环境安全措施，制定相关环境安全制度。企业要把严防偷排偷放和超标排污等行为作为保障环境安全、预防突发环境事件的重点工作来抓。由于法制意识的提高，近些年企业发生的突发环境事件数量已经呈明显下降趋势。

第二，加强企业内部应急救援队伍的建设，提高其工作水平。强化企业内部有关环境安全管理专家队伍的建设，在应对突发环境事件时，能够提供合理、有科学根据的建议。

第三，企业内部应加强在环境安全管理方面的宣传和培训工作。企业作为突发环境事件应急救援主体，其内部成员（从企业主要负责人到企业中每一名员工）都有学习和培训突发环境事件应急救援技能的责任和义务。通过经常性的培训和演练，一旦发生突发环境事件，企业全体上下能够快速有效地做出科学决定，采取合理措施，将企业自身的损失和对社会及环境的破坏降到最小。

第四，建立和完善相应的突发环境事件应急救援机制。企业需要加大在突发环境事件预警与预防能力方面的投入，科学合理地做出符合事态的决策，减少突发环境事件带来的污染和破坏。根据实际情况建立可行的环境应急预案，并进行科学、实时优化。

二、环境安全制度和文化

（一）环境安全规章制度

目前，企业环境安全制度不完善、缺乏环境安全意识、漠视环保法律法规、肆意违法排污是引发突发环境事件的重要原因。突发环境事件中由企业违法排污引起的约占 10%。虽然比例不大，但企业违法排污引发的突发环境事件往往因其巨大的危害和恶劣的性质引起社会的强烈关注。

企业要结合本企业环境风险源特点，将相关规定和标准转化为企业的环境安全规章制度，规范全体员工的行为，包含环境安全例会、工艺管理、设备管理、环境安全技术措施管理、巡回检查、环境安全检查和环境安全隐患排查治理、干部值班、突发环境事件管理、重大环境风险源环境安全管理、环境防护用品管理、环境安全教育培训、环境安全奖惩等内容。企业的环境安全规章制度至少每 3 年评审和修订 1 次，发生重大变更应及时修订。修订完善后，及时组织相关环境安全管理人员、作业人员的培训学习，确保有效贯彻执行。

1. 环境安全责任制

企业应建立环境安全责任制，明确各岗位人员的环境安全责任，企业发生突发环境事件，将依据相关管理规定追究相关责任人的责任。实行环境安全责任事故述职检查制度，企业发生规定等级以上的突发环境事件，企业环境安全管理员应向企业负责人汇报该事件的调查处理情况，及其本人的环境安全管理职责履行情况。

通过环境安全责任制的制定与实施，能有效提高环境安全管理实施的效率，也极大地将员工的主观能动性发挥出来，通过赋予责任激起员工的使命感。

2. 环境安全规章制度文件及资料

企业应依据内控相关要求，建立环境安全规章制度的编写、审核、发布、修订和销毁的程序，确保使用人员能够及时得到所需要的文件，并确保使用的文件是当前的有效版本。

企业内部建立环境安全管理文件的获取渠道，并确保所提供的文件是当前的有效版本。应保留符合规定保存期限的环境安全管理活动记录和资料，包括但不限于环境安全分析评价数据、突发环境事件报告、案例分析、环境安全统计数据、环境安全教育培训记录、环境安全检查、各类演练及其他活动记录、各类环境安全会议材料等。

（二）企业环境安全文化

1. 环境安全价值体系

环境安全价值体系由环境安全价值观、责任观、人本观、预防观、效益观、执行观、自律观、事故观、亲情观、荣辱观、发展观等一系列环境安全价值观念所构成，具有引导和决定企业员工环境安全行为的作用。

价值观：价值观是员工对环境安全的看法与观点，决定员工对待企业环境安全各事项的态度、行为取向与行动准则，体现员工对环境安全的重视程度。

责任观：责任观是员工对自身所承担环境安全责任与义务的认知，也是员工具有自觉环境安全意识、开展自觉环境安全行为的实践，切实按照“谁主管，谁负责；谁分管、谁负责”的原则，各自有效履职。

人本观：从人的生命安全和健康的高度，重视环境安全工作，体现“以人为本”的环境安全理念。

预防观：预防观是员工对突发环境事件预防和环境风险控制的认识。企业应能够全面、准确地识别出环境风险，并制定相应的控制和预防措施，确保环境风险可控。

效益观：效益观是员工对环境安全价值大小的认识和评定，决定着员工在面临各种环境安全与经济效益矛盾冲突时的行为取向。通常认为环境安全是一种投资，在产生经济效益，而不是成本。

执行观：执行观是员工对企业环境安全相关法律法规、标准规范、规章制度和操作规程的执行和认知，是落实施工方案和技术措施的行为表现。

自律观：自律观是员工在认识到环境安全本质、价值等的基础上所持有的自我约束认知，主要表现为员工落实各项环境安全措施的自觉性和主人翁意识。

事故观：在生产经营活动中，正确处理所发生的突发环境事件，制定防范措施，认真吸取教训。

亲情观：员工从家庭幸福的角度来认识环境安全的重要性，从内心深处理解环境安全是为了家庭的幸福美满。在日常工作和生活中，员工自觉遵守有关法律、法规、标准、规范和制度，养成良好的行为习惯。

荣辱观：员工认识到在生产作业过程中，重视环境安全、遵守规程是荣誉，忽视环境安全、违章操作是耻辱。

发展观：企业对环境安全重要性的认知，只有实现环境安全，才能实现科学发展和持续发展。

宣传教育是企业形成和固化环境安全文化的关键，也是环境安全文化理念体系和环境安全文化价值观体系在员工日常工作和生活中形成习惯的重要手段。企业应大力宣贯环境安全文化理念体系，使员工全面理解其内涵和实质。

2. 构建环境安全管理文化

环境安全管理文化是反映企业环境安全综合管理水平的重要标志，是贯彻国家法律法规、标准规范的具体体现。主要包括监管、责任、考核和应急 4 个机制，基础是健全制度，核心是明晰责任，重点是提高执行力。

环境安全法律法规、标准规范、操作规程、规章制度亦称作制度文化。其既是环境安全管理文化的基础，又是环境安全管理文化的表现形式。企业应严格落实国家有关环境安全的法律法规、标准规范；结合实际，修订完善环境安全规章制度、岗位职责和操作规程；将制度文化落实到员工的实际工作中，使员工养成遵章守纪的良好习惯。

健全监管机制，建立环境安全专职管理机构，配齐环境安全管理员和监督人员；完善责任机制，坚持推行“一岗双责”、“谁主管、谁负责”责任体系，实现全员、全过程、全方位、全天候的环境安全管理；完善考核机制，采取逐级考核的方式，实行环境安全“一票否决”制度，做到严考核、严问责；完善应急机制，按照要求完善环境应急预案体系，建立环境应急救援机构，完善环境应急救援设备和设施，强化环境应急演练，增强环境应急处置和自我保护能力。

3. 营造环境安全宣传文化氛围

环境安全宣传是指企业对国家环境安全方面的方针政策、法律法规、标准规范、企业规章制度、管理知识与经验、管理理念等的宣传。采取手机短信、亲情寄语、在生产单位上设置“全家福”等方式，提示员工关注环境安全、珍爱生命。采取征集环境安全警句格言，评比环境安全漫画、摄影作品，开展知识竞赛、专题讲座、演讲比赛、环境安全咨询等方式及开展“环境安全生产月”“环境安全宣传周”等活动，调动员工参与环境安全文化建设的积极性。依托电视、报纸、网络等媒体，采取开设专题栏目，制作公益广告、宣传短片等方式，分析突发环境事件案例，介绍环境安全管理知识，传播环境安全文化理念。在重点岗位、要害部位、关键装置等区域设置具有操作规程、行为规范、环境危害告知、环境安全常识、环境安全理念、环境安全格言警句、突发环境事件案例及图片、亲情寄语等内容的环境安全文化长廊、环境安全角、黑板报、宣传橱窗等。

4. 强化环境安全现场文化

环境安全现场文化是指企业在施工作业现场或生产车间，依据相关标准规范，合理布局设备和设施，设置传递环境应急信息的安全标志（警告、指令、提示、禁止标志），通过橱窗、展板张贴的相关操作规程、制度和警示内容等。对施工作业现场和生产车间、场站的设备、设施、工器具、危险区域、介质流向、主要环境风险、逃生路线等进行标识和区分，营造环境安全现场文化氛围；结合相关专业特点，按照相关标准要求合理设置警告、禁止、指令、提示标志，发挥其警示、教育、提醒等作用，形成标志性文化氛围。

环境安全文化建设是一项长期的、复杂的系统工程，现代企业环境安全管理的内容都可以纳入文化管理的范畴。环境安全文化既是企业环境安全管理经验的积淀，也是企业持续有效和谐发展的灵魂和基石，更是环境安全管理的最高境界。只有建立具有丰富内涵、独具特色的企业环境安全文化理念，才能使企业实现科学发展、更加具有竞争力。

（三）公众环境安全教育

1. 提高公众突发环境事件防范意识

企业应急领导小组办公室针对疏散、个体防护等内容向周边群众进行宣传，使事故波及的人员都能对突发环境事件环境应急救援的基本程序、应该采取的措施有较全面的了解，提高公众对突发环境事件的防范意识，也是事前预防的重要内容。

加强环境安全知识的宣传普及工作，使广大人民群众认识到突发环境事件的严重后果和巨大危害性。广泛告知社区群众周边企业潜在的环境风险点，发生突发环境事件时应当怎样躲避等，增强公众参与企业环境安全管理的积极性和应对突发环境事件时的自救、互救能力，减少公众面对突发环境事件时的无助和恐惧。

提高社区组织和社会团体等社会力量的环境安全管理意识、知识水平和技能，在条件成熟的地方，还可吸收公众志愿者，使其通过培训后，能够更有效地为企业处置突发环境事件提供帮助并配合，从而使事件尽快得到解决。

公众环境安全教育的基本内容包括：居民区周边潜在的重大环境风险源及其环境风险；突发环境事件的性质与应急特点；突发环境事件警报与通知的规定；灭火器的使用以及灭火步骤的训练；基本防护知识；撤离的组织、方法和程序；在污染区行动时必须遵守的规则；自救与互救的基本常识等。

采取的方式：宣传栏宣传、口头宣传、应急救援知识讲座等。

培训时间：每年不少于 1 次。

2. 防范环境群体性事件

环境群体性事件是一种特殊的突发环境事件，是指由环境污染引发的、不受既定社会规范约束，具有一定的规模，造成一定的社会影响，干扰社会正常秩序的群体性事件。环境群体性事件的主要根源是群众日益提升的对环境质量的需求与区域环境质量下降之间的矛盾。

当企业未按规定要求完成污染物处理或者由于企业管理不当引起突发环境事件时，都会对环境产生不良影响，严重时甚至会危及群众的生命健康。此外，目前一些污染较重的企业纷纷由城市内转移到农村或郊区，本身为了处理污染物的城市污水处理厂和垃圾焚烧厂一般也建在城郊接合部。突发环境事件所涉及的人群较广，加上人民群众的环保意识与法律意识越来越强，一旦合理的环境权益诉求得不到满足，很容易引发群体性事件。

企业方面的原因：一是对污染环境的企业及相关人员的责任追究力度不够，企业违法成本过低；二是部分企业为获取更多的利润，有意降低治污标准，治污设施缺而不建、建而不用、用而不足；三是部分企业社会责任意识不强，缺乏主动与群众的沟通交流。

公众方面的原因：一是对环境事件关注度高，企图通过引起社会的关注和声援，表达自己的诉求；二是基础设施“邻避”效应增强，甚至产生邻避冲突；三是缺乏对建设项目专业知识的了解，容易受虚假及负面信息的误导，甚至被不法分子利用。

经济发展的原因：我国经济迅速发展，由于受经济发展不平衡的制约，部分社会弱势群体尤其是农民的合法权益常常难以保障，部分群众在利益争端面前容易产生心理失衡。环境问题关系到每一位群众的生活质量和切身利益，维护自身环境权益的诉求容易形成共识，矛盾不断升级，进而引发群体性事件。群体性事件背后都夹杂着各种利益诉求，如土地征用补偿等，环境问题则成为争取利益的由头以及引发群体性事件的导火索。

预防处置不力的原因：一些企业和地方政府在环境群体性事件发生之初，对其严重性估计不足，常以一般方法去应对，迟报、漏报、瞒报信息的情况时有发生，导致决策延误。企业和政府工作人员不善于做群众工作，只知照搬相关的法律法规条文，却不能及时引导群众理性地认识污染治理的科学规律，缺乏正确的舆论引导。企业和地方政府在事件发生后不能及时听取专家意见，盲目决策，使得事态出现曲折、反复，一旦局面失控，又往往手足无措，最终导致事态失控。

若按照企业所处生产阶段的不同，可将环境群体性事件大体分为3类。一是企业处于研究、建设阶段。群众听闻后，就以群体性事件形式进行反对。二是企业处于调试阶段。企业在调试阶段因工艺流程不合理或操作不当等原因，污染周边环境，进而引发周边群众发生环境群体性事件。三是企业处于正式投产阶段。企业因突发环境事件或违法排污行为等造成污染，导致周边群众发生环境群体性事件。

环境群体性事件多半与企业周边群众对法律法规了解不够深入有关。企业应以多渠道、多层次、多形式加大宣传教育力度，引导周边群众理性表达环境诉求，以正当的手段和方法维护自身合法的环境权益。同时，环境群体性事件具有突发性特点，一旦发生，企业必须快速做出反应，早介入、早决策，尽可能避免事态扩大。

由环境污染纠纷引发的群体性事件发生时，信息传播混乱，容易误导群众听信传闻和谣言，引起情绪的强烈波动，造成社会秩序的混乱。此时，应正确引导群众，及时发布事件真实情况，真诚向群众解释，切实消除群众的恐慌心理。

例如浙江台州“3·11”血铅超标事件。2011年3月11日，路桥区峰江街道上陶村个别村民感觉身体不适，经台州医院路桥院区检查，发现血铅超标。此后，有部分村民到峰江街道办事处反映，怀疑是当地一家蓄电池有限公司排放铅污染物造成环境污染，诱发血铅超标。3月15日下午，部分村民聚集在该公司讨说法。经查，该公司在熔铅、球磨、焊接等工段产生含铅粉尘和废气，在化成工段产生含酸废气，部分废气未经收集处理直接外排；同时，该公司还存在产生并外排部分酸性含铅废水、外运处置含铅固废等情况，当地村民血铅超标事件与该公司含铅污染物，特别是含铅粉尘废气排放有直接关系。经过综合整治，上陶村大气、水环境正常，血铅超标群众经治疗、营养干预后均恢复健康。肇事企业取缔关停后，安置遣散了企业员工，将企业的原料、设备进行拍卖，用作赔偿经费；编制该企业关闭退役污染防治方案。

三、环境应急队伍

（一）企业环境应急队伍

环境应急属于急难险重任务，企业环境安全管理人员或者没有，或者变动非常频繁。在突发环境事件应对中，经常出现新人仓促上阵、缺乏专业素质和实战能力的情况，与当前企业环境安全面临的严峻形势和艰巨任务不相适应，很容易导致事件处置不当、延误时机、事态扩大的严重后果。

企业应建立应急领导小组办公室，负责人应有 3 年及以上环保或化工从业经历，并具有大学专科及以上学历或环境、化工类中级以上技术职称，生产型企业应有 1 名副厂长分管。应急领导小组办公室配备环境安全管理员，其专职负责环境安全管理工作，重大、较大和一般等级环境风险企业的环境安全管理员应分别不少于 10 人、6 人和 4 人，成员中分别至少有 4 人、2 人和 1 人具有环境、化工类大学专科及以上学历，或具有环境、化工类中级以上技术职称，或具有 3 年以上化工生产经验。

依据自身条件和可能发生的突发环境事件类型，建立环境应急救援专业小组，其救援小组包括综合协调组、现场处置组、应急监测组、专家咨询组和医疗救护组等，配备先进技术装备，并明确各个专业救援小组的具体职责和任务，定期对各救援小组进行专业培训和演练，以便在发生突发环境事件时，在指挥组的统一指挥下，能够快速、有序、有效地开展环境应急救援行动，以尽快处置突发环境事件，使突发环境事件的危害降到最低。

环境应急专业救援队伍和广大干部员工积极参与相结合，险时救援和平时防范相结合，是加强企业环境应急队伍建设的现实需要。纵观国内外企业环境安全管理实践与经验，企业环境应急队伍一般要依靠三支力量：一是专业队伍，是企业环境应急处置的骨干力量，在急难险重实践中发挥中流砥柱作用。投资在 2 亿元人民币以上的企业应设环境安全管理部门，投资低于 2 亿元人民币的企业应设专职环境安全管理员，相应工作职责须以企业制度或文件明确。二是兼职队伍，是企业环境应急处置的辅助力量，实行一岗双责，具备专业技术优势，是企业专业环境应急队伍的有力补充，是第一时间处置突发环境事件的关键力量。三是全员参与的员工队伍，是企业环境安全管理的基础力量。着力点在于强化未遂管理，排查环境安全隐患，具备环境应急处置能力，熟练掌握自救互救知识。这三支队伍各有侧重、优势互补，把多数突发环境事件消灭在萌芽状态，使发生的突发环境事件得到迅速控制，有效减少损失。

（二）企业环境应急培训

突发环境事件多数是人为因素造成的，而且突发环境事件发生后，能否有效控制、减轻污染损害，人员素质仍然是一个不容忽视的重要因素。提高人员环境应急反应素质，关键是定期、有针对性地开展环境安全培训，不断提高环境安全理论水平和应急技能。每个规模以上企业都要打造一个线上线下相融合的员工培训空间，员工线上自学、线下培训。规模以上企业自建、其他企业共建或接受服务，制定个性化培训方案、课程和题库。培训结束后，应建立健全环境安全管理培训档案，详细、准确记录培训及考核情况，评价和持续改进培训效果。

1. 环境安全培训的形式

环境安全培训的形式多种多样。按培训性质分，环境安全培训可分为预防性培训和应对性培训。前者着眼于突发环境事件预防；后者则侧重于突发环境事件处理，旨在提高人员的控制和反应能力。可以集中培训，也可以分专业、分工种单独培训，还可以通过宣传栏、板报等广泛开展宣传教育，企业可以根据自身的实际情况灵活采用。环境安全培训可以单独进行，也可以结合入场教育、班前活动、安全培训等一起进行。在选择培训形式时，要充分考虑接受培训人员的文化程度和工作特点，分层次进行。

企业新进员工可以实行三级环境安全教育的形式。

入厂教育：新入厂工人就职前进行初步的环境安全教育。教育内容包括本企业环境安全状况、国家有关环境保护文件、企业内环境安全隐患点的介绍、一般的环境安全技术知识等。

车间教育：工人分配到车间后，由车间进行环境安全教育。教育内容包括本车间的工作规则和应该重视的环境安全问题，车间内危险地区、有毒有害作业场所的情况和环境安全事项，以及环保设施环境安全方面好的和坏的典型事例。

班组教育：采用“以老带新”或“师徒包教包学”的方法。教育内容包括本工段、本班组、本岗位的环境安全状况、工作性质、职责范围，新员工从事岗位操作必要的环境安全知识和技能，各种机具设备及环境安全防护设备的性能、作用，个人防护用品的使用和管理等。

2. 环境安全培训对象和内容

按照相关要求，加强企业应急领导小组、环境安全管理员和企业员工的培训，优化培训模式、完善培训设施、健全师资队伍、配套培训教材。确保决策层掌握环境安全管理法律法规要求，具备环境应急响应的指挥能力。管理层具备与本岗位相适应的环境安全管理知识和管理能力，知道管什么、怎么管。操作层具备与本岗位相适应的操作技能和理论知识，知道做什么、怎么做、不这样做会产生什么后果，达到规范全员环境安全行为的目的。同时，认真落实操作规程和相关制度，强制要求员工自觉养成正确的环境安全行为习惯，提高遵守操作规程和规章制度的自觉性。

通过学习，决策层领导干部身先士卒，率先垂范，依法管理；管理层干部将环境安全寓于管理的全过程，与生产经营同步规划、同步实施、同步发展，并进行有效监管；操作层员工严格遵守操作规程、严格落实作业环节的各项环境安全规章制度，正确使用防护用品、自觉拒绝违章等成为员工的自觉行动，贯穿于生产、生活全过程。

应急领导小组的环境安全培训：企业应急领导小组办公室组织专家对企业应急领

导小组成员进行培训。提高决策层人员的环境风险意识，加深其对国家、地方环保政策的认知，使其更好地为企业制定环境安全管理策略，清楚了解企业在环境安全管理方面存在的不足，全面了解企业环境风险状况，便于日后有效管理，加深对环境安全管理的理解，学习专业的、系统的环境应急体系知识。

培训内容包括：本单位的环境应急程序、环境安全管理知识、国家环境安全管理法律法规要求、媒体应对知识和技能、环境应急过程的职责和机构设置、主要的应急处理程序、提高环境应急响应的指挥能力等；对环境应急指挥、决策、各部门配合等内容，以及应急领导小组应急信息判定及上报、与媒体沟通报道等经验进行介绍；通过模拟突发环境事件的发生，应急领导小组根据学到的知识进行应对，由应急专家现场进行指导纠正。

采取的方式：综合讨论、专家讲座等。

培训时间：每年不少于 1 天。

环境安全管理员的环境安全培训：在环境安全管理员对企业自身的环境风险概况有一定认识基础上，通过国内外各类突发环境事件的视频播放及讲解，吸取环境应急处置的具体经验，同时模拟各类突发环境事件，增强现场救援的能力。

培训内容包括：制定环境应急预案的必要性、基本程序和内容；突发环境事件预防和应急响应的法律责任；本企业环境风险物质的识别是否完全、发生突发环境事件的可能性、对员工及周边地区产生的环境影响及其危害；企业环境安全管理制度、环境风险防控措施的操作要求、环境安全隐患排查治理案例；企业内的环境应急资源是否按环境应急预案要求进行配备及其维护情况；企业内环境监测状况及基本要求；预防突发环境事件或减轻后果严重程度的系统、设备、措施；发生突发环境事件时，如何向员工及周围的群众发出警报，如何向上级部门报告和求援等；企业环境应急演练的时间、周期及基本要求；企业原料及产品、危险废物运输的要求，运输方的环境安全防范措施；紧急状态下企业如何向当地政府环境应急机构、医疗服务机构请求支援；企业与其他企业签署的环境安全互助协议等。

采取的方式：课堂教学、综合讨论、现场讲解、模拟事故发生等。

培训时间：每季度不少于 1 天。

企业员工的环境安全知识普及教育：对企业员工进行环境安全教育，讲解企业各环境风险源、可能发生事故的原因及其后果等内容，员工考核合格后方可上岗，坚持日常安全教育和定期组织演练，增强环境应急响应敏感度。

培训内容包括：环境应急预案的作用与内容；企业环境风险物质的位置、发生突发环境事件的可能性；污染物的种类、数量和危害性；防止污染物扩散、处置各类突发环境事件的基本方法；周围环境敏感点的位置、数量与类型，本企业突发环境事件对其的影响；控险、排险、堵漏、输转的基本方法；主要消防器材、防护设备等的位置及使用方法；如何正确进行突发环境事件报警；突发环境事件逃生避难及撤离路线；自救与互救、消毒的基本知识；运输司机、应急监测人员等的特别培训；企业环境应急救援人员对应急设置和仪器的熟练操作。

采取的方式：课堂教学、综合讨论、现场讲解等。

培训时间：每季度不少于 4 h。

3. 环境安全管理培训课程设置

企业定期组织环境安全管理培训，根据环境安全管理的特点可将培训内容分为六大块。

环境安全管理政策法规研讨课：提高决策层、管理层人员的环境安全意识，加深其对国家、地方环保政策的认知，使其更好地为企业制定环境安全管理策略。

企业环境安全管理分析课：清楚了解企业在环境安全管理方面存在的不足，全面了解企业环境风险状况，便于日后有效管理，加深对环境安全管理的理解。

环境应急体系框架理论课：学习专业的、系统的环境应急体系知识，学习并明确各应急组织框架的职责。

环境应急专业知识教授课：学习各种实用的、专业的环境应急知识，以及各种应急现场处置措施知识。

环境应急预案演练实践课：使理论上的环境应急知识转化为实际上的操作技能；通过多个单项功能的环境应急专项练习，提高环境应急能力；综合应急演练有助于企业全部员工提高行动的协调性，保证环境应急行动迅速有效。

成果评估与考核检验课：使理论知识有效提炼，得到检验和巩固；环境应急行动的协调性、衔接性得到检验和保证。培训效果的评估采取考试、现场提问、实际操作考核等方式，并对考核结果进行记录。对于关键应急岗位的人员，如果考核不合格，可对其单独加强培训，以保证此岗位人员有能力应对突发环境事件。

环境应急培训课程要做到针对性、周期性、定期性、真实性。针对性指针对可能的突发环境事件情景及承担的环境应急职责，不同的人员应培训不同的内容；周期性指培训时间相对短，但有一定周期，至少每年进行 1 次；定期性指定期精心技能训练；真实性指尽量贴近实际环境应急行动。

（三）外部环境应急队伍

企业外部的环境应急队伍主要包括当地生态环境部门的环境应急队伍、应急管理队伍、消防队伍、医疗救护队伍和通信、电力、供水等专业抢险队伍。在必要的情况下，可以联系外部的环境应急队伍或者专家进行指导和支援。

1. 处置过程中与有资质单位进行合作

环境应急中发现泄漏危化品需要处置时，往往需要找到有相应资质的处置单位进行技术支援。例如，在 2010 年江苏省无锡市江阴市“1・20”溴素泄漏事故中，通过多方渠道了解到常熟市的沃德化工有限公司（以下简称“沃德公司”）是生产溴化物和溴酸盐产品的企业，对处理此类事故具有一定的经验，于是立即请求配合支援。沃德公司连夜跨市救援，短时间内成功对 19.8 t 溴素进行安全无毒化处理，避免了事态的进一步恶化。

2010 年 1 月 20 日 11 时 15 分左右，一辆挂车行驶至江阴市顾山镇暨南大道锡张高速立交处时发生意外，车辆上装载约 19.8 t 溴素（陶罐罐装，每罐 30 kg，共约 660 罐），因陶罐内溴素含杂质、发生反应，少量陶罐破裂，造成溴气泄漏。为防止溴素产生的刺激性气体影响周围居民，消防部门赶到现场后对泄漏区域进行消防喷淋，但溴素遇水发生放热反应，又引起周围溴素罐发生爆裂。事故地下风向约 150 m 为江阴市顾山镇的两个自然村，泄漏气体很有可能影响到下风向两村的居民，情况十分紧急。

专家建议联系当地的溴化钠生产企业，由其派人赶赴现场就地将溴素生产利用。现场总指挥立即联系沃德公司赶赴现场进行处置。沃德公司技术人员赶赴现场后研究认为溴素含杂质过多，若按正常工艺使用真空泵直接抽取溴素随时会引发爆炸，计划无法实施。21 日 15 时，确定采用就地处置后综合利用方案，对溴素罐逐个加碱中和，吸收后的反应物由沃德公司回收利用，不排入外环境。22 日 7 时，所有溴素全部处理完毕，反应物溴化钠及过滤用的液碱都装车运往沃德公司。环境保护部门对封堵在小沟内的消防污水进行了化验，并由当地政府联系污水处理厂将废水通过槽车分批运至污水处理厂处理，同时对沟内土壤进行了无害化处理。被疏散居民随后返回住所。

2. 企业联合建立环境应急救援队伍

高环境风险行业企业可以联合建立社会化、专业化的环境应急救援队伍，提高突发环境事件的应急救援能力。各地大中型工业园区和企业的环境应急物资和应急救援队伍要进行整合，根据运输半径和环境风险源密度，按照“合理布局，适量储备，便利调运”的要求，依托企业的设备、物资及人力资源，建立“全覆盖，代储备”的环境应急物资和应急救援队伍体系，建立应急信息交流平台，加强沟通并逐步实现区域间的环境应急驰援互助，确保环境应急救援队伍和环境应急物资能及时到位开展救援工作，逐步实现任何时间、任何地点 2～3 h 应急驰援能力。企业与相邻企业、不同政府组织或专业救援处置机构等签署正式互助协议，明确可提供的互助力量（消防、医疗、检测）、物资、设备、技术等。

例如嘉兴市政府构建生态环境应急救援三级体系，打通救援“最后一公里”，依托嘉兴市固体废物处置有限公司下属的 7 个县（市、区）小微收集平台，配置一定数量的应急物资，并由嘉兴市固体废物处置有限公司与相关企业签署合作协议，进一步加强救援力量，确保属地发生较小规模污染事故时，能在半小时内赶赴现场并在第一时间开展应急救援。

3. 创新环境应急救援队伍模式

目前，企业应急救援队伍呈现两极分化现象，参与社会救援积极性不高。一方面，大部分中小型企业因为资金和技术力量有限，现有的应急救援人员学历低、培训不系统导致应急救援知识不足，缺乏训练和实战导致队伍反应速度慢、处置水平低，部分实力差的小企业甚至没有应急救援队伍，故大多数中小企业仅能应付简单的事件，救援能力极为有限。另一方面，大型企业依托较为雄厚的资金、技术和从业经验，应急救援队伍技术过硬、装备精良、经验丰富，事故处置水平最高。但在实际救援过程中，主动救援事故容易承担责任，经常被拖欠救援费用。因此大型企业的应急救援队伍除救援本企业或上下游业务企业的事故外，只在受政府部门委托的情况下参与社会救援，积极性不高。

探索创建新型社会化应急救援队伍，例如创建以复退军人为主体的突发事件处置公司，负责一个地区的综合应急处置工作，包括生产安全事故、突发环境事件、交通事故、自然灾害等。应急处置公司员工平时的工作就是开展应急处置训练，包括训练突发环境事件发生后如何快速修筑拦截坝、布设活性炭吸附坝和围油栏等，突发事件发生后主动快速为政府和企业提供应急处置服务，作为消防部门等专业救援队伍的有力补充。当地政府和高风险企业与应急处置公司签订购买服务协议和免责条款，每年支付一定的费用，同时可以将本单位闲置的应急处置仪器设备作为资产入股，抵扣服务费。如果本年没有发生突发事件，应急处置公司可以提供应急演练服务。

例如，广东惠州大力发展第三方环境应急救援力量，与第三方公司签订《突发环境事件先期现场应急救援装备托管和先期处置协议》。根据协议规定，发生或者可能发生次生突发环境事件时，第三方公司接到惠州市生态环境局的应急命令或指示后，先期赶赴事件现场，采取处置措施，日常第三方公司负责托管环境应急装备物资的保养、管理和训练工作，适时开展应急救援队伍拉练和培训，提升实战水平，确保一有情况，先期处置队伍能拉得出、用得上。

四、应急指挥系统

企业的应急领导小组办公室应具有必要的硬件设施和软件投入，按照环境风险防范、环境应急处置、突发环境事件评估和事后处置管理的流程，集成环境质量监测、环境风险源等管理数据，最终形成图表一体化的环境安全管理信息平台，以满足日常环境安全管理和突发环境事件应急管理的需要，预防和妥善应对突发环境事件，减少事件造成的经济损失和人民生命财产损失。

环境安全管理信息平台应具有“值守应急、信息汇总、指挥协调、专家研判、视频会商”的功能。应用以简单、便捷、易用为基本原则，使用户登录系统后对平台既有整体掌控，又能直观看到各应用模块，为快速进入相关应用模块提供清晰、便捷的界面引导。企业应急领导小组办公室应及时将环境安全要求、警示信息等传达到企业一线操作单元。一线操作单元应按时上报环境安全月报，及时报告突发环境事件信息、环境安全异常信息及其他要求统计的信息。

企业在信息平台上完成突发环境事件应急指挥调度、环境应急响应、环境应急处置等过程环节的记录、跟踪、查询和分析，以实现应急领导小组总指挥指令的下达和指挥效果的及时反馈，与生态环境部门环境应急平台的互联互通，以及事发现场与指挥部和专家的远程会商等，提高突发环境事件的应急处置能力。

（一）环境应急信息管理

环境应急基础信息动态管理可以用于环境应急响应的危化品查询、环境应急资源查询、环境应急预案查询、环境应急案例查询等，实现对环境应急基础信息的有效管理，实现日常化、规范化的环境风险源监控预警和环境应急信息管理与共享，做到摸清家底、消除环境安全隐患。可为环境应急响应提供基础信息支撑，有利于提高环境应急的准确性和科学性。

1. 环境应急资源管理系统

环境应急资源管理系统可实现环境应急物资存储情况和空间分布的查询编辑，使企业能够及时准确地掌握物资库存和消耗的动态变化情况，降低环境应急物资管理成本，提高环境应急物资管理工作效率。当突发环境事件发生时，可以提高制订环境应急物资保障计划的准确性、及时性和科学性，为环境应急物资调配决策支持提供信息支撑。

环境应急物资管理主要实现环境应急物资信息的快速查询、统计分析、物资使用记录管理和报表管理功能。同时，利用地理信息系统（GIS）强大的图形展示功能，将环境应急物资的相关信息直观地展示给系统用户。环境应急物资管理数据包括不同单位环境应急物资清单、环境应急物资存放时间、使用情况。

在突发环境事件发生时能否及时知道物资数量，及时将物资发配到需要的人员手中，对于突发环境事件的环境应急处置工作意义重大。信息平台内不仅包括企业内的环境应急物资信息，还包括其他企业和部门的环境应急物资信息，如果有条件还应包括邻近城市的环境应急物资基本情况，以便出现市内物资短缺时能够及时知道应该向哪里借物资、向哪里申请帮助。

2. 环境应急管理人员管理

快速反应和现场辅助决策是突发环境事件应急系统的主要特点之一。因此，当接到事故报警时，要求系统能够迅速地对所涉及的有关应急管理人员进行查询和调度，如企业环境应急值班人员、监测人员、现场人员、分析人员等，以保证第一时间有关人员能够到达现场，及时进行污染处置、事故处理和现场指挥。同时，系统还应直观显示生态环境、应急管理、消防、公安、医疗、交通、传媒、民政、社区资源等联动部门的情况和能力。由于突发环境事件的突发性，发生突发环境事件的时间和地点往往不确定，环境应急管理人员需要把有关人员的位置表现在电子地图上，可通过空间分析技术来管理和组织人员。

3. 环境应急处置方法库管理

建立突发环境事件处置方法库，实现事件信息与处置方法的自动匹配，包括大气污染物和液态污染物的快速处置方法等。实现对环境应急处置方法信息的维护和检索，包括信息的增加、删除、修改与查看操作，以及对环境应急处置方法信息的基本查询与高级查询操作。依据事件信息、环境应急监测信息、模型预测信息、知识库（案例、专家库、危化品数据库、预案库）等智能化的事件生成处置方案。并可点击显示文件内容，打印输出，从而为决策人员提供有效的参考依据，便于事后对处置的效果进行预评估。

4. 环境敏感区域管理

实现对企业周边环境敏感区域的动态管理。其中，环境敏感区域主要包括教育科研机构、医疗机构、河流、居民小区及村庄、自然生态保护区、水源地和政府机关。实现对敏感区域的添加、编辑、删除和查询功能。

5. 环境应急预案管理

环境应急预案管理是建立在危险化学品管理、环境风险源管理、环境应急监测方案管理基础上的，对已经制定的与突发环境事件应急有关的预案进行管理，包括预案的浏览、预案资源配备、联系人信息、预案启动和执行流程等的管理。可以通过参照案例的解决问题流程来自动、半自动生成预案，为突发环境事件应急提供辅助决策支持。

环境应急预案管理的数据主要有：环境风险源基本情况数据；环境风险源预案数据；危险化学品情况数据，包括危险化学品种类、用途、产量，单位平面图，危险化学品存放位置、周围环境等；环境应急监测方案数据，包括不同情况下的环境应急监测方案、环境应急监测人员及值班人员数据；环境应急救援和处置方案。

具体功能主要包括：环境应急预案编辑，实现对环境应急预案的增加、修改、删除；环境应急预案查询和统计，按照环境风险源和各种关键词查询环境应急预案，并提供多种统计分析和专题制图的功能；环境应急预案模板管理，从大量预案中抽取出一个预案的基本框架，并从预案框架中抽取主要的数据，将其贮存在数据库中，可供用户随时调用。

6. 危险化学品管理

实现对各类危险化学品的基本信息、用途、毒性、环境参数、环境危害、检测方法、控制消除方法等信息的录入、编辑、查询、统计分析等，为环境应急预案的制定提供支撑。

危险化学品是突发环境事件中最基础的因素。危险化学品产量和使用量可观，在遭遇机械故障、碰撞或受地震、雷击等外部因素以及其他人为因素的影响时，往往会在运输、生产、储存中引发泄漏、燃烧、爆炸等突发事故。在突发环境事件应急响应中，需要快速查询有关环境污染因子的特征以及对不明污染物作出判断和分析，快速提取结果，为环境应急监测工作提供依据。因此，危险化学品管理在整个突发环境事件应急响应系统中处于基础位置，直接影响环境应急对策的取向，所以要对危险化学品相关的空间数据、属性数据以及行为特征进行系统的管理。

危险化学品信息管理内容主要包括：危险化学品理化性质，主要描述危险化学品的标识和理化性质；危险化学品应急处理处置方法，主要描述危险化学品的详细处理处置方法；危险化学品环境影响，主要描述危险化学品对周围环境的不良影响；危险化学品环境标准，主要描述国内外颁布的环境标准，包括大气等方面；危险化学品监测方法，包括危险化学品现场监测方法和实验室监测方法；危险化学品空间信息，可以细化到危险化学品的位置（仓库或车间）。

7. 环境应急案例库管理

案例是某种决策成功与否的例子，是对以往经验知识的归纳整理、为达到某种目标所需要借鉴知识的记录，应具有内容的真实性、决策的可借鉴性及处理问题的启发性等特点。环境应急案例是对处理突发环境事件过程的总结。与传统用纸质文档管理案例不同，信息平台利用案例推理和规则推理的方法来构建突发环境事件应急案例管理系统，并通过数据挖掘技术从案例库中提出有价值的信息，为环境应急服务。环境应急案例管理可为突发环境事件处理决策和分析提供迅速、有力、优化的辅助支持。

8. 环境应急专家库管理

实现对环境应急专家人员、职务、联系方式、紧急联系方式、专业领域类型、优先级等信息的管理与检索。实现对环境应急专家信息的管理和维护，具体内容包括专家信息的增加、删除、修改、查看。

（二）辅助决策支持管理

对突发环境事件的准确模拟与预测是进行环境应急决策的重要依据。基于“一张图”进行大气和水污染扩散模型分析，通过各种扩散模型，在 GIS 地图上直观地显示污染事态变化趋势，直观地提供污染事件扩散的时间及空间分布特征，形成适合当地各类典型地理环境及气候条件的污染物扩散模型。利用污染物扩散模型，通过污染源的渲染及污染物的扩散，预测污染物的影响方向和范围，生成直观的预测图，提供较为全面的、合理的、可行性强的环境应急处置预案，为企业处置突发环境事件提供科学依据，从而提升企业的快速反应能力，为决策者提供科学合理的处置预案。

1. 爆炸模型

爆炸模型根据参数指标计算出爆炸的影响范围，以方便对事故的处理。

2. 环境敏感区分析

根据环境安全管理信息平台显示事故点位置指定范围内的详细地图，如 500 m 以内的详细地图，在信息平台上突出显示敏感点（如学校、幼儿园等），支持地图打印功能，为形成处置报告提供有力支撑。

3. 最近路径分析

可以对到达应急事故点进行最短最优路径网络分析，并建立人员疏散模型。制定合理的疏散路线，并进行疏散模拟，尽可能避免拥堵，保证人员生命安全。

五、环境应急保障

（一）资源保障

环境应急资源是指采取紧急措施应对突发环境事件时所需要的物资和装备。企业应储备必要的环境应急资源，建立并完善相关管理制度。企业应确保现场快速监测和处置设备、自身防护装备的配置，保证环境应急和救援物资的储备，不断提高突发环境事件应急处置、应急监测和动态监控的能力，有效防止和控制对环境的污染。企业应当在有环境安全风险较大可能性的区域建设污染源自动监控系统和预警系统，做到实时监测预警。

在物资储备上，企业应当做好准备，因为环境风险的出现本身就具有不可预见性。加强企业环境应急物资资源建设，筑牢基础，提高现场第一时间的处置能力。特别是处理泄漏物、消解和吸收污染物的化学品物资（如活性炭、木屑和石灰等），有条件的企业应备足、备齐，保证现场应急处置人员在第一时间内启用。

企业应当明确环境应急救援需要的应急物资的类型、数量、性能、存放位置、管理责任人及其联系方式等内容，由综合协调组统计上述情况并编制清单，由各相关负有应急职责的单位保存，以备应急情况发生时使用。在实际情况发生变化时应及时修订。综合协调组应对环境应急物资进行定期监督检查。各单位在接到救援电话后，要迅速召集本单位有关人员，按企业应急领导小组要求将所需的物资按指定时间送到指定地点。

当企业本身的应急物资储备能力无法满足应急处置需要时，向合作企业或当地政府请求支援。当地政府应当根据本地区的实际情况，建立应急物资保障系统，完善重要应急物资生产、储备、更新、调拨和紧急配送体系，并根据不同区域突发事件特点，分部门、分区域储备应急物资。加强跨部门、跨地区、跨行业之间的应急物资协同保障。各专业应急部门负责储备本部门处置突发事件所需的专业应急物资和应急处置装备。建立应急物资储备综合信息库，提高管理信息化水平。探索多元化储备方式。积极探索建立实物储备与商业储备相结合、生产能力储备与技术储备相结合、政府采购与政府补贴相结合的应急物资储备方式。

目前，环境应急物资装备仍以企业自发性储备为主，区域间、企业间缺乏统筹协调。企业环境应急物资装备以安全防护类、应急监测类为主，大部分企业尚未全部储备七大类环境应急物资，甚至没有污染物收集、污染物降解类等关键物资储备。企业对应急状况下周边相关企业和区域可用的环境应急物资装备底数尚未完全掌握。常用应急物资持续应急供应能力尚未形成，谁在生产、在哪生产、产能情况等信息严重短缺。此外，环境应急物资储备信息时效性差，动态管理能力严重滞后，导致环境应急物资第一时间找到难、持续稳定供应难。

部分地方政府正在探索以“政府补助、企业服务”的方式推进环境应急物资库建设，构建分类管理、反应迅速、保障有力的环境应急物资储备体系。例如，嘉兴市政府依托省级环境应急物资库——嘉兴市固体废物处置有限公司，在嘉兴市主要化工园区补助 132 万元，继续建设 3 个市级环境应急物资库，配备应急救援物资 55 项，同时鼓励各县（市、区）及镇（街道）采用自建或协议存储的方式建立环境应急物资库。2021 年已完成县级环境应急物资库全覆盖，并建成镇级物资库 13 个，计划 3 年内各重点镇（街道）全面建成环境应急物资库，实现镇（街道）全覆盖。

生态环境部已开展全国环境应急物资生产、储备基础情况调查，根据区域环境风险状况优化全国重要环境应急物资产能保障和区域布局，同时完善了全国环境应急物资信息库建设与管理。当合作企业或当地政府物资储备能力不足时，事发企业可以从全国环境应急物资信息库中了解相关信息。

环境应急资源参考名录如表 3-8 所示。

表 3-8　环境应急资源参考名录

主要作业方式或资源功能	重点应急资源名称
污染源切断	沙包、沙袋，快速膨胀袋，溢漏围堤，下水道阻流袋，排水井保护垫，沟渠密封袋，充气式堵水气囊
污染物控制	围油栏（常规围油栏、橡胶围油栏、PVC 围油栏、防火围油栏），浮筒（聚乙烯浮筒、拦污浮筒、管道浮筒、泡沫浮筒、警示浮球），水工材料（土工布、土工膜、彩条布、钢丝格栅、导流管件）
污染物收集	收油机，潜水泵（包括防爆潜水泵），吸油毡、吸油棉，吸污卷、吸污袋，吨桶、油囊、储罐
污染物降解	溶药装置：搅拌机，搅拌桨。 加药装置：水泵，阀门，流量计，加药管。 水污染、大气污染、固体废物处理一体化装置。 吸附剂：活性炭，硅胶，矾土，白土，膨润土，沸石。 中和剂：硫酸，盐酸，硝酸，碳酸钠，碳酸氢钠，氢氧化钙，氢氧化钠，氧化钙。 絮凝剂：聚丙烯酰胺，三氯化铁，聚合氯化铝，聚合硫酸铁。 氧化还原剂：双氧水，高锰酸钾，次氯酸钠，焦亚硫酸钠，亚硫酸氢钠，硫酸亚铁。 沉淀剂：硫化钠
安全防护	预警装置，防毒面具、防化服、防化靴、防化手套、防化护目镜、防辐射服，氧气（空气）呼吸器、呼吸面具，安全帽、手套、安全鞋、工作服、安全警示背心、安全绳，碘片等
应急通信和指挥	应急指挥及信息系统，应急指挥车、应急指挥船，对讲机、定位仪，海事卫星视频传输系统及单兵系统等
环境监测	采样设备，便携式监测设备，应急监测车（船），无人机（船）

环境应急资源来源广泛，在应急现场常常会结合实际，将普通物品直接或简单改造用于现场处置，如木糠用于吸附、吨桶改造成加药设备。

（二）资金保障

企业应急领导小组办公室对环境安全管理工作的日常费用做出预算，财务部门审核，经高层办公会审定后，列入年度预算。审计部门要加强对环境安全管理工作费用的监督管理，保证专款专用、不得挪用。应急处置结束后，财务部门要对应急处置费用进行如实核销。

根据突发环境事件应急需要，保证和明确环境应急经费来源、使用范围、数量和监督管理措施，以及环境应急状态时的经费保障措施。项目资金的使用范围应包括环境应急装备、环境应急技术支持、培训及演练等，保证企业环境应急机构的正常运行；

确保环境应急物资器材日常更新补充和维修等费用的落实；一旦发生突发环境事件，各环境应急小组成员所需的环境应急救援工作经费不受预算限制，由企业财务部门和主要负责人准备专项应急基金或动用储备资金，落实拨付手续，保障环境应急经费的及时到位；会同保险公司等做好后期有关资金理赔、补偿工作；要储备和保证后期足够的员工安置费用。

（三）技术保障

1. 日常环境安全管理技术保障

环境应急领导小组和各应急救援小组要学习并引进先进的救援设备、救护办法、环境风险源的监控设备等，对潜在的环境安全风险进行排查，结合实际情况消除环境风险隐患。

企业应建立环境安全预测预警系统，完善环境风险源数据库；根据企业实际，建立熟悉本企业污染防范特点的应急专家库，为准确及时有效处置突发环境事件做好技术人才储备；建立典型案例库，针对企业环境风险特征推出“典型案例＋现场演练＋指导文件”的形式，形成企业突发环境事件应急准备和响应“样板”。

开展环境应急二维码等创新建设，使其在企业日常的环境安全管理工作中发挥重要作用。环境应急二维码的建设一方面是为了满足环境安全管理员从系统与现场两种渠道了解风险单元中污染物的理化特性、容量、周边围堰容积、相关负责人以及应急处理措施等信息的需求，另一方面是为厂区的非专业人员提供人员联系方式等信息支持和发生突发环境事件时的应急措施，降低因人员专业水平的差异产生的影响。例如液氨储罐区由于火灾导致液氨泄漏，1 名员工中毒被困现场。现场应急救援人员通过扫描应急二维码铭牌，了解储罐信息，查看储罐的原材料、负责人及保障、救援人员的联络方式，拨打了救助电话，从而迅速开展应急救援。通过查看风险物质的应急救援措施，在救援队伍赶到之前对中毒员工进行初步的必要救助，并根据扫描二维码后的应急措施提示，组织现场人员作出应急响应。

同时，企业要与生态环境部门、应急管理部门加强联系，积极参加其主办的各类技术培训；要与科研机构加强交流，学习最新的环境应急救援知识，使科研机构为企业提供科技支撑。

2. 环境应急现场技术保障

目前，环境应急现场技术研发和应用处于起步阶段。突发环境事件应急状况下利用的工程技术仍以通用性措施为主，缺乏场景化、本地化的针对性准备，难以满足开展及时、有效现场处置的需要。同时，环境应急现场处置尚未形成统一、规范的处置流程，临时性、经验性措施仍占很大比重。环境应急监测“出数慢”、污染防控工程措施“临时找”、处置工艺试验“现场做”直接影响环境应急处置效率和效果。

企业内部的科研技术人员要完全了解企业内环境风险物质的理化性质，确保在事件发生后能迅速到位，为事故处理提供技术支持；在执行应急措施和应急洗消方案前，需要企业内部科研技术人员与领导层论证；发生社会级突发环境事件时，企业配合当地生态环境部门环境监测站开展应急监测；若发生厂区级或车间级突发环境事件，企业自行监测或委托第三方应急监测机构监测。

（四）通信保障

企业应急救援过程中的主要通信手段有对讲机、喇叭、个人手机、办公电话及紧急广播系统等。

企业内发生危险化学品事故时，采用电话进行报警，由应急领导小组办公室根据事态情况通过广播向企业内部发布事故消息，发出紧急疏散和撤离等警报；需要向社会和周边发布警报时，由应急领导小组办公室环境安全管理员向政府以及周边部门发送警报消息；事态严重紧急时，通过环境安全管理员直接联系政府以及周边企业负责人，由总指挥亲自向政府或负责人发布消息，提出组织疏散撤离要求或者请求援助，随时保持电话联系。

企业要建立和完善环境安全应急指挥系统，配备必要的有线、无线通信器材，建立通信系统维护以及信息采集等制度。对于企业应急领导小组成员和重要单位需要重点保障的有线电话号码，由企业工程部门做好日常维护保养；一旦重点电话号码线路发生故障，立即报办公室，由办公室报移动通信公司以修复，保障线路随时畅通。企业所处区域移动通信信号质量由办公室负责日常使用监测，如发现网络信号不好，立即联系督促移动通信公司检测维护，保障应急通信随时良好。

应急领导小组办公室负责应急日常工作中的联络和信息传递，制定、修订并公布应急相关单位和人员的通信联系方式和方法，并根据职务及在职人员的变动情况及时更新联系方式，同时将联系方式发放到企业各单位。负有应急职责的单位和个人必须对自己的通信工具加强管理，保证 24 h 开机，在接到通知后，要立即赶赴指定地点。明确环境应急期间现场指挥部及其他重要场所的通信保障方案，确保现场救援小组及有关部门间的联络畅通。

（五）医疗卫生保障

企业需与邻近医院达成协议，医院为事故提供医疗救护方面的技术支持。发生事故时，医院负责在第一时间抢救、急救遇险人员，并为企业相关人员做好医护检查。医院定期开展对常见医疗急救知识与技术的培训。制定紧急状态下伤员现场急救与安全转送、人员撤离以及影响区域内人员安全防护等的方案。

在员工集中的办公和生产重点区域张贴位置图，标识本地点在紧急状态下可选择的撤离路线以及最近应急防护装备的位置；发生有毒有害气体污染事件时，现场人员要进行呼吸道防护；发生易燃易爆气体或液体污染事件时，现场人员应着阻燃防护服并准备防爆设备；对于易挥发的有毒有害液体污染事件，现场人员应进行全身防护；发生不挥发的有毒有害液体污染事件时，现场人员应采取着隔离服等防护措施。

必须安排专人在外来人员进入企业危险区域前告知注意事项，以及紧急状态下的撤离路线。

（六）交通运输保障

发生突发环境事件时，应急领导小组向当地公安交警部门申请支援；实施交通管制，对危害区外围交通路口实施定向、定时封锁，除了应急消防车和医疗救护车以外，禁止其他车辆进入企业内部，及时疏通交通堵塞道路，为消防车及医疗救护车让出绿色通道；严格控制进出事故现场的人员，避免出现意外人员伤亡或引起现场混乱；企业要掌握一定数量安全系数高、性能好的车辆，确保车辆处于良好状态，进行编号或标记，并制定驾驶员的应急准备措施和征用的启用方案。在预案启动后，确保组织和调集足够的交通运输工具，保证现场应急救援工作的需要。

（七）治安维护保障

企业与本社区警务区建立定期沟通，保证日常交流和非常时期帮扶求助，协助维护周边治安。与辖区派出所建立定期沟通机制，由派出所在紧急状况下进行治安维护和疏导救援；共同维护撤离区和人员安置区场所的社会治安，加强撤离区内和各封锁路口附近重要目标和财产安全的保卫。

（八）水电供应保障

遇到火灾事故时，现场处置组应派遣工作人员切断事故范围的电源，以防止电器火花导致爆炸事故。配合政府职能部门检查电源及相关设备、线路运行状况，发现问题及时解决，确保供电正常。夜间发生事故时，对事故地点及周边范围保障正常供电，为事故现场抢险提供照明电源，同时尽最大努力为事故现场抢险提供应急照明灯具。

立即了解事故地点及所在区域的消防供水情况，及时向应急领导小组汇报现场情况，知会政府有关职能部门以及供水单位。密切注意供水系统运行情况，出现异常或故障时，配合政府有关职能部门以及供水单位及时快速处理，确保事故现场供水。

第四章　应急响应

应急响应指突发环境事件发生后，有关企业、各级人民政府及各部门和社会团体，根据各自的法定职责和义务，为遏制或消除正在发生的突发环境事件，控制或减缓其造成的危害，启动事先制定的应急预案，采取的一系列有效措施和应急行动，包括应急救援、人员疏散、应急监测、现场调查、现场应急处置、信息发布和报告、警报和通报等环节。应急响应是全过程应急管理的重点，是应对突发环境事件的实战阶段，考验企业和政府的应急处置能力。

环境应急预案的启动如图 4-1 所示。

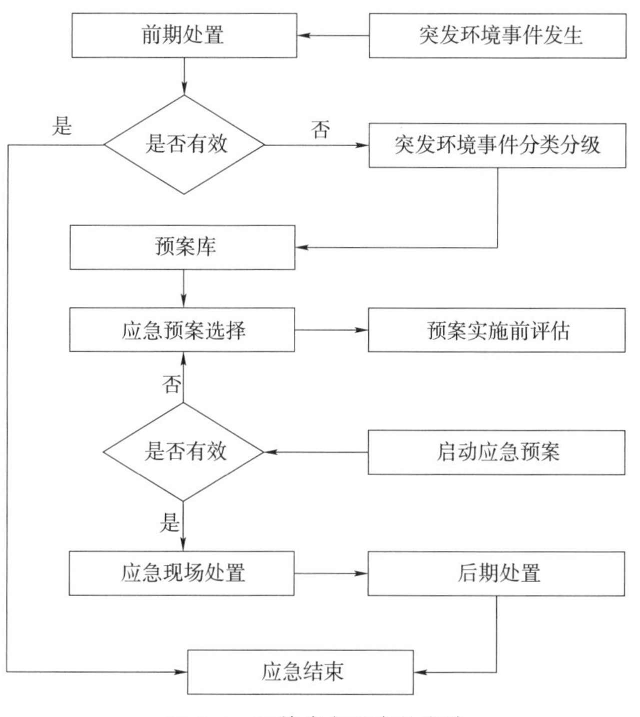

图 4-1　环境应急预案的启动

企业突发环境事件发生后，企业要立即组织本单位应急救援队伍和工作人员营救受害人员，疏散、撤离、安置受到威胁的人员。控制事故源头的环境风险源，标明危险区域，封锁危险场所，并采取其他防止危害扩大的必要措施，例如及时关闭厂区雨水、清下水排口，启用事故应急池，确保污水不出厂区。立即报告当地生态环境部门，通知周边可能受影响的单位和群众，并告知可采取的应对措施。实施应急监测监控，密切注意污染态势的发展、变化。服从当地政府发布的决定、命令，积极配合当地政府组织人员参加环境应急救援和处置工作。及时提供处置技术，共同做好次生污染防控工作。突发环境事件处理完毕后，做好污染区域的污染削减，接受有关部门调查处理，并承担有关法律规定的赔偿责任。

企业环境应急响应的法定义务包括“一报”（报告、通报）、“二处”（妥善处置）、“三协”（协助处置）、“四赔”（赔偿）、“五担”（承担责任）。在应急处置过程中，一要清楚处置程序；二要高度重视处置工作；三要围堵外泄物质，切断污染源头；四要妥善处置外泄物质；五要积极赔偿；六要勇于承担责任。

第一节　环境应急处置

一、概述

突发环境事件的环境应急处置是指在现场勘查和应急监测已对污染物种类、污染物浓度、污染范围及其危害作出初步判断的基础上，为使污染能够得到及时控制，防止污染的蔓延和扩散，减轻和消除污染危害所采取的一切措施。环境应急处置原则为短时间大范围高浓度的污染物影响转化成小范围长期低损害的自然过程，尽量避免与人、食物、生物等接触，防止向毒性变大方向发展。

企业环境应急处置工作的重点包括：迅速查找并切断污染源，必要时停止生产操作；标明危险区域，并采取其他防止污染扩大的必要措施；控制泄漏物，包括泄漏物的围堵、收容和洗消去污。根据不同突发环境事件的性质和环境特点，选取不同的污染减缓技术，尽可能减缓环境危害和破坏的不良后果；处置泄漏物，包括采取覆盖、收容、隔离、洗消、稀释、中和、消毒（如医疗废物泄漏时）等措施，及时处置污染物，消除突发环境事件危害；配合生态环境部门，根据突发环境事件现场调查情况，结合气象、水文等资料，预测突发环境事件的污染程度及发展趋势，并向当地政府或现场指挥部提出现场处置建议。

一般而言，环境应急顺序为“一气、二水、三土”；阻源顺序为生产设备→工厂围墙内→岸上→支流或短的河段→河床→较大水域。

削污措施为“一围阻、二回收、三吸附、四烧除、五掩埋、六削沉、七掺混、八修复”；态势判断方法为“一毒性、二总量、三可降解性、四敏感性、五超标范围与时间”。

二、启动应急响应

按照分级响应的原则，确定不同级别的现场组织机构和负责人。并根据事件级别的发展态势，明确应急指挥机构应急启动、应急资源调配、应急救援、扩大应急等应急响应程序和步骤。

根据突发环境事件预警级别研判结果，结合企业控制事态的能力以及需要调动的应急资源等，企业突发环境事件可分为车间级响应（三级）、厂区级响应（二级）和社会级响应（一级）。

车间级响应：事件出现在厂内局部区域或单元且企业能独立处理；或除所涉及的设施及其邻近设施的人员外，不需要撤离其他人员。响应人员是一线关键人员、专业工程师和生产单位主管。

厂区级响应：污染的范围在厂界内且企业能独立处理；或较大威胁的事件，该事件对生命和财产构成潜在威胁，企业工作人员需要有限撤离。响应人员是一线关键人员、企业环境安全管理员、专业工程师和生产单位主管。

社会级响应：污染的范围超出厂界或污染的范围在厂界内但企业不能独立处理，为了防止事件扩大，需要调动外部力量；或者产生连锁反应，次生其他危害事件；或危害严重，对生命和财产构成极端威胁，可能需要大范围撤离。响应人员是全企业、周边企业和社会力量等人员。

应急响应等级是指企业启动应急预案的响应级别，突发环境事件分级是指事件的级别，两者有一定的关联性，根据突发环境事件分级标准初步判断事件等级，启动相对应的应急响应等级。应急响应结束后，参考分级标准最终确定该事件的等级。应急响应启动后，响应等级可高于事件等级，也可视事件损失情况及其发展趋势调整响应级别。

企业突发环境事件应急响应程序如图 4-2 所示。

（一）车间级应急响应

1. 启动条件

车间级应急响应的启动条件包括：单个生产车间、仓库、储罐发生原料或产品泄漏事故，但泄漏物（液）并未排到生产车间、洗桶区、仓库或储罐围堰外的；生产车间、仓库、储罐区发生局部火灾、产生少量消防污水，但消防污水没有外泄到生产车间、仓库、储罐区外的；生产车间反应釜、乳化釜、生产罐体等设备发生破损，废水或物料在车间内泄漏，但并未排到生产车间外的；生产装置和罐区发生危险化学品微量泄漏事故，用吸附棉进行擦拭处理，危险废物因员工不规范操作，导致乱堆乱放的；

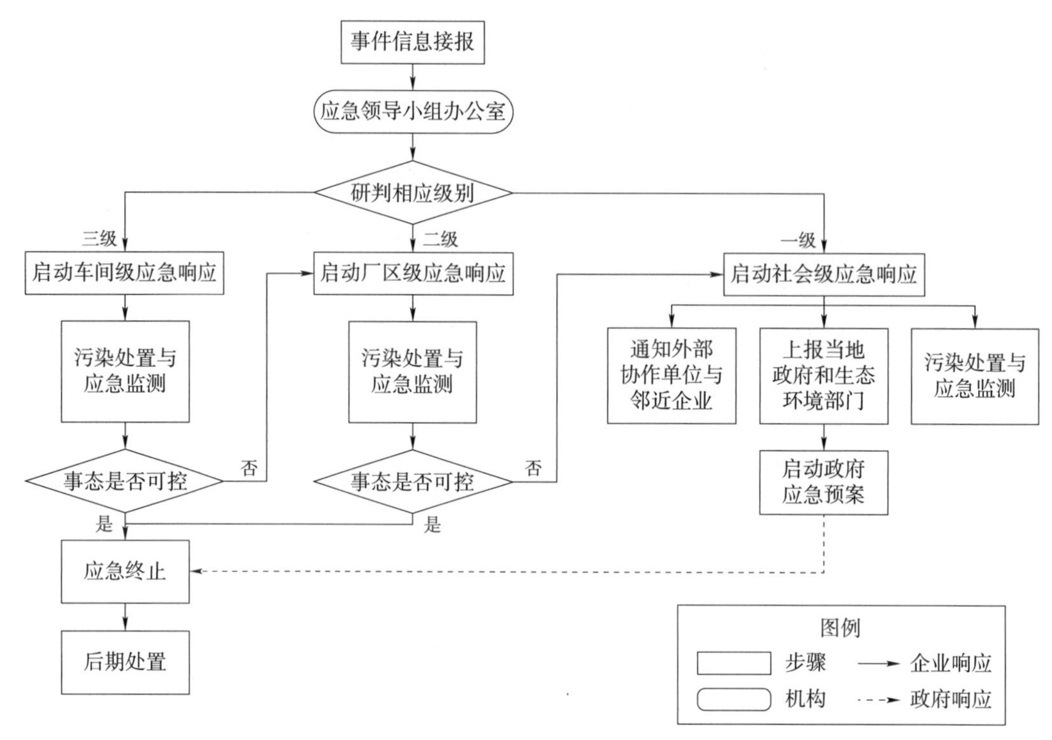

图 4-2　企业突发环境事件应急响应程序

企业污水处理设施出现故障，发现及时，并立即停产的；车间内污水收集管道出现破裂，废水发生泄漏，但并未排到车间外的；车间内废气收集系统故障，导致粉尘废气、有机废气等得不到有效收集，在车间内聚集，需转移疏散车间内员工的；污水处理设施、废气处理设施发生故障，能及时抢修的；

其他可控制在单元区域内的事件。

注：以上事故的界定前提是在事故中并未发生人员伤亡。

2. 响应内容

值班人员巡查或通过监控系统发现化学品小量泄漏等符合启动车间级应急响应条件的事件后，马上向班长报告；班长用对讲机通知各岗位人员；当班班长向当班领导报告事件；事态严重时可越级报告。

当班领导对事件进行初步分析后，启动车间级应急响应程序并向上级报告，同时成立事件现场指挥部，根据现场值班人数及工种成立应急救援小组；若泄漏事件有导致火灾、爆炸事件发生的潜在危险，应同时启动火灾、爆炸专项应急预案。

各应急救援小组集中，迅速穿上防护服，带齐相应救援工具赶赴现场；待指挥人员对泄漏情况进行简单介绍后，即可进行泄漏源控制，并随时将情况报告给指挥人员；泄漏源控制后，带齐相应的清污工具进行清污工作。

若有人员受伤，则应急救援小组迅速把人救出、展开急救并送往医院；泄漏源得到控制后，应留有人员观察现场情况；经认真检查确认安全后，应急领导小组总指挥（副总指挥）宣布泄漏事件警报解除，进入事件调查与生产恢复阶段（因需要保留现场暂不能恢复生产的除外）。

向企业应急领导小组办公室报告事件情况，报告内容包括事件位置、事件种类、泄漏物质、现场最新情况、事件报告人及联系电话、联系方式等。

若在初步救援过程中，事件升级，超出车间应急救援能力，应启用厂区级应急响应程序，马上请求企业应急领导小组办公室支援。

（二）厂区级应急响应

1. 启动条件

厂区级应急响应的启动条件包括：生产车间、仓库、储罐区发生原料或产品泄漏事故，泄漏物（液）已在厂区范围内流淌，但并未下渗或排到厂区外的；原料或产品在厂区范围内运输过程中发生槽车倾倒、管线泄漏、输送泵泄漏事故，但泄漏物（液）能控制在厂区范围之内的；化学品、危险废物在厂区范围内装卸过程中发生倾倒事故，但泄漏液并未下渗的；厂区发生小型火灾事故，属可控范围的；厂区发生小型火灾事故产生消防污水，但消防污水没有溢出厂界范围的；

因企业生产装置（如输送管道、阀门、泵、反应釜等）失灵、破损或故障，导致废水或物料发生泄漏，但泄漏液并未排到厂区外的；因一个生产装置区（储罐区）发生化学品泄漏事故，进而影响到其他生产装置区（储罐区）环境，或处理不慎导致泄漏液流到生产装置区（储罐区）外的；

因企业污水处理设施池体、污水收集管道发生破裂事故，导致生产废水未经处理或处理不达标，在厂区内四处流溢，但并未排到厂区外的；因厂区内废气处理设施发生故障，使粉尘废气、有机废气等未能及时处理，导致厂区废气聚集，影响员工身体、需转移公司内部员工的；当地政府要求启动的。

注：以上事故的界定前提是在事故中并未发生人员伤亡。

2. 响应内容

值班人员巡查或通过监控系统发现化学品大量泄漏事件等符合启动厂区级应急响应条件的事件后，事件发现者马上向班长报告；班长用对讲机通知各岗位人员；当班班长向当班领导报告事件；事态严重时可越级报告。

当班领导对事件进行初步分析后，启动厂区级应急响应程序并向上级报告，同时成立事件现场指挥部，联络各应急救援小组成员回厂区，根据现场值班人数及工种成立应急救援小组；若泄漏事件有导致火灾、爆炸事件发生的潜在危险，应同时启动火灾、爆炸专项应急预案。

各应急救援小组集中，带齐相应救援工具赶赴现场，按照相关职责进行初步应急救援：综合协调组根据现场勘查情况，划定警戒线范围，禁止无关人员进入并疏散现场无关人员，同时在门岗设立警戒线，实施交通临时管制。现场处置组队员迅速穿上防护服，待指挥人员对泄漏情况进行简单介绍后，即可进行泄漏源控制，并随时将情况报告给指挥人员；泄漏源控制后，带齐相应的清污工具进行清污工作。若有人员受伤，则综合协调组在现场处置组的协助下迅速把人救出、展开急救并送往医院。现场处置组人员到达各消防控制点，防止因泄漏而引起的火灾。综合协调组人员检查各污水排放口，确保阀门处于关闭状态，以防泄漏物质流到厂外。综合协调组随时为应急人员提供应急物资和设备的保障。

泄漏源得到控制后，应留有人员观察现场情况；经认真检查确认安全后，应急领导小组总指挥（副总指挥）宣布泄漏事件警报解除，进入事件调查与生产恢复阶段（因需要保留现场暂不能恢复生产的除外）。

向当地生态环境部门报告事件情况。报告内容包括事件企业名称及区域、事件种类、泄漏物质、现场最新情况、事件报告人及联系电话、联系方式等。

若在初步救援过程中，事件升级，超出企业应急救援能力，指挥部应启用社会级应急响应程序，马上请求外部支援。

（三）社会级应急响应

1. 启动条件

社会级应急响应的启动条件包括：生产车间、仓库、储罐区原料发生泄漏事故，或原料或产品在厂区范围内运输过程中发生槽车倾倒、管线泄漏、输送泵泄漏事故，处理不慎或发现不及时导致泄漏物（液）排到厂外，造成环境污染的；化学品在厂区范围内装卸过程中发生倾倒事故，处理不当导致泄漏液排到厂外的；污泥、废催化剂等废物的转移过程中发生泄漏，污染运输路线上的土壤环境的；厂区发生火灾、爆炸事故，消防污水随雨水管网或由地面流出厂区，或产生有毒有害烟气，污染周边环境的；

因企业污水处理设施发生异常（例如管道、池体破裂事故），导致废水泄漏或事故排放，污染外界环境的；因厂区内废气处理设施发生故障，使废气未能及时处理，导致厂区周边的废气浓度超标，影响周边居民正常生活，需转移疏散周边居民的；

因台风、雷电、暴雨等自然灾害引发各类突发环境事件的；因周边企业发生火灾、爆炸事故引发本企业突发环境事件的；在车间级事故及厂区级事故中发生人员死亡的；其他不可控制在厂区内的突发环境事件；当地政府要求启动的。

如果是在节假日，厂区级应急响应自动上升为社会级应急响应。

当在突发环境事件处置过程中，企业应急领导小组发现突发环境事件不能控制时，企业必须及时提升应急响应级别，采取更高级别的应急响应措施。企业要明确响应流程与升（降）级的关键节点，并以流程图表示。发生下列突发环境事件时，启动上一级的环境应急响应：企业自身力量一时无法控制的突发环境事件；事件环境应急处置过程中，现场情况恶化，事态无法得到有效控制的；事件环境应急处置过程中，企业环境应急处置力量、资源不足的；上级行政机关认定的重特大突发环境事件；其他涉及面广、影响范围大、污染物泄漏量多，企业环境应急救援不能有效控制的突发环境事件。

2. 响应内容

值班人员巡查发现化学品发生大量泄漏且泄漏物蔓延不可控，化学品发生火灾事故且消防废液经雨水渠直接进入外环境，化学品发生火灾、爆炸事故且采取措施后火势得不到减弱，或火灾火势不可控等符合启动社会级应急响应条件的事件后，发现者马上向班长、当班领导及应急领导小组总指挥报告。

值班人员通过对讲机通知事件区域人员；当班领导对事件进行初步分析后，经应急领导小组总指挥同意，启动社会级应急响应程序，马上请求外部支援；若泄漏事件有导致火灾、爆炸事件发生的潜在危险，应同时启动火灾、爆炸专项应急预案。

应急领导小组接警后，总指挥或副总指挥应立即发出预警信号，启动社会级环境应急响应，并实施环境应急预案，做好现场指挥工作。指挥部现场指挥人员与应急救援小组各司其职，并根据预警级别启动相应的应急程序，在指挥部的统一领导和协调下，开展应急救援与疏散工作。

各应急救援小组在 30 min 内带齐相应救援工具到达现场进行处理，到达现场后，要对事件现场采取围蔽措施，设置警示标志，并进行抢险操作、救助伤员、交通管制、保障供给和医疗救护等应急救援工作。应急领导小组负责现场应急救援的前期指挥，事发企业先期到达的各应急救援小组必须迅速、有效地实施前期应急处置，服从应急领导小组指挥；事故现场抢救应以人为本，遵循“安全第一、救人为主、减少损失、先控制后处置”的原则；现场指挥和各专业救援小组之间应保持良好的通信联系；在政府上级指挥机构到达现场后，指挥权由应急领导小组移交给上级指挥机构。

当泄漏或火灾、爆炸事故引起的突发环境事件抢险工作结束后，对参与应急的人员进行清点，由专人清点和回收使用的抢险物资与装备，及时重新配置事故现场应急设备；现场应急处置指挥部确认所有污染物已经全部得到妥善处置，火源已全部扑灭，火灾没有继发的可能时，经征得公安消防部门和专家组同意，现场应急处置指挥部宣布解除应急行动。应急终止后，应留有人员观察现场情况，协助相关部门进行事件调查工作，并进行后续清污工作和生产恢复工作。

三、确保人员安全

（一）治安警戒

突发环境事件发生后，由应急领导小组统一协调，综合协调组负责事故现场的治安警戒工作。综合协调组应根据化学品泄漏的扩散情况或火焰辐射热所涉及的范围建立警戒区，并在通往事故现场的主要干道上实行交通管制，指引救援车辆和人员有序进出事故现场。建立警戒区时应注意以下几项：在警戒区域的边界应设警示标志，应有专人警戒；除消防、应急处理人员以及必须坚守的单位的人员外，其他人员禁止进入警戒区；泄漏溢出的化学品为易燃品时，区域内应严禁火种。

1. 治安警戒工作的具体职责

该项功能的具体职责包括：实施交通管制，对警戒区外围的交通路口实施定向、定时封锁，严格控制进出事故现场人员，避免出现意外的人员伤亡或引起现场混乱；指挥警戒区内人员车辆、保障车辆的顺利通行，指引不熟悉地形和道路情况的环境应急车辆进入现场，及时疏通交通堵塞道路；维护撤离区和人员安置区场所的社会治安，保卫撤离区内和各封锁路口附近的重要目标和财产安全，打击各种犯罪分子；除上述职责以外，警戒人员还应该协助发出警报、开展现场紧急疏散、清点人员、传达紧急信息以及开展事件调查等。该职责一般由企业安保人员或公安部门负责。由于警戒人员往往是最先到达现场的，因此对其的危险化学品事故有关防护知识必须进行培训，并准备好警戒人员的个体防护装备。

2. 警戒区的设定和隔离

在发生事故之后，按照事故的危险程度划定事故中心区、事故波及区和事故影响区，并将各个区域分开隔离，保证区域人员安全、财产安全以及环境安全。

事故中心区（0～500 m 区域）即事故发生现场。该区域内泄漏的化学物质浓度高，伴有化学物质扩散，并可能伴有火灾、爆炸的发生，设备、建筑物的损害，以及人员的中毒、伤亡等。事故中心区以事故发生地点为中心，半径 25 m 内划定为重危区（一级隔离区），半径 25～40 m 划定为中危区（二级隔离区），半径 40～500 m 划定为轻危区（三级隔离区），设立警示标志，防止无关人员进入事故现场。按照现场指挥划定的危险区域，在重危区的边界使用红色警戒标志，在中危区的边界使用橙色警戒标志，在轻危区的边界使用黄色警戒标志。事故中心区的救援人员需要全身进行防护，佩戴隔绝式面罩。救援工作包括切断事故源、抢救伤员、保护和转移其他化学品、清除泄漏的化学品、进行局部的空间清消及封闭现场等。合理地设置出入口，严格控制各区域进出人员、车辆和物资。非抢险人员撤离到事故中心区以外后，应清点人数并进行登记。

事故波及区（500～1 000 m 区域）指与事故现场有一定距离的区域。该区域内空气或水体中泄漏的化学品浓度较高，作用时间较长，有可能发生人员或物品的伤害和损坏。该区域的救援工作主要是指导防护、监测污染情况、控制交通、组织排除滞留危险化学品气体。视事故实际情况组织人员疏散转移。事故波及区人员撤离到该区域以外后，应清点人数并进行登记。在事故波及区边界应有明显警戒标志。

事故影响区（1 000 m 以外区域）指事故波及区外可能受影响的区域。该区域内可能有从事故中心区和波及区扩散的小剂量危险化学品的危害。该区域救援工作重点放在及时指导群众进行防护，对群众进行有关知识的宣传，稳定群众的情绪。

3. 事故现场隔离方法

在取得政府和交通部门的允许后，禁止无关人员进入事故中心区、事故波及区和事故影响区。在道路进出口、居民活动的地方等，用护栏和彩带设置醒目的警戒标志，写上“事故处理、禁止通行”字样。情况允许时，设置一名警戒人员进行看护和解释。专业警戒人员必须穿保安服装，若政府其他部门的人员参与警戒，其必须穿正规服装。

当交通道路隔离造成某段或某一条道路中断时，为了确保交通通畅，必须指引车辆绕行道路方向，并设有明确的标识，请求交通管理部门发布区域交通状况公告，疏导途经事故区域车辆。

4. 典型案例

没有控制无关人员进入污染区域往往导致人员中毒，如河南省许昌市襄城县工业园区甲酚泄漏事故。2014 年 4 月 9 日 18 时 30 分，河南省许昌市襄城县城南煤焦化产业循环经济园区内许昌青松选矿药剂有限公司调试设备时发生罐体爆裂事故，造成约 2 t 甲酚泄漏，大部分进入厂房事故应急沟内，约 5% 泄漏甲酚喷溅到厂房外。部分围观群众出现轻度头疼、呕吐症状，十余名群众入院观察。企业将泄漏原料罐内剩余甲酚转移到应急罐内，回收应急沟内甲酚，用沙土覆盖地面上残留甲酚，并将处理过程中产生的固体废物送交有资质的单位进行处理。住院群众身体无大碍，于 4 月 11 日出院。

（二）应急疏散

突发环境事件发生后，应急疏散是减少人员伤亡扩大的关键，也是最彻底的环境应急响应，包括撤离和就地保护两种。撤离是指迅速将警戒区及污染区内与事故应急处理无关的人员撤离，以减少不必要的人员伤亡。紧急疏散时应注意：需要佩戴个体防护用品或采用简易有效的防护措施，并有相应的监护措施；应向上风方向转移；明确专人引导和护送疏散人员到安全区，并在疏散或撤离的路线上设立哨位，指明方向；不要在低洼处滞留；查清是否有人留在污染区和着火区。就地保护是指人员进入建筑物或其他设施内，直至危险解除。当撤离比就地保护更危险或撤离无法进行时，采取此项措施。指挥建筑物内的人员，关闭所有门窗，并关闭所有通风、加热、冷却系统。

1. 撤离规定和准备

对人群疏散所做的规定和准备应包括：发出撤离信号的权限（如突发环境事件明显威胁人身安全时，任何员工都可以启动撤离信号报警装置）；明确需要进行人群疏散的紧急情况和通知疏散的方法（如报警系统的持续警铃声）；列举有可能需要疏散的位置；对疏散人群数量及疏散时间的估测；对疏散路线的规定；对需要特殊援助的群体的考虑，如学校、幼儿园、医院、养老院，以及老人、残疾人等。

突发环境事件的大小、强度、爆发速度、持续时间及其后果严重程度是实施人群疏散时应予考虑的一个重要因素，将决定撤离人群的数量、疏散的可用时间及确保安全的疏散距离。以下情况必须部分或全部撤离：爆炸产生了飞片，如容器的碎片和危险废物；溢出或化学反应产生了有毒烟气；火灾不能控制并蔓延到厂区的其他位置，或火灾可能产生有毒烟气；环境应急响应人员无法获得必要的防护装备。

在紧急情况下，根据突发环境事件的现场情况，也可以选择现场安全避难方法。疏散与避难一般由政府组织进行，但企业必须事先做好准备，积极与地方政府主管部门合作，保护公众免受紧急事故危害。撤离时应根据应急预案关闭所有的设备和设施，以避免更大灾祸的发生。

2. 撤离方式和方法

厂内应急疏散：撤离前尽可能携带一些个人防护装备［如安全帽、湿毛巾、湿手套、过滤式面罩、口罩（打湿）］，撤离过程中佩戴过滤式面罩或以湿物堵住口鼻以防止中毒；撤离前镇定 3 s，注意观察周围灾害扩散形势及大致风向，选择高点、逆风向作为逃生路线；平时按预案熟悉撤离路线，自觉训练，撤离时担任引导任务，护送疏散人员到安全区，并在疏散或撤离的路线上设立哨位，指明方向；撤离警报发出后，班上岗位员工按紧急停车操作规程关闭所有运转设备和电器，并到指定地点集合；发现有人受伤时，应先判断环境的安全性，再进行救助；如果有爆炸发生，应目测选择结实的建构筑物躲避，防止飞散物和冲击波伤害，没有这类物体时可以找地表凹陷或略低点，暂时躲避，或就地卧倒，护住头部，待爆炸停止立即撤离，不可长时间在低洼处躲避。

疏散前要清点人数，各车间由当班班长负责组织，查清是否有人留在污染区或着火区；在紧急集合点召集人员，并确定到达紧急集合点人员的名单，将没有到达紧急集合点人员的名单上报给总指挥，由总指挥决定是否启动搜索和营救；根据总指挥的决定，检查疏散人员中受伤、中毒等情况，对受伤、中毒人员进行救治；如果人员查点后，确有人失踪，要尽力寻找，搜寻和营救小组可根据应急反应程序实施搜寻和营救；全体人员撤离到指定集合点停留，要服从指挥，直到警报解除。

厂外应急疏散：当事故危及周边单位、社区时，由企业应急领导小组向政府以及周边单位、社区发送事故报警。事故严重紧急时，应急领导小组总指挥直接联系政府以及周边单位、社区负责人，通知事故情况，提出组织疏散撤离要求或请求支援，同时提出撤离的具体方法和方式。撤离方式有步行和车辆运输两种，撤离方法中应明确采取的预防措施、注意事项、撤离方向和撤离距离。在政府应急人员未抵达前，企业派综合协调组协助相关的人员组织应急疏散。在政府应急人员抵达后，统一听从政府应急人员的安排，由政府应急人员指挥应急疏散工作。

3. 人员撤离路线

如果发生了与有毒有害气体有关的突发环境事件，需要人员及时撤离现场，应急领导小组就要迅速制定撤离路线。设定撤离路线的原则一般是沿着上风向或侧风向撤离到危险涉及范围之外。在安全距离内，综合协调组要尽快设立警戒标志或警戒线，禁止无关人员擅自进入危险区。在影响范围不明的情况下，初始隔离范围至少100 m，下风向疏散范围至少800 m。发生大规模泄漏时，初始隔离范围至少500 m，下风向疏散范围至少1 500 m。然后进行气体浓度检测，根据有害气体的实际浓度，调整隔离、疏散距离。发生火灾时，火场范围内如有槽车或罐车，则疏散范围应扩大到1 600 m。接到撤离疏散指令的人员，沿箭头指示的路线进行有序撤离、紧急疏散，在紧急集合点集合，清点人员，并向指挥部汇报。在撤离时不要慌张，要保持冷静，根据实际情况做出正确选择。

4. 在撤离前、后报告

现场处置组在实施完抢救任务、现场没有出现意外情况、无需再进行救援时要进行撤离，撤离前要向现场指挥部报告撤离原因、撤离人员；安全撤离后，也要向现场指挥部报告撤离人员、撤离地点。现场应急救援小组听从现场指挥部指挥，收到撤离命令后立即撤离。

（三）应急人员防护

突发环境事件涉及环境风险物质，环境应急救援工作危险性极大，因此必须对环境应急人员自身的安全问题进行周密考虑，包括环境安全预防措施、个体防护装备、现场环境安全监测等。环境应急人员必须按照相关规定佩戴符合救援要求的安全职业防护装备，未佩戴防护器具的人员不得进入事故现场进行事故处置。明确紧急撤离环境应急人员的条件和程序，保证环境应急人员免受事故的伤害。

呼吸系统防护：企业突发大气环境事件发生后，由于泄漏气体具有致毒性，在风力条件下扩散过快，必须对事故现场的有毒有害气体浓度进行检测，符合安全要求才能进入现场进行抢险、救援。有毒有害气体浓度未符合安全要求的，应按防毒器具使用规定，根据不同气体浓度佩戴合适的防毒器具或空气呼吸器。例如，当有毒有害气体浓度较高或现场氧气浓度较低时，应采用正压自给式防毒面具或正压式空气呼吸器；泄漏环境中氧气浓度较高时，可以采用防毒面罩、防尘口罩。

皮肤、黏膜和头部的防护：当进入事故现场时，需正确佩戴安全帽，并根据泄漏场所存储的化学品理化性质、毒理性质、现场浓度、侵入途径等情况选择相应级别和种类的防护服、防护手套和防护鞋等皮肤和黏膜防护装备；如果化学品是对皮肤有危害的物质，环境应急人员必须穿全封闭化学防护服。在收集到突发环境事件现场更多的信息后，应重新评估所需的个体防护设备，以确保正确选配和使用个体防护设备。

应明确保护环境应急人员安全所做的准备和规定，包括：环境应急人员严格按照救援程序开展环境应急救援工作，进入事故现场后应站在上风向，禁止接触或跨越泄漏物，必须正确使用救援器具；明确指挥人员与环境应急人员之间的通信方式，及时通知环境应急人员撤离危险区域的方法，以避免环境应急人员承受不必要的伤害；环境应急人员消毒设施及程序；对环境应急人员安排有关保证自身安全的培训，包括紧急情况下正确辨识危险性质与合理选择防护措施的能力培训、正确使用个体防护设备等。

无论是身处涉事企业的员工，还是参与环境应急救援的人员，都必须提高自身环境安全意识，做好个人防护是顺利开展环境应急救援工作的前提。2008 年 5 月 21 日，淄博市周村一辆运输粗苯的槽罐车辆在进行清罐处理过程中，未对槽罐采取强制通风置换、罐内气体分析检测等环境安全措施，一名工作人员穿戴不符合要求的防护用品进入罐内进行清罐时发生中毒，另一人未穿戴防护用品进罐救助，两人送医后不治身亡。因此，企业和政府在环境应急救援时，首先要保障事故现场救援队伍自身的安全，对于已经发生的损失，该舍弃的舍弃，对正在发生的损害要有选择地施救，坚持以人为本，把人的生命安全放在第一位。

（四）受伤人员救护

在应急救援的同时遵循“救人第一”的原则，积极抢救已中毒人员，疏散受毒气威胁的群众。医疗救护组人员必须佩戴个人防护用品，在现场处置组的协助下迅速进入现场危险区，沿逆风方向将伤者转移至空气新鲜处，根据受伤情况进行急救，并视实际情况迅速将受伤人员、中毒人员送往医院进行救治，组织有可能受到危险化学品伤害的周边群众进行体检；根据事故特点和泄漏物质的不同，采取不同的急救方法；做好医疗人员及伤病员的个体防护，必须携带足够的氧气、空气呼吸器及其他特种防毒器具，严禁使用过滤式防毒面具或在没有任何防护的情况下救人，防止发生继发性损害；应至少 2～3 人为一组集体行动，以便相互照应。

企业应明确针对可能发生的突发环境事件，为现场急救、伤员运送、治疗等所做的准备和安排或者联络方法，包括：建立与当地医疗机构的联系与协调，包括急救医院、危险化学品应急抢救中心、毒物控制中心等；建立对受伤人员进行分类急救、运送和转送医院的标准操作程序；可用的急救资源列表，包括抢救药品、医疗器械、救护车、消毒、解毒药品等物资的来源和供给；记录汇总伤亡情况，通过公共信息机构向新闻媒体发布受伤、死亡人数等信息。

受伤人员营救和急救方面，在专业人员到达事故发生点前，医疗救护组人员在保证营救者自身安全的情况下对受到危险化学品伤害的人员展开营救，按照先重伤、后轻伤的原则，按不同受伤情况进行处理。

中毒人员救护：应先松开衣领、紧身衣物、腰带及其他可能妨碍呼吸的一切物品，保持患者呼吸道畅通，必要时给氧；注意保暖、静卧，若有呕吐则应侧卧，以防止将呕吐物吸入气管；注意中毒者的病情变化。如发现中毒人员呼吸困难、心跳停止，立即进行现场人工呼吸和心脏按压按摩术。对不能自主呼吸、神志清楚的中毒人员，可采用正压式空气呼吸器强制输入的办法，协助其将呼吸调整到正常状态；对生命体征不稳定的重度中毒和复苏后的人员，应积极维持生命体征的稳定；对中度中毒以下的人员，应使用医院救护车（或企业车辆）把伤员快速送往医院抢救。在急救时如遇到危及生命的严重现象，应立即进行心肺复苏。

燃烧物灼伤和烧伤：头面部灼伤时，要注意眼、耳、鼻、口腔的清洗。躯干灼伤时，应迅速将伤者衣服脱去，用清洁的冷水冲洗 30 min 以上，用清洁布覆盖创伤面，避免伤面污染。对明显红肿的轻度烫伤，应立即用冷水冲洗，用干净的纱布包好即可。如果局部皮肤起水泡，要立即冷却 30 min 以上，不要任意把水泡弄破，伤者口渴时可适量饮水或含盐饮料。

低温冻伤：当人员发生冻伤时，应迅速复温。复温的方法是采用 40～42℃恒温热水浸泡，使其温度提高至接近正常。在对冻伤的部位进行轻柔按摩时，应注意不要将冻伤处的皮肤擦破，以防感染。

呼吸心跳停止：须现场进行人工呼吸、心脏按压术，但对吸入有毒有害气体导致心搏骤停者不能采取人工呼吸，以防止施救者发生中毒，应先放置口腔通气管，再用简易呼吸器进行。

皮肤污染：脱去污染的衣服，用流动清水冲洗，冲洗要及时、彻底、反复多次。

眼部刺激处理：先用清水或生理盐水冲洗眼睛，初步处理后将伤者送医院进行进一步治疗。

待医院救护车到场，或企业动用最快的交通工具，及时护送伤员到医院。运送途中应尽量减少颠簸，同时密切注意伤者的呼吸、脉搏、血压及伤口情况。

将患者分为四类：死亡 / 濒死，无呼吸、无脉搏、重度昏迷；立即处理，需要紧急处理和转运，指出现可能影响生命的损害或指征，如窒息、严重出血、呼吸超过30次/min等；延期处理，不严重的伤害或中毒，可随后处理或转运；无须处理，未中毒、无伤害或轻微中毒、伤害，不需要处理和转运，有时需要观察。

提供受伤人员的信息方面，对突发环境事件中的受伤人员，较严重者统一由医院负责护送，医疗救护组人员给予必要的协助，受轻伤人员可由综合协调组人员负责护送。同时，医疗救护组人员应向医生提供伤员医疗救治的信息支持，包括：一般信息（年龄、职业、婚姻状况、患病史等资料）；受伤者所接触有毒物质的名称、理化性质及毒理性质、接触的时间、有毒物质浓度、现场抢救情况、企业储备危险化学品或其他污染因子的特性信息。必要时拨打国家化学事故应急咨询专线，以便请求化学品医疗救治的技术支持。

四、现场应急措施

（一）前期应急处置措施

当突发环境事件发生后，涉事企业要发挥第一时间、第一现场的前期应急处置和救援响应作用。在专业部门应急救援人员赶到现场前，事发现场负责人应先想办法对事件进行控制，避免事态进一步恶化。

环境应急人员行动之前要做好如下准备：一是根据事故发生的规模、影响程度以及危险范围，确定环境应急人员的人数，并由经验丰富或专业的人员带队；二是根据事故发生的规模和发展态势决定应急响应级别；三是召开环境应急会议，落实环境应急指挥机构决定的工作事项、沟通情况、传达相关信息；四是应急救援器材、物资必须准备充足，以防出现应急救援物品不够用的情况；五是救援前尽量弄清楚类似事故的处置情况，在保证自身安全的情况下最大限度地抢险救灾；六是思想准备要充分，救援时保持思想情绪稳定。

按照企业应急领导小组总指挥指令，启动提前制定的现场处置应急预案，包括现场危险区、隔离区、安全区的设定方法和每个区域的人员管理规定；切断污染源和处置污染物所采用的技术措施及操作程序；控制污染扩散和消除污染的紧急措施；预防和控制突发环境事件扩大或恶化的措施（如停止设施运行）；突发环境事件可能扩大后的应对措施，有关现场环境应急过程记录的规定等。

企业环境安全管理员应在10 min内通知应急救援小组，并发出出警指令；应急救援小组自接到出警指令20 min内，必须完成携带环境应急设备、应急防护装备等所有出警准备工作，并出警；环境应急监测人员必须在30 min内，完成携带环境应急监测设备等所有出警准备工作，并出警。

首先，企业停止生产或调整生产工艺，在保证安全的前提下关闭有关阀门，防止继续泄漏，切断和控制污染源，在警戒区内立即停电、停火，灭绝一切可能引发火灾和爆炸的火种，对事件现场可能进一步导致事态恶化的环境风险源进行转移或消除，防止污染蔓延扩散，如果管道破裂，可用木楔、堵漏器等方法堵漏，随后用高标号速凝水泥覆盖、暂时封堵。

其次，分析污染物可能造成外环境污染的途径，采取应急措施，做好有毒有害物质和消防污水、废液等的收集、清理工作，减少向外环境的跑损量，个别生产装置或罐区发生物料泄漏事故时，利用围堰系统防止污染物外流，要及时封闭雨水口，防止污染物沿雨水系统外流，如果泄漏物已进入雨水、污水或清净下水排放系统，应及时封堵总排口，并采取措施将泄漏物导入事故应急池，防止泄漏物排到厂外、污染地表水，事故应急池容积不够时，将泄漏物围堵在厂界内，减少事件影响的区域和范围，安排人员确定各环境应急处置设施是否处于完好状态，并对事件进行预评估，确定现有防控措施是否能满足防控的要求。

最后，根据监测结果，采取科学方法处置，消除和减少污染带来的环境影响，把事态控制在萌芽或初发状态，为后续应对处置工作赢得时间；专家咨询组应为救援决策提供一定的技术支持和相关建议。

综合协调组在应急领导小组的领导下，根据现场抢险救援的要求，快速、及时地调度所需环境应急物资装备，确保在需要时可第一时间调用，若是企业无法提供的物资装备，应向相近企业和外界专业救援机构请求人员、技术、物资装备的支援，按照国家规定保护事故现场，因抢救人员、防止事故扩大等需要移动现场物件时，应做出标记、进行记录、拍照和绘制现场图，并妥善保管现场重要物件。任何组织和个人都必须服从应急救援的大局，不得阻拦或拒绝在抢险救灾过程中紧急调用的物资、设备、人员以及场地占用。

企业应当负担突发环境事件前期应急处置的法律义务，前期应急处置不仅能在一定程度上控制突发环境事件恶化程度，削弱事件的影响，还可以达到降低事件应对成本的目的；而且经过前期应急处置，能够更容易地控制突发环境事件的进展，使对事件进展状况的评估更有效，为后续的环境应急处置提供决策依据。

若企业启动的是车间级或厂区级应急响应，前期应急处置能够有效解决危机，则环境应急结束。污染物处理后加强 24 h 监管，减少次生灾害的发生。

（二）中期应急处置措施

若前期应急处置不能有效解决危机，则企业应急领导小组应立即升级应急响应级别，启动较高级别的应急响应，并按照规定向当地政府和生态环境部门报告。

1. 大气污染物泄漏事故处置措施

有毒有害气体具有致毒性快、扩散迅速及危害范围广等特点，因此事故企业在第一时间内的环境应急响应及采取的环境应急措施意义重大。相关企业要有针对性地制定有毒有害气体泄漏专项环境应急预案，做到事故发生后快速启动预案，有效控制污染蔓延势头，防范事故污染升级。

事故企业的专业技术人员可与消防人员密切配合，采用关闭阀门、修补容器及管道等方法，阻止毒气从管道、容器、设备的裂缝处继续外泄。抢修设备与消除污染相结合。抢修设备旨在控制污染源，抢修越早，受污染面积越小；事故现场处理时，严禁单独行动，必要时用水枪掩护；在抢修区域，直接对泄漏点或部位洗消，构成空间除污网，为抢修设备起到掩护作用。

泄漏的污染物为易挥发性化学品时，污染物会泄漏飘散到大气中，此时必须及时进行洗消，应在下风向、侧下风向以及人员较多方向采用水枪或消防水带向有害物蒸气云喷射雾状水（如图 4-3 所示），形成大范围水雾覆盖区域，稀释、吸收有毒有害大气污染物，加速气体扩散，减少空气污染。做好事故现场的环境应急监测，及时查明大气污染物的种类、数量和扩散区域，根据风向情况，确定污染范围。通知可能受影响的周边人员按紧急撤离路线安全疏散到安全地带。

图 4-3　水枪或消防水带喷射雾状水

2. 水污染物泄漏事故处置措施

应根据演练培训的方法，先识别泄漏物的化学成分，自行开展应急监测，或通知第三方监测单位，依据监测办法设点取样检测，随时掌握环境污染情况，并将数据及时反馈给应急领导小组。根据不同的化学品性质，采取不同的紧急处理措施，优先切断污染源，迅速抢修问题设备、管道和存储设施，控制泄漏化学品进入土壤、水体和空气的数量和速度。再使用相对应的吸附、导流方式，严禁采用可能会与泄漏化学品发生反应的容器、吸附物资进行处置。易燃、易爆化学品泄漏后，应使用防爆型器材。应急救援人员不得穿带钉的鞋和化纤衣物，手机应关闭，防止因泄漏而引起火灾。

少量化学品泄漏至地面，应及时筑堤堵截或引流到安全地点，采用低温冷却、泡沫覆盖等方法抑制污染物进一步蒸发。可用沙子、吸附材料、中和物进行吸收中和，也可用固化法处理泄漏物，然后交由具有资质的单位处理。

对于大量化学品的泄漏，物料泄漏和污水由围堰溢出时，企业判断污染物质对外环境的可能污染路径，关闭、堵塞污染物质可能通往厂外的所有雨水管线、井盖或明沟阀门，防止污染物进入外界水体。可选用隔膜泵将泄漏出的化学品抽入容器或槽车内；需要动用事故应急池时，可自流或者采用应急水泵等，将泄漏物转移至事故应急池进行暂存，事故后再进行妥善处置。泄漏控制后及时清理泄漏区域，清洗废水收集后转移到事故应急池。对污染区域进行初步修复和污染削减，为后期环境修复和灾后重建创造条件。

3. 火灾、爆炸事故应急处置措施

当盛装化学品的容器发生泄漏或火灾、爆炸事故时，岗位操作人员应立即撤离至安全区域，再向班组长汇报。汇报时应说明发生泄漏或火灾、爆炸的化学品名称、点位、泄漏量等关键信息。班组长收到汇报后，应根据化学品特性进行判断（是否会产生有害挥发物，是否可在短期内进行控制等），再立即通知可能受影响区域的人员进行撤离，同时通知现场处置组成员，穿戴好必要的个人防护用品，携带好应急救援物资，赶往现场进行处置。

现场处置组赶到现场后，应两人一组进入现场，其中一人进行应急救援，一人跟进掩护，并和外面的人员保持通信联系。在现场指挥的领导下，在安全有利的位置，利用消火栓等消防设施扑救火灾。对于燃烧的化学品，可在现场释放大量水蒸气或氮气，破坏燃烧条件。将未受火灾影响的化学品撤离，隔离易燃烧的化学品，集中力量扑救生产车间、仓库、储罐区内火灾。用射流水冷却着火设施及邻近设施，并保护相邻建筑物不受火势威胁，控制火势，使其不再扩大蔓延。若储罐各管线完好，可通过出液管线、排流管线，将物料导入紧急事故罐，减少火罐储量。在未切断泄漏源的情况下，严禁熄灭已稳定燃烧的火焰。在切断物料且温度下降之后，向稳定燃烧的火焰喷干粉，覆盖火焰，终止燃烧，达到灭火目的。在专业消防队到达后，企业应急救援小组应听从并配合其指令，共同实施救援工作。

拦截、收集消防污水，检查厂区各排放口，确保阀门处于关闭状态，以防消防污水流到厂区外。应疏通污水排放系统，由污水处理设施接收事故产生的大量污水。如果污水处理设施负荷过大，责令污水排入该污水处理设施的其他生产设施限产、停产，确保应急产生的污水得到妥善处理、达标排放。所有应急处置现场产生的危险废物均应收集、安全转移并妥善处置，避免造成二次污染。

（三）扩大应急处置措施

1. 向当地政府请求援助

当发生重大泄漏或火灾、爆炸事故，事态无法得到有效控制，企业应急救援力量不足或有可能危及社会安全时，应急领导小组总指挥根据实际情况进行判断并征求专家咨询组意见后，应立即启动扩大应急响应程序，启动社会级应急响应，下达紧急安全疏散命令，并立即向当地政府请求援助，由政府启动实施更高级别的环境应急预案。

企业要迅速向生态环境、应急管理、公安消防、卫生等部门报告事故情况（包括时间、地点、首报来源、事件起因和级别判断、已造成的后果、影响范围、发展趋势、拟采取的处置措施和处理情况等），并向友邻单位通报，必要时请求社会力量帮助。组织应急资源进行自救的同时，当专业救援队伍到达事故现场时，由综合协调组人员联络、引导并告知注意事项。企业现场指挥部进行相关工作的移交，现场指挥人员与企业各现场应急救援小组必须配合专业救援队伍做好抢险救援工作，服从当地政府发布的决定、命令。厂外环境应急处置所需经费首先由涉事企业承担，企业无力承担时由当地政府提供资金保障。

2. 配合做好厂区外应急处置

当污染物进入或可能进入外环境水系时，企业必须迅速采取围、隔等措施控制污染源头。建议当地水利部门关闭水系防洪闸口（如图 4-4 所示），防止污染物继续扩散。配合各部门力量加强沿河的巡检，发现异常情况后，及时进行筑坝拦截（如图 4-5 所示）、分段隔断，采用围油栏、机械收集、吸油毡、消油剂、人工捞取等方式，或中和、稀释等物理化学削减污染措施，对污染物进行处置，以防止或减少污染物排入外界环境。当高浓度小流量事故污水进入厂外雨排系统时，启动公用工程系统水体污染防控应急预案，对各排水系统进行调配排水，减少对城市污水处理厂的冲击。应急监测组协助专业部门对外界水体环境进行应急监测，跟踪外环境污染物的浓度变化，随时掌握环境污染情况。及时切断、分流无污染的水流，减少事故产生的废水量。对污染水体进行清污，用化学、物理方法削减水体中的污染物，最终实现水体水质达标；化学法主要依靠絮凝沉淀、酸碱中和等；物理法主要包括稀释、吸附等，吸附法最常用的是活性炭。

图 4-4　水利部门关闭水闸

图 4-5　筑坝拦截

3. 使用的药剂和工程技术

吸附药剂：所有的陆地泄漏和某些有机物的水中泄漏都可用吸附法处理。吸附法处理泄漏物的关键是选择合适的吸附剂。常用的吸附剂有活性炭、天然有机吸附剂、天然无机吸附剂、合成吸附剂。

活性炭是从水中除去不溶性漂浮物（有机物、某些无机物）最有效的吸附剂。活性炭是无毒物质，除非大量使用，一般不会对人或水中生物产生危害。由于活性炭易得而且实用，所以活性炭是目前处理水中低浓度泄漏物最常用的吸附剂。

天然有机吸附剂由天然产品（如木纤维、玉米秆、稻草、木屑、树皮、花生皮等纤维素和橡胶）组成，可以从水中除去油类和与油相似的有机物。天然有机吸附剂具有价廉、无毒、易得等优点，但再生困难。

天然无机吸附剂制作材料分为矿物吸附剂（如珍珠岩）和黏土类吸附剂（如沸

石）。矿物吸附剂可用来吸附各种类型的烃、酸及其衍生物、醇、醛、酮、酯和硝基化合物。黏土类吸附剂能吸附分子或离子，并且能够有选择地吸附不同大小的分子或不同极性的离子。黏土类吸附剂只适用于陆地泄漏物；对于水体泄漏物，黏土类吸附剂只能清除酚。由天然无机材料制成的吸附剂主要是粒状的，其使用受风、降雨、降雪等自然条件的影响。

合成吸附剂是专门为纯的有机液体研制的，能有效地清除陆地泄漏物和水体中的不溶性漂浮物。对于有极性且在水中能溶解或能与水互溶的物质，不能使用合成吸附剂清除。能再生是合成吸附剂的一大优点。常用的合成吸附剂有聚氨酯、聚丙烯和有大量网眼的树脂。

中和药剂：中和法要求最终 pH 控制在 6～9 之间，反应期间必须监测 pH 变化。危险化学品遇水反应生成的有毒有害气体大多数呈酸性，因此可在消防车中加入碱液，使用雾状水予以中和。碱液一时难以找到时，可在水箱内加入干粉、洗衣粉等，同样可起到中和效果。

对于泄入水体的酸、碱或泄入水体后能生成酸、碱的物质，也可考虑用中和法处理。对于陆地泄漏物，如果反应能控制，常常用强酸、强碱中和，这样比较经济。对于水体泄漏物，建议使用弱酸、弱碱中和。常用的弱酸有醋酸、磷酸二氢钠，有时可用气态二氧化碳。磷酸二氢钠几乎能用于所有的碱泄漏；当氨泄入水中时，可以用气态二氧化碳处理。

常用的强碱有氢氧化钠水溶液，其也可用于中和泄漏的氯。有时也用石灰、固体碳酸钠、苏打灰中和酸性泄漏物。常用的弱碱有碳酸氢钠、碳酸钠和碳酸钙。碳酸氢钠是缓冲盐，即使过量，反应后的 pH 最高仅 8.3。碳酸钠溶于水后，碱性和氢氧化钠一样强，若过量，pH 可达 11.4。碳酸钙与酸的反应速率虽然比钠盐慢，但因其不向环境加入任何毒性元素，反应后的最终 pH 总是低于 9.4，因而被广泛采用。

对于水体泄漏物，如果中和过程中可能产生金属离子，必须用沉淀剂清除。中和反应常常是剧烈的，由于放热和生成气体，产生沸腾和飞溅，所以应急人员必须穿防酸碱工作服、戴防烟雾呼吸器。可以通过降低反应温度和稀释反应物来控制飞溅。

如果非常弱的酸和非常弱的碱泄入水体，pH 只维持在 6～9 之间，建议不使用中和法处理。

现场使用中和法处理泄漏物受下列因素限制：泄漏物的量、中和反应的剧烈程度、反应生成潜在有毒有害气体的可能性、溶液的最终 pH 能否控制在要求范围内。

工程技术：修筑围堤是控制陆地上的液体泄漏物最常用的收容方法。常用的围堤有环形、直线形、“V”形等。通常根据泄漏物流动情况修筑围堤以拦截泄漏物。如果泄漏发生在平地上，则在泄漏点的周围修筑环形堤。如果泄漏发生在斜坡上，则在泄漏物流动的下方修筑“V”形堤。利用围堤拦截泄漏物的关键除了泄漏物本身的特性外，就是确定修筑围堤的地点，这个点既要离泄漏点足够远，保证有足够的时间在泄漏物到达前修好围堤，又要避免离泄漏点太远，使污染区域扩大，带来更大的损失。如果泄漏物是易燃物，操作时要特别注意，避免发生火灾。

使用泡沫覆盖阻止泄漏物的挥发，降低泄漏物对大气的危害和泄漏物的燃烧性。泡沫覆盖必须和其他的收容措施（如围堤、沟槽等）配合使用。通常泡沫覆盖只适用于陆地泄漏物。

还可用固化法处理泄漏物。通过加入能与泄漏物发生化学反应的固化剂或稳定剂使泄漏物转化成稳定形式，以便处理、运输和处置。有的泄漏物变成稳定形式后，由原来的有害变成了无害，可原地堆放，不需进一步处理；有的泄漏物变成稳定形式后仍然有害，必须运至废物处理场所进一步处理或在专用废弃场所掩埋。常用的固化剂有水泥、凝胶、石灰。

（四）环境应急指挥协调

1. 企业要建立强有力的环境应急指挥体系

发生突发环境事件后，企业应急领导小组办公室要发挥上传下达作用。企业应急领导小组总指挥在处置过程中要始终掌握突发环境事件现场的情况，及时调整力量，组织轮换。在可能发生重大情况时，应急领导小组总指挥要果断作出强攻或转移撤离的决定，以避免更大的伤亡和损失。

建立统一的环境应急指挥、协调和决策程序，便于对突发环境事件进行初始评估，确认紧急状态，从而迅速有效地进行环境应急响应决策，建立现场工作区域，指挥和协调现场各应急救援小组开展救援行动，合理高效地调配和使用环境应急资源等。应明确：现场指挥部的设立程序；指挥的职责与权力；指挥系统（谁指挥谁、谁配合谁、谁向谁报告）；启用现场外环境应急队伍的方法；事态评估与环境应急决策的程序；现场指挥与应急领导小组的协调；企业环境应急指挥与外部环境应急指挥之间的协调等。现场指挥人员根据现场调查情况和监测数据信息，向应急领导小组总指挥提出切断与控制风险源、减轻与消除污染、人员救护等处置措施建议，总指挥据此下达处置指令。

大型企业和工业园区应协商区域环境安全管理部门建设，本着提高效率、互惠双赢的精神，促进区域统一环境应急协调指挥力量的建设。其他相对分散、较小的企业在完善自身环境应急能力的基础上，也应积极配合当地政府和工业园区的环境安全管理工作。区域环境安全管理方式不解除企业环境安全管理的责任主体地位。

2. 分级进行环境应急处置

针对突发环境事件严重性、紧急程度、危害程度、影响范围、企业内部（生产工段、生产车间）控制事态的能力以及需要调动的应急资源，将突发环境事件分为车间级（三级）突发环境事件、厂区级（二级）突发环境事件、与政府应急响应相衔接的社会级（一级）突发环境事件。当突发环境事件达到一级以上时，由当地生态环境部门和应急管理部门视情况启动相关应急预案，企业则启动一级环境应急预案进行协助。在环境应急处置过程中，应急领导小组视事件的控制情况，对环境应急处置进行升级或降级。

应急领导小组总指挥负责各应急救援小组的调度。当总指挥发布事故预警时，应急救援小组应处于应急待命状态，做好出动的准备；当启动事故应急响应后，总指挥迅速带领应急救援小组赶赴事故现场，开展救援行动，对事故现场进行控制；事件难以控制时，总指挥立即向政府相关部门报告，社会应急救援部门按照接报的内容开展救援行动。

3. 政府主导应急处置后的指挥与协调

当地政府部门介入企业突发环境事件或者主导突发环境事件的应急处置工作时，企业全力配合当地政府部门，履行应急救援过程的相应职责。由环境监测组配合生态环境部门开展环境应急监测工作；由综合协调组配合公安、交通部门开展疏散、警戒和交通管制工作；由现场处置组配合消防部门开展消防及物资转移工作；由医疗救护组配合医疗机构开展人员救护工作，并配合地方政府开展人员安置工作。

（五）企业环境应急联动

建立企业内部、企业与企业、企业与环境敏感点、企业与协议单位、企业与政府或相关部门之间的环境应急联动机制，统一指挥、相互支持、密切配合、协同应对各类突发环境事件，协调有序地开展环境安全管理工作。

1. 企业内部的应急联动

企业内部要按照“统一指挥、协同配合”原则，建立突发环境事件统一指挥的应急联动机制，充分发挥各岗位的作用和优势，实现各应急救援小组联动和物资联动，形成合力，保证环境应急处置工作有序、高效进行。

2. 与相邻企业的应急联动

企业的相邻企业如果发生事故，在得不到有效控制的情况下，因连锁反应可能引发本企业发生事故，会产生有毒有害烟气、事故污水等污染物，存在污染周围大气环境、地表水环境的风险。因此，应整合双方环境应急救援资源，建立完善的环境应急救援机制，形成合力。

企业可与相邻企业签订环境应急救援互助协议，包括但不限于以下内容：确定双方应急领导小组总指挥及联络人联系方式；企业发生突发环境事件时，事故方及时告知另一方，双方建立完善的信息共享机制，及时了解和掌握突发环境事件信息，为高效、科学、快速救援处置争取时间；双方环境应急救援器材和物资共享，任一方发生突发环境事件时可调用另一方的环境应急救援器材和物资，在突发环境事件结束后，根据环境应急救援器材和物资使用情况，给予对方补偿；环境应急救援队伍是防范和应对突发环境事件的首要力量，不断加强相邻企业救援队伍联动机制建设。

3. 与周边居民区、村庄等环境敏感点的应急联动

当企业发生有毒有害气体泄漏和火灾、爆炸事故时，应立即按照环境应急预案规定，通知企业周边居民区、村庄等环境敏感点，做好人员疏散和医疗救护准备，确保企业周边敏感点人员的生命财产安全。

4. 与协议单位的应急联动

当企业环境应急能力不足时，可以加强与有关协议单位的应急联动。例如，环境监测可以依托当地生态环境监测中心或有资质的第三方环境监测机构；环境应急专家可以依托当地生态环境部门的相关环境应急专家和行业专家；发生化学品泄漏和火灾、爆炸事故导致大量事故污水外排时，可以依托附近的城市污水处理厂，城市污水处理厂应做好接收事故污水的应急准备。

5. 与政府或相关部门的应急联动

企业应加强与当地政府或相关部门的沟通衔接，主动接受生态环境、应急管理等部门的监管，发生突发环境事件后要及时报告有关情况，发布预警信息。通过定期与政府部门的信息沟通和协调，使政府部门及时了解企业环保设施运行、环境风险源、周边敏感点等相关情况，为企业发生突发环境事件时的应急处置做好相应准备工作，保证环境应急处置工作的针对性和有效性。企业及时了解政府部门发布的自然灾害信息，并提前做好应急准备。

所在地政府或相关部门根据事态发展启动相应的环境应急预案。当启动政府或部门环境应急预案时，环境应急指挥权移交给政府或相关部门，企业应急领导小组总指挥负责接受政府或相关部门的指令和调动，各应急救援小组配合政府或相关部门做好事件应急处理、事件调查、环境恢复、善后处理等工作。

政府应急救援力量分工如下：生态环境部门指导突发环境事件应急处置和实时监测工作；应急管理部门开展安全生产事故救援，提供救护物资的援助和支持；消防部门在企业发生火灾事故时开展灭火抢险；公安部门指导企业进行警戒，封锁相关要道，防止无关人员进入事故现场和污染区；电信部门保障外部通信系统的正常运转，及时群发事故消息和发布有关命令；供电部门保障应急救援用电；供水部门保障应急救援和消防用水；医疗单位提供伤员救护服务和现场救护所需要的药品；质量技术监督部门提供应急救援特种设备和压力容器泄压工具，提供储罐和管道堵漏、事故点破拆的技术指导；交通运输部门提供物资运输支持。

（六）处置不当典型案例

部分企业的现场环境应急处置存在较大缺陷。例如泄漏源未能得到及时控制，错失了本来可以大大减少泄漏污染的最佳时机；企业环境应急处置经验不足，处置技术方法失当，影响环境应急处置效果；环境应急物资缺乏，没有围油栏、吸油毡、消油剂等必备环境应急物资，在环境应急处置过程中经常临时采购棉被、海绵等，对污染物进行简单的拦截和吸附清理，导致处置效果不佳。

1. 贵州遵义“7・14”中石化西南成品油管道柴油泄漏事故次生重大突发环境事件

2020 年 7 月 13 日，由于强降雨天气导致山体滑坡，G210 国道被压覆损坏，贵州省遵义市桐梓县境内中石化西南成品油水保设施受挤压垮塌，事发企业中石化华南分公司启动管理处级预警，调集物资，提前布设 3 道围油栏和 3 道拦油坝，安排救援人员 40 余人待命。7 月 14 日 6 时 6 分许，成品油管道受到挤压，发生位移变形和局部损伤，导致柴油发生泄漏。中石化华南分公司紧急停输柴油，迅速关闭泄漏点上游的板桥镇阀室、夜郎阀室、东山阀室，并对泄漏点下游的尧龙山站通过大流量泄放进行泄压。6 时 34 分起，现场投入 280 余人以及挖机 8 台、油罐车 21 辆次、抽油设备 14 台、围油栏 1 680 m、吸油毡 210 包等应急物资，开展应急处置工作。7 月 14 日 10 时，在查找泄漏点过程中，组织开挖扰动泄漏点平衡，造成大量柴油泄漏，污染事态进一步扩大。泄漏柴油进入捷阵溪，汇入松坎河后进入重庆市境内，造成跨省级行政区域影响的重大突发环境事件。7 月 15 日 10 时，完成管道封堵工作。

现场情况如图 4-6、图 4-7 所示。

图 4-6　强降雨天气导致山体滑坡

图 4-7　中石化西南成品油管道柴油泄漏事故现场

河道污染控制：本次事件处置共布设 31 道围油栏，其中贵州省境内 15 道、重庆市境内 16 道；贵州省还在境内构筑拦油坝 12 道、活性炭坝 12 道、隔油池 1 座，共削减污染物约 3.67 t。通过收油机等回收柴油 14.01 t。

土壤污染控制：本次事件处置中，在泄漏点上游附近设置排水沟 5 处，在泄漏点下游设置用于收集泄漏柴油以及含油雨水的集油坑 1 个，用于将雨水、地表径流拦截并引出，在泄漏区域共覆盖防雨布约 2 882 m^2。应急处置结束后，清挖被污染土壤 461.9 t。

事件调查发现，企业对可能产生的严重后果研判失误、准备不足。事件发生前，中石化华南分公司在获悉山体滑坡威胁管道安全等信息后没有充分研判，在有关主管部门提出停输等要求的情况下，没有及时采取排除管道安全隐患和避免管道输送介质泄漏污染环境的措施，导致管道破损，油品泄漏，通过捷阵溪进入松坎河，造成环境污染。

企业前期应急处置不当，引发大量泄漏。中石化华南分公司在发现柴油泄漏后，采取停输、开挖集油坑、设置围油栏等措施，基本控制住了泄漏柴油通过捷阵溪向下游扩散的态势。但在没有充分评估管道余油量、未全面考虑外力扰动现有平衡状态可能引发大量泄漏的风险，集油坑、导流渠等污染防控措施没有准备充分的情况下，组织开挖漏油点，导致大量柴油涌出进入捷阵溪，污染事态扩大。

政企联动不充分，企业和地方政府信息沟通不畅。7 月 13 日事件发生前，中石化有关工作人员向当地村委会通报管道内输送的是 92 号汽油。7 月 14 日，应急处置初期漏油量剧增时，地方政府人员仍然认为泄漏的是汽油，紧急组织疏散当地群众，而后才获知企业已将遵义段输送汽油调改成输送柴油。事故救援前期，企业救援力量和地方政府救援人员各自为政，地方政府不了解管道企业的日常管理情况，在事件发生后不能第一时间与企业联系对接，影响了救援效果。

应急物资储备不充分，处置技术不能满足需要。中石化华南分公司应急物资主要集中在贵阳，在遵义仅储备了少量物资，事发后需临时从贵阳调用物资，不能及时满足处置需要。石油类污染应急处置技术精细化不够。目前常用的围油栏、吸油毡等对高浓度油类污染物的吸附效果较好，但对低浓度油类污染物的吸附效果不好，如此次事件监测结果显示，在水流量大的松坎河下游和綦江上布设的围油栏和吸油毡对浓度低于 1 mg/L 的油花的吸附效果不明显，尤其是溶解态的油类，主要依靠河水稀释来降低污染物浓度。

经损害评估，本次突发环境事件应急响应阶段共造成污染处置费用、应急监测费用、组织指挥和后勤保障费用、财产损失等直接经济损失 148.73 万元，其中贵州省直接经济损失 89.54 万元，重庆市直接经济损失 59.19 万元。经专家核算，此次事件中柴油泄漏量约为 289.91 t。其中，回收约 252.21 t，吸附约 3.67 t，入土壤约 20.58 t，入河约 13.45 t。事件对贵州省遵义市桐梓县、重庆市綦江区和江津区的地表水、土壤、饮用水造成一定影响。

针对此次事件，中石化华南分公司多次集体反思总结，认为管道管理法律法规、管道建设标准规范基本都是 10 年前出台的，已经不适应目前我国管道运输行业快速发展面临的问题和挑战。公司组织对事发管段进行改造，将管道从地表下 1 m 向下移至几十米。

2. 河南栾川“2・14”龙宇钼业尾矿库溢流井垮塌泄漏事故

2017 年 2 月 14 日 20 时许，河南栾川龙宇钼业有限公司尾矿库 6 号排水井坍塌，大量尾矿砂和尾矿水流经约 8 km 后汇入伊河，随后被拦截在下游约 35 km 处的金牛岭水库。地方政府确定了“切断源头、筑坝拦截、投药降污和河道清淤”的应急工作思路，历经 112 天，完成了“将污染控制在金牛岭水库以上断面”的应急目标。事件发生后，大量尾矿砂沉积在河道内，由于对河道清污分离不彻底，河道堆积尾矿砂被上游清水冲刷，污染物不断向下游扩散；企业尾矿库环境应急预案不完善，未考虑排洪设施损毁导致尾矿泄漏事故风险，没有制定排洪系统损毁专项应急预案及现场处置方案；未配备针对尾矿泄漏的应急物资、设备和器材。

3. 陕西渭南“12・2”金堆城钼业集团含镉废水污染汶峪河事件

2015 年 12 月 2 日，陕西省商洛市洛南县环保局在日常监督性检查中，发现汶峪河入洛南县境断面水质发黄，追溯至上游渭南市华县金堆城钼业集团有限公司马路沟废石场进行取样监测。12 月 4 日 19 时，监测结果显示金堆城钼业集团有限公司废石场废水镉浓度明显超标。当地政府在汶峪河橡皮坝上游修筑拦水坝以拦截污染团，在汶峪河河道内安装导流管道（高分子聚乙烯管道）。河道上游来水经导流管至污染团下游，不再进入橡皮坝污染区域内。污染团被隔离后，采取综合措施降污。

12 月 2 日已发现河水变黄的突发情况，然而 12 月 4 日才确定是镉超标，12 月 8 日才采取治理措施。从污染发生到采取措施治理污染，已过去 6 天，错失最佳污染治理时机，这说明企业在应急响应过程中未做到“两及时”（发现污染及时，上报及时），存在环境应急反应速度迟缓的问题。

4. 甘肃陇南“11·23”陇星锑业有限公司选矿厂尾矿库泄漏事故

2015 年 11 月 23 日，位于甘肃省陇南市西和县太石河乡山青村的陇星锑业有限公司选矿厂尾矿库泄漏，造成西汉水陕西段和嘉陵江水质污染。事件发生后，企业未及时采取有效拦截处置措施，11 月 24 日已安排各项处置措施，11 月 26 日才开始清理河道污染物，完成上游山泉水初步拦截工作。此外，事件初期重点关注事发涵洞附近水域的围堵，多日后才开展清污分流、筑坝拦污等工作，错过了将大量尾砂及污染物围堵在甘肃境内的最佳处置时机。防止污染扩大需要全方位、多时空系统科学施策，采取“围追堵截”等方式，将污染控制在有限范围内，再采取措施消除污染影响，这是前期应急处置首先需要考虑解决的问题。生态环境部近两年推动开展的“以空间换时间”的“南阳实践”，就是通过提前“找空间、定方案、抓演练”，避免事后错过处置最佳“窗口期”的有力举措。

5. 宁夏石嘴山“4·13”国电第一发电有限公司贮灰库灰水排入黄河事件

2013 年 4 月 13 日，电厂巡查人员发现贮灰库一废弃竖井有漏水的情况。由于贮灰库紧邻黄河，企业在接到报告后启动应急预案，及时在泄漏的竖井周围设置围堰以隔绝水源，并装填沙袋对竖井口进行填塞封堵。同时，为了防止外排水流入黄河，在坝外修建土坝进行封堵。4 月 14 日 2 时，围堰内部由于灰水冲刷造成围堰及灰层大面积塌方，灰水外排流入黄河。15 日 6 时 30 分左右，泄漏水量过大导致拦水坝被冲垮，约 3 万 m^3 的废水流入黄河。为堵截贮灰库竖井泄漏，阻止灰水继续排入黄河，应急救援队伍在现场修建临时隔离坝，但该企业此时仍在往贮灰库送灰，对应急救援人员生命安全造成极大威胁。

6. 山西潞安集团天脊股份公司“12·30”苯胺泄漏事故

2012 年 12 月 30 日 13 时 45 分，山西潞安集团天脊股份公司方元公司苯胺储罐进料时，因进料金属软管破裂（如图 4-8 所示），造成 319.87 t 苯胺泄漏。由于企业苯胺成品罐区与围堰外相通的雨水排口阀未关闭，导致部分苯胺通过雨水阀流入排洪渠，约有 134.29 t 苯胺流出厂区，其中大部分被截留在入浊漳河前的黄牛蹄水库（距厂界约 15 km）内，8.76 t 进入了下游的浊漳河，致使浊漳河水及下游受污染。事件波及河北、河南两省。1 月 5 日下午，河北邯郸市铁西水厂、河南安阳市第五水厂停止从岳城水库取水，邯郸市改由全部从羊角铺地下水源地取水。当地政府采取人工导流储存方式，将浊漳河受污染水经漳河小跃峰渠和香水河的水团，跨过岳城水库，直接引入坝下漳河干涸河道和低洼地区（无农作物、远离居民住宅区、不易地下渗漏），将这些区域作为临时蓄水区和污水处理区。在岳城水库口修筑了拦截坝；对已进入岳城水库的污水，进行回抽处理；在东武仕水库上游修筑了3道活性炭坝，尽可能阻断超标污水入库；协调漳河上游管理局调配清漳河、浊漳河水，对超标污水进行稀释处理。

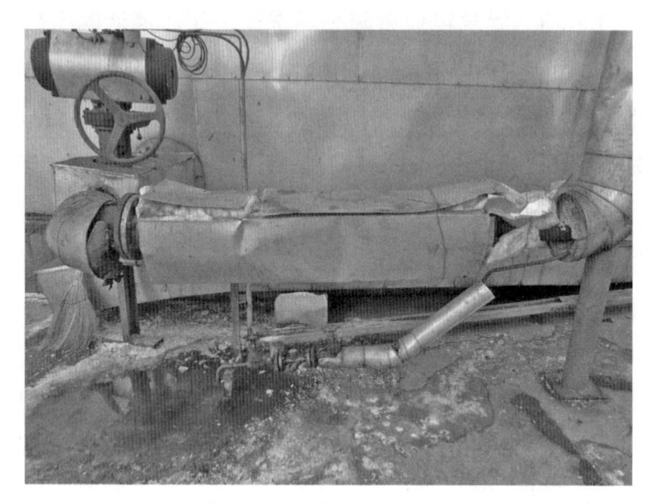

图4-8 进料金属软管破裂，造成苯胺泄漏

事件的根本原因是企业没做到清污分流。清污分流是指初期雨水、车间冲洗水、储罐及生产环节的“跑冒滴漏”等液体必须通过雨水管网进入污水处理设施或事故应急池处理达标后才能排放，中后期雨水作为清水直接排放。因此不下雨时，雨水排口的阀门必须切换至进入污水处理设施或事故应急池的方向。

天脊股份公司环保能源管理部部长现场处置排查不力，未能在第一时间发现泄漏点，未认真核实苯胺泄漏量，草率估算1～1.5 t泄漏量并向上级和有关部门报告；方元公司储运车间化工三班班长违规指挥切罐操作，当班未去现场检查和巡检，交接班未对设施运行情况进行确认；方元公司储运车间化工二班班长无故旷工，对本班生产运行和安全环保工作失于管理；方元公司化工二班巡检员在夜间值班期间未按规定巡检，导致苯胺长时间泄漏。企业4人对事件负有直接责任，被移送司法机关处理。

企业上报迟缓、通报不及时。经事件调查，12月31日7时45分，天脊股份公司方元公司发现苯胺泄漏。16时30分，涉事企业向潞城市环保局报告，距发现泄漏事故时间已经8小时45分。在本次事件中，相关人员没有按照要求第一时间上报、第一时间通报，延误了政府及有关部门对事件的准确判断和快速处置，使事态不断扩大，最后失控，造成重大损失，导致处置工作被动应对。

企业环境安全意识淡薄是导致本次事件发生的主要根源。从一线操作人员到企业管理人员的环境安全意识都不强，重视程度不够，平时环境安全管理工作不到位，面对突发环境事件反应迟钝、应对不当。企业要强化环境安全责任主体意识，提高突发环境事件应对能力，对存在的风险进行识别和评估，及早发现和消灭隐患，降低发生突发环境事件的风险。

7. 湖南邵阳“9·11”宝庆煤电有限公司柴油泄漏事故

2012年9月11日14时35分，国电湖南宝庆煤电有限公司输送柴油管道密封圈破裂，导致油库供油泵轴承处漏油，泄漏的柴油进入油库内油污水收集隔油池，隔油池储存液位超过了连通雨水检查井及厂内雨水管道的高程，致使约2 t泄漏柴油通过雨水系统于9月12日凌晨陆续排入资江。受油污影响，资江市城西水厂和工业街水厂于12日先后暂停取水。采取有效的应急措施后，各水厂在10 h内恢复了供水。

9月13日，宝庆电厂用水泥封闭了油污水收集隔油池与外环境连通的原外排清净雨水管道。同时用油污泵抽走了泄漏在油污水收集隔油池的大部分油污水，清理了留存在油库附近雨水井和管道中的油污水。城西水厂和工业街水厂停水后，当地政府于9月12日通过电视、广播、短信等媒介公开了事件情况，向群众解释了原因，预计了恢复供水时间。由于占邵阳市供水量2/3的桂花渡水厂内有较大蓄水池，仅停止取水2 h，一直未停止供水，群众正常生活未受太大影响。根据水质监测结果，9月13日3时30分，此次事件对资江的影响明显减弱，资江邵阳至娄底段水质已恢复正常。至此，湖南邵阳宝庆煤电有限公司柴油泄漏事故应急状态终止。

环境风险防范制度亟待完善。企业制定的环境应急预案为老版本的环境风险预案，没有按照最新的要求编制，更没有任何关于石油类泄漏的环境应急内容。制定的环评报告中缺失油类环境风险评价内容与要求。

油库区的环境安全管理制度缺失。由于油库区内泵站很少开动，因此企业并没有把油库区作为环境风险管理的重点。巡查人员一般1天仅巡查1～2次，没有巡查记录等，更没有查看排污口或排水口等的要求。宝庆电厂员工发现供油泵轴承处漏油后，没有意识到已经造成大量柴油泄漏，也没有上报市环境保护部门，以致错失减少泄漏量的最佳时机。

油库区油污水收集隔油池处理系统的设计建设存在问题。对于油库区的含油污水，宝庆电厂设有含油污水收集处理系统。该系统主要由1个约80 m^3的隔油池、油污水分离净化机和回收油罐组成。正常情况下罐区的含油雨水和供油泵房内的可能清洗水均汇入隔油池浮油区，再通过隔油池污水区、浮油分离机、油污水净化机等实现浮油回收和与雨水的分离。但是，由于连接罐区含油雨水和供油泵房可能清洗水的雨水检查井存在直接与外环境连通的管道，且无任何阀门控制，以致泄漏柴油从隔油池反向流入雨水检查井，再通过雨水检查井与雨水沟的连通管道外泄到资江水体中，造成此次大量柴油泄漏和污染资江的事件。

泄漏源控制不及时。企业对突发环境事件重视不够，导致泄漏源未能得到及时控制，错失了本来可以大大减少泄漏污染的最佳时机。宝庆电厂员工巡查发现漏油后，未加以重视，仅采取关闭阀门的措施，未对柴油泄漏情况进行确认，也未及时上报。直至海事部门确认其为污染源后，宝庆电厂才得知厂内柴油大量泄漏。9 月 13 日督查人员现场检查时，3 台油水分离器全部无法启动，总排口仍有部分油污随雨水外排，污染源切断不完全。

柴油泄漏量核算不准确。油库的电子管理系统记录显示，泄漏主要发生在 B 罐，泄漏前罐体柴油液位为 4.71 m，泄漏后罐体柴油液位为 4.5 m，罐体直径 8.8 m，换算为体积 12.2 m^3，即从罐内泄漏的柴油量约为 12 t。油库区收集隔油池的体积为 80 m^3，企业自报隔油池中原有油水体积为 71～72 m^3，由此推算从隔油池泄漏到雨水管网中的柴油量为 4.2～5.2 m^3。据企业介绍，泄漏后还从雨水管网水井中抽取油污水约 2 t。由此推算，排放至资江的柴油量为 2～3 t。因技术方法不当，无法估算打捞清理泄漏入资江的柴油量。由于宝庆电厂发现泄漏后应急处置不当且管理缺失，未切实掌握隔油池中污水量，导致柴油泄漏量和外排量只能依靠现有材料进行估算，给应急处置工作带来诸多不便。

环境应急物资准备不充足。企业应急处置经验不足，应急物资缺乏，技术方法失当，影响应急处置效果。没有应对液体化学品泄漏处理处置的装备和物资，没有围油栏、吸油毡、消油剂等必备应急物资。在应急处置过程中，临时采购毛巾、棉被、海绵等对水厂吸水口等附近水体进行简单的拦截和吸附清理，导致处理处置效果不佳，泄漏入江中的柴油未能得到有效收集和快速控制。

企业应增强环境风险防范意识。宝庆电厂环境安全管理存在漏洞，对环境安全隐患意识不足，发生泄漏后没有及时向当地政府和环境保护等相关部门报告，错失了环境应急处置最佳时机，导致污染物扩散，是造成本次突发环境事件的主要原因。宝庆电厂油品储存区存在设计缺陷、柴油泄漏专项应急预案不完善。同时，企业未按照要求更新环境应急预案、开展应急演练，未能及时发现储罐区管网设计缺陷。各类存在环境风险的企业，应当经常性地进行环境安全隐患排查，采取有效的风险防范措施，经常进行员工培训，定期进行应急演练。只有做好前期准备工作，才能妥善应对突发环境事件。

探索区域环境安全防控思路。选取敏感区域开展应对关口前移试点工作，探索建立环境安全防控体系方式方法，防止客水对饮用水水源的威胁。如针对企业，在设施区设置围堰，在必要位置建设事故应急池，在企业外围排口至下游水域入口建设拦污坝；针对公共领域，由政府牵头，在重点公路路段和重点河流、流域主要断面、入水口等位置预设拦污坝、截污池等防护设施，储备必要的环境应急物资，建立合理的环境应急协调机制，形成多位一体的防控体系，确保在发生突发环境事件后能有效拦截并及时处置污染物。

从事故处理本身来看，宝庆煤电有限公司和邵阳市政府应急响应比较迅速，但环境应急预案和环境应急物资储备明显存在较大差距，否则不会临时购买棉服、毛巾等用于拦截和吸附油污。

邵阳市环境保护部门对该起突发环境事件的责任岗位与责任人实施立案调查并依法追究相关责任。对宝庆煤电负有领导责任的分管副总经理、负有直接责任的应急领导小组总指挥和当值人员分别给予行政记过、撤销职务和解除用工合同的处分；同时，对宝庆煤电处以罚款 20 万元。邵阳市环保局委托湖南省环科院开展事件污染损害评估；同时，受宝庆煤电委托，湖南省环科院开展该企业的环境风险评估。

企业总结教训，积极整改。宝庆煤电连续 4 次召开专题会议分析原因，总结教训，积极整改：一是消除安全隐患。用水泥彻底封堵隔油池至雨水检查井通道；新建油库应急收集管道并加设控制阀门，修复隔油池的自动油水分离系统。二是加强环境应急防范。下发整改通知，成立专项检查小组，共排查出 8 项环境安全隐患，明确责任人、整改计划和完成时间，并于 9 月 29 日前全部完成整改；更新环境应急预案，加强全体人员岗位培训，制定巡查及报告制度，委托湖南省环科院开展此次污染损害及环境风险评估。三是追究相关责任。宝庆煤电对相关责任人进行追究。邵阳市环保局先后两次约谈宝庆煤电负责人，明确责任和义务；书面下达整改通知，提出整改任务和要求，派员驻厂指导整改。

8. 陕西渭南“12・30”中石油公司兰郑长成品油管道渭南支线柴油泄漏事故

2009 年 12 月 30 日凌晨，中石油公司兰郑长成品油管道渭南分输支线因第三方施工发生柴油泄漏事故，约 100 m^3 柴油进入赤水河，流入渭河，又汇入黄河，黄河三门峡大坝上游水质受到污染。中石油公司找到漏油点后 4 h 内成功封堵了漏油点，并全力收集泄漏柴油约 50 m^3；同时在赤水河开挖渠道，于 1 月 2 日成功引导赤水河水绕过泄漏点，减轻下游压力。

先期应急处置存在不足：一是报告不及时，错过了最佳处置时期。事件发生企业应在突发环境事件发生后 1 h 内向当地政府报告，但中石油管道企业在发现柴油泄漏后近 17 h 才向当地政府报告，存在瞒报、迟报行为，错过了最佳处置时机。二是初期处置方法不当。一方面未及时切断污染源，1 月 2 日前只靠设置的拦油栅对流入水体中的柴油进行拦截，未彻底将污染区域与赤水河水体截断，导致污染范围扩大；另一方面，初期污染处置效果不理想，采用吸油毡对水体中柴油进行吸附，因温度低等原因吸附效果不佳，虽然设置了多道拦油栅，但仍无法从根本上控制污染。三是企业与政府之间衔接不够。事件处置初期，存在企业与政府衔接不够、主体作用发挥不充分的情况。

9. 松花江“11・13”中石油吉林石化分公司双苯厂苯胺二车间爆炸事故次生特别重大突发环境事件

2005 年 11 月 13 日 13 时 30 分，中石油吉林石化分公司双苯厂苯胺二车间发生爆炸，导致 8 人死亡、60 人受伤。事故发生后，由于对生产安全事故引发突发环境事件的严重性认识不足，而且没有事故状态下阻止含有大量苯、硝基苯等物料的消防污水进入松花江的设施和要求，约有 100 t 的物料（苯系物）随消防污水通过雨排水口和清净下水井由东 10 号线流入松花江，造成了江水严重污染，哈尔滨全市停水 4 天，沿岸数百万居民的生活受到严重影响。

事件调查发现，爆炸事故的直接原因为：由于操作工在停硝基苯初馏塔进料时，没有将应关闭的硝基苯进料预热器加热蒸气阀关闭，导致硝基苯初馏塔进料温度长时间超温；恢复进料时，操作工本应该按操作规程先进料、后加热的顺序进行，结果出现误操作，先开启进料预热器的加热蒸气阀，使进料预热器温度再次出现升温。7 min 后，进料预热器温度超过 150℃量程上限。13 时 34 分启动硝基苯初馏塔进料泵，向进料预热器输送粗硝基苯，当温度较低的 26℃粗硝基苯进入超温的进料预热器后，出现突沸并产生剧烈振动，造成预热器及进料管线法兰松动，造成密封不严，空气吸入系统内，随之空气和突沸形成的气化物被抽入负压运行的硝基苯初馏塔，引发硝基苯初馏塔爆炸。

爆炸事故的间接原因为：适逢周日，客观上车间技术人员、管理人员较少；操作人员在精制单元停止进料处理非正常工况时，没有按照规定向车间有关领导和厂生产调度报告。现场操作人员对非正常工况下分析判断和处理问题的能力不强，在自动控制切换到手动控制的条件下，没有注意监视工艺参数（特别是温度）的变化。

双苯厂苯胺工艺流程如图 4-9 所示。

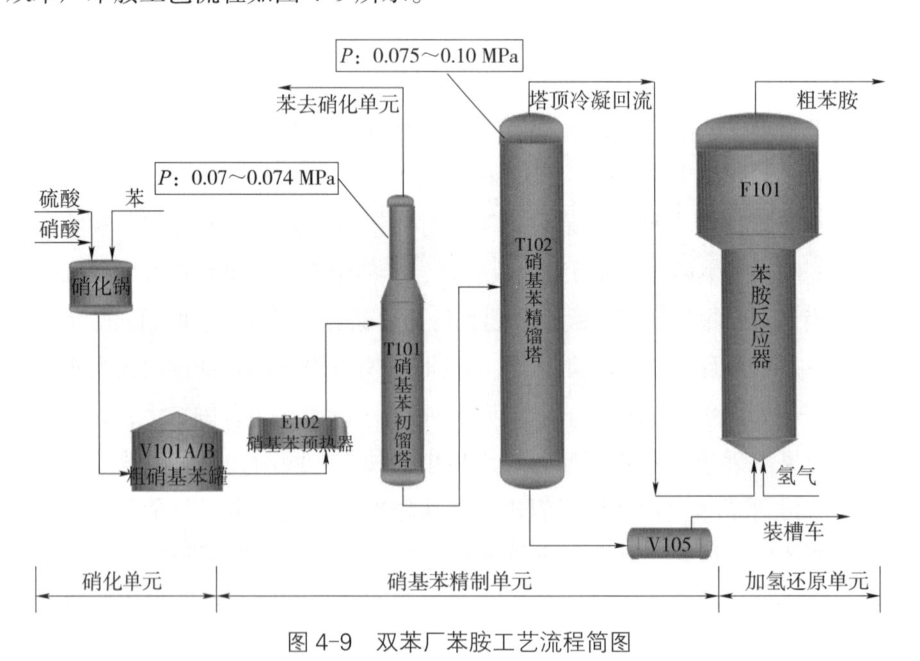

图 4-9　双苯厂苯胺工艺流程简图

双苯厂没有事故状态下防止受污染的水流入松花江的措施，爆炸事故发生后，未能及时采取有效措施防止抢救事故现场消防水与残余物料的混合物流入松花江。爆炸后，消防队到场时，雨污排水管线东 10 号线的井盖已成排被炸飞，说明雨污排水管线东 10 号线内已经有相当数量的苯、苯胺和硝基苯液体，并且其蒸气浓度已达到爆炸极限、遇明火发生爆炸，此时上游的多家化工厂共用的雨污排水线东 10 号线排放的污水已经将爆炸泄出的物料冲进松花江，突发环境事件实际主要是这一时段发生的，其根本原因是排污系统设计上的缺欠。

事件调查还发现，吉化分公司双苯厂对可能发生的事故会引发松花江水污染问题没有进行深入研究，有关环境应急预案有重大缺失。事故发生后，由于对生产安全事故引发突发环境事件的严重性认识不足，而且没有事故状态下阻止含有大量苯、硝基苯等物料的消防污水进入松花江的设施和要求，在紧急救援过程中，大量的水被不间断地喷向火点，苯系物随消防污水进入雨水排水系统，通过雨排水口和清净下水井由东 10 号线流入松花江。

苯胺二车间装置火灾爆炸物料流失示意如图 4-10 所示。

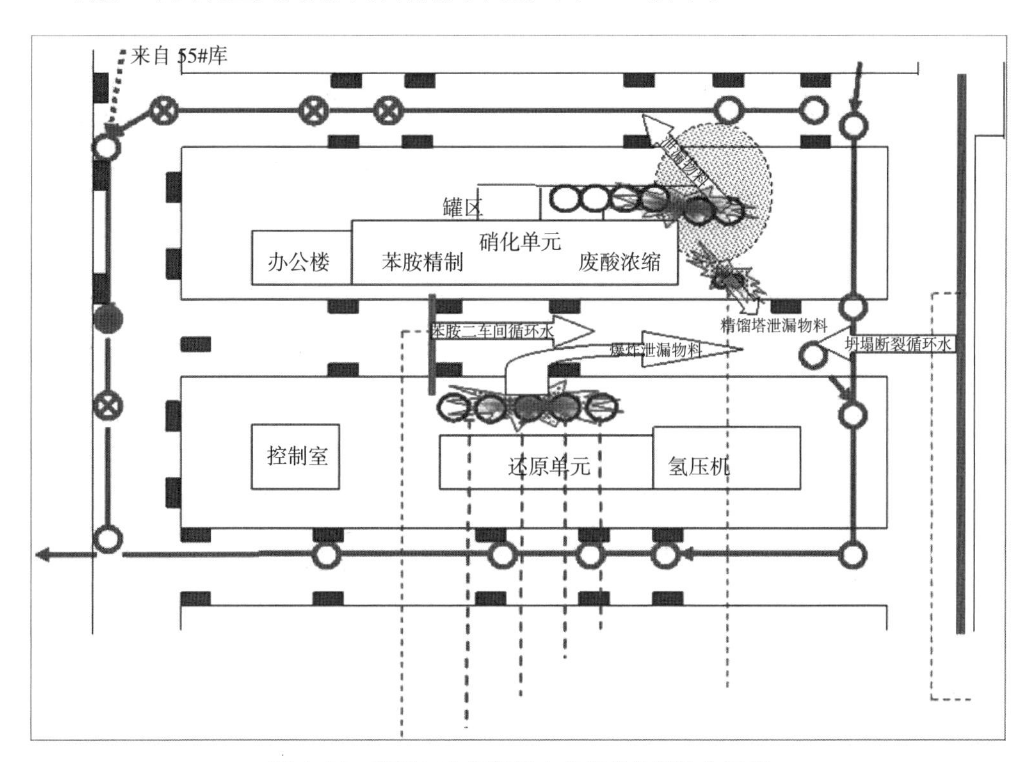

图 4-10 苯胺二车间装置火灾爆炸物料流失示意

依据相关部门提供的水质和水文监测数据以及污染源资料，结合实地调查结果，分别从东 10 号线排污口、松花江不同断面、物料衡算三个方面进行了污染物量的计算和分析，认定东 10 号线排放的含苯类废水是造成松花江污染的主要原因，排入松花江的苯类污染物总量约 79.95 t，其中苯 14.34 t，占苯类污染物排放总量的 17.94%；苯胺 12.08 t，占 15.11%；硝基苯 53.53 t，占 66.95%。

此次突发环境事件是可以避免的。如果吉林石化公司双苯厂在编制消防预案时能考虑到一旦发生大爆炸，消防污水有可能会成为污染源，从而在雨水管道上进行“布防”，正常情况下允其直接排水入河，事故状态下就紧急关闭直接排水功能，改道排向污水处理厂（吉化公司有自己的污水处理厂，在正常生产过程中，该企业高浓度工业废水都通过各路管线排进污水处理厂），进行处理后再排放，就不会造成这种严重后果。

五、环境应急监测

环境应急监测是指环境应急情况下，为发现和查明环境污染情况、污染范围以及变化趋势而进行的环境监测，包括定点监测和动态监测，主体为企业本身，当地生态环境部门为监管主体。环境应急监测是环境应急体系中的重要组成部分，是突发环境事件处置中的重要环节，是对突发环境事件及时、正确地进行应急处理、减轻事故危害和制定恢复措施的根本依据，作用非常重要。企业应根据实际情况，结合《突发环境事件应急监测技术规范》（HJ 589—2021），开展环境应急监测工作。

突发环境事件发生后，企业应快速启动提前制定的环境应急监测方案，包括确定环境应急监测方法、仪器、药剂等，并组织人员迅速到达现场进行监测，为环境应急提供及时、准确的监测数据，使企业应急领导小组及时了解现场环境污染情况、扩散情况等，为快速做出环境应急决策提供重要的数据支持。

重大等级环境风险企业应组建应急监测组，自建实验室，检测能力至少应覆盖废水、废气要素，检测因子覆盖企业特征污染物，配备便携式红外热成像仪、本企业涉及的有毒有害气体快速检测仪。较大等级环境风险企业也应组建应急监测组，自建实验室，检测能力至少应覆盖废气要素，检测因子覆盖企业特征污染物，废水因子检测可依托区域其他单位，配备本企业涉及的有毒有害气体快速检测仪。一般等级环境风险企业可委托第三方有资质单位进行环境应急监测，该单位检测能力至少应覆盖废水、废气要素，检测因子覆盖本企业特征污染物，配备本企业涉及的有毒有害气体快速检测仪。

超出企业及委托监测单位的可控能力范围时，应及时请求当地生态环境部门环境监测中心支援。当专业环境应急监测队伍到达现场后，由企业负责协助开展环境应急监测工作。

（一）应急监测准备

环境应急监测工作包括日常准备工作和突发环境事件监测。日常准备工作是突发环境事件监测的基础，主要是制定环境应急监测方案，并围绕突发环境事件监测，做好人员、设备等各方面条件的准备。

1. 环境应急监测方案制定

企业的环境应急监测方案建立在摸清企业和周边潜在环境风险源的基础上。方案的主要内容包括：建立企业的环境应急监测机构，包括安排负责人、联系人、各项监测项目采样分析的工作人员、报告人员、交通和后勤保障人员等。设备准备，包括根据环境风险源的实际情况，定期进行人员防护设备、快速检测设备、采样设备、实验室分析设备、质控样品和试剂等的检查和准备。突发环境事件环境评价分析准备，主要包括国内外相关环境质量标准和污染物排放标准、对分析结果的分析评价、作图、报表和报告方式等准备。后勤保障准备，主要包括通信系统安排、现场使用车辆安排、实验室分析样品运送安排、后续试剂和消耗品来源保证；对企业不能单独完成的环境应急监测准备，还包括与生态环境部门的联系与协作计划等。环境应急监测分级处理制度，根据事故可能造成的影响范围和程度，确定参加人员、协作单位（本地）和请求支援单位（上级）范围，并建立相关联系和通报制度。

环境应急监测方案应根据不同形式的突发环境事件，明确监测范围，采样布点方式，监测标准、方法、频次及程序，采用的仪器和药剂等。在实际发生突发环境事件时，若已知污染物类型，可立即实施环境应急监测方案。若污染物类型不明，应当根据突发环境事件污染的特征及遭受危害的人群和生物的表象等信息，临时制定环境应急监测技术方案，采取相应的技术手段来判明污染物的类型，进而监测其污染的程度和范围等。

在进行数据汇总和信息报告时，要结合专家的咨询意见，综合分析污染的变化趋势，预测突发环境事件的发展情况，以信息快报的方式将所有信息上报给应急领导小组，作为应急决策的主要参考依据。环境应急监测终止后，应当根据事故变化情况向领导汇报，并分析事故发生的原因，提出预防措施，进行追踪监测。

2. 环境应急监测日常工作

环境应急监测的日常工作包括以下内容。

制订工作计划：包括年度和近期的环境应急监测工作计划、能力建设计划、人员培训计划、应急监测演练计划等。

建立环境应急监测方法和模型开发研究：建立水质、空气等要素的各种特征污染项目监测方法，开展监测点位的预设研究等；针对企业可能发生的突发环境事件，研究建立扩散影响模型。

建立和完善企业环境风险源数据库：结合日常环境风险源监测，定期开展企业环境风险源调查和核查，建立包括环境风险源位置、污染物种类和数量、所在工段联系人、污染物特性和已有处理方法在内的环境风险源数据库，并根据环境风险源变化情况，定期加以完善。

建立和完善专家咨询系统：根据企业环境风险源情况，建立包括标准、监测分析方法、事故处理、信息系统、社会经济等方面的环境应急监测专家咨询系统。

能力建设与维护更新：根据环境风险源变化和技术发展，配备环境应急监测设备、建立环境应急监测方法和开展人员培训；根据环境应急设备与物资的特点，进行维护与更新。

建立制度，开展环境应急监测演练：企业通过与生态环境部门等联系，建立定期的环境应急监测演练，使环境应急监测人员通过演练，熟悉环境风险源周边环境，熟练掌握环境应急监测的技术，在发生突发环境事件后能够及时开展环境应急现场工作。

（二）应急监测方法

为迅速查明突发环境事件污染物的种类、污染程度和范围以及污染发展趋势，在已有调查资料的基础上，充分利用现场快速监测方法和实验室现有的分析方法进行鉴别、确认。在具体实施现场应急监测时，应优先选择快速监测方法，对污染物种类进行定性分析，在确定了特征污染物后，再选择较为精密的实验室方法进行定量监测，同时可参考现有企业自动监测站的监测数据，保证在最短的时间内获取有效的监测数据。对于现场不能分析的污染物，应快速采集样品，尽快送至实验室，采用国家标准方法、统一方法或推荐方法进行分析。为了保证现场监测数据的准确性，分析人员应充分了解所选用的分析技术方法，还应注意所用分析器材的有效使用期限，绝不能误用过期的监测器材。

对快速监测方法的选择主要依赖于准确度的要求，一般应基于“尽量准确”的原则，选择范围包括简单的试纸、测试条（棒）、显色比色法、滴定法、光度法等。以下方法的选择方案主要针对的是空气和水污染物的快速监测。对于土壤污染，当发生的是挥发性污染物的突发环境事件时，挥发物的监测可借鉴气体污染物的快速监测方法；当发生的是半挥发性或难挥发性污染物的突发环境事件时，污染物的监测可借鉴水体快速监测方法。

1. 有毒有害气体应急监测特点和方法

当氯气、氰化氢、硫化氢、二硫化碳、氟化氢、光气、一氧化碳、砷化氢等有毒有害气体泄漏时，有毒有害大气污染物污染的特点如下：污染范围广，能随风扩散一定距离，尤其是在事故源下风向的污染浓度较高；受气候和地形影响较大，如风力、风向、山地、森林都会对污染浓度分布有较大影响。

可以使用便携式气体监测仪器、常用快速化学分析方法进行应急监测。

2. 有毒化学品应急监测特点和方法

有毒化学品种类繁多，性质区别较大，其现场应急监测有以下特点：能对浓度分布非常不均匀的各类样品进行有选择的分析；可以进行快速、便捷和连续的监测；能快速实现定性分析和定量分析。现场应急监测设备往往不够，为了做出准确的分析判断，还须根据现场监测结果，准确确定用于实验室分析的采样地点、采样方法及分析方法，最终确定污染事件的各项特征，如化学物质的理化性质、毒性、挥发性、残留性、泄漏量、向环境的扩散速率、水和大气中主要污染物的浓度、污染的区域、降解的速率等指标。

目前这类监测技术主要有试纸法、水质速测管法显色反应型、气体速测管法填充管型、化学测试组件法、便携式分析仪器测试法。

3. 易燃易爆性物质应急监测特点和方法

在燃烧爆炸现场应使用快速监测仪器，快速测定燃爆产生物质的成分和浓度，确定是否为对人体有毒有害的物质，以便采取防护措施；确定是否对环境有明显危害，以便采取控制污染和消除污染的措施。监测方法有各种检测管技术。

4. 油类应急监测特点和方法

溢油事件是在石油开采、炼制、加工、储运过程中由于突发事故或操作失误，造成油品泄漏进入地表水面的事件。水面产生溢油后，首先要准确了解泄漏的油量、溢流的流向和流速。溢流的快速监测或实验室监测中，水样的采集十分重要，水样要有代表性。分析方法有气相色谱法、红外分析法、GC-MS 法、元素分析法、紫外分析法。红外分析法人为干扰小、比较灵敏。

5. 农药应急监测特点和方法

在农药生产、储运过程中，原料和产品、废水废渣的排放造成突发环境事件。农药的污染物类型复杂，因此应先进行现场调查，初步估计污染类型，再确定相应的测试技术。常见的农药检测技术有比色法、紫外光谱法、气相色谱法、高效液相色谱法、气相色谱 - 质谱法联用技术等。

（三）应急监测保障

1. 合理计划和安排

环境应急监测工作作为企业环境安全管理工作的一项重要内容，必须有人员、装备和资金保证，在目前企业监测能力比较差的情况下，合理计划和安排显得尤为突出和重要。

环境应急监测工作要列入企业的年度计划和中长期计划中，企业应将环境应急监测工作与开展的其他常规监测一样对待，做到有人负责，有装备保障，并安排必要资金，保障各项环境应急监测工作的开展。

2. 人员保障

环境应急监测人员（无论是专职还是兼职）都需要安排一定的时间和工作量；通过开展环境应急监测工作，并结合其他日常工作，提高其环境应急监测水平，如负责快速监测方法的人员在日常工作中，应安排时间对设备进行维护；实验室分析人员在分析环境质量和污染源样品时，应安排研究特征污染物的准确快速分析，特别是环境质量和污染源监测中不涉及，但又是潜在突发环境事件发生后的主要特征污染物的分析方法；采样人员在日常采集样品工作中应了解当事故发生后，什么条件下在哪里采集样品比较合理，比较容易实现；分析评价人员在日常数据处理和编报时，应注意汇总各种特征污染物在排放口和各个预设应急监测点位的正常浓度水平等。通过与日常其他工作的有效结合，并有计划和有目标地积累，做到人员保证的落实。同时，结合总结好的典型案例，加强对监测技术人员的技术培训，对企业内可能造成较大环境污染的潜在环境风险源，安排定期的、有一定人员规模的应急监测演练。

3. 装备保障

环境应急监测装备是环境应急监测正常开展的重要保障，包括人员防护设备、采样和分析设备等。其中，人员防护设备的配备和更新应放到装备的首位，是现场环境应急监测的必要保障。采样和分析设备由于企业经济实力的不平衡而不尽相同，但都应配备一般突发环境事件需要的监测设备；为保证环境应急监测工作顺利开展，环境应急监测设备可以根据企业经济实力的水平逐步改进。

为全面提升企业环境应急反应速度，加强环境应急监测力量和日常管理水平，有条件的企业可以配备移动监测车。移动监测车具有完善的供电系统、图像采集及传输系统、空调系统、照明系统、正压气路系统、特征污染因子自动监测系统、给排水系统、生活辅助系统与安全警示系统等。监测车能够保证在突发环境事件发生后迅速抵达现场，车载自动监测仪器也能够在第一时间查明污染物的种类、污染程度，同时结合车载气象系统确定污染范围以及发展趋势，准确地为企业决策部门提供技术依据。

4. 资金保障

开展环境应急监测日常工作要有必要的资金保障，应按照每年环境应急监测工作的需要，列入企业年度经费计划。同时还需要充分有效地利用资金，使有限资金得到最大限度利用。如可在环境应急监测专用试剂更新时，安排使用即将过期的试剂进行应急监测演练等。

（四）应急监测实施

一旦应急领导小组总指挥下达环境应急监测命令，立即自行监测或者委托有资质单位进行监测。监测人员、采样人员到达现场，佩戴个人防护用品后，根据现场的实际情况，对水污染物、大气污染物等进行监测。若存在无法监测或不具备监测条件和能力的项目时，应向应急领导小组办公室报告，请示当地生态环境部门派出环境监测机构协调解决。

1. 地表水环境应急监测

监测点位以突发环境事件发生地为主，根据水流扩散的趋势和现场具体情况布点。应在企业排放口处设置监测点，并在其下游必要处设置监测断面。

监测布点：包括厂区泄漏点、排水管网 100 m 处、污水进入企业污水处理厂前 50 m 处、企业污水处理厂出水口，共布设 4 点。

监测频率：初始加密每天监测 4 次，随着污染物浓度的下降，逐渐降低频次。

2. 大气环境应急监测

大气环境应急监测布点原则如下：在突发环境事件发生地污染物浓度的最大处采样；在距突发环境事件发生地最近的居民区或其他敏感区域布点采样。应考虑突发环境事件发生地的地理特点、盛行风向及其他自然条件，在突发环境事件发生地下风向影响区域布点采样。同时也要在突发环境事件发生地的上风向采集对照样品。

监测布点：对厂内的监测点位布设采用扇形布点法，以点源为顶点，主导风向为轴线，在下风向地面上划出一个扇形区域作为布点范围。扇形角度一般为 45°～90°。采样点设在与点源不同距离的若干弧线上，考虑到监测点位置设于厂内，事故现场与企业围墙相距较近，故采样点设于边线与围墙的交点处（如图 4-11 所示）。在企业厂外 100 m 处 4 个方位设 4 个采样点。在突发环境事件持续时间较长、排放量较大情况下，在下风向加密。

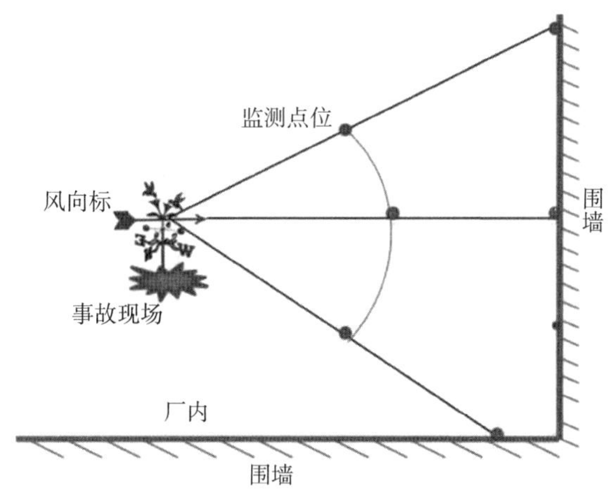

图 4-11 厂内大气应急采样点的布设示意

监测频率：事故发生地和周围居民区等敏感区域初始加密，每天监测 6 次，随着污染物浓度的下降，逐渐降低频次；事故发生地下风向每天监测 4 次或与事故发生地同频次；事故发生地上风向对照点每天监测 3 次。

3. 土壤环境应急监测

监测布点：应以事故发生地为中心，在事故发生地及其周围一定距离内的区域按一定间隔圆形布点采样，并根据污染物的特性，在不同深度采样，同时采集未受污染区域的样品作为对照样品。

在相对开阔的污染区域采集垂直深 10 cm 的表层土。一般在 10 m × 10 m 范围内，采用梅花形布点方式（采样点不少于 5 个）。

采样方法：将多点采集的土壤样品除去石块、草根等杂质，现场混合后取 1～2 kg 样品装在塑料袋内密封。

监测频率：环境应急期间，受污染区域每天监测 2 次，视处置进展情况逐步降低频次。对照点 1 次。

4. 地下水环境应急监测

监测布点：应以事故发生地为中心，根据企业周围地下水流向，采用网格法或敷设法在周围 2 km 内布设监测井采样，同时视地下水主要补给来源，在垂直于地下水水流的上方向，设置对照监测井采样；在以地下水为饮用水水源的取水处，必须设置采样点。同时要在事故发生地的上游采集 1 个对照样品。

采样方法：采样应避开井壁，采样瓶以均匀的速度沉入水中，使整个垂直断面的各层水样进入采样瓶。若用泵或直接从取水管采集水样，应先排尽管内的积水后再采集水样。

监测频率：应急期间地下水流经区域每天监测 2 次，第三天后，每周监测 1 次直至应急结束。对照点 1 次。

5. 采样频次确定

污染物在进入周围环境后，随着稀释、扩散、降解和沉降等自然作用以及应急处理处置，其浓度会自然降低。为了掌握事故发生后的污染程度、范围及变化趋势，常需要进行实时连续跟踪监测，这对确认事故影响的结束和宣布环境应急行动的终止有重要意义。原则上，采样频次主要依据现场污染状况确定。

在事故发生、发展阶段加密采样频次，保证监测过程充分反映污染变化情况，采样时间间隔可设为 60 min、90 min 或根据污染状况选择其他适宜的时间长度。

在事故稳定、处置阶段，采样频次可根据事故发展趋势或监测结果适时调整，监测频次的设定应保证测定结果能充分反映污染物变化情况，直至污染消退。

6. 质量保证

执行环境监测人员合格证制度，所有参加应急监测的人员做到持证上岗。

应保证应急监测的快速反应，要求有专人负责便携式应急监测仪器设备。

应急监测方法应该采用国家标准分析方法、统一方法或推荐方法，经不同实验室间的比对予以验证确认。

应对承担应急监测的实验室定期进行质量考核。

实验室监测分析工作质量保证和质量控制严格执行国家规定。

7. 安全措施

进入突发环境事件现场的环境应急监测人员必须注意自身的安全防护，对事故现场不熟悉、不能确认现场安全或不按规定配备必需的防护设备时，未经现场指挥、警戒人员许可，不得进入事故现场进行采样监测。

环境应急监测时，至少应有两人同行。进入事故现场进行采样监测，应经现场指挥、警戒人员的许可，在确认安全的情况下，按规定配备必需的防护设备（如防护服、防毒呼吸器等）。

进入易燃、易爆事故现场的环境应急监测车辆应有防火、防爆安全装置，应使用防爆的现场应急监测仪器设备（包括附件，如电源）进行现场监测，或在确认安全的情况下使用现场环境应急监测仪器设备进行现场监测。

进入水体或登高采样时，应穿戴救生衣或佩戴防护安全带，以防安全事故。

对需送实验室进行分析的有毒有害、易燃、易爆或性状不明样品，特别是污染源样品，应用特别的标识（如图案、文字）加以注明，以便送样、接样和分析人员采取合适的处置对策，确保其自身的安全。

对含有剧毒或大量有毒有害化合物的样品，特别是环境风险源样品，不得随意处置，应做无害化处理或送至有资质的处理单位进行无害化处理。

8. 监测结果报告

环境监测组将便携式监测仪的应急监测结果以最快的速度形成监测快报（一般水污染在 4 h 内、大气污染在 2 h 内做出快报），经审核后迅速提交报告至应急领导小组，同时按规定报政府有关部门。根据监测结果，综合分析突发环境事件污染变化趋势，并通过专家咨询和讨论的方式，预测并报告突发环境事件的发展情况和污染物的变化情况，作为突发环境事件应急决策的依据。

（五）应急监测终止

在监测过程中，应保留相应记录和信息，环境应急监测人员应对监测结果进行汇总、整理，并及时分析突发环境事件的污染程度、范围和后续对人体健康、生态平衡的影响，经论证已达到相关的排放标准，危害消除，本次环境应急监测终止。

突发环境事件应急终止后，为配合有关部门的污染处置工作或关注环境恢复情况，需进行后续监督监测。

第二节　信息报告、通报和公开

一、概述

事件信息报告工作是妥善处置突发环境事件的前提和基础。突发环境事件发生后，涉事企业必须采取应急措施，并认真研判事件影响和等级。对厂区级以上突发环境事件，涉及有毒有害大气污染物、饮用水、重金属、居民聚居区、学校、医院以及可能引发群体性事件等的敏感突发环境事件，要立即向当地生态环境部门和同级人民政府报告。信息上报越及时、越准确，环境应急响应就越主动、越有效，就越有可能将突发环境事件带来的损失降到最低。

事件信息报告工作是企业突发环境事件应对能力的重要体现。突发环境事件响应是否及时，响应程度是否合理，应对措施是否得当，直接影响到企业上报的事件信息的质量和有效性。因此，企业突发环境事件应对能力的强弱直接决定了事件信息的质量；事件信息报告工作的水平直接体现了事件应对效能。生态环境部门总结出这样一个规律：接到企业报告时，能说清楚情况的一般不会有大问题，说不清楚的往往就是大事。在突发环境事件责任追究过程中，事件信息报告往往成为焦点，稍有不慎就可能被追究责任。

突发环境事件已经影响到厂区外环境时，企业应立即通报可能受到污染危害的单位和居民。可能涉及相邻行政区域的，企业应建议事件发生地生态环境部门通报相邻区域同级生态环境部门，并向当地政府提出向相邻区域政府通报的建议。

企业要主动公开事件信息，做好舆情应对。要高度重视舆情应对工作，主动协助政府及时高效、客观发布事件信息，既要充分利用传统媒体的权威性，也要充分利用新兴媒体的时效性。必要时，邀请专家进行点对点解读，正确引导社会舆论。在环境应急处置过程中，要根据事件发展趋势，持续做好舆情监测，及时掌握舆论动态，主动回应社会关切。

二、信息报告

（一）内部报告

企业准确了解突发环境事件的性质和规模等初始信息，是决定启动环境应急救援的关键。接警是环境应急响应的第一步，必须对接警与通知要求作出明确规定。同时，企业应提前明确 24 h 应急值守电话、内部信息报告的形式和要求；明确事件信息上报的部门、方式、内容和时限等。

发生突发环境事件后，现场的目击者立即通过最方便手段（如对讲机、手动报警按钮、手机、有线电话等）向值班主管或班长报告事件地点、部位、险情。当值班主管或当班班长接到事件报警后，现场最高职务者或班长首先通过电话或对讲机等询问事件地点、现场情况、事件性质和险情趋势（必要时到现场核实），并立即通知企业应急领导小组。企业应急领导小组总指挥接到通知后，立刻组织人员赶赴现场，对现场情况进行评估，对事件进行分级，并启动相应级别的环境应急预案。

对初步认定为车间级的突发环境事件，事件影响范围小，不造成人员伤亡，对环境没有破坏性，到达现场的总指挥（或副总指挥）应当启动车间级环境应急预案，发布蓝色预警信号，并由该工段的主管或者班长组织人员处理。

（二）外部报告

一旦发生或有可能发生厂区级以上突发环境事件，事发企业可以通过拨打 12345 政府热线、部门值班电话向当地政府和生态环境部门报告，也可以通过拨打 110 或 119、网络、传真等形式向有关部门报告。建立企业环境应急信息报送责任制，必须按照规定程序，及时、如实向当地政府和生态环境部门报告污染状况。对不及时报送情况或隐瞒信息不报，延误处理突发环境事件时机的，追究相关负责人的责任。上报时限参考《国家突发环境事件应急预案》《突发环境事件信息报告办法》与地方要求进行编写，如有多种要求，从严执行。

对初步认定为厂区级的突发环境事件，事件影响范围较大，已威胁到厂区所有员工的安全并对环境造成一定的破坏，但可以控制事态的发展，应急领导小组接到报告后，启动厂区级环境应急预案，在 2 h 内向当地政府和生态环境部门报告，由内部应急人员按照保障措施应急处理。

对初步认定为社会级的突发环境事件，事故已造成人员伤亡，需要外部应急救援支持时，企业应急领导小组应启动社会级环境应急预案，在 30 min 内向当地政府和生态环境部门报告，并立即组织进行现场救援和调查。为处理好信息报告准确性和时效性的平衡，可以采用边核实边报告的策略。在紧急情况下，可以越级上报。

现场处置期间，企业向当地政府和生态环境部门报送信息每天不少于 1 次，随时掌握处置进展情况。事件处置结束后，企业在 3 个工作日内报送事件处理结果报告。

发生下列一时无法判明等级的突发环境事件，县级生态环境部门应当按照重大（二级）或者特别重大（一级）突发环境事件的报告程序上报，必要时可以越级上报：对饮用水水源保护区造成或者可能造成影响的；涉及居民聚居区、学校、医院等敏感区域和敏感人群的；涉及重金属或者类金属污染的；有可能产生跨省或者跨国影响的；因环境污染引发群体性事件，或者社会影响较大的；其他认为有必要报告的突发环境事件。

（三）报告形式

突发环境事件的报告分为初报、续报和处理结果报告。初报在发现或者得知突发环境事件后首次上报；续报在查清有关事件基本情况、发展情况后随时上报；处理结果报告在突发环境事件处理完毕后上报。

1. 初报

突发环境事件发生后，按照逐级上报的要求进行上报。现场的目击者应立即通过电话或对讲机等向企业应急领导小组报告，报告内容包括事件发生时间、地点、类型，排放污染物的种类，已采取的应急措施，已污染的范围，可能受影响区域及采取的措施，是否有人员伤亡。

企业应急领导小组应在接到电话报告后，立即向总指挥报告，并在第一时间派员赶到现场，对情况进行充分了解后报告，报告内容可增加：潜在的危害程度，转化方式及趋向，需要增援和救援的需求，以及采取的后续环境应急响应措施。应急领导小组总指挥接到事故汇报后，视事件的等级决定是否向当地政府和生态环境部门电话或书面直接报告。上报的内容包括事件发生时间、地点、类型，排放污染物的种类、数量，直接经济损失，已采取的应急措施，已污染的范围，潜在的危害程度，转化方式及趋向，可能受影响区域及采取的措施，需要增援和救援的需求，联系人姓名和电话等。

2. 续报

在初报的基础上，通过网络或书面报告有关核实、确认的数据，包括事件发生的原因、过程、受害程度、应急救援、处置效果、现场监测、污染物危害控制状况等基本情况。企业没有能力掌握的内容由现场生态环境部门组织上报。

3. 处理结果报告

突发环境事件处理完毕后，企业要以书面形式报告事件处理结果，包括企业处理突发环境事件的措施、过程和结果，事件潜在或者间接危害以及损失、社会影响、处理后的遗留问题，参加处理工作的有关部门和工作内容等详细情况，认真分析总结事件经验教训，并提出避免类似事件再次发生的工作计划，最终形成总结报告，及时上报当地政府和生态环境部门备案。

初报、续报和处理结果报告内容如表 4-1 所示。

突发环境事件信息应当采用网络邮箱、微信、传真和邮寄等方式书面报告；情况紧急时，初报可通过电话报告，但应当及时补充书面报告。书面报告中应当载明事件报告单位、报告签发人、联系人及联系方式等内容，并尽可能提供地图、图片以及相关的多媒体资料。

表 4-1　初报、续报和处理结果报告

报告阶段	报告形式	报告内容	报告时间
第一阶段：初报	通过电话或书面形式直接报告	突发环境事件发生的时间和地点，突发环境事件类型（暂时状态、连续状态），排放污染物的种类、数量，直接经济损失，估计造成突发环境事件的影响范围，已采取的环境应急措施，已污染的范围，潜在的危害程度，转化方式趋向，需要增援和救援的需求，联系人姓名和电话等	在发现或得知突发环境事件后
第二阶段：续报	通过书面形式随时上报（可一次或多次报告）	在初报基础上，报告突发环境事件的有关确切数据、事件原因、影响范围和严重度、处置过程、采取的应急措施及效果等基本情况，必要时配发数码照片或摄像资料	在查清有关基本情况后
第三阶段：处理结果报告	以书面形式报告	在初报、续报基础上，报告处理突发环境事件的措施、过程和结果，事件潜在或间接的危害及损失、社会影响、处理后的遗留问题、责任追究等详细情况。处理结果报告在突发环境事件处理完毕后立即上报	突发环境事件处理完毕后

三、信息通报

（一）通报可能影响的区域

由于突发环境事件具有突发性、紧急性和复杂性等特点，其可能在极短的时间内给公众的生命与财产安全带来灾难性的后果。在突发环境事件发生时，公众如果能采取及时有效的应急与自救措施，便能最大限度地减少损害的发生。使公众做到理性预防和及时应急的关键在于公众掌握事件的相关信息，这也凸显了信息通报传递及时的重要性。

与其他社会各类组织相比，企业是最了解环境污染信息的，也是最快掌握突发环境事件发生后第一时间的环境污染信息的。当突发环境事件可能影响到事发地周边居民区或企业时，应及时启动警报系统，向公众发出警报，同时通过各种途径向公众发出紧急公告，告知事故性质、对人体健康的影响、自我保护措施、注意事项等，以保证公众能够及时作出自我防护响应。决定实施疏散时，应通过紧急公告确保公众了解疏散的有关信息，如疏散时间及路线、随身携带物、交通工具及目的地等。

启动厂区级响应时，企业应急领导小组根据事件实际影响情况，决定是否向周边单位、社区、受影响区域人群通报事件信息并发出警报；启动社会级响应时，由应急领导小组总指挥（或副总指挥）协助当地政府向周边单位、社区、受影响区域人群通报事件信息并发出警报。

通报采用的方式方法有电话、公告、广播电视等，或使用警笛、警报等通知受影响人员和区域。周边单位、社区、受影响区域目标信息及联系方式要经常更新。

2006 年 3 月 24 日晚，位于重庆市开县高桥镇的中石油四川石油管理局川东北气矿罗家 2 号井发生井漏，现场操作人员立即进行点火泄压处理，事故无一人死亡。井喷溢出气体通常对人体具有强致毒性，首要工作即是疏散事故周边群众，而这项工作是与事故信息的通报和上报密不可分的，通报是对群众的公开，上报是对政府与环境保护部门的上报，只有同时做到以上两点，才能保证群众疏散问题的快速完成。在川东北气矿事故案例中，正是信息及时通畅，群众与当地政府在第一时间得到通知，才保证了人员的紧急疏散，实现了应急处置中“以人为本”、切实保证人民群众生命财产安全的目标。

（二）向周边协助单位请求救援

当突发环境事件超出企业控制范围、需要周边协作单位救援时，按照企业与周边协作单位签订的环境应急救援互助协议的相关规定，通过电话方式向周边协作单位（例如污染治理设施维护单位等）请求环境应急救援帮助。请求救援时，必须讲述环境风险物质及环境风险源的情况、环境应急物资需求、人员需求及环境应急救援注意事项等内容。

四、信息公开

企业能自行处理的突发环境事件，由企业应急领导小组将信息向外界发布；在发生社会级突发环境事件时，企业配合当地政府及时将信息向外界发布，发布的信息应包括事件类型、事态缓急程度、采取的环境应急措施与最终可能会造成的影响。

企业事件信息公开方式包括上报生态环境部门、接受记者采访、厂内广播通知；政府事件信息公开方式包括通过政府公报、新闻发布会、媒体通气会、政府负责人访谈等形式，经微博、微信、网站、电视、广播、报纸、手机短信等媒介发布。

事件信息公开的原则包括实事求是、客观公正、及时准确；公开为常态、不公开为特例；发生对企业外部环境造成影响的社会级突发环境事件时，由应急领导小组指派专人协助当地政府发布信息，其他任何人员无权发布；发布内容、发布时间必须通过当地政府审定。

（一）信息公开的重要性

在互联网时代，由于思想观念、工作机制、协调机制不健全等原因，企业和地方政府离做到“及时、准确、统一”发布信息还有较大距离。一些企业和地方政府掌握了最权威、最全面的资讯，也以广大人民群众利益出发，以最有效的手段进行了处置，但不在第一时间发布权威的信息，公众可能面临较大环境风险；另外，当社会传言得不到权威信息的破除，可能加剧公众的恐慌，地方政府往往需要投入较大力量做好群众思想稳定工作。

信息公开是突发环境事件处置工作的重要环节。通过信息公开，形成有利的舆论环境，在推进突发环境事件处置中发挥着不可低估的作用。信息公开借助现代传播技术，可以更好地凝聚社会救助力量，为事件中的群众提供强大的精神支撑，并为有关部门提供科学决策依据。

信息公开保障和实现公民的环境知情权。社会级突发环境事件中，企业及时协助当地政府公开环境信息可以帮助受影响的民众及时采取应急措施，减少自身的损害。缺少及时有效的信息公开，会造成环境侵害的进一步扩大，并且由于突发环境事件的复杂性，事件中没有得到真实有效信息的普通公民在事后就更难获得全面、准确的信息。

信息公开减少企业因突发环境事件所带来的损失。社会级突发环境事件发生后，企业本身也是受害者，企业首先要承受事件给生产经营带来的直接损失，还要承担事件给民众与环境造成损害的赔偿责任。而如果企业能够及时协助当地政府向公众披露有关突发环境事件的信息，会便于政府和环境监督管理部门及时履行政府职责，着眼大局，运用多种手段查清事故原因，从而有利于防治工作的及时安排，切实减少不良影响，减少企业因此承担的经济损失与环境责任。

信息公开可以树立企业的良好形象。企业的社会声誉对于企业的生存与发展极其重要，特别是对于上市公司，这会直接影响其在资本市场的股价与市值。而在社会级突发环境事件发生后，企业如果能通过协助当地政府信息公开，向公众传达其及时妥善地处置事件的真实信息，表明其对环境与公众负责的态度，可以增进公众与企业之间的交流和沟通，从而消除公众对企业存在的误解并减轻公众因为环境保护对企业施加的压力；同时，这也是企业承担社会责任的集中体现，可以帮助企业树立良好的社会形象。

信息公开避免谣言滋生蔓延。突发环境事件发生后，公众对信息的需求会急剧增加，各种流言、传言和谣言也会随之产生。如果权威部门和主要媒体不及时通报信息，主要渠道信息缺失和中断，其他非权威、非主流的信息就会补充进来，形成强大的信息流，其中一些信息难免有夸大的成分，甚至可能是虚假和别有用心的。

（二）信息公开的具体要求

一要及时。时效性是信息公开的重要要素，也是信息公开的基本要求。实践反复证明，在突发环境事件初期，如果能及时发布信息，就能取得“先入为主”的舆论优势。快报事实、慎报原因，第一时间发布已认定的准确信息，努力掌握话语权和主导权，满足媒体和公众信息需求。对于较为复杂的突发环境事件，可分阶段发布。

二要真实。公开的信息内容必须是关于突发环境事件的真实信息，不得有任何虚假不实的内容。真实原则要求突发环境事件信息的公开必须立足于客观事实，准确反映事件所导致的环境后果。企业和当地政府公开透明、全面真实、实事求是地介绍突发环境事件和应急处置工作最新进展情况，不回避问题，坚决禁止漏报、瞒报、谎报和企图掩盖事实真相的做法。对环境应急处理效果公之于众，让公众清楚地了解事件进展，避免造成不必要的恐慌。

三要充分。企业和当地政府将突发环境事件所涉及的所有重大信息都予以及时公开，不能有任何遗漏，强调突发环境事件信息公开的全面性与时效性。突发环境事件具有突发性，而各类突发环境事件在性质、规模、发展上表现各异，因此相对于企业的日常环境信息公开，突发环境事件信息公开应当更加全面，公开的内容要有针对性、指导性。

四要互动性。相关主体在突发环境事件中通过有效的交流与反馈实现环境信息的互动，可以消除突发环境事件中环境信息公开的不协调、不统一等问题。在处置突发环境事件时，应强调企业、政府、公众三方主体间的互动交流、信息反馈，过度强调以某一方为主，会使企业与政府、公众之间缺少直接的互动，这样往往会导致公众认为企业与政府在信息公开中不作为，从而对公开的信息不信任。突发环境事件发生后，企业和政府在获取环境信息方面具有优势，而企业与政府间、企业与公众间是否实现环境信息的互动直接决定了信息公开的有效性。如果能实现环境信息的互动，则能早日实现企业、政府、公众三方对突发环境事件的协同治理，这对突发环境事件的风险分担以及灾害救治具有重要的意义。

五要谦卑。公开的姿态和处理手段同等重要。面对危机，民众对处置工作通常会有一个理性判断，但感性认识直接影响市民对舆情的态度，企业和当地政府的反馈更需要保持低姿态。承认工作不足并向民众致歉，在环境应急处置中更易拉近与民众的距离。切忌急于表功，自夸处理成效。事件发生后，企业和地方主政官员应诚恳表态，向民众道歉，在民意面前呈现出企业和政府的谦卑姿态，才能为危机的顺利处理画上相对圆满的句号。

（三）有针对性地开展信息公开

新闻媒体在披露突发环境事件信息中有着特殊作用。事件发生后，企业和当地政府通过新闻媒体在第一时间将信息传达给公众；与此同时，媒体可以将舆情及时反馈给企业和当地政府，成为沟通企业、当地政府和公众的桥梁。因此，要确保在突发环境事件发生之后，新闻媒体能够和企业、当地政府进行充分沟通与合作，建立良性的信息交流与分享渠道。

突发环境事件发生后，事件原因是新闻媒体会反复追问的问题之一。对于事件原因，应当慎报。所谓慎报，不是拖而不报，而是应当在事实彻底查清之后予以公布，且一旦查清，立即公布。在事件原因查清之前，面对新闻媒体提问也不能回避，可以陈述已开展的工作，以及未能明确事件原因的理由。

企业安排专人作为突发环境事件网络舆情分析员。重特大及敏感突发环境事件发生后，由网络舆情分析员第一时间搜索并汇总网络舆情，分析和梳理新闻媒体关注的热点问题，及时准确抓住关注点，有针对性地建议当地政府发布信息。事件处置结束后，由网络舆情分析员对信息发布的经验教训进行总结，形成典型案例，科学指导今后的信息发布工作。

如果说媒体可能更倾向于追问监测数据、事件原因、事故追责等问题，那么对公众而言，最关心的问题是事件的环境影响，即事件对正常生活会造成什么影响，即水能不能喝、空气有没有问题等。由于处置突发环境事件时主要侧重于处置措施、监测数据等事实类信息的公开，缺乏配套的科普宣传工作，导致部分群众和媒体因不了解相关科学知识而产生恐慌，影响政府公信力。企业要组织权威专家学者答疑解惑，协助当地政府通过讲道理、讲科学、讲事实，消除公众疑虑。

五、典型案例

在突发环境事件的处置中，部分企业采取隐瞒、谎报、拖延上报等违法手段使得突发环境事件的危害被进一步扩大，原本小的事故因为部分企业信息报告或通报不及时，演变成大的事故。及时、有效的突发环境事件信息能够帮助企业和政府妥善应对突发环境事件。

（一）瞒报

企业瞒报突发环境事件有三个主要原因：一是麻痹大意，认为是小事；二是害怕担责，认为会有相关处罚；三是心存侥幸，认为多一事不如少一事。当地政府和生态环境、应急管理等部门无法及时获取事件信息，错过最佳处置时机，导致事态扩大，造成不可挽回的损失。

福建泉州“11・4”东港石化公司肖厝码头碳九泄漏事故：2018 年 11 月 4 日凌晨，福建东港石油化工实业有限公司在向“天桐 1”船舶（如图 4-12 所示）装载工业用裂解碳九的过程中发生泄漏。泄漏物扩散至肖厝村网箱养殖区，导致部分网箱受损。

图 4-12　涉事船只

经查，东港石化公司存在玩忽职守、违规操作、恶意瞒报泄漏量、伪造现场、事件调查中串供作伪证等违法违规行为。基本认定是一起因企业生产管理责任不落实引发的化学品泄漏事故。事故发生的直接原因有两个：一是码头装船操作员工与“天桐 1”船舶作业人员违规操作，且现场值守巡查不到位。二是东港石化公司没有及时开展隐患排查治理，对长期处于故障状态的吊机没有及时修复。

经公安部门和调查组进一步调查取证，东港石化公司存在恶意瞒报行为，上报裂解碳九泄漏量 6.97 t，实际泄漏约 69.1 t。根据调查，11 月 4 日事故发生后，东港石化公司依据商检机构装船储罐前检尺及储罐后检尺对比进行计算，得出的泄漏量为 6.97 t。当日 10 时左右，东港石化公司在接受泉港区环保局笔录时，公司安全环保部经理电话报告再次确认泄漏量为 6.97 t。同时，东港石化公司立即召开中层以上干部会议，要求对泄漏量进行严格保密，统一口径，承认泄漏量 6.97 t，以免予刑事处罚。随后，东港石化公司常务副总经理要求地磅员、操作工瞒报事故发生前公司物料装卸、管道通球作业情况。公司副总经理再与船长串通，要求将事故原因统一口径认定为法兰垫片老化、破损，并交代两方各自员工，对外统一宣称事故原因为法兰垫片老化、破损，泄漏量为 6.97 t。

根据调查，东港石化公司最后一次进行裂解碳九装船作业（10 月 23—24 日）后，未按照操作规程对罐区至码头的裂解碳九专用管道进行通球作业，11 月 3 日装船前管道处于满管状态，管内物料存余量约 32.4 t，东港石化公司没有将其计入泄漏量。11 月 3 日，东港石化公司实际往储罐（G-3005 罐）装进 3 车（量约 89 t）的裂解碳九物料，但公司在计量单上把其中的一车（量约 29.7 t）登记为装入 1008 号罐，没有计入泄漏量。依据商检机构的报告及调查取证结果，调查组确认实际泄漏量约 69.1 t。

调查组认定东港石化公司安全生产主体责任不落实，对长期处于故障状态的吊机等设备没有及时修复，码头作业现场巡查管理缺失，操作规程落实不到位；泄漏事故发生后，隐瞒泄漏情况，应急处置不到位，致使损失扩大；更为严重的是在调查取证中存在伪造证据、串供等恶劣行为，瞒报实际泄漏量，对本起事故应负主要责任。

认定宁波舟山通州船务有限公司“天桐 1”油轮对船上作业人员教育培训不到位、现场管理不到位，作业人员违章操作；事故发生后应急处置不到位，致使损失扩大；参与东港石化公司串供作伪证，对本起事故应负重要责任。

泉州市公安机关以涉嫌“重大责任事故罪”对 10 名责任人采取刑事强制措施，并批捕 7 名直接责任人。湄洲湾港口管理局肖厝港务管理站于 11 月 8 日勒令东港石化公司停业整顿。海事部门对“天桐 1”采取限制离港、配合调查措施，并派工作人员赴宁波对船业公司进行调查。泉港区政府根据《中华人民共和国海洋环境保护法》和《海洋生态损害国家损失索赔办法》，启动环境损害赔偿。

（二）迟报

企业迟报突发环境事件有三个主要原因：一是业务不熟练，不清楚报告时限；二是制度不健全，出事后指挥混乱；三是程序不简洁，层层把关审批、延误时机。

信息迟报还有其他原因，比如企业认为核实需要时间，情况复杂，无法做到 1 h 内上报。这种情况确实存在，因为报告要关注突发环境事件对环境的影响，而对这种影响的判断不是很快就可以弄清楚，监测数据的获取也需要耗费大量时间。

云南昆明“10・10”明波海绵有限责任公司火灾事故：2020 年 10 月 10 日火灾事故发生后，企业始终未向当地生态环境部门报告信息，因此生态环境部门未及时赶赴现场组织环境应急处置，事发后两天新闻报道发布，当地生态环境部门才得知此事。

陕西宝鸡“4・16”中铁 17 局宝坪高速工程车柴油泄漏事故：2018 年 4 月 16 日 20 时，陕西省宝鸡市中铁 17 局宝坪高速一辆工程车油箱内柴油泄漏，污染宝鸡市嘉清水源地，造成嘉清水厂供水异常。经采取切断污染源头、拦截吸附污染物、切换水源供水等措施，消除了污染物的影响，群众生产生活用水得到了保障。事件发生后，中铁 17 局项目部有关人员没有及时报告情况，导致无法及时开展前期应急处置工作，延误应急救援时机，造成严重后果。嘉清水厂在接到用户举报后以及决定切换水源后，未第一时间向当地政府和主管部门（宝鸡市住建局）报告，对可能产生的社会影响预估不足。在明知切换水源可能无法正常供水的情况下，没有及时通知居民。事故发生地现场及应急措施分别如图 4-13、图 4-14 所示。

图 4-13　事故发生地

图 4-14　当地政府设置围油栏

新疆伊犁 218 国道“11・7”柴油罐车泄漏事故：2016 年 11 月 7 日 11 时 20 分，218 国道新疆维吾尔自治区伊犁哈萨克自治州段一辆柴油运输车侧翻，导致约 30 t 柴油泄漏至伊犁河主要支流巩乃斯河。事件处置过程中，企业及参与前期应急处置的有关部门信息报告滞后：一是事故发生后，企业司机和押运人员未及时发现漏油，应急队伍赶到现场倒灌时发现柴油已泄漏，在下游河道发现油团，没有及时向环境保护部门报告，错过事故处理的“黄金7小时”；二是有管辖权的地方消防、交通、路政等部门第一时间赶到现场进行处置，但都没有对泄漏情况进行认真核实，没有意识到柴油流入伊犁河会导致重大突发环境事件。

（三）误报

企业误报突发环境事件有三个主要原因：一是对现场情况核实不准确；二是对事件描述不清，要素不全；三是文字报告过于繁琐，抓不住重点。企业误报造成当地政府和生态环境部门无法根据准确的信息对事件进行研判，从而影响处置效率。

宁夏中卫“3·14”海天精细化工火灾事故：2018年3月14日17时许，海天精细化工有限公司甲苯罐区起火，发生甲苯泄漏。19时45分，明火被扑灭。灭火和罐体喷淋降温过程中共产生约300 t消防污水，部分泄漏甲苯随消防污水流入厂区外绿化带。由于消防部门现场管制，除应急救援人员外都无法进入现场，企业向环境保护部门误报消防采用泡沫灭火、没有产生消防污水。信息报告关键要素出现错误，对事态研判和处置决策造成不利影响。

（四）通报不力

当企业发生突发环境事件时，可能影响到事发地周边居民区或企业时，企业没有及时向公众发出通报，造成严重后果。

河南偃师“4·15”有毒有害大气污染物泄漏事故：2013年4月15日凌晨，河南省洛阳市偃师市金氟化工厂在生产二氟乙酸类医药中间体过程中，氯乙酸甲酯和氟乙酸甲酯两种物料发生泄漏。主抓生产的副厂长并未引起重视，只是让工人将反应釜门打开泄压，没有立即上报相关部门，并且没有拉响警报告知周围群众。物料沿低地面扩散至周围村庄以及1个猪场，共造成410头猪和122条狗死亡。

江苏淮安京沪高速公路淮安段“3·29”槽罐车液氯泄漏事故：2005年3月29日18时50分左右，京沪高速公路淮安段发生了一起交通事故。一辆载有约30 t液氯的槽罐车与一辆货车迎面相撞，导致槽罐车内大量液氯泄漏。汽车司机没有上报事故情况，也没有向周边群众通报，而是连夜逃逸。氯气在夜色的掩护下涌向周边的村庄，继而引发29人中毒死亡、350多人住院抢救治疗、公路北侧3个乡镇近万名村民被紧急疏散的特大突发环境事件。事故还造成2万多亩（1亩≈666.7 m^2）农田受灾，1.5万头（只）畜禽死亡。

3月30日上午，为消除槽罐车上继续释放氯气的2处泄漏点，消防人员强行用木塞封堵了液氯泄漏点，但仍有部分氯气外溢。消防人员用水龙头冲刷以消除外泄液氯，后改用烧碱处理，迅速调集了约 200 t 烧碱对事故现场进行中和处理（如图 4-15 所示），控制了污染蔓延的势头。面对液氯不断外泄、污染仍在继续的状况，组织武警官兵在附近的河流上打坝围堰，挖出一个大水塘，将液氯槽罐吊装到水塘中，并用烧碱进行中和处理（如图 4-16 所示），污染状况得到进一步控制。4 月 1 日 10 时 40 分左右，槽罐被运离出事点。4 月 4 日上午，该区域内各监测点氯化氢的监测结果均为未检出，农户陆续返回家园。4 月 4 日下午 2 时，现场指挥部作出应急终止决定。

图 4-15　对槽罐车进行液碱稀释中和

图 4-16　消防人员向池塘中投放烧碱进行化学处理

（五）信息公开

信息公开中经常犯的错误就是说“没有污染”。要从以往的舆论事件中吸取教训，新闻发言人一旦出现在公众视野，就必须谨言慎行，避免工作被动。

福建漳州“4·6”腾龙芳烃有限公司重大爆炸火灾事故：2015年4月6日18时56分，腾龙公司二甲苯装置在停产检修后开车时，二甲苯装置加热炉区域发生爆炸着火事故，引燃装置西侧中间罐区存放重石脑油和轻重整液的3个储罐。福建新闻网、漳州新闻网及时对事故处置及环境质量状况进行权威发布；漳州市政府在确保安全的前提下，有序组织中央电视台等主流媒体记者赶赴事发现场进行采访报道；每天在漳州电视台滚动播报处置信息，及时收集网络媒体舆情信息，每天召开新闻发布会，正确引导舆论。特别是针对网友张某编造“漳州古雷PX化工项目发生爆炸起火死人”谣言并发布虚假图片的行为，漳浦县公安机关及时采取拘留嫌疑人措施，澄清事实真相，避免了谣言的进一步扩散。

以群众居住和活动区域空气质量为首要监测范围，对事故点下风向的环境空气质量敏感点日夜连续进行应急监测。结果表明，各环境空气质量敏感点常规指标均符合空气质量二级标准。事故储罐燃烧产生的黑烟基本落在下风向东山岛外海域。由于无法开展高空环境监测，对黑烟的污染状况未进行监测，实际上也未对附近居民区造成明显影响，但草率得出没有污染的结论，没有及时回应公众及媒体关心的黑烟问题，导致社会上出现一些质疑的声音，直到事故妥善处理完毕才逐步平息。高空黑烟附近肯定有污染，但是那里的污染和生活在地面的人没有关系，环境监测的是落在正常生活地区的污染，这些都要向群众解释清楚。燃烧烟气扩散全景图如图4-17所示。

图4-17　燃烧烟气扩散全景图（图中左侧为事故点）

第三节　环境应急终止

一、概述

企业车间级（三级）和厂区级（二级）环境应急响应终止由企业应急领导小组总指挥批准，社会级（一级）环境应急响应终止由当地政府及相关部门批准。

批准应急状态终止后，企业应急领导小组安排人员做好善后处置工作。请医疗救护组做好灾害事件现场的消毒、疫情的监控及受伤人员的治疗；现场处置组组织进行后期污染治理，包括处理、分类或处置所收集的废物、被污染的土壤或地表水或其他材料，清理事故现场。

二、终止条件

凡符合下列条件之一的，即满足环境应急终止条件：事件现场得到控制，事件条件已经消除；污染源的泄漏或释放已降至规定限值以内，且事件所造成的环境危害已经被消除，无继发可能；事件现场的各种专业应急处置行动已无继续的必要；采取了必要的防护措施以保护公众免受再次危害，并使事件可能引起的中长期影响趋于合理且尽量低的水平；根据环境应急监测和初步评估结果，由企业应急领导小组或者当地政府及相关部门决定应急响应终止，下达应急响应终止指令。

三、终止程序

如发生车间级（三级）和厂区级（二级）环境应急响应，由应急领导小组办公室向应急领导小组提出结束应急行动申请，应急领导小组组织专家咨询组及相关人员确认已达到环境应急终止条件时，应急领导小组总指挥签发环境应急终止令，向参加应急救援抢险的各应急救援小组下达应急终止命令。通知企业内部人员以及附近周边企业、村庄和社区突发环境事件已经得到解除。对于此次发生的突发环境事件，就起因、过程和结果向有关部门做详细报告。环境应急终止后，要根据实际情况和需要，继续开展环境监测和评价工作，直至其他补救措施无需进行为止。

如发生社会级（一级）环境应急响应，由生态环境部门向政府应急指挥部申请，根据环境应急监测和初步评估结果，政府应急指挥部下达环境应急响应终止指令。

第五章　事后管理

事后管理指突发环境事件得到初步控制后，为使生产、工作、生活和生态环境尽快恢复到正常状态进行的各种善后工作，包括事件污染修复、污染损害评估、应急过程评估和案例分析等。突发环境事件污染损害评估工作为界定事件等级、依法追究责任、加强事后管理提供依据。

环境恢复是指对已经造成的危害或损失采取必要的控制发展和补救措施，对可能会造成的中长期环境污染和生态破坏采取必要的预防措施，以减少危害程度。

突发环境事件的影响评价包括现状评价和预测评价。现状评价是分析事件对环境已经造成的污染或生态破坏的危害程度；预测评价是分析事件可能会造成的中长期环境污染和生态破坏的后果，并提出必要的保护措施。

环境损害评估是指对事件造成的污染危害后果进行经济价值损失评估，便于统计和报告损失情况，并为后续生态补偿、人身财产赔偿做准备。

补偿赔偿是指由突发环境事件责任方或由国家对受损失的人群加以经济补偿、赔偿，这是体现社会公平、维护社会稳定的重要环节。

第一节　现场恢复和损害赔偿

一、概述

环境应急状态终止后，要迅速设立受灾人员安置场所和救济物资供应站，做好人员安置和救灾款物收、发、使用与管理工作，确保基本的生活保障，并做好受灾人员及其家属的安抚工作。

环境损害评估指按照规定的程序和方法，综合运用科学技术和专业知识，对突发环境事件所致的人身损害、财产损害以及生态环境损害的范围和程度进行初步评估，对环境应急处置阶段可量化的环境应急处置费用、人身损害、财产损害、生态环境损害等各类直接经济损失进行计算，对生态功能丧失程度进行划分。目的是作为事件调查、损害赔偿和事件定级的依据。

企业需要进行环境损害赔偿的条件包括存在污染物排入外环境，引起环境污染并产生污染危害后果，排放的污染物与危害后果间有因果关系。

二、现场恢复

现场恢复是指将事故现场恢复到相对稳定、安全的基本状态。当环境应急结束后，应急领导小组总指挥应该委派恢复人员进入事故现场，对参与环境应急的人员进行清点，清点和回收使用的抢险物资与装备，及时重新配置事故现场环境应急设备。清理受到重大破坏的设施，恢复被损坏的设备和设施，清理污染物处置后的残余等。根据事故发生地点、污染物的性质和当时气象条件，明确事故泄漏物污染的环境区域，由环境应急咨询专家对污染区进行现场检测分析，明确污染环境中涉及的化学品、污染程度、天气和当地的人口等因素，确定安全、有效、对环境影响最小的恢复方案。

（一）现场保护

为了查清事故发生的真实原因，吸取教训，制定切实可行的针对性防范措施，避免同类事故的发生，在事故发生后，对事故现场要严格进行保护。因抢救人员、疏导交通等需要移动现场物件时，应当做出标记，绘制现场图并作出书面记录，妥善保存现场重要痕迹、物证，并应采取拍照或录像等直接方式反映现场原状。

事故现场的保护应做到：设定保护区，控制人员，对可疑人员进行排查；确定现场保护责任，按照“谁分管、谁负责”的原则，层层把关，层层负责；安排专人值班，不允许任何无关人员进入警戒区，防止破坏现场；严格控制车辆出入，并要做好相关的记录；保护事故现场被破坏的设备部件的碎片、残留物等及其位置；应在现场搜集到的所有物件上贴标签，注明地点、时间及管理者；对搜集到的物件，应保持原样，不准冲洗擦拭；对现场上岗人员进行清点，对抢救人员及救援人员进行登记；各种记录要清楚、准确；值班保卫人员要坚守岗位，做好交班记录。

（二）清洁净化

现场清洁净化是为了防止危险物质的传播，去除有毒有害化学品对环境场所的污染，对事故现场和受影响区域的个人、救援装备、现场设备和生态环境进行清洁净化的过程，包括人员和现场环境的净化。

企业内的危险物质一旦发生事故，以固态或颗粒形式扩散时，较高的污染浓度多出现在离泄漏爆炸源比较近的区域；以液体方式泄漏的化学品可能会透入水泥地面的裂缝，溅到设备或现场人员的表面，也有可能渗透到土壤中，进入地表水或进入下水道中；以气体方式泄漏的化学品受当时的风向、风速等因素影响，可能会污染周边下风向区的人员和环境；而以雾的形式泄漏时，化学品可能进入多孔材料中，如水泥、涂料和土壤中，也有可能进入地表水体中。

对进入环境的物料，能重新利用的则应回收再利用；不能重新利用的，若为油品，可交有资质单位安全焚烧处置。若为腐蚀性物质，可用酸性或碱性物质充分中和、稀释后排放至废水管网，进入污水处理厂处理后达标排放；其他毒性物质应交有资质的危险废物处理单位进行安全处置。

洗消队伍的组成：事故现场洗消工作由综合协调组负责，相关人员要配合工作。如果洗消力量不足，应急领导小组总指挥要派人支援。如果技术力量不足，可请求专业洗消队伍支援，综合协调组要配合相关工作。洗消队伍由综合协调组组长统一协调指挥，在事故发生地设立警戒线，除清洁净化队员外，其他人严禁入内。清洁净化人员根据现场污染物的性质、事故发生现场的情况等因素，在专家的指导下，进入事故现场，快捷有效地对设备和现场进行清洁净化作业。净化作业结束后，经检测安全后方可进入。

现场人员和防护设备的清洁净化：在危险区上风处设立洗消站，对事故现场人员和防护设备进行洗消，防止污染物对人员的伤害。在远离污染区域的地点获得一个稳定的水源，理想的水源要有较高的供水能力和废水回收积蓄能力。如果不能获得一个固定的蓄水池，可用一个大的简易池或蓄水盆。为了净化，相关人员要预先准备好一系列的设备和供应物：用小直径的软管输送净化池中的水，手握的可调节喷嘴，简易的直接使用肥皂或清洗溶液的喷雾器，毛刷子和用于清洗的海绵，简易的淋浴器，池、盆或其他储水设备，简易帐篷或适当的屏蔽遮蔽工具等。

事故现场的洗消：一是废气治理。根据实际情况，对污染的区域进行隔离，组织专业人员，穿戴好防护服，配备空气呼吸器，可用化学处理法，把用于环境恢复的化学品水溶液装于消防车水罐，经消防泵加压后，通过水带、水枪以开花或喷射雾状水形式进行稀释降毒。

二是废水清除。企业清除的废水主要包括污水管道或污水池泄漏污水、消防污水、液体原料等形成的混合废水。事故现场混合废水经企业雨水、污水收集管网全部收集进入污水处理设施调节池，然后根据污染物类型进行针对性预处理，同时加大污水处理设施的运行负荷，尽快对事故污水进行生物降解处置，污水处理达标后立即外排。危险化学品泄漏点废水应收集进入事故应急池，交由有资质的单位进行处理。此外，对于被事故污水污染过的地区，应急处置结束后，尽快进行冲洗，并将冲洗水一并收集后送入污水处理设施进行无害化处置。

三是固废清理。一般固废由企业配合环卫部门进行清理外运。对于产生的危险废物，分为两部分：一是危险废物本身。首先进行安全收集（收集于铁桶等容器中），根据危险废物的特性，采用加盖篷布、帆布等措施防止危险废物的挥发、燃爆或雨淋，交由具有资质的单位接收处理。二是被危险废物污染的环境介质（主要是土壤和水体）。对被污染的土壤，使用简单工具将表层剥离、装入容器内，并委托有资质的危险废物处理单位净化处置，若不能立即处置，应暂时进行安全存放。若环境不允许挖掘或清除大量土壤，可使用物理方法、化学方法或生物方法消除：在地下水位高的地方使用注水法使水位上升，收集从地表溢出的水的清洗法；让土壤保持休闲状态或通过翻耕促进污染物蒸发的自然降解法。

清洁净化的方法通常有以下几种：一是稀释。用水、清洁剂、清洗液稀释现场和环境中的污染物料。二是处理。对应急行动工作人员使用过的衣服、工具、设备进行处理。当应急人员从受污染区撤出时，他们的衣物或其他物品应集中储藏，作为危险废物处理。三是物理去除。使用刷子或吸尘器除去一些颗粒性污染物。四是中和。中和一般不直接用于人体，一般可用苏打粉、碳酸氢钠、醋、漂白剂等清洗衣服、设备和受污染环境。五是吸附。可用吸附剂吸附污染物，但吸附剂使用后要回收处理。六是隔离。需要全部隔离或把现场和受污染环境全部围起来以免污染扩散，污染物待以后处理。

（三）污染跟踪

开展后续监测。在环境应急结束后，事故区域还可能存在危险，如残留有毒物质、可燃物继续爆炸等。因此，还应对突发环境事件影响区域进行监测，以确保恢复期间的安全。监测人员应该确定受破坏区域的污染程度或危险性。如果此区域可能给相关人员带来危险，环境安全管理员要采取一定的安全措施，包括发放个人防护设备等。

（四）善后处置

事件总结报告和存档备案：突发环境事件处理完成后，应急领导小组办公室要完成报告总结，将突发环境事件发生时间及地点、经过、发生原因、处理过程、经验教训、人员伤亡、损失程度情况等上报有关部门，并在应急领导小组办公室存档备案。

伤亡人员的安置与抚恤：综合协调组迅速设立受灾人员的安置场所和救济物资供应站，做好人员安置和救灾款物收、发、使用与管理工作，确保基本的生活保障；做好受伤人员及家属的救治抚恤工作，对受伤严重人员继续治疗，对全企业的员工做好精神安抚工作，以保证企业人心稳定、快速投入正常生产；对周围单位及群众，妥善救治受伤人员并安置死亡人员，做好家属抚恤工作，及时做好伤害赔偿工作。

调用物资的清理与损失补偿：组织物资供应部门对调用物资进行及时清理；在前

期现场调查取证的基础上，清查事故造成的环境损失，对环境损失进行补偿，支付环境治理与恢复所需费用；清查事故造成的经济损失，根据国家政策进行补偿；制定恢复生产方案，核算并筹集恢复生产所需资金。

（五）保险理赔

企业应建立突发环境事件社会保险机制。按照有关法律法规的要求，企业要依法办理相关责任险或其他险种，并为应急救援人员办理意外伤害保险。应急终止后，综合协调组联系保险公司对此次事故的损失进行评价，开展事故索赔工作。

《环境污染强制责任保险管理办法》规定，环境高风险企业应当投保环境污染强制责任保险。保险责任范围包括第三者人身损害、第三者财产损害、生态环境损害和应急处置与清污费用。保险公司承保环境污染强制责任保险，应当在承保前开展环境风险评估，并出具环境风险评估报告。环境风险评估报告是保险合同的组成部分。

环境高风险企业在保险合同有效期内因污染环境造成损害，受害者在保险合同有限期届满后三年内向环境高风险企业提起环境损害赔偿请求，由环境高风险企业依法承担赔偿责任的，保险公司依法在环境污染强制责任保险责任限额内予以赔偿。有下列情形之一的，保险公司不予赔偿：不可抗拒的自然灾害导致的损害；完全属于不可抗拒的自然灾害，环境高风险企业经过及时采取合理措施，仍然不能避免污染环境、致使第三者遭受的损害。环境污染犯罪直接导致的损害；环境高风险企业构成环境污染犯罪、被追究刑事责任的，其犯罪行为直接引发环境污染、致使第三者遭受的损害。故意采取暗管、渗井、渗坑、灌注等逃避监管的方式违法排放污染物直接导致的损害。环境安全隐患未整改直接导致的损害。生态环境部和保监会确定的可以除外的其他损害。

环境高风险企业依法支付赔偿款后，保险公司可以向环境高风险企业赔偿保险金。保险公司也可以直接向受害人赔偿保险金。保险公司、环境高风险企业或者受害者可以委托环境损害鉴定评估机构或者专家团队，出具损害鉴定评估意见，作为保险理赔的重要参考依据。保险公司不得要求环境高风险企业或者受害者提供生态环境主管部门出具的环境污染事故、损害等文件或者资料，不得以此作为保险事故核定或者理赔的前提条件。

（六）恢复生产

企业应迅速采取措施，恢复正常的生产和生活秩序。对于污染严重的突发环境事件，必须经过当地生态环境部门批准后，企业方可恢复生产。

恢复生产前，需要彻底检查环境应急设备。及时组织人员收整器材，对侦测仪器、空气呼吸器、通信电台、照明器材等不能用水洗消的器材，应擦拭干净以后装车；水带、水枪、抽吸泵、防护服装、洗消帐篷、警戒标志以及流经洗消污水的管线、设备等应集中进行反复洗消，直至检测合格、擦拭干净后，才能装车撤离现场。

特别是对于在应急过程中使用过的设备，按照应急设备储备管理单位提供的设备清单，清点数量，检查设备的性能和质量。数量不足的要补齐，性能和质量不能满足要求的必须更换新的设备。对于能够使用的设备，要根据该设备的维护保养说明进行适时的维护保养，足以应对下次紧急状态。

需要确认生产设备设施已经过检修和清理，可以正常使用。采取有针对性的措施预防突发环境事件再次发生。

三、直接经济损失核定

突发环境事件的受影响对象包括肇事方和外部损失承受方。肇事方为突发环境事件的制造者，既可能是企业，也可能是个人，可能只包括一方，也可能由多方构成；除肇事方以外的其他所有影响对象全部归为外部损失承受方，包括突发环境事件影响范围内的所有企业、家庭以及河流、农田等生态系统。

环境污染经济损失包括直接经济损失和间接经济损失。直接经济损失指与突发环境事件有直接因果关系的人身损害费用、财产损害费用、应急处置费用；间接经济损失指突发环境事件直接或间接导致的环境（物理、化学、生物）和生态（植物、动物、微生物）的不利改变或者功能退化。

当企业发生社会级以下突发环境事件时，由于事件影响区域限于企业内部，经济损失核定比较简单。当发生社会级突发环境事件时，需要按照《突发环境事件应急处置阶段环境损害评估推荐方法》（环办〔2014〕118号）进行环境损害评估。鉴于绝大多数事件级别达不到需要进行间接经济损失核定的程度，现就直接经济损失核定进行简单介绍。

（一）核算范围

突发环境事件应急处置阶段直接经济损失包括人身损害费用、财产损害费用和应急处置阶段可以确定的生态环境损害数额、应急处置费用以及应急处置阶段可以确定的其他直接经济损失。其中，应急处置费用包括污染处置费用、保障工程费用、应急监测费用、人员转移安置费用和组织指挥及后勤保障费用等。

企业为保护公众健康、公私财产和生态环境，减轻或者消除危害而主动支出的应急处置费用，不计入直接经济损失。

（二）核定程序

直接经济损失核定工作程序包括基础数据资料收集、数据审核、确定核定结果 3 个主要阶段（如图 5-1 所示）。基础数据资料收集是对各项费用产生情况、费用数额、合同票据等资料进行统一收集的过程；数据审核是对收集的数据资料进行初审、确认、复审等一系列审查，确定有效数据，并进行整理分析的过程；确定核定结果是将审定的数据整理分析后，给出明确的核定结论的过程。

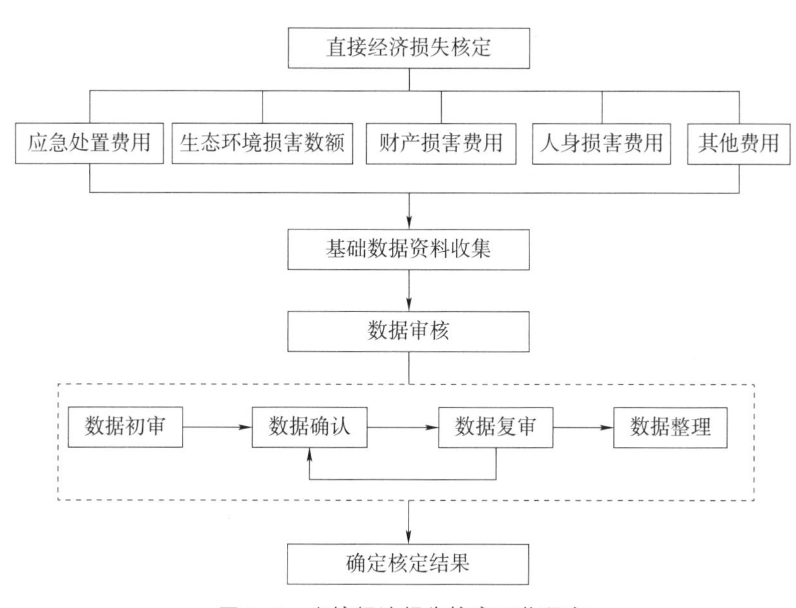

图 5-1　直接经济损失核定工作程序

（三）核定原则

1. 规范性原则

直接经济损失核定时要收集完整的损失或费用数据的证明材料，数据与证明材料要真实可靠且一一对应，缺失证明材料的损失和费用不能计入。对同一突发环境事件的直接经济损失核定要采用统一的数据调查统计方法、计算方法和核定标准，保证核定结果规范公正。产生应急处置费用的工作措施应当与应急处置方案的要求或者应急领导小组的部署一致，应当与减轻对生态环境损害的措施直接相关。

2. 时效性原则

应急处置费用必须是在应急处置和预警期间以及在受突发环境事件影响的区域范围内发生的费用。应急处置和预警期以应急处置方案界定的或者以应急领导小组研判确定的时间为准。事件发生前已列入财政支出预算或工作计划，因事件发生而提前执行的设备购置费、租赁费、工程施工费等支出，不计入直接经济损失。各应急工作参与单位的正式工作人员和长期聘用人员在应急处置期间的劳务费和工资性收入不计入直接经济损失。但由于事件引发计划变动产生的额外费用，可计入直接经济损失。

3. 合理性原则

对于同一突发环境事件，不同单位、不同地区填报的损失和费用数据要符合逻辑，同类型损失和费用单价的差异要控制在合理范围内，根据实际调查或者历史相关数据，以上下浮动在 1 倍以内视为合理。因突发环境事件发生造成的材料、交通、人工等价格上涨，以不高于市场价 1 倍视为合理。由其他事故次生突发环境事件的情况下，应当明确原生事故的核定时限和地域范围，避免重复或遗漏核定。

（四）核定方法

1. 污染处置费用

（1）计算方法

污染处置费用是指从源头控制或者减少污染物的排放以及为防止污染物继续扩散，而采取的清除、转移、存储、处理和处置被污染的环境介质、污染物和回收应急物资等措施所产生的费用，主要包括投加药剂、筑坝拆坝、开挖导流、放水稀释、废弃物处置、污水或者污染土壤处置、设备洗消等产生的费用。污染处置费用的计算方法有以下两种。

方法一：污染处置费用 = 材料和药剂费 + 设备或房屋、场地租赁费 + 应急设备维修或重置费 + 人员费 + 后勤保障费 + 其他。

方法二：对于工作量能够用指标进行统一量化的污染处置措施，可以采用工作量核算法，根据事件发生地物价部门制定的收费标准和相关规定或调查获得的费用计算。污染处置费用 = 总工作量 × 单位工作量单价，例如：

筑坝费用 = 坝体体积（m^3）× 单位体积构筑单价（元 /m^3）；

开挖导流费用 = 土方量（m^3）× 单位土方量工程单价（元 /m^3）；

污水处理费用 = 污水总量（t）× 单位污水量处理单价（元 /t）。

（2）核算说明

企业内部污染源控制、污染拦截、污染清理等产生的费用不计入直接经济损失。比如某企业烧碱储罐泄漏事故中，企业为防止污染物流出厂界，在企业内部采取拦截、吸附等措施产生的费用。

非必需的污染处置费用不计入直接经济损失。比如饮用水水源地突发环境事件中启用备用水源，在备用水源水质符合地表水Ⅲ类水质标准的情况下，采取上游截污、治污等改善水质措施产生的费用不计入直接经济损失。

非突发环境事件产生废弃物的处置费用不计入直接经济损失。比如火灾、爆炸事故次生的突发环境事件中，火灾或爆炸产生的废弃物处置费用不计入突发环境事件直接经济损失，但是危险化学品泄漏次生的突发环境事件中，危险化学品污染清理费用和被危险化学品污染而产生的危险废物处置费用计入突发环境事件的直接经济损失。

超出应急处置实际所需的药剂或材料费用不计入直接经济损失。当购置的药剂或材料数量远高于实际消耗时，可以按照实际消耗的 1.2 倍计入直接经济损失。例如，因投加药剂购入了 20 t 药剂，但应急处置实际仅消耗了 10 t，在核定药剂费用时，可以计入 12 t 药剂的购置费用。

非合理时间内发生的设备或场地租赁费用不计入直接经济损失。当租赁时间远超应急处置时间，按照实际应急处置时间的 1.5 倍产生的费用计入直接经济损失。例如，为应急处置工作，租用了 3 个月的民房作为现场办公场所，而实际应急工作仅持续了 1 个月，在核定房屋租赁费时计入 1.5 个月的租赁费用。

已列入生产安全事故直接经济损失或自然灾害直接经济损失的非污染处置费用不计入突发环境事件直接经济损失。例如火灾、爆炸事故中的消防灭火费用。

2. 保障工程费用

（1）计算方法

保障工程费用是指应急处置期间为了保障受污染影响区域公众正常生产生活以及为了保障污染处置措施能够顺利实施而采取的必要的应急工程措施所产生的费用，主要包括道路整修、场地平整、管线引水、车辆送水、自来水厂改造等措施产生的费用。

保障工程费用 = 材料和药剂费 + 设备或房屋租赁费 + 应急设备维修或购置费用 + 人员费 + 后勤保障费 + 其他。

（2）核算说明

应急处置期间发生的属于日常工作职责的维护费、工程费等相关费用不计入直接经济损失。例如，应急处置期间进行日常道路维护或修整产生的费用不计入直接经济损失，但是为保障应急处置措施顺利实施，因没有可通行道路而重新铺设道路产生的费用计入直接经济损失。

个人或单位采取的非必要的保障措施产生的费用不计入直接经济损失。例如，饮用水水源虽然受污染影响，但通过实施应急引水措施已经能够保证饮用水正常达标供应的情况下，个人或单位另行购置其他饮用水或者净水设备产生的费用不计入直接经济损失。

3. 应急监测费用

（1）计算方法

应急监测费用是指应急处置期间为发现和查明环境污染情况和污染范围而进行的

采样、监测与检测分析活动所产生的费用。应急监测费用的计算方法有以下两种。

方法一：应急监测费用 = 材料和药剂费 + 设备或房屋租赁费 + 应急设备维修或购置费用 + 人员费 + 后勤保障费 + 其他。

方法二：应急监测费用 = 样品数量（单样 / 项）× 样品检测单价 + 样品数量（点 / 个 / 项）× 样品采样单价 + 运输费 + 其他。

（2）核算说明

应急监测费用应发生在应急处置期间以及合理的预警期内。预警期以应急处置方案的规定或者应急领导小组的部署为准，应急处置方案和应急领导小组决策没有相关具体要求的，根据污染团实际到达预警监测点位的时间判断，突发水环境事件以该时间点前 24 h 视为合理，突发大气环境事件以该时间点前 2 h 视为合理。

监测频次和采样布点密度应按照应急监测方案执行，并符合相关采样监测技术文件要求。

应急处置结束 48 h 以后的，观察被污染区域环境质量是否持续、平稳达标产生的监测费用不计入直接经济损失。

明显与事件无关的采样或监测项目产生的费用（比如在事件特征污染物已确定后，仍监测其他不相关污染物产生的监测费用）不计入直接经济损失。

4. 人员转移安置费用

（1）计算方法

人员转移安置费用是指应急处置期间疏散、转移和安置受影响和受威胁人员所产生的费用。

人员转移安置费用 = 材料费 + 设备或房屋租赁费 + 人员费 + 后勤保障费 + 其他。

（2）核算说明

因原生事件威胁人员生命健康而组织人员转移安置产生的费用不计入直接经济损失。例如，地震、山体滑坡等事件中的人员转移安置费用。

应急处置结束后，环境质量达标且不影响人员正常生活时，仍滞留在安置场所产生的费用不计入直接经济损失。应急领导小组宣布的应急处置结束日期之后 5 天内可视为合理的缓冲时间，之后产生的费用不计入直接经济损失。

在事件造成的环境污染不影响人员正常生活及人身健康的情况下，因个人原因居住别处产生的相关费用不计入直接经济损失。

5. 组织指挥及后勤保障费用

（1）计算方法

组织指挥及后勤保障费用是指应急处置期间应急指挥和组织管理部门以及其他相关单位针对应急处置工作，开展的办公和公务接待活动等产生的相关费用。

组织指挥及后勤保障费用 = 办公用品费 + 餐费 + 住宿费 + 会议费 + 专家技术咨询费 + 印刷费 + 交通费 + 水电费 + 取暖费 + 其他。

（2）核算说明

公务员和参照公务员管理人员的加班费或加班补贴不计入直接经济损失。

上级指导人员、专家及其他人员产生的未由当地政府承担的差旅费不计入直接经济损失，但由当地政府承担的计入。

高于公务接待标准的餐饮费和住宿费不计入直接经济损失。

车辆保养费用不计入直接经济损失。因执行应急处置任务产生的维修费用可计入。

明显与应急处置无关的事务性费用不计入直接经济损失。例如烟、酒、茶叶等物品的购置费用。

政府及生态环境部门委托第三方组织开展突发环境事件生态环境损害评估工作发生的技术咨询费用不计入直接经济损失。

6. 人身损害费用

（1）计算方法

人身损害费用指在应急处置期间可以确定的，因突发环境事件污染造成的人员就医治疗、误工、致残或者致死产生的相关费用。人身损害的鉴定需要有专业医疗或鉴定机构出具的鉴定意见，或者相关政府部门出具的正式文件。

就医治疗的：人身损害费用 = 医疗费 + 误工费 + 护理费 + 交通费 + 住宿费 + 住院伙食补助费 + 营养费 + 其他。

致残的：人身损害费用 = 医疗费 + 误工费 + 护理费 + 交通费 + 住宿费 + 住院伙食补助费 + 营养费 + 残疾赔偿金 + 残疾辅助器具费 + 被扶养人生活费 + 后续康复费 + 后续护理费 + 后续治疗费 + 其他。

致死的：人身损害费用 = 医疗费 + 误工费 + 护理费 + 交通费 + 住宿费 + 住院伙食补助费 + 营养费 + 丧葬费 + 被抚养人生活费 + 死亡赔偿金 + 亲属办理丧葬事宜支出的交通费、住宿费、误工费 + 其他。

以上医疗费、误工费、护理费、交通费、住宿费、住院伙食补助费、营养费、残疾赔偿金、残疾辅助器具费、被抚养人生活费、丧葬费、死亡赔偿金等费用的计算参考《最高人民法院关于审理人身损害赔偿案件适用法律若干问题的解释》，计费标准应符合国家或地方相关规范标准要求。

（2）核算说明

非突发环境事件所致的人员伤亡产生的救治、丧葬、抚恤费用不计入直接经济损失。比如生产安全事故中爆炸、灼烧等导致的人员伤亡和交通事故造成的人员伤亡等，其产生的救治、丧葬、抚恤等费用不计入直接经济损失。

7. 财产损害费用

（1）计算方法

财产损害费用指因环境污染或者采取污染处置措施导致的财产损毁、数量或价值减少的费用，包括固定资产、流动资产、农产品和林产品等损害的直接经济价值。

财产损害费用 = 固定资产损害费用 + 流动资产损害费用 + 农产品损害费用 + 林产品损害费用 + 其他。

固定资产损害费用 = 固定资产维修费 + 固定资产重置费。

流动资产损害费用 = 流动资产数量 × 购置时的价格 - 残值；其中，残值应由专业技术人员或专业资产评估机构进行定价评估。

农林产品损害费用 = 农林产品损害总量 ×（正常产品市场单价 - 工业原材料市场单价）。

当农林产品质量受损、但不影响其作为工业原材料等其他用途时，计算其用途变更后造成的直接经济损失。

（2）核算说明

财产损害具体数量应通过现场调查、测量等方式方法进行核定。

农产品、林产品、渔产品和畜牧产品等因突发环境事件影响产生的当期数量损失和质量损失以外的预期收益不计入直接经济损失。

生产企业或施工工程因突发环境事件停产或减产造成的损失不计入直接经济损失。

已列入生产安全事故或交通运输事故等造成的直接损失的，不再计入其次生的突发环境事件直接经济损失。例如，危险化学品交通运输泄漏事故中的车辆、车载货品和道路设施损毁等造成的损失不计入直接经济损失。

当地政府在突发环境事件发生后制定了财产损失赔偿标准的，应根据赔偿标准进行经济损失计算。

8. 生态环境损害数额

（1）计算方法

突发环境事件对生态环境造成损害，不能在应急处置期间恢复至基线水平，需要对生态环境进行修复或恢复，且修复或恢复方案及其实施费用在环境损害评估规定期限内可以明确的，生态环境损害数额计入直接经济损失，费用根据修复或恢复方案的实际实施费用计算。

（2）核算说明

环境介质中的污染物浓度恢复至基线水平，在没有产生期间损害情况下的生态环境损害量化费用以及后期预估的修复费用不计入直接经济损失。

需要对生态环境进行修复或恢复，但修复或恢复方案不能在应急处置期间生态环境损害评估规定期限内完成的修复或恢复费用不计入直接经济损失。

四、环境损害赔偿

（一）启动赔偿

突发环境事件调查结束后，应当形成调查结论，提出启动赔偿的意见。突发环境事件损害赔偿案件涉及多个部门或机构的，可以由牵头部门组建联合调查组，开展突发环境事件损害调查。

对突发环境事件损害事实简单、责任认定无争议、损害较小的案件，可以采用委托专家评估的方式，出具专家意见。也可以根据与案件相关的法律文书、监测报告等资料综合作出认定。

《中华人民共和国环境保护法》第六十四条规定，因污染环境和破坏生态造成损害的，应当依照《中华人民共和国侵权责任法》的有关规定承担侵权责任，即污染者损害担责；不承担责任或减轻责任或其行为与损害之间不存在因果关系，承担举证责任（举证倒置）；两个以上污染者污染环境共同担责。

《生态环境损害赔偿制度改革试点方案》规定了应当赔偿的情形：发生较大及以上突发环境事件的；在国家和省级主体功能区规划中划定的重点生态功能区、禁止开发区发生环境污染、生态破坏事件的；发生其他严重影响生态环境事件的。

环境损害赔偿的范围包括清除污染的费用、生态环境修复费用、生态环境修复期间服务功能的损失、生态环境功能永久性损害造成的损失和生态环境损害赔偿调查、鉴定评估等合理费用。

（二）赔偿磋商

需要启动突发环境事件损害赔偿的，赔偿权利人指定的部门或机构根据突发环境事件损害评估报告或参考专家意见，按照“谁损害、谁承担责任”的原则，就赔偿的责任承担方式和期限等具体问题与赔偿义务人进行磋商。案情比较复杂的，在首次磋商前，可以组织沟通交流。

磋商期限原则上不超过 90 日，自赔偿权利人及其指定的部门或机构向赔偿义务人送达突发环境事件损害赔偿磋商书面通知之日起算。磋商会议原则上不超过 3 次。

磋商达成一致的，签署协议；磋商不成的，及时提起诉讼。有以下情形的，可以视为磋商不成：赔偿义务人明确表示拒绝磋商或未在磋商函件规定时间内提交答复意见的；赔偿义务人无故不参与磋商会议或退出磋商会议的；已召开磋商会议 3 次，赔偿权利人及其指定的部门或机构认为磋商难以达成一致的；超过磋商期限，仍未达成赔偿协议的；赔偿权利人及其指定的部门或机构认为磋商不成的其他情形。

经磋商达成赔偿协议的，赔偿权利人及其指定的部门或机构与赔偿义务人可以向人民法院申请司法确认。

申请司法确认时，应当提交司法确认申请书、赔偿协议、鉴定评估报告或专家意见等材料。

（三）积极担责

对积极参与突发环境事件损害赔偿磋商，并及时履行赔偿协议、开展生态环境修复的赔偿义务人，赔偿权利人指定的部门或机构可将其履行赔偿责任的情况提供给相关行政机关，在作出行政处罚裁量时予以考虑，或提交司法机关，供其在案件审理时参考。

（四）公益诉讼

《检察机关提起公益诉讼改革试点方案》将生态环境和资源保护领域作为重点，符合在设区的市级以上民政部门登记、专门从事环保公益活动连续五年以上且无违法记录条件的社会组织可提起公益诉讼，人民法院应当依法受理。社会组织不得通过诉讼牟取经济利益。

人民法院受理环境民事公益诉讼案件后，应当在10日内告知负有监督管理职责的部门。有关部门接到告知后，应当及时与人民法院沟通对接相关工作。生态环境、应急管理、自然资源、住房城乡建设、农业农村、水利、林业和草原等部门要对环境民事公益诉讼提供证据材料和技术方面的支持。

（五）生态修复

对突发环境事件造成的生态环境损害可以修复的案件，要促使赔偿义务人对受损的生态环境进行修复。磋商一致的，赔偿义务人可以自行修复或委托具备修复能力的社会第三方机构修复受损生态环境，赔偿权利人及其指定的部门或机构做好监督等工作；磋商不成的，赔偿权利人及其指定的部门或机构应当及时提起诉讼，要求赔偿义务人承担修复责任。

对突发环境事件造成的生态环境损害无法修复的案件，赔偿义务人缴纳赔偿金后，可由赔偿权利人及其指定的部门或机构根据国家和本地区相关规定，统筹组织开展生态环境替代修复。

磋商未达成一致前，赔偿义务人主动要求开展生态环境修复的，在双方当事人书面确认损害事实后，赔偿权利人及其指定的部门或机构可以同意，并做好过程监管。

赔偿义务人不履行或不完全履行生效的诉讼案件裁判、经司法确认的赔偿协议的，赔偿权利人及其指定的部门或机构可以向人民法院申请强制执行。对于赔偿义务人不履行或不完全履行义务的情况，应当纳入社会信用体系，在一定期限内实施市场和行业禁入、限制等措施。

对突发环境事件造成的生态环境损害可以修复的案件，赔偿义务人或受委托开展生态环境修复的第三方机构要加强修复资金的管理，根据赔偿协议或判决要求，开展生态环境损害的修复。

对突发环境事件造成的生态环境损害无法修复的案件，赔偿资金作为政府非税收入纳入一般公共预算管理，缴入同级国库。

赔偿权利人及其指定的部门或机构在收到赔偿义务人、第三方机构关于突发环境事件造成的生态环境损害修复完成的通报后，组织对受损生态环境修复的效果进行评估，确保生态环境得到及时有效修复。

修复效果未达到修复方案确定的修复目标的，赔偿义务人应当根据赔偿协议或法院判决要求继续开展修复。

修复效果评估相关的工作内容可以在赔偿协议中予以规定，费用根据规定由赔偿义务人承担。

（六）公众参与

赔偿权利人及其指定的部门或机构可以积极创新公众参与方式，可以邀请专家和利益相关的公民、法人、其他组织参加突发环境事件造成的生态环境损害修复或者赔偿磋商工作，接受公众监督。

五、典型案例

（一）环境损害评估

河南栾川“2·14”龙宇钼业尾矿库溢流井垮塌事故：2017年2月14日20时许，河南栾川龙宇钼业有限公司尾矿库6号排水井坍塌。经核定，本次栾川钼污染事件应急处置期间共造成各类直接经济损失484.98万元。其中，应急处置费用合计458.38万元，约占本次直接经济损失总额的94.5%，具体包括：应急监测费14.22万元，约占该类费用的3.1%；应急行政支出33.12万元，约占该类费用的7.2%；污染控制费

407.44 万元，约占该类费用的 88.9%；应急专家技术咨询费 3.6 万元，约占该类费用的 0.8%。事件造成的财产损害合计 26.6 万元，全部为渔业养殖损失，约占本次直接经济损失总额的 5.5%。

甘肃陇南“11·23”陇星锑业有限公司选矿厂尾矿库泄漏事故：2015 年 11 月 23 日，位于甘肃省陇南市西和县太石河乡山青村的陇星锑业有限公司选矿厂尾矿库泄漏，造成西汉水陕西段和嘉陵江水质污染。甘肃、陕西、四川三省部分区域乡镇集中饮用水水源、地下井水因超标或因可能影响饮水安全而停用，受影响人数约 10.8 万人。甘肃省西和县太石河沿岸约 257 亩农田因被污染水直接淹没而受到一定程度污染。

甘肃陇星锑突发环境事件直接经济损失总计 6 120.79 万元，其中甘肃省 1 991.93 万元，包括管线引水工程费用、应急监测费用、筑坝拆坝费用、行政费用等 10 项应急处置费用和财产损失；陕西省 1 673.11 万元，包括管线引水工程费用、车辆送水费用、筑坝拆坝工程费用、药剂投加费用、水利调蓄费用、应急监测费用、应急保障费用、行政费用等 8 项应急处置费用和财产损失；四川省 2 455.75 万元，包括管线引水工程费用、水厂除锑费用、水源安全费用、应急监测费用、车辆送水费用、行政费用等 6 项应急处置费用和财产损失。

不予以解决的费用：车辆送水应急处置费用中利州区教育系统迫于学生家长压力购置桶装水代替自来水使用的费用和各学校购置净水器等非应急必需设备的费用；行政费用中超出标准的餐饮费、接待费、不合理的办公费；卫生部门的培训费用；办公用品中电脑、打印机、复印机、传真机按照 5 年折旧重新计算；应急监测费用中地方卫生部门两位长期聘用人员的工资费用，购置的与此次事件相关性不大的设备的费用，监测站工作人员的劳务费；水源安全保障应急处置费用中公务人员的加班费和个别不合理的办公费用；宣传部门维稳的相关费用；公安分局执勤警戒装备购置的费用。

（二）环境损害赔偿

甘肃陇南“11·23”陇星锑业有限公司选矿厂尾矿库泄漏事故：2015 年 11 月 23 日，位于甘肃省陇南市西和县太石河乡山青村的陇星锑业有限公司选矿厂尾矿库泄漏。为切实做好群众损失补偿工作，甘肃省西和县成立了甘肃陇星锑业有限责任公司尾矿库尾砂泄漏事故群众土地房屋及地上附着物损失摸底统计工作领导小组，建立了“摸底登记、逐级审核、村内公示、补偿兑付”四级标准化、规范化工作流程。

摸底登记：在领导小组的统一组织下，各村工作组会同村社干部和受损农户家庭成员一起深入田间地头，受损土地统一采用米尺丈量，受损树木以直径登记，受损农作物、中药材在农田查验，经过农户签字认可后，分村分类登记造册，按乡镇进行汇总。

逐级审核：受损土地、房屋及地上附着物受损调查摸底和登记造册完成后，并且经过部门督查组对摸底结果进行核查后，由村“两委”、乡镇政府、各村工作组和领导小组逐级审核签字。

村内公示：经审核无误后，确需公示的，以村为单位，对户主姓名、补偿类别、补偿标准、受损面积和补偿资金等在村内张贴公示（如图 5-2 所示），公示 3 天。通过提高群众对损失赔偿工作的知晓率，促进群众之间的相互监督，保证赔偿工作的公平与公正。

图 5-2　村内公示

补偿兑付：经过核查，甘肃省西和县太石乡涉及 8 村 578 户群众，受损耕地及青苗 914.10 亩、中药材 37.53 亩、林木 7 841 棵、坟墓 7 座、简易工棚 3 座；大桥镇涉及 3 村 187 户群众，受损耕地及青苗 85.90 亩、林木 242 棵、坟墓 3 座。成县镡河乡土蒿村受损耕地 5.90 亩。共计损失 220.85 万元，其中太石河乡 200.81 万元，大桥镇约 20.04 万元。

山东章丘“10·21”危险废物倾倒导致 4 人中毒死亡事件：2015 年 10 月 21 日凌晨 2 时，淄博市桓台县山东金诚重油化工有限公司用罐车运输废碱至章丘普集镇上皋村已废弃的明皋 3 号煤井副井院内，向井内倾倒废液。排放过程中造成现场 4 人中毒死亡，其中 2 人为车辆驾驶员及押运人员，另外 2 人为废矿井院落承包人及看门人。截至 10 月 26 日下午，山东腾跃化学危险废物研究处理有限公司受委托对事故车辆内及现场露天堆放的 109 桶危险废物登记取样后，危险废物已全部清运至该公司进行无害化处理。10 月 27 日，在事故废矿井北侧 15 m 处，发现地下埋有盛装化工废液的铁桶。经挖掘，共清理出 101 个盛装化工废液（料）的铁桶及若干个盛装固态危险废物的编织袋。至 10 月 31 日下午，101 桶危险废物、25 t 袋装固态危险废物和受污染土壤已全部清运至危险废物处置公司进行无害化处理。现场照片如图 5-3～图 5-6 所示。

图 5-3　违法倾倒危险废物的罐车

图 5-4　地下埋有盛装化工废液的铁桶

图 5-5　清理出的盛装化工废液铁桶

图 5-6　危险废物全部清运至有资质公司进行无害化处理

涉案企业所在地环境保护部门依法分别对 6 家企业实施顶格行政处罚，每家企业罚款 20 万元。2017 年 11 月 22 日，济南市章丘区人民法院以污染环境罪一审判处山东弘聚新能源有限公司等 2 家企业 20 万元和 120 万元罚金，判处 17 名责任人 6 个月至 6 年不等有期徒刑，并处 8 000 元至 6 万元不等罚金。

经环境污染损害评估，应急处置期间直接经济损失超 3 000 万元，生态损害赔偿金额为 2.5 亿元。2016 年 8 月，山东省环境保护厅组织济南市章丘区政府与 6 家涉案企业先后经过 4 轮赔偿磋商；2017 年 2 月至 6 月，先后与山东万达有机硅新材料有限公司、山东麟丰化工科技有限公司、山东宜坤新能源开发有限公司、山东利丰达生物科技有限公司 4 家企业达成协议，签订了赔偿合同书，赔偿金额共计 1 357.54 万元。其中，山东万达有机硅新材料有限公司、山东麟丰化工科技有限公司、山东宜坤新能源开发有限公司 3 家涉案企业在 3 个月内分两期将赔偿金足额赔付到位。经山东省政府批准，2017 年 8 月 4 日，山东省环境保护厅向济南市中级人民法院递交了起诉材料，请求判令山东金诚重油化工有限公司、山东弘聚新能源有限公司 2 家企业承担赔偿金 2.3 亿元。山东利丰达生物科技有限公司签订赔偿协议逾期不履行，经催告后仍不履行，山东省环境保护厅代表山东省政府对该企业提起诉讼。该案是社会组织提起环境民事公益诉讼在先，政府提起突发环境事件损害赔偿诉讼在后，法院按照政府诉讼优先进行审理的典型案例。

安徽海德公司非法倾倒废碱液污染长江事件：2014 年 5 月，安徽海德公司将公司产生的 102.44 t 废碱液分多次排入长江和新通扬运河，给长江水环境、鱼类资源、生态服务功能造成了巨大损失，导致靖江市和兴化市城区饮用水水源暂时中断取水。环境保护部门对长江和新通扬运河相应河段的水体进行检测，发现含有二乙基二硫醚等多种对生物有害的有机物。该事件发生后，省级人民政府首次作为诉讼主体起诉企业，要求企业进行突发环境事件损害赔偿。2018 年 8 月 27 日，泰州市中级人民法院就江苏省人民政府诉安徽海德公司突发环境事件损害赔偿案作出一审判决，被告安徽海德公司赔偿环境修复等费用 5 482.85 万元。

第二节　配合事件调查和担责

一、概述

当前，我国各类突发环境事件频发，环境风险加大，突发环境事件正处于高发期。一些重特大突发环境事件危害极大、处置困难，严重威胁着人民群众生命和财产安全，直接影响了社会稳定。为了进一步增强责任意识、全面落实各项生态环境法律法规和确保环境安全，必须不断强化责任追究力度，以加强警示教育、弥补管理漏洞、杜绝类似事件的发生。

突发环境事件应急响应结束后，要对所有较大以上突发环境事件、具有高潜在风险的小型突发环境事件和未遂突发环境事件进行详细的调查，找出发生突发环境事件的根本原因，以便采取有效的预防措施。企业要配合事发地生态环境部门开展突发环境事件调查工作，不能拒绝和阻挠。

自 2004 年沱江特大水污染事件、2005 年松花江水污染事件发生以来，国家逐步加大了对突发环境事件的问责力度。在被追究刑事责任的人员中，多数被认定为重大环境污染罪、投毒罪、环境监管失职罪、玩忽职守罪和渎职罪等。通过责任追究和法律制裁，严厉打击和震慑了环境违法行为，极大地增强了企业、地方政府和有关部门的环境安全责任意识，推动了环境安全管理工作的进行。

应划清环境安全管理职责的界限，职责要落实到企业单位或个人。如果职责明确，企业环境安全管理员可迅速将应急信息汇报给企业最高决策者，协调有关的各企业员工，使环境安全管理系统能够高效有序地运转，同时集中各种必要应急资源，在最短的时间内解决突发环境事件。不同级别的员工在环境安全管理中的作用应与其级别相对应，保证不出现越位和缺位。

二、环境事件调查

（一）启动事件调查程序

1. 企业自己启动事件调查程序

突发环境事件不大时，可以由企业自己启动事件调查程序。企业应急领导小组总指挥按下列步骤安排突发环境事件调查。

第一步，成立调查小组并指派调查成员，包括相关的技术专家、发生突发环境事件作业单位的员工等，任命有足够资历的人员任组长。

第二步，所需要的参考文件。需要确定突发环境事件调查的范围，所需要调查的事件链及相关的要素，如环境应急响应、外部救援机构的行动，还可能需要寻求法律帮助。

第三步，确定报告时限。要确定发布突发环境事件调查中期报告的时间期限，调查突发环境事件发生的确切原因并建议整改行动。如果还发现了其他的问题，也可以要求相关的技术人员参与调查。

第四步，完成最终报告。最终报告要依据深层次的技术分析来描述事故原因，并提出短期、中期和长期整改建议。最终报告最好在 30 天内完成。一旦报告完成，企业环境安全管理员要评审事件调查的发现和所建议的整改措施，并确定是否进行整改。最终报告要描述管理人员在整改行动中的职责，分派整改任务，并要确定整改任务完成的期限。

企业应急领导小组总指挥要确定完整的调查报告分发的范围。特别是针对调查中所发现的问题和教训，要与企业内各生产单位分享，甚至有时要与其他企业分享。

2. 生态环境部门启动事件调查程序

突发环境事件较大时，可以由生态环境部门启动事件调查程序。由生态环境部门主要负责人或者主管环境安全管理工作的负责人担任组长，环境应急管理、环境监测、环境影响评价管理、环境执法等相关机构的有关人员参加。

生态环境部门可以聘请环境应急专家库内的专家和其他专业技术人员协助调查。调查组可以根据实际情况分为若干工作小组开展调查工作。工作小组负责人由调查组组长确定。调查组成员和受聘请协助调查的人员不得与被调查的突发环境事件有利害关系。

调查组成员和受聘请协助调查的人员应当遵守工作纪律，客观公正地调查处理突发环境事件，并在调查处理过程中恪尽职守，保守秘密。未经调查组组长同意，不得擅自发布突发环境事件调查的相关信息。

（二）对事件现场进行勘查

现场勘查可以采取以下措施：通过取样监测、拍照、录像、制作现场勘查笔录等方法记录现场情况，提取相关证据材料；进入突发环境事件发生企业、突发环境事件涉及的相关单位或者工作场所，调取和复制相关文件、资料、数据、记录等；根据调查需要，询问突发环境事件发生企业有关人员、参与应急处置工作的知情人员，并制作询问笔录。

进行现场勘查、检查或者询问时，不得少于两人。

发生突发环境事件企业的负责人和有关人员在调查期间应当依法配合调查工作，接受调查组的询问，并如实提供相关文件、资料、数据、记录等。因客观原因确实无法提供的，可以提供相关复印件、复制品或者证明该原件、原物的照片、录像等其他证据，并由有关人员签字确认。

现场勘查笔录、检查笔录、询问笔录等应当由调查人员、勘查现场有关人员、被询问人员签名。应当制作调查案卷，并由组织突发环境事件调查的单位归档保存。

（三）事件调查的内容

详细调查事发企业概况和突发环境事件发生经过、突发环境事件环境损害情况（环境、生态、财产、人身）、突发环境事件原因和性质、环境风险情况（隐患排查、风险评估、防控措施建议）、突发环境事件应对情况（报告、通报、监测、处置、信息发布），提出突发环境事件责任处理建议（企业、个人、政府相关部门）、环境安全管理和整改措施建议等。从而对突发环境事件应对工作进行评价，为同类事件的预防提供借鉴。具体包括以下内容。

1. 环境安全管理情况

调查事发企业是否制定了环境安全管理制度，是否设置了应急领导小组办公室和环境安全管理员，是否组织开展过环境安全隐患排查，是否编制了针对性及操作性强的环境应急预案并备案，是否进行了环境应急演练等。事发企业、各级政府及相关部门是否正确履行了各自环境应急预案中所赋予的职责与义务。

2. 环境应急处置过程

启动预案：调查企业、各级政府及相关部门是否及时启动相应环境应急预案，是否及时向公众预警。企业是否按照预案立即切断污染源，将污染控制在本企业内，防止事态扩大。

接报：调查企业接报人接收到自动报警系统的警报或巡检人员事故报告，是否指派人员现场核实，并同时通知应急救援小组做好救援准备。接到员工报警时是否问清事故发生时间、地点、岗位、事故原因、事故性质、危害程度、范围等，是否做好记录并及时向企业应急领导小组总指挥报告，总指挥是否立即部署相关环境应急工作。

报告：调查事发企业发生突发环境事件后，是否在规定时间内向当地政府报告，并同时向生态环境部门报告。报告的内容是否符合事实，是否有瞒报、谎报、漏报或迟报现象等。

信息发布：调查企业是否协助当地政府及时、准确地向社会发布突发环境事件及其应急处置的相关信息。

通报：企业是否及时通报周边民众。当发生跨地区污染时，应调查企业是否建议当地政府及有关部门及时向毗邻和可能波及的地方政府及有关部门通报突发环境事件的情况。

环境应急措施和减缓技术：是否及时采取了控制和消除污染的环境应急措施，环境应急与减缓措施是否正确，是否会引发新的污染。

事故现场人员防护和救护：应急救援人员是否迅速救护伤员，并做好自身的防护工作。

环境应急监测：环境应急监测是否及时到位。是否制定了应急监测方案，是否及时向应急领导小组或当地政府及有关部门报告监测结果。

指挥和协调：社会级突发环境事件的环境应急救援往往由多个救援机构共同完成，因此对环境应急行动的统一指挥和协调是有效开展环境应急救援的关键。应调查是否已建立统一的环境应急指挥、协调和决策程序，是否有效迅速地对突发环境事件进行初始评估，是否迅速有效地进行环境应急响应决策、建立现场工作区域、指挥和协调现场各救援队伍开展救援行动以及合理高效地调配和使用环境应急资源等。

部门间配合：生态环境、应急管理、消防、公安、交通、水利、农业、卫生等相关部门能否正确履行各自职责，能否互相配合、协调、合作。

事故现场恢复：事故现场恢复是指将事故现场恢复至相对稳定、安全的基本状态。应避免现场恢复过程中可能存在的危险，并为长期环境恢复提供指导和建议。在宣布环境应急结束、人群返回后是否对现场进行有效清理，是否对受影响区域继续进行连续环境监测，是否将所有环境污染隐患彻底清除以避免产生二次污染。

（四）事件调查的期限

社会级突发环境事件中的特别重大、重大突发环境事件的调查期限为 60 日；较大和一般突发环境事件的调查期限为 30 日。突发环境事件污染损害评估所需时间不计入调查期限。调查组应当按照规定的期限完成调查工作，并向当地政府和生态环境部门提交调查报告。调查期限从突发环境事件应急状态终止之日起计算。

三、承担法律责任

突发环境事件调查过程中发现事发企业涉及环境违法行为的，调查组应当及时向生态环境部门提出处罚建议。生态环境部门应当依法对事发企业及责任人员予以行政处罚；涉嫌构成犯罪的，依法移送司法机关追究刑事责任。发现其他违法行为的，生态环境部门应当及时向有关部门移送。

根据《中华人民共和国环境保护法》和相关法律法规，企业违法或者发生突发环境事件承担 3 种责任：刑事责任、行政责任和民事责任。

企业是环境安全管理工作的第一责任主体，要落实企业环境安全隐患排查和整治的责任。存在环境风险的企业要编制环境应急预案，组织开展环境应急演练，建立健全企业环境安全管理组织体系，加强企业环境风险源监控，建立专兼职的环境应急救援队伍，做好突发环境事件环境应急处置和信息报告工作。

《中华人民共和国突发事件应对法》第六十四条规定，有关单位有下列情形之一的，由所在地履行统一领导职责的人民政府责令停产停业，暂扣或者吊销许可证或者营业执照，并处 5 万元以上 20 万元以下的罚款；构成违反治安管理行为的，由公安机关依法给予处罚：未按规定采取预防措施，导致发生严重突发事件的；未及时消除已发现的可能引发突发事件的隐患，导致发生严重突发事件的；未做好应急设备、设施日常维护、检测工作，导致发生严重突发事件或者突发事件危害扩大的；突发事件发生后，不及时组织开展应急救援工作，造成严重后果的。

（一）刑事责任

肇事企业或个人的刑事责任包括严重污染环境罪、污染后果特别严重罪、投毒罪、危害水资源公共安全罪、过失投放危险废物罪、非法处置进口固体废物罪、非法转移危险废物罪、擅自进口危险废物罪。

《最高人民法院　最高人民检察院关于办理环境污染刑事案件适用法律若干问题的解释》（法释〔2016〕29 号）规定，实施刑法第三百三十八条规定的行为，具有下列情形之一的，应当认定为“严重污染环境”：

①在饮用水水源一级保护区、自然保护区核心区排放、倾倒、处置有放射性的废物、含传染病病原体的废物、有毒物质的；②非法排放、倾倒、处置危险废物 3 t 以上的；③排放、倾倒、处置含铅、汞、镉、铬、砷、铊、锑的污染物，超过国家或者地方污染物排放标准 3 倍以上的；④排放、倾倒、处置含镍、铜、锌、银、钒、锰、钴的污染物，超过国家或者地方污染物排放标准 10 倍以上的；⑤通过暗管、渗井、渗坑、裂隙、溶洞、灌注等逃避监管的方式排放、倾倒、处置有放射性的废物、含传染病病原体的废物、有毒物质的；⑥两年内曾因违反国家规定，排放、倾倒、处置有放射性的废物、含传染病病原体的废物、有毒物质受过两次以上行政处罚，又实施前列行为的；⑦重点排污单位篡改、伪造自动监测数据或者干扰自动监测设施，排放化学需氧量、氨氮、二氧化硫、氮氧化物等污染物的；⑧违法减少防治污染设施运行支出

100 万元以上的；⑨违法所得或者致使公私财产损失 30 万元以上的；⑩造成生态环境严重损害的；⑪致使乡镇以上集中式饮用水水源取水中断 12 h 以上的；⑫致使基本农田、防护林地、特种用途林地 5 亩以上，其他农用地 10 亩以上，其他土地 20 亩以上基本功能丧失或者遭受永久性破坏的；⑬致使森林或者其他林木死亡 50 m^3 以上，或者幼树死亡 2 500 株以上的；⑭致使疏散、转移群众 5 000 人以上的；⑮致使 30 人以上中毒的；⑯致使 3 人以上轻伤、轻度残疾或者器官组织损伤导致一般功能障碍的；⑰致使 1 人以上重伤、中度残疾或者器官组织损伤导致严重功能障碍的；⑱其他严重污染环境的情形。

有毒物质包括危险废物（是指列入《国家危险废物名录》，或者根据国家规定的危险废物鉴别标准和鉴别方法认定的，具有危险特性的废物），《关于持久性有机污染物的斯德哥尔摩公约》附件所列物质，含重金属的污染物和其他具有毒性、可能污染环境的物质。

（二）行政责任

行政责任分行政处分和行政处罚。

行政处分包括警告、记过、记大过、降职、辞职、免职、撤职、开除留用察看、开除。

行政处罚包括警告、通报批评，按日计罚、查封扣押、没收违法所得、没收非法财物，暂扣许可证件、降低资质等级、吊销许可证件，限制开展生产经营活动、责令停产停业、责令关闭、限制从业，行政拘留，法律、行政法规规定的其他行政处罚。

（三）民事追偿

民事处罚包括停止侵害、排除危害、消除危险、恢复原状。

《中华人民共和国环境保护法》第六十四条规定，因污染环境和破坏生态造成损害的，应当依照《中华人民共和国侵权责任法》的有关规定承担侵权责任。

《中华人民共和国水污染防治法》规定，企业事业单位有下列行为之一的，由县级以上人民政府环境保护主管部门责令改正；情节严重的，处 2 万元以上 10 万元以下的罚款：不按照规定制定水污染事故的应急方案的；水污染事故发生后，未及时启动水污染事故的应急方案，采取有关应急措施的。

《中华人民共和国水污染防治法》规定：企业事业单位违反本法规定，造成水污染事故的，除依法承担赔偿责任外，由县级以上人民政府环境保护主管部门依照本条第二款的规定处以罚款，责令限期采取治理措施，消除污染；未按照要求采取治理措施或者不具备治理能力的，由环境保护主管部门指定有治理能力的单位代为治理，所需费用由违法者承担；对造成重大或者特大水污染事故的，还可以报经有批准权的人民政府批准，责令关闭；对直接负责的主管人员和其他直接责任人员可以处上一年度从本单位取得的收入 50% 以下的罚款；有《中华人民共和国环境保护法》第六十三条规定的违法排放水污染物等行为之一，尚不构成犯罪的，由公安机关对直接负责的主管人员和其他直接责任人员处 10 日以上 15 日以下的拘留；情节较轻的，处 5 日以上 10 日以下的拘留。

对造成一般或者较大水污染事故的，按照水污染事故造成的直接损失的 20% 计算罚款；对造成重大或者特大水污染事故的，按照水污染事故造成的直接损失的 30% 计算罚款。

举例：2010 年 10 月，福建省环保厅作出了对发生重大突发环境事件的紫金矿业公司罚款 956 313 万元的决定，此后对紫金矿业公司董事长、紫金山金铜矿矿长等人共处以人民币 115 万元的罚款。

（四）责任人员

突发环境事件救援的责任主体首先是企业。在突发环境事件紧急处理阶段，政府可以垫付相关费用，但最终仍应由涉事企业负担，并依法追究企业负责人的相关责任。

对于生产安全事故造成的次生环境污染，不仅要对生产安全事故的责任人追究责任，还要对事故处理过程中专业人员失职和企业负责人故意或者过失造成事故次生污染物污染环境的行为追究责任。特别是对有能力控制事故次生污染物扩散的责任人的过失或者失职行为加重惩罚。

移送公安机关对象包括直接负责的主管人员（有决定权的管理、指挥和组织人员）和直接责任人员（排放、处置、篡改、伪造的企业员工）。

2019 年 2 月 20 日，最高人民法院、最高人民检察院、公安部、司法部和生态环境部共同发布了《关于办理环境污染刑事案件有关问题座谈会纪要》，其中明确：直接负责的主管人员一般是指对单位犯罪起决定、批准、组织、策划、指挥、授意、纵容等作用的主管人员，包括单位实际控制人、主要负责人或者授权的分管负责人、高级管理人员等；其他直接责任人员一般是指在直接负责的主管人员的指挥、授意下积极参与实施单位犯罪或者对具体实施单位犯罪起较大作用的人员。

具体来说，直接负责的主管人员就是有限责任公司或股份有限公司的董事长、总经理，其他生产经营单位的厂长、经理、矿长、投资人等。某些公司制企业特别是国内外一些特大集团公司的法定代表人往往与其子公司的法定代表人（董事长）同为一人，他们不负责日常的生产经营活动和安全生产工作，通常是在异地或者国外。在这种情况下，那些真正全面组织、领导生产经营活动和安全生产工作的决策人就不一定是董事长，而是总经理（厂长）或者其他人。还有一些不具备企业法人资格的生产经营单位不需要并且也不设法定代表人，这些单位的主要负责人就是其资产所有人或者生产经营负责人。

四、典型案例

（一）突发环境事件调查

黑龙江伊春“3・28”中铁集团鹿鸣矿业有限公司尾矿库泄漏事故：2020 年 3 月 28 日 13 时 40 分，鹿鸣矿业尾矿库 4 号溢流井挡板开裂，致使约 253 万 m^3 尾矿砂污水泄漏，特征污染物钼浓度最高超出饮用水水源地水质标准限值 80.1 倍。围绕“不让超标污水进入松花江”目标，突出科学处置、精准处置、安全处置，全力实施筑坝拦截、絮凝沉降的“污染控制、削峰清洁”两大工程。在依吉密河筑坝拦截污染物，投加絮凝剂，进行泥水分离，降低钼浓度；在呼兰河干流，利用闸坝、桥梁等构（建）筑物，设置 5 个投药点。经过 14 天昼夜奋战，通过沿河多级应急处理，超标污水于 4 月 11 日 3 时流至呼兰河下游、距离松花江约 70 km 处时全面达标，松花江水环境质量未受影响。

事件调查发现，鹿鸣矿业尾矿库 4 号排水井拱板和井架工程质量达不到设计和施工规范要求，拱板发生结构破坏、导致尾矿泄漏，井架在不平衡尾矿、水和冰块的压力作用下倒塌，进而导致尾矿经排水隧洞大量泄漏，是造成事件发生的直接原因。

鹿鸣矿业存在的问题主要包括：未认真落实尾矿库回水隧洞工程（含排水井、拱板，下同）建设主体责任，在工程招投标、拱板制作和安装、竣工验收等方面存在违法违规行为，安全、环境风险管理和应急准备不到位，调查期间拒不提供重要材料，对事件发生负有直接责任。

未按要求编制并备案尾矿库突发环境事件应急预案。2019 年 11 月，鹿鸣矿业对尾矿库突发环境事件应急预案进行修编，但应急预案未能按照相关规范要求编制尾矿库环境风险评估报告。因此，因应急预案上报资料不全，伊春市生态环境局不予备案。此外，企业环境应急预案未考虑排洪设施损毁导致尾矿泄漏事件风险，未制定排洪系统损毁专项预案及现场处置方案。

企业分管环保领导更换频繁，未建立有效的环保工作长效机制。未配备针对尾矿泄漏的应急物资、设备和器材，应急处置道路不畅，应急处置能力不足；在发现尾矿泄漏至井架倒塌的 5 h 内未采取任何处置措施，最终导致尾矿大量泄漏；未及时向生态环境部门报告事件信息，并对事件可能对环境造成的后果和严重程度认识不足，事发后 8 h 仍向伊春市事件指挥部谎称险情已基本排除，只有少量泥沙和水渗出，不会形成其他险情。

企业母公司中铁资源对鹿鸣矿业日常监督管理不力。对鹿鸣矿业频繁更换分管环保和安全的负责人负有管理责任，对鹿鸣矿业尾矿库回水隧洞工程未履行招投标程序负有管理责任，对施工单位不具有相应资质问题失察失管，监督检查流于形式，对鹿鸣矿业工程质量管理、安全环保管理、应急准备不到位等问题失察。

本次突发环境事件二级响应阶段共造成直接经济损失 4 420.45 万元，主要包括引流河槽开挖应急工程费用、尾砂底泥清淤应急工程费用、药剂投加应急工程费用、管线引水工程费用、车辆送水工程费用、河道清污工程费用、水源安全保障工程费用、应急监测费用、行政费、应急防护费、农产品及林木等财产损害费用。责任企业伊春鹿鸣矿业有限公司共支出费用 2 176.18 万元（包括应急处置费用支出 1 803.18 万元和灌溉水井打井支出 373 万元），占比为 49.23%；伊春市应急处置单位在本次突发环境事件中共支出 627.92 万元，占比为 14.21%；绥化市应急处置单位共支出 76.89 万元，占比为 1.74%；国家、黑龙江省及社会第三方检测机构应急处置单位共支出 577.88 万元，占比为 13.07%；黑龙江省消防救援系统各应急处置单位共支出 308.80 万元，占比为 6.99%；农产品损失和林木损失为 652.77 万元，暂无支出单位，占比为 14.77%。

经黑龙江省有关部门及有关国有企业进一步调查处理，相关责任单位和人员被严肃问责。其中，中国中铁股份有限公司对相关下属企业共 43 人、中国五矿集团有限公司对相关下属企业共 9 人予以问责。

福建龙岩“7・3”紫金矿业集团紫金山金铜矿湿法厂含铜酸性溶液泄漏事故：2010 年 7 月 3 日 2 时左右，位于紫金矿业集团股份有限公司紫金山金铜矿湿法厂环保车间 227 号的排洪涵洞开始渗漏，渗漏约 36 h，渗漏含铜酸性溶液约 9 100 m^3；7 月 16 日 22 时 30 分，紫金山金铜矿湿法厂第二次发生渗漏，渗漏含铜酸性溶液约 500 m^3。两次共渗漏含铜酸性溶液约 9 600 m^3，均通过排洪涵洞流入汀江。事件造成福建省上杭县和永定县鱼类死亡 185.05 万 kg，汀江持续 7 天近 70 km 不同河段水质受到污染，并导致上杭县南岗水厂、东门水厂停止从汀江取水 18 h。

死鱼问题发生后，福建省、龙岩市、上杭县和永定县各级党委、政府立即组织力量对死鱼进行打捞、深埋和无害化处理，严防死鱼流入市场。同时，按照每公斤 12 元标准进行了赔偿（赔偿款由涉事企业承担）；对可能受到污染威胁的网箱存活鱼进行了破网放生，并由紫金矿业集团按每公斤 12 元标准收购。

经事件调查组调查，造成突发环境事件的直接原因包括：企业违规设计、施工，溶液池防渗结构基础密实度未达到设计要求，高密度聚乙烯（HDPE）防渗膜接缝、施工保护存在施工质量问题，加之受6月强降雨影响，导致溶液池底垫防渗膜破裂，致使大量含铜酸性溶液泄漏，并通过人为非法打通的6号渗漏观察井与排洪涵洞通道外溢，直接进入汀江，引发重大泄漏突发环境事件。事故发生前，企业建有临时应急池，但未做防渗处理；事故发生后，对临时建设的用于事件抢险的3号应急中转污水池仅作了简单的防渗处理，致使7月16日防渗膜出现破裂，又造成约500 m^3 含铜酸性溶液泄入汀江。

此次事件的间接原因主要有以下几个方面：一是企业重生产轻环保，管理粗放。液池由无资质的矿基建科设计，且无施工图纸、无工程监理、不严格验收，导致施工质量差；加之管理不力，甚至人为非法打通6号渗漏观察井与排洪涵洞通道，致使大量含铜酸性溶液通过该通道外溢进入汀江，酿成重大突发环境事件。二是企业超能力生产，各项生产及配套设施不匹配。二期工程利用一期的富液池、贫液池、萃取池、污水池，当铜矿堆浸场堆至260 m时，采用5号、6号、7号、8号大坝围成的库容作为后期的富液池、贫液池、萃取池，鹅颈里调节库作为污水调节池和防洪池。企业没有根据产能的变化，及时扩大相应的生产及配套设施。三是企业未及时整改环境安全隐患。自2009年以来，龙岩市环保局对紫金矿业集团组织了5次专项检查，针对余田坑废水处理沉淀池内沉积物、排入北口排土场的炭浆厂尾矿浆含有大量铜离子等方面的问题，要求企业认真落实各项整改要求。上杭县环保局针对紫金矿业集团存在的环境安全隐患，于2009年11月9日和2010年6月30日两次下达整改通知，要求其查明排洪洞外排含铜酸性废水的原因，彻底消除隐患。但紫金矿业集团未按要求及时进行整改，导致发生重大突发环境事件。四是企业应急处置不力。环保车间主任、矿长直至主管生产的副总裁在发现溶液池泄漏事故后未及时上报而自行处理。后经群众举报、环境保护及应急管理等部门核查确认，事发8 h后才报告政府相关部门，错过了处置污染的最佳时机，属于严重迟报行为，扩大了事件造成的经济损失和环境影响。

经核查认定，此次事件是一起由于企业违规设计、施工，导致溶液池质量差，又因超能力生产，加之受近期强降雨影响，致使大量含铜酸性溶液泄漏并通过人为非法打通的排洪洞外溢至汀江而引发的重大环境污染责任事件。

地方法院以重大环境污染罪判处紫金矿业集团股份有限公司紫金山金铜矿罚金人民币3 000万元，紫金矿业集团股份有限公司原副总裁等5名责任人被判处3年至4年6个月有期徒刑并处20万元至30万元不等的罚金。

（二）严重污染环境

1. 非法排放、倾倒、处置危险废物3 t以上

河南义马南涧河“2·8”非法转移倾倒危险废物事件：2018年2月8日，河南省

义马市环保局工作人员发现南涧河色度异常并伴有异味，立即沿河开展排查，发现位于石河、涧河交汇处陇海铁路桥北侧附近漫水桥斜坡上有红色残留废水倾倒痕迹（如图 5-7 所示）。判断存在人为通过罐车偷倒红色高浓度废水行为。经公安部门调查，义马市联创化工厂通过罐车向河道倾倒约 50 t 生产煤焦油产生的化工废液，主要成分是杂环烃类（酚类等物质），导致此次事件发生。公安机关对包括企业法人在内的 3 名犯罪嫌疑人进行刑事拘留。将河道由拦截坝隔成的 3 个处置池中的超标河水（约 5 000 m^3），用罐车运至有含酚废水处理能力的邻近企业（义马市境内）的事故应急池暂存（如图 5-8 所示），待接纳超标河水的 3 家大型煤化工企业的生产废水经处理达标后，分别排入义马市第一城镇污水处理厂、第二城镇污水处理厂与生活污水混合，再经进一步处理后外排。

图 5-7　漫水桥斜坡上有红色残留废水倾倒痕迹

图 5-8　事故应急池暂存含酚超标河水

云南曲靖“6·12”陆良化工实业有限公司非法转移倾倒铬渣事件：2011 年 6 月 12 日 10 时 30 分许，曲靖市麒麟区环保局接到当地三宝镇张家营村群众反映有放养的山羊死亡的情况后，立即组织人员进行了现场勘查，发现该村黑煤沟有一堆来源不明的工业废渣。经市、区两级环境保护部门查实，该不明工业废渣是陆良化工实业有限公司产生的铬渣，系负责帮助贵州兴义三力燃料有限公司承运的司机吴某、刘某非法倾倒所致，共计 140 余车、5 222.38 t，非法倾倒地点为三宝镇、茨营乡、越州镇附近山上偏僻处，引发了环境污染事件。8 月 12 日，某报报道了陆良化工铬渣异地非法倾倒事件，随后部分媒体也报道了相关内容，引起了社会各界的高度关注，在社会上造成了强烈的反响。8 月 13 日，陆良县政府对陆良化工下达了停产通知，该企业于当日全面停产。同时，非法倾倒铬渣的吴某、刘某被检察机关批准逮捕，并按司法程序进行处理。2012 年 5 月 15 日，吴某、刘某等 7 人因污染环境罪被曲靖市麒麟区人民法院一审判刑。事件处置现场如图 5-9、图 5-10 所示。

图 5-9　清理铬渣污染的土壤

图 5-10　在受污染的叉冲水库设置的警示牌

危险废物产生企业将危险废物交由没有危险废物处置资质的单位甚至是个人进行处置，或者委托没有危险化学品运输资质的运输企业承运，而部分处置单位、运输单位和托运人为谋求利益，将运输的危险废物随意倾倒，造成突发环境事件。此次事件中，陆良化工将铬渣交由没有危化品处置和运输资质的三力燃料有限公司进行运输和处置，并且未执行危险废物转移联单等各项管理制度，导致异地非法倾倒，在社会上产生较大的负面影响。因此，危险废物产生企业有必要采取有力措施，同有资质的危险废物处置单位合作，确保危险废物安全运输至该单位且全部进行无害化处置。

吉林牤牛河“8・21”非法转移危险废物事件：2006 年 8 月 21 日，吉林省蛟河市吉林长白精细化工有限公司将约 10 t 工业废液排入牤牛河，废液中所含主要污染物为

N, *N*- 二甲基苯胺和 4- 氨基 -*N*, *N*- 二甲基苯胺，造成了严重的突发水环境事件。牤牛河是松花江的支流，事发点距其松花江汇入口仅 50 km 左右，能否妥善处置该突发环境事件不仅关系到下游人民群众的饮水安全，还可能会影响到我国与邻国俄罗斯的国际关系。吉林市政府责令长白精细化工有限公司立即停产；吉林市公安部门立即将该企业法定代表人、肇事司机等有关责任人刑事拘留，由司法机关依法处理。经过工程技术人员和近 300 名消防、武警官兵一夜的奋战，8 月 22 日凌晨 3 时 30 分，在牤牛河大桥下游 300 m 和距入江口 10 km 处构筑起两道活性炭吸附坝，用于吸附污染物、降低过坝水体中的污染物浓度（如图 5-11 所示）。同时，在其上游设置一道拦截坝，以减缓上游来水对下游活性炭吸附坝的冲击。

监测数据显示，经过活性炭吸附坝处置后，水体中特征污染物浓度显著降低，牤牛河入江口污染因子浓度远低于国家相关标准；至 8 月 26 日，经连续监测，各监测点位特征污染物均未检出。为防止在拆除吸附饱和的活性炭过程中可能造成的二次污染，于 8 月 25 日开始铺设导流管，导流上游来水，将北侧河道形成干滩，实施无水作业，进而逐一拆除吸附坝。拆除的活性炭及有关物料送吉化公司污水处理厂填埋场集中处置，力争将污染影响控制在最低限度。

图 5-11　活性炭吸附坝

事发初期，由于距离松花江突发水环境事件仅 8 个月，出现了一些哈尔滨市民因恐慌抢购瓶装水和桶装水的情况。经过各级政府和有关部门的积极努力，新闻媒体及时通报、正确引导，哈尔滨市城区供水正常，饮用水供应充足，价格没有出现大的波动，保证了社会秩序和群众情绪的稳定。8 月 24 日 14 时，国家环保总局将事件发生的过程、采取的应对措施，以及本次事件不会对松花江造成污染的结论向俄方作了通报，俄方对中方及时通报给予肯定。

吉林省政府严惩事故责任人，追究违法企业及相关责任人的责任。国家环保总局与监察部联合将该企业列入 2006 年第二批挂牌督办名单，对其进行跟踪督办，保证责任追究到位。肇事司机等两名直接责任人均以重大环境污染罪被处以 3 年有期徒刑。

2. 排放、倾倒、处置含铅、汞、镉、铬、砷、铊、锑的污染物，超过国家或者地方污染物排放标准 3 倍

陕西汉中“5·5”汉锌铜矿尾矿库含铊污水外排导致嘉陵江四川广元段铊污染事件：2017 年 5 月 5 日 18 时，四川省广元市环境监测站例行监测发现嘉陵江入川断面水质异常，西湾水厂水源地水质铊超标 4.6 倍。经查，5 月 2 日至 3 日，陕西省汉中市宁强县汉锌铜矿尾矿库含铊污水在强降水后集中溢流外排导致此次事件发生。5 月 6 日 8 时，广元市政府决定西湾水厂暂时停产，同时启动应急供水；5 月 6 日 21 时，广元市城区千佛崖断面水质铊浓度达标；5 月 7 日 18 时，广元市西湾水厂全面恢复供水；5 月 9 日，查明污染源头并切断；5 月 10 日 10 时，嘉陵江水质全面达标。

事件调查发现，2015 年全年、2017 年 3 月，汉锌铜矿陆续多批次从汉中锌业外购多膛炉次氧化锌烟灰，用于生产碱洗氧化锌。该生产线擅自违法生产，未向政府相关部门报批任何生产审批手续。企业电解锌生产线洗铜废水未经处理直接排入尾矿库。碱洗氧化锌废水加药（硫化钠和复合聚铁）处理后，经五级沉淀排入尾矿库。汉锌铜矿违法将生产废水排入尾矿库，经过尾矿库矿渣过滤缓冲后，通过消力池，最终排入嘉陵江。含铊污水排放路径如图 5-12 所示。

图 5-12　含铊污水排放路径示意

汉中锌业未按程序将生产过程中产生的多膛炉烟灰向陕西省固体废物管理中心申报备案，擅自将危险废物非法转移并给没有资质的汉锌铜矿进行生产。其中，2015 年向汉锌铜矿转移多膛炉烟灰 1 538.59 t，2017 年截至 3 月向汉锌铜矿转移多膛炉烟灰 648.64 t，共计累计转移危险废物 2 187.23 t。

陕西有色集团环保和安全生产意识淡薄，指导和管理所属企业遵守国家法律法规不力，对汉中锌业、汉锌铜矿违反环境保护等法律法规行为监管失察，致使企业长期违法生产。

当地政府将汉中锌业总经理、副总经理、党委书记（兼铜矿法定代表人），汉锌铜矿总经理、两个副总经理、党总支书记、选矿车间主任、选矿车间主任助理、电解车间主任，共 10 人移送司法机关。

对陕西有色集团副总经理诫勉谈话；陕西有色集团安环部长行政记过处分；汉中锌业董事长和安环部长行政记大过处分。对企业其他相关责任人员，由陕西有色集团依纪依规进行处理。同时，责成陕西有色集团向陕西省国资委作出深刻书面检查。

云南阳宗海“9・18”砷污染事件：阳宗海是云南省九大高原湖泊之一，属珠江水系南盘江流域。2008 年 9 月 18 日，阳宗海出现重大砷污染，沿湖近 2.6 万名群众饮水困难。经调查，此次事件是阳宗海周边的云南澄江锦业工贸有限公司等 8 家企业长期违法排污造成的。造成污染的企业负责人被检察机关批准逮捕，并被公安机关刑事拘留。10 月 8 日，最高人民检察院将阳宗海污染案列为挂牌督办案件。在阳宗海水污染事件中，尽管相关事发企业数年间实现工业总产值 6 亿多元，纳税 1 000 多万元，但治理阳宗海水污染需要花费几十亿元，还影响了沿岸群众的饮水安全。

河南大沙河砷污染事件：2008 年 8 月，河南省民权县成城化工有限公司违法排放高浓度含砷废水造成的大沙河流域砷污染事件影响范围大、危害程度深，是一次典型的跨界重大水污染事件。该公司违反国家产业政策，未经环保审批便擅自进行技术改造，购进砷含量较高原料，污染治理措施不到位，造成大沙河水体砷浓度严重超标，给下游人民群众带来饮水安全隐患。当地政府第一时间筑坝截流，将砷超标河水控制在河南省境内；对“十五小”企业成城化工有限公司进行爆破拆除，并及时对厂区废水、废料、废渣及受污染土壤等进行安全处置。共开辟 10 个治理工程场地，采取坝（泵）前加药、搅拌沉淀、跟踪监测、达标水体溢流排放等技术和工程措施，完成了大沙河、洮河、小白河污染水体处置任务。

成城化工有限公司法定代表人和主管生产的副厂长被判刑；2 人移送司法机关进行查处；还有 13 人分别受到党内警告、行政撤职、行政记大过、行政记过等党纪政纪处分。事件发生之后，河南省环保厅对全省 49 家硫酸生产企业进行拉网式排查，对

17 家存在环境问题的企业依法责令立即停止生产，对存在严重环境违法问题的企业提请当地政府依法予以关闭。把大沙河砷突发环境事件作为负面教材，制作警示教育片。

贵州独山“12・2”瑞丰矿业公司违法排污导致砷污染事件：2007 年 12 月 2 日至 12 月 24 日，独山县基长镇林盘村和水岩乡建群村部分群众相继出现呕吐、恶心、头昏、浮肿等症状，有 5 人到基长镇卫生院就诊。经当地卫生部门调查，所有病例均为使用麻球河河水的群众。12 月 11 日，独山县环保局对麻球河上游排污企业进行排查时发现独山县瑞丰矿业公司有废水外排，监测人员对该公司污水排放口下游 150 m 处的老虎冲及下游麻球河两地进行了布点监测，监测数据显示水中砷浓度最高为 14.2 mg/L，超标 283 倍，对下游 57 km 处的三都县饮用水水源地构成威胁。黔南布依族苗族自治州政府于 12 月 25 日晚停止了三都县水厂的（供应县城城区 2 万多人的生活饮用水）取水。经调查，瑞丰矿业公司未经环境保护部门批准便擅自投入生产，治污设施不完善，使用高砷硫铁矿石生产硫酸，导致生产过程排放的废水中砷浓度严重超标。12 月 11 日，该公司被县政府责令停产。独山县警方对瑞丰矿业公司法人及生产经理实行了刑事拘留。2008 年 6 月 30 日，独山县人民法院以重大环境污染罪分别判定两被告有期徒刑 6 年、5 年并处罚金。

广东韶关冶炼厂两次违法排污分别导致北江铊、镉污染事件：2010 年 10 月 18 日，广州市番禺区饮用水水源地以及北江部分河段铊超标；21 日凌晨，清远市启用备用水源地。韶关冶炼厂从澳大利亚进口了近 0.6 万 t 高含铊量矿石，其铊含量约为 100 g/t（企业平时用的矿石的铊含量为 3.15 g/t），自 9 月 23 日至 10 月 19 日共使用约 0.4 万 t。经初步核算，约有 100 kg 的铊残留在废渣中，近 300 kg 的铊被排入北江，造成此次水污染事件。事件发生后，广东省政府责令韶关冶炼厂全面停产，并全力做好铊污染防治工作。

2005 年 11 月，韶关冶炼厂在污水处理设施停产检修期间，违法将大量高浓度的含镉废水排入北江，致使北江受到严重污染，对下游 3 个大中型城市以及数百万人口的饮水安全造成严重威胁。当地政府在白石窑水库涡轮机进水口投加絮凝剂（如图 5-13 所示），同时对各水库实施水量调控措施，最大限度地减轻污染对下游的影响。在南华水厂供水系统实施除镉净水示范工程，采用调节 pH 和絮凝沉淀措施，并指导清远、佛山、广州的供水设施改造，有效保障了城市供水安全。广东省严肃追究有关人员和单位的法律责任。此次事件共有 10 人受到行政处罚，2 人作出书面检查，3 名直接责任人被移送司法机关追究刑事责任。

图 5-13　北江镉污染事件中有序投料的武警战士

3. 通过暗管、渗井、渗坑、裂隙、溶洞、灌注等逃避监管的方式排放、倾倒、处置有放射性的废物、含传染病病原体的废物、有毒物质

广西贺江镉、铊浓度超标事件：2013 年 6 月底至 7 月初，贺州市贺江下游连续出现网箱死鱼现象。经检测，贺江水体中重金属镉、铊浓度超标。事件发生后，广西、广东两省区迅速行动、密切配合、共同应对，全力做好应急处置工作。一是迅速排查并锁定污染源。广西先行关停污染水域上游全部采选矿企业，组织国土、环保、公安等部门沿河段逐家查找污染源，并于 7 月 8 日凌晨锁定贺州市汇威综合选矿厂为主要污染源。该厂非法建设铟提取生产设施，将含镉、含铊等高浓度污染物的生产废水排入溶洞，通过地下河进入马尾河并流入贺江，是造成此次事件的主要原因。此外，马尾河流域数十个采选矿非法生产窝点的违法排污也是造成此次污染事件的原因之一。二是迅速开展应急监测。广西、广东两省区及时调集环境监测力量和设备，加密布点和监控，为处置决策提供及时、准确的科学依据。三是科学调水削峰稀污。在珠江水利委员会的统筹协调下，广西、广东两省区科学调度流域内龟石水库、爽岛水库等水库的下泄流量，有效削减污染峰值，缩短了处置时间。至 7 月 20 日 8 时，贺江干流水质全线达标，事件得到妥善处理，沿线群众饮水安全得到保障。

广西河池“1·15”龙江河镉污染事件：2012 年 1 月 15 日，河池市环保局在调查中发现龙江河拉浪电站坝首前 200 m 处镉浓度超标 80 多倍。事件造成龙江河广西河池段约 100 km 河道重金属严重超标，并危及下游柳州市饮水安全。经过科学处置和妥善应对，2 月 21 日 16 时，龙江河全线镉浓度达到标准，突发环境事件应急响应终止。专家采用漏斗法测算，共有约 20.48 t 镉泄漏到河道中。充分利用龙江河沿线的 6 道闸坝，控制闸坝下泄流量，减少对下游的污染压力。在龙江河段设置了 6 道除镉工作面，共投用各类药剂 17 909 t、应急加药人员 9 425 人次，全力阻截削减污染物，河道中沉镉共约 18 t。加大融江上水库电站的放流量，按照龙江河与融江的汇流比 1∶2 进行控制，对低浓度污染水团进行稀释；同时，为充分混合稀释，在龙江河汇入柳江口处设临时导流挡水幕，进一步提高了降污效果。事件处置过程中共计调水 39 次，总量达 23 668 万 m^3。根据专家意见，做好对柳州市自来水进行深度处理的准备，做好启动备用水源的准备，以保障柳州市居民的用水安全。联合工作组指导广西方面积极组织召开新闻通气会，公开应急处置工作的进展情况，回答社会各界的关注问题，消除群众疑虑，维护社会稳定。

事件调查发现，鸿泉立德粉材料厂于 2011 年 1 月擅自开始湿法炼铟试验性生产，9 月基本调试正常，12 月起加大产量，其间恶意违法将大量高浓度含镉废液排入落水洞并蓄积于地下岩溶管道（偷排竖井如图 5-14 所示）。2012 年 1 月 6 日，龙江河拉浪电站加大下泄量，水位急剧下降 1.6 m，造成蓄积于岩溶管道内的大量高浓度含镉废液涌入库区，13 日左右污染团到达拉浪电站坝首。鸿泉立德粉材料厂非法生产、违法排污，污染物大量积累、集中涌出，该厂是此次事件的主要涉事企业。

图 5-14　鸿泉立德粉材料厂偷排竖井

对事件直接经济损失进行评估，得出如下结论：截至 2012 年 2 月 9 日，广西龙江河镉污染事件共造成直接经济损失约 4 900 万元，其中应急处置及监测费用约占总损失的 84%，渔业养殖损失约占总损失的 12%，事件造成的其他影响损失约占总损失的 4%。依据国家突发环境事件分级标准，直接经济损失在 2 000 万元至 1 亿元之间的为重大突发环境事件，此次事件为重大突发环境事件。为科学高效地评估、处理本次事件造成的后续影响，广西成立了龙江河镉污染后评估工作组，全面开展后评估工作并提出各阶段的评估意见及后续处理措施。

浙江嘉兴“6・21”恒祥酒精厂违法排污导致澜溪塘污染事件：2005 年 6 月 27 日，

浙江省嘉兴市秀洲区新塍镇澜溪塘受到不明废水污染，导致水源地无法采水，自来水厂停运，新塍镇3万人饮水出现困难。经查，6月21日上午，吴江恒祥酒精厂3号厌氧罐由于设计和施工问题突然发生爆裂，沼气夹带污沫和污水，从顶盖和圆柱体的接口处向下喷出，经测量计算有30～40 t。企业通过已设置好的暗排机关把COD浓度达48 900 mg/L的大量污泥直排进入暗排系统，后经偷排泵排入澜溪塘。

酒精厂自行设计、自行施工污染治理设施，设置了大量的偷（暗）排管道。经查，除酒糟系统生产废水被收入污水处理设施外，其他生产系统废水直接通过3条大的下水道，在汇入一处非常隐蔽的房内集水池后，经过暗泵不定期地被集中排入离河岸10 m左右的河底。

吴江市环保局对恒祥酒精厂处以10万元的罚款。苏州市人大常委会罢免了企业法定代表人严某的市人大代表资格，严某被公安部门刑拘。

4. 致使30人以上中毒

甘肃徽县群众铅中毒事件：2006年3月至8月，甘肃省陇南市徽县水阳乡新寺村、牟坝村、刘沟村共查出368人血铅超标。调查表明，徽县有色金属冶炼公司是此次事件的直接责任单位。自1996年建成到2004年，该企业违反有关法律法规，长期不按规定运行治污设备，超标排放，该公司400 m范围内的土壤受到不同程度的污染。徽县有色金属冶炼公司董事长涉嫌构成破坏环境资源保护罪，被移送司法机关处理；对其他19名有关责任人分别作出了撤职、党内严重警告、行政记大过等处分。

重庆开县“12·23”特大井喷事件：2003年12月23日22时15分，中石油川东北气矿所属钻井队位于重庆市开县高桥镇晓阳村的罗家16号气井发生井喷，造成243人不幸遇难，9.3万余人受灾，6.5万余人被迫疏散转移。中国石油天然气集团总经理引咎辞职。该事件中，共有165人受到党纪政纪处分。

四川石油管理局川东钻探公司钻井二公司钻井12队原队长吴某工作严重不负责任，其于2003年12月23日8时许，发现钻具组合中的回压阀被他人卸掉的严重违章行为后，不正确履行职责，既未在当天起钻作业中采取有效的井控措施，也未向上级主管部门报告，致使重大事故隐患未得到消除。被判处有期徒刑6年。

工程师王某在重新制定钻具组合时，明知罗家16号井已钻开油气层，仍违章决定卸下原钻具组合中的回压阀防井喷装置，是导致井喷失控的直接原因。被判处有期徒刑5年。

现场负责人宋某身为钻井队原井控管理人员，明知王某的决定违规且有责任拒绝，却违反有关规章制度，对该决定未表示异议，对接班工人宣布了卸下回压阀的指令。被判处有期徒刑5年。

操作人员向某在负责灌注钻井液时，本应按井队针对罗家16号井的特殊规定，每起出 3 柱钻杆必须灌满钻井液 1 次，以保持井下液柱压力，防止溢流发生，确保井控作业安全。但向某却无视规章制度，违反操作规程，不正确履行职责，在起出 6 柱钻杆后才灌注钻井液 1 次，致使井下液柱压力下降，其行为是产生溢流并导致井喷的主要因素之一。被判处有期徒刑 3 年。

当录井监测仪显示钻台上连续起出 6 柱钻杆而未灌注钻井液的严重违章行为时，记录员肖某因工作疏忽，不正确履行职责，未能及时发现这一严重违章行为，随后发现了也未立即报告，致使重大事故隐患未能得到及时排除。被判处有期徒刑 3 年，缓刑 4 年。

5. 致使乡镇以上集中式饮用水水源取水中断 12 h 以上

四川沱江“3·3”特大水污染事件：2004 年 3 月 3 日，川化股份有限公司违法试生产，大量高浓度氨氮废水直接外排，造成简阳市、资中县、内江市 3 个城市的自来水厂和 8 个乡镇的取水站停产，沱江中下游地区 100 万群众连续 26 天饮水中断。经过法院一年多的调查、侦查、起诉和审理，2005 年 9 月 9 日，四川省成都市锦江区人民法院一审对涉嫌构成重大污染环境罪的人员分别作出有罪判决。其中，判处川化股份有限公司总经理、副总经理和环安处处长有期徒刑 3 年至 5 年，并处罚金人民币 2 万元至 4 万元。这一案件的判决，对促进企业加强环境安全管理、防止突发环境事件的发生产生重要影响。

（三）投放环境风险物质

山东临沂“7·23”跨省界砷污染事件：2009 年 7 月 23 日，临沂亿鑫化工有限公司先后两次趁暴雨将约 800 m^3 未经处理的高浓度含砷废水（砷浓度 10 000 mg/L）排入南涑河。部分污染水体进入邳苍分洪道，造成山东、江苏跨界污染并危及 80 万人的饮用水水源地骆马湖的环境安全。河道污染处置现场如图 5-15 所示。

图 5-15　河道污染处置现场

亿鑫化工有限公司暗地里购买淘汰设备，隐匿生产具有巨大潜在污染风险的产品，并趁暴雨将高浓度含砷废水直接排入河道，规避监管，恶意排污。反映出部分企业主社会责任意识淡薄，为追求经济效益，不惜以牺牲环境为代价。针对企业规避监管、恶意违法排污给当地经济、社会正常秩序带来严重影响的事实，临沂市政府及时启动了责任追究程序。9 月 1 日，一审以投放环境风险物质罪（传统意义上的“投毒罪”）和非法经营罪判处亿鑫化工有限公司经理有期徒刑 15 年，并判决亿鑫化工 3 名被告共同赔偿国家经济损失 3 714 万元。其他相关人员和公职人员 6 人被追究了刑事责任，14 人被追究了行政责任。为了警示全社会，临沂市政府召开了上至市六大班子领导，下至乡镇、村级“两委”参加的约 10 万人全市水污染防治警示大会，通报事件处置情况，并通过电视向全市传播，大大提高了全社会的环境风险意识。

江苏盐城“2·20”标新化工违法排污导致酚污染事件: 2009 年 2 月 20 日 6 时 20 分，盐城市部分市民发现水龙头出水出现异味。经检测，水厂取水口挥发酚浓度达 0.556 mg/L，超过地表水Ⅲ类标准（挥发酚浓度 0.005 mg/L）110 倍。20 日 7 时 20 分，城西水厂和越河水厂停止供水。经查，距取水口上游约 10 km 的盐城市标新化工有限公司利用停产检修间隙，将储存的 30 t 含酚高浓度废液及生产废水偷排入厂北边的生产沟，废液及废水通过蟒蛇河进入新洋港，导致该起突发环境事件。

盐城市区受影响人口约 20 万人，盐城市区下游有 4 个乡镇的 6 个水厂于 20 日 15 时关闭，受影响人口约 3 万人。在紧急调运外水入城、连夜查封涉嫌排放的企业、迅速启动问责机制等一系列举措平息事态之后，盐城市盐都区人民法院作出判决：法定代表人和生产厂长犯投放环境风险物质罪（传统意义上的“投毒罪”），分别判处有期徒刑 11 年和 6 年。这是国内第一次以该罪名判处排污企业的责任人。

（四）非法储存危险物质

江苏响水“3·21”天嘉宜特别重大爆炸事故: 2019 年 3 月 21 日 14 时 48 分许，江苏响水县天嘉宜化工有限公司长期违法贮存的硝化废料因持续积热升温导致自燃，燃烧引发硝化废料爆炸。2020 年 11 月 30 日，江苏省盐城市中级人民法院和所辖响水、射阳、滨海等 7 个基层人民法院对江苏响水天嘉宜化工有限公司“3·21”特大爆炸事故所涉 22 起刑事案件进行一审公开宣判，对 7 个被告单位和 53 名被告人依法判处刑罚。

经法院审理查明，天嘉宜公司无视国家环境保护和安全生产法律法规，长期违法违规贮存、处置硝化废料，企业管理混乱，是事故发生的主要原因。天嘉宜公司主要负责人由其控股公司江苏倪家巷集团委派，重大经营管理决策需倪家巷集团决定、批准。倪家巷集团放任天嘉宜公司非法储存危险物质，最终造成重大人员伤亡和财产损失，倪家巷集团和天嘉宜公司相关责任人应依法对事故后果承担刑事责任。

天嘉宜公司原总经理犯非法储存危险物质罪、污染环境罪和单位行贿罪，撤销缓刑与原犯污染环境罪并罚，决定执行有期徒刑20年，剥夺政治权利5年，并处罚金155万元。

以非法储存危险物质罪判处倪家巷集团罚金2 000万元，对集团原任及现任董事长分别判处有期徒刑12年和13年，并处剥夺政治权利。

天嘉宜公司原副总经理等4人被以非法储存危险物质罪、污染环境罪并罚判处9年至6年不等有期徒刑，并处罚金。天嘉宜公司原硝化车间主任等2人被以非法储存危险物质罪分别判处8年和6年有期徒刑。

帮助天嘉宜公司非法贮存硝化废料的当地装卸服务部经营人犯非法储存危险物质罪，撤销缓刑与前罪并罚，决定执行有期徒刑4年。天嘉宜公司安全科原科长和5名安全员被以重大劳动安全事故罪分别判处5年至1年6个月不等有期徒刑。

第三节　实施持续改进计划

一、开展案例分析

突发环境事件处理完毕后，企业要开展案例分析工作，重点找出突发环境事件原因或企业内部的系统缺陷，评估整个环境应急处置过程，采取改正和预防措施，减少未来突发环境事件的伤害和损失。企业要组织员工学习突发环境事件的经验教训，并采取相应的措施。此外，在行业内部进行经验教训的相互交流。

（一）应急过程复盘

案例分析要包括突发环境事件应急处置的全过程。

1. 事件应急响应过程

应急领导小组总指挥接到突发环境事件的报告后，是否视事件的严重程度报告相关政府部门，是否尽快赶赴现场并要求相关人员采取必要的措施；处理中是否首先确定突发环境事件污染源和影响范围，并立即通知可能受影响的单位或居民，采取必要的保护和疏散措施，尽一切可能防止和减轻对人民生命财产的损害；是否设法立即停止污染物排放，控制和减少污染范围，并进行针对性的环境应急监测。

2. 事件调查过程

是否对突发环境事件的发生情况作细致的调查、调查未及时报告或报告不真实情况；是否记录与处置有关的状况、要求有关责任人员在调查记录上签字以便事后的处理；较大级以上突发环境事件中，生态环境、应急管理、公安等部门是否按各自职能开展或协助开展突发环境事件的调查、处理。

3. 事后管理情况

因突发环境事件而发生的赔偿纠纷，是否由企业相关负责人会同政府职能部门共同协调处理，协调不成是否通过法律途径解决；行政诉讼案件是否按照法律程序处理；是否在企业内部制定和实施突发环境事件奖励和处罚制度；企业是否按一案一卷的标准对突发环境事件材料进行归档；影响到外环境的突发环境事件中，企业是否协助当地政府将处理结果向社会公告；是否根据实战经验，对环境应急预案进行评估并及时修订。

（二）应急回顾评价

环境应急回顾评价是对事件应急响应的各个环节存在的问题和不足进行分析、总结经验教训，为改进今后的环境应急工作提供依据，同时为对事件环境应急工作中各方的表现进行奖惩提供依据。

应急回顾评价的基本依据是环境应急过程记录、应急救援组的总结报告、现场应急救援指挥部掌握的应急情况、环境应急救援行动的实际效果及产生的社会影响和公众的反应。

评价结论应该包括以下内容：事故等级；应急任务完成情况；是否符合保护公众、保护环境的总要求；采取的重要防护措施与方法是否得当；出动环境应急队伍的规模、仪器设备的使用、环境应急程度与速度是否与任务相适应；环境应急处置中对利益与代价、风险、困难关系的处理是否科学合理；发布的公告及公众信息的内容是否真实，时机是否得当，对公众心理产生了何种影响；成功或失败的典型事例；需要得出的其他结论。

（三）纠正预防措施

通过案例分析工作，企业查找事故原因，决定下一步是否需要采取纠正措施与预防措施，并决定应采取什么样的措施，以消除环境安全隐患。纠正和预防措施的实施过程是一个持续改进的过程，是企业处置以及后续处理突发环境事件等一系列活动的一个重要环节。制定和实施有效的纠正和预防措施，可以体现企业持续改进环境安全管理体系的管理思想，提高企业的环境安全管理绩效。

企业首先要明确自己生产过程中可能存在的环境安全隐患，了解突发环境事件发生时其产生的环境影响后果和企业的承担能力，明确自己的处理能力和必要的补偿能力，这样才能根据实际情况，确定正确的纠正和预防措施。同时，纠正和预防措施要充分考虑到企业的员工能力、培训需求以及资源配置，并通过不断地实践和内部信息交流进行完善，不断采取减少环境安全隐患的新工艺、新技术和对员工素质与技能的培训，使环境风险得到有效的控制。

企业还应建立科学合理的监督检查系统，通过宣传和培训教育等方式，使员工充分了解纠正和预防措施有关内容并贯彻落实：检查突发环境事件预防，尤其是“预防为主，防治结合”原则在各项措施中的体现，检查突发环境事件处理后续措施的落实情况，检查相关培训和宣传内容的落实，检查各项措施的科学性、适宜性、实用性和有效性，确保突发环境事件处理以及所采取的后续各项措施真正起到了纠正和预防的作用。

二、绩效评价和考核

（一）环境安全绩效评价

环境安全绩效是与环境安全管理密切相关的可度量的结果。环境安全管理的预期结果包括环境安全绩效的提升、实现环境安全目标等内容。

环境安全绩效指标可以简单地表述为不发生突发环境事件、不伤害人员、不破坏环境。在企业各个岗位的业绩指标中都包括了各自的环境安全绩效指标，各岗位的工作应按照其设立的目标来安排。目标应该是具体的、可衡量的、现实可行的，并要设定时限，也可以制定优化的“长效”目标，使员工的工作更具有挑战性。

负面指标是指环境安全状况是否得到了改善，如降低了突发环境事件发生率、减少了危化品泄漏或是未遂突发环境事件等；正面指标是指期望的环境安全业绩结果，如完成了环境安全审核、培训或环境风险评估等。

正面指标可以帮助促进环境安全管理工作，因此常用来制定员工的业绩指标，而负面指标有助于体现承诺。正面指标与负面指标相结合有助于推动员工和企业的环境安全管理工作，特别是在设立了“长效”目标后，例如可以用培训任务的完成情况和环境安全标准流程的数量来衡量环境安全管理工作的业绩。

企业应设立环境安全绩效评价参数，并据此设立绩效评价准则，通过数据收集、数据分析以及结果利用等工作开展环境安全绩效评价。环境安全绩效评价参数强调的是从哪些方面对环境安全绩效进行评价，而评价准则注重的是各项参数分别应该达到什么样的水平，是对评价参数的进一步明确。企业可以根据自己的实际情况以及环境安全管理需要，参考法律法规要求、设计水平、历史最好水平、历史平均水平、目标等设立环境安全绩效评价准则。

企业定期评估自身的环境安全情况，包括企业内部的自评和相应的外部评估，利用评估中所得到的结果改进企业环境安全管理方法。企业制定和公布环境安全业绩的指标，使企业内部员工充分掌握并积极参加针对环境安全管理体系的定期自评。运用环境安全业绩指标来确定需对环境安全管理体系进行哪些方面的改变。在变动环境安全管理某个要素时，要评价其对整个环境安全管理体系的影响。各生产单位针对这些指标每年进行 1 次自检，每 3 年至少进行 1 次环境安全外部审核，报告其环境安全管理业绩数据。

依据企业年度环境安全目标和重点工作安排，环境安全管理绩效考核部分涉及的主要考核内容及所占比值如下（可结合实际情况适当调整）：

①环境安全隐患排查和治理（10%）；

②企业突发环境事件风险评估（25%）；

③环境应急预案管理和演练（10%）；

④企业内部及周边群众的宣传教育和培训（15%）；

⑤突发环境事件的发生率及处置（15%）；

⑥环境安全管理体系的持续改进（25%）。

考核评分是依据企业年度内的环境安全管理工作总体表现、单项环境安全管理工作表现及推动环境安全管理工作的实际情况打分或综合评定。

（二）奖励及责任追究

1. 奖励

在突发环境事件应急救援工作中，有下列事迹之一的，应依据有关规定给予奖励：出色完成突发环境事件应急处置任务，成绩显著的；对防止或挽救突发环境事件有功，使国家、集体和人民群众的生命财产免受或者减少损失的；对事件应急准备与响应提出重大建议，实施效果显著的；有其他特殊贡献的。

对于环境安全管理绩效考核优秀以及环境应急处置工作中有功的人员，酌情给予一定奖励。奖励分为三种：通告表扬、记功奖励、晋升提级。

奖励审批步骤：员工推荐、本人自荐或部门提名；应急领导小组办公室审核；应急领导小组总指挥审批。

2. 责任追究

对于环境安全管理绩效考核不合格以及环境应急处置工作中有下列行为的人员，给予惩罚：不认真履行环保法律法规和企业相关规定，从而引发突发环境事件的；不按照规定制定环境应急预案，拒绝履行环境应急准备义务；不按照规定报告、通报突发环境事件的真实情况；拒不执行环境应急预案、不服从命令和指挥或在环境应急响应时临时逃脱的；阻碍突发环境事件应急工作人员执行应急任务或者进行破坏活动的；不保护突发环境事件现场，销毁突发环境事件证据的；散布谣言、扰乱社会秩序的；不配合突发环境事件调查的；有其他对突发环境事件应急工作造成危害行为的。

惩罚根据情节的严重程度分为口头警告、书面警告、通报批评、罚款、辞退等。在追查突发环境事件产生原因时，根据情况责任到人，由企业应急领导小组总指挥经讨论后参见企业奖惩条例决定给予相关人员不同力度的惩罚；若触犯刑法，则移交司法部门处理。

三、持续改进计划

企业应定期评估环境安全管理体系，提高各要素和系统功能水平，实现环境安全管理体系的持续改进。企业可依据需要自行安排第三方认证。

企业应在环境安全体系建设的基础上，结合国家相关要求和行业标准规范，开展环境安全标准化达标建设。由于国内企业的环境安全管理起步较晚，与国外企业相比，国内企业在环境安全管理体系标准方面还面临着许多挑战。要积极借鉴国际先进环境安全管理成果，按照相关标准要求，完善环境安全管理流程、规范环境安全管理制度，全面准确识别和评估生产过程中的环境安全风险，将环境风险管理落实到基层、班组和生产单位，提高全员环境危害识别和环境风险防控能力，并做好体系的内部审核和管理评审，确保持续改进。要结合国家环境安全标准建设工作要求，广泛开展环境安全标准化达标建设。

环境安全管理体系的建立突出了“预防为主、领导承诺、全员参与、持续改进”的科学思想。企业对环境安全管理要素细化分级，建立企业环境安全持续改进计划，便于企业在环境安全管理工作中“认识自己、发现问题、找出差距、确定工作目标”。持续改进是企业环境安全管理的突出特点之一，对于建立全面环境风险管控体系起到极大推动作用。持续改进计划如表 5-1 所示。

表 5-1　持续改进计划

级别	持续改进计划要素		
	环境安全	员工参与	突发环境事件管理与预防
10	每一位员工都能积极参与预测、发现、评估、控制工作场所潜在的环境危害，并进行充分的信息交流	全体员工均全心投入，积极参与预防突发环境事件的工作	主动利用国内外事故信息，采用先进的科学技术和管理方式，有效地实现事故管理与预防
9	使员工有更多的机会对工作场所环境安全事宜表达意见，并使员工能够协助开发控制有害物质的措施；环境应急预案能推动下班后的环境安全	工作班组应用人类行为科学来识别尚未造成突发环境事件的潜在危险行为，在班组这一层次已能开展纠正工作	突发环境事件管理促进公司重新考虑现有的管理方式和技术，并主动提高所用的政策、标准和规范水准

续表

级别	持续改进计划要素		
	环境安全	员工参与	突发环境事件管理与预防
8	员工都能在创造环境安全工作环境、安全作业方法、环境应急预案和持续改进过程中参与管理	所有员工都注意自觉保护自身的健康安全并注意环境保护；同时，员工也把保护他人的安全作为自己的义务，所有操作均符合或优于现行的环境安全规定和标准	员工能自觉识别且主动报告环境安全隐患，有组织地预测和预防有可能出现的突发环境事件
7	完成特殊工作人机工程学评估工作；改进设备以消除、减少对化学品的接触和人机方面的问题；有证据表明为开发环境应急预案所做的努力	员工按程序提出环境安全建议或意见，这已经成为日常工作的一部分，员工积极参与环境安全隐患识别及安全建议工作，所收集的资料用于持续改进计划	员工基本能够识别环境安全隐患，公司有鼓励员工报告的机制
6	制订特殊工作的人机工程学评估计划，根据危害环境影响的数据来制定环境风险评估和应急预案	公司目标成为每一个工作部门或班组的努力目标。所有员工都有环境安全责任。凡遇违反环境安全标准的行为，均有权制止	对突发环境事件已能开展系统分析与评估，提出事故预防措施，有交流途径供大家共享经验教训
5	员工积极配合环境风险评估活动，并参与新购化学品的评审	管理层在员工配合下开展预防性环境安全管理，并积极促进各部门间的合作。员工参加环境安全会议时表现积极主动并提出各种建议	落实整改措施，进行跟踪管理，但仅限于突发环境事件企业人员参与
4	所有工种已完成正规的环境风险评估；利用统计数字来衡量环境风险评估的有效性；员工参与对个人防护用品的选择；员工开始认识职业病	了解有关环境安全的法规和标准；意识到个人行为是环境安全持续改进计划的一个因素，有一些员工参与事故报告、调查及编制操作程序	已建立突发环境事件档案，对事故进行分析与评估，并提出有效整改措施，但此行为仅限于管理人员
3	已完成50%工种的正规环境风险评估。评估结果存入档案并与员工本人进行了正式讨论；已开展环境风险物质资料交流并有良好的记录	持续改进计划由管理层负责监督执行	初步完善突发环境事件报告程序，但突发环境事件调查与分析流于形式，突发环境事件整改措施缺乏针对性
2	员工对为什么进行环境风险评估有一些了解；就评估结果与员工进行了非正式的讨论；开始编制正规的环境风险评估报告	环境安全管理工作主要是专职人员的职责；对新员工进行正式的环境安全教育；环境安全意识和行为是挑选员工的一项条件。环境安全工作仍处于被动阶段	突发环境事件报告程序不完善，事故记录不完整，缺乏突发环境事件分析与整改措施
1	非常规地开展环境风险评估工作，这种评估仅仅是为了满足法律法规要求。只对部分员工进行了培训	为了遵守纪律和规章才注意遵法和环境安全	突发环境事件报告无相应程序和要求，无事故统计与分析，突发环境事件处理因人而异，甚至隐瞒不报

持续改进计划是将企业积极推进的环境安全管理体系所涉及的主要问题以要素的方式来表述，并以10个等级来描述每一个要素的实施状况，级数越高，实施的状况越好，10级是最高级。这种方法是国际大企业普遍采用的方法，是推动环境安全管理体系有效运作的工具，是将管理体系的基本理论变为企业实践的有效途径。这种方法便于企业从持续发展的角度来设定环境安全目标，便于企业各管理部门集中力量发挥优势。因此，正确使用这一方法将会极大地推动企业环境安全管理水平的提高。企业在实施持续改进计划时要参照这个方法，并结合企业自身情况，在要素和级别档次上进行有机组合，从而达到预定的目标。

①要素的设定以各种环境安全管理体系模型为基础，借鉴外国的经验，结合本企业的实际，将企业环境安全所涉及的主要问题进行归纳，直观地表述为企业所面临的环境风险源。该要素将企业应该面对的环境安全所涉及的关键问题作出适当分解，并以此为线索直观地判断企业环境安全状况。

② 10个级别的划分用来区分每个要素从低到高的层次水平，其中最高级别用来表达该要素所追求的核心价值，最低级别描述该项工作的起点或初步建立环境安全管理制度的状况。

③各级别划分遵循“过程渐进”的原则，依据不同的要素特征有如下一些形式：从混乱到有秩序，再到整合、简化、提高，最终到持续改进的过程；从被动管理到主动管理的过程；从内部管理到向社会展示的过程等。

④在完成低级别中所规定工作后才能达到高级别。因此规定高级别时不再重复低级别的内容。即高档不独立于其下低档而存在，或称“上档不独立”。

⑤每一级别的描述争取做到可测量、可考核。因此，在使用时应对照自身的情况，用具体的工作和记录来证明已达到的级别。

⑥要素之间的横向关系尽量水平对等，但不能追求完全一致；因实际工作中各企业的侧重点不同，会形成其各自的特色。

⑦使用持续改进计划对企业总体情况进行考察、评估、规划时，应使整个企业管理层都参与。此时专业环境安全管理人员的作用首先是讲解持续改进计划的背景、理念、目的和使用方法。

⑧使用持续改进计划时应有效地组织讨论。形式上不要只是背对背地收集意见，而应集中人员面对面地讨论。引导参加者对自己的观点提出例证，并合并同类、归纳要点，在讨论中使大家互相启发，使大家对自身的环境安全认识和判断一致或趋同，在此基础上共同提出努力的方向和改进的规划。

⑨使用持续改进计划的方法时，在时间上最好每年年底进行1次。如果有条件，可以每半年参照持续改进计划进行1次评价。

四、典型案例

黑龙江伊春“3・28”中铁集团鹿鸣矿业有限公司尾矿库泄漏事故：2020年3月28日，鹿鸣矿业尾矿库泄漏事件发生后，给依吉密河、呼兰河沿岸生态环境造成了重大影响，鹿鸣矿业全体人员特别是管理层痛定思痛，在堵源、投药等前期工作稳步推进基础上，及时将整改工作提上日程，认为整改到位、开展持续改进计划才是对这次事件的最好反省。

为了深刻汲取事件造成的重大教训，鹿鸣矿业领导、管理层和负责环境安全工作的部门认真分析了尾矿库泄漏前的各种表现、当前人员思想状况，认真查找问题，并结合实际对环境安全、安全生产进行了全方位的隐患排查治理工作。同时，委托专业机构对矿库和其他各生产环节、设备设施、人员管理等进行了专项环境安全论证。

按照整改方案，整改前期工作主要包括尾矿库现状图绘制，3号排水井加固工程，4B排水井新建工程，1号、2号及4号支洞封堵工程，排水井拱板预制单位选定，主隧洞修复工程，消力池及下游排洪通道整治，在线监测系统修复（含视频监控），回水浮船安全设施，库内道路整治，安全标志，库内树木砍伐，环境应急预案修订及演练，各项制度的修订及伊春鹿鸣矿业有限公司尾矿堆积坝岩土工程勘察报告等。

鹿鸣矿业公司在后期的整改中，组织专业技术人员和北京矿冶科技集团有限公司及中钢集团马鞍山矿山研究院尾矿库专家，对尾矿库开展了全面的环境安全和生产安全隐患自查，共查出环境安全和生产安全隐患15项26小项。针对自查结果，鹿鸣矿业公司制定了整改措施，确定了整改责任人，限定了整改完成时间。

鉴于事件首要原因在于4号溢流井出现了问题，因此排水井拱板设计、制作及安装成为此次整改的重中之重。为了杜绝隐患，鹿鸣矿业公司将现有拱板全部进行报废处理，设计单位结合实际情况重新设计了排水井拱板，委托有资质的单位进行制作。为确保尾矿库排水井拱板制作质量符合设计要求，相关专业技术管理人员驻厂监督制作拱板300块，并对每一块拱板都进行检测、编号；为保证拱板安装符合排水井设计规范要求，专业技术管理人员还现场监督指导安装。

在抓好产品质量关的同时，人员管理也是不可忽视的重要一环。根据有关法律、法规要求，鹿鸣矿业公司结合公司实际，修订完善了16项《环境保护管理制度》、248项《安全环保责任制》、53项《安全管理制度》、13项《尾矿库安全管理制度》、18项《职业健康管理制度》、9项《放射源管理制度》、142项《安全标准化制度记录表格》。完成了《工程竣工验收管理标准》《工程质量管理标准》《尾矿库排水井拱板制作及安装管理办法》3项制度的编制及评审工作，确保了今后尾矿库排洪系统的安全运行。

同时，修订、完善了《突发环境事件应急预案》《尾矿库安全生产事故应急预案》

《安全生产事故灾害应急预案》。编制完成《风险评估报告》和《应急资源调查报告》。还组织完成了突发环境事件应急预案评审，以及在铁力市生态环境局的备案。

在各类安全教育培训和取证方面，先后组织各类环境安全、生产安全教育培训共计 2 978 人次。同时，为使员工的环境安全意识及专业技能得到提高和转变，鹿鸣矿业公司聘请了相关专家为公司管理人员及相关专业技术人员进行环境安全知识培训，参加培训人员共计 105 人次。与铁力市人力资源和社会保障局协调，开展安全生产及职业健康专题培训，参加培训人员共计 120 人次。

针对可能发生的事故隐患类型，组织开展贴近实战、注重实效的应急演练，检验应急预案的实用性和可操作性，提高公司应急处置能力。公司共组织开展各类应急演练 10 次，其中危险化学品泄漏事件应急演练 2 次，尾矿库在用溢流井泄漏专项应急演练 1 次，“一厂两中心”消防联合应急演练 2 次，密闭空间中毒窒息事故应急处置演练 1 次，防酸碱现场处置应急演练 1 次，炸药库火灾事故现场处置应急演练 1 次，尾矿库防洪度汛应急演练 1 次。

为确保 2020 年尾矿库安全度汛，根据尾矿库调洪演算结果，结合公司实际情况，鹿鸣矿业公司编制了《2020 年尾矿库防洪度汛应急预案》。当年 6 月 15 日至 9 月 16 日防洪度汛期间，鹿鸣矿业公司严格执行汛期领导干部到岗带班和关键岗位 24 h 值班制度，增强汛期检查频次与力度，加强人工监测与在线监测对比分析，确保思想、组织、措施、人员、物资落实到位。同时委托第三方环境监测单位开展土壤、地表水、地下水、烟尘、烟气等的环境监测工作。

福建龙岩“7·3”紫金矿业集团紫金山金铜矿湿法厂含铜酸性溶液泄漏事故：2010 年 7 月 3 日和 7 月 16 日，紫金山金铜矿湿法厂发生渗漏两次，共渗漏含铜酸性溶液约 9 600 m^3，均通过排洪涵洞流入汀江。环境应急处置结束后，事故后续处置指挥部对企业下达了 12 份整改令，共 61 项整改内容。2012 年 8 月，县政府组织县级有关部门并邀请省、市、县专家，对 61 项整改内容进行现场核查，并形成了核查意见。

企业环境应急能力的改进包括：一是堆浸场整治工程（6 000 万元），高规格重新建设堆场防渗系统，并通过堆场 PE 膜防渗透监测系统、边坡位移监测系统防止酸性溶液发生渗透。二是新建溶液池工程（4 000 万元），高规格重新建设溶液池，并通过 PE 膜防渗透监测系统、边坡位移监测系统使溶液池具备储液和防洪调节能力，确保不会对周边环境造成影响。三是截渗墙工程（9 200 万元），隔绝防洪池与汀江之间的联系，防止可能发生的酸性溶液渗漏，确保汀江水质安全。四是生产系统环境风险防范工程（1 812 万元），对萃取、电积厂房增设围堰、事故应急池和渗水观察井，提高突发环境事件的防控能力。堆场、溶液池系统所有管道将有序摆放于沟内，可防止管道破裂后污染周边环境和土壤，消除环境安全隐患。优化排洪系统，实现清污分流。

紫金山金铜矿在原有 4 个在线监测点的基础上，投入 1 500 余万元，新增 8 个在线监测点，原在线监测点监测因子由 4 种增加至 8 种，并增设了水质自动留样器。紫金山金铜矿建立了环保在线监测视频监控系统及手机短信报警系统，实时掌握水质变化，环保应急处置更加及时。在矿区周边的汀江水域建立了 4 处水质生物监测设施。同时，紫金山金铜矿还委托有资质的公司对在线监测系统进行第三方运营管理。

紫金山金铜矿制定了环境应急预案，并于 2012 年 9 月 17 日进行了内部评审，以实现环境应急预案的可操作性、可执行性。为将环境安全管理制度落实到人，紫金山金铜矿于 2012 年 5 月开始推行卡片式管理，将环境应急预案等管理制度编制成手印卡片，发放至员工手中，使员工随身携带。

2012 年 12 月 23 日凌晨，紫金山金铜矿排土场下游 384 防洪斜槽发生局部坍塌，少量泥浆经 314 巷道进入井子里应急库。现场巡查人员发现后，立即逐级上报，紫金山金铜矿立即启动应急预案，并组织人员及工程机械开展应急处置。通过在源头截流清水、钻孔灌注水泥浆封堵，以及在下游调度新屋下库区水至其他沟系的调节库，同时加大上游、下游及外排口的水质监测，有效将泥浆控制在井子里、新屋下库区内，未造成环境污染和人员伤亡。矿山环境安全体系经受住该事件的检验，矿区环境安全体系和设施完善、有效，环境应急措施到位、有力。

陕西渭南“12・30”中石油公司兰郑长成品油管道渭南支线柴油泄漏事故: 2009 年 12 月 30 日凌晨，中石油公司兰郑长成品油管道渭南分输支线因第三方施工发生柴油泄漏事故（如图 5-16 和图 5-17 所示）。经调查，华县水利局在该区域进行堤防加固退建工程，施工单位动用了大型工程机械，损坏了中石油公司兰郑长渭南支线输油管道。由于工程、监理层层转包，施工队为个体施工队，监理工程师没有相应资质证明；施工图纸遗漏了成品油跨越管线等重要穿越目标；在施工机械跨越输油管线时，监理工程师擅离职守，没有履行 24 h 监理职责，造成这起不该发生的事件。该事件是一起因第三方破坏输油管线，有关单位在事故发生后未及时报告、对危害估计不足、污染前期应急处置不力而导致的重大责任事故。

事件引起中石油公司的高度重视，其专门召开党组会议和专题会议，从管道建设投运体制、安全环保风险管理、制度标准规范、干部队伍建设等多方面，严肃认真地分析事件发生的深层次原因，研究整改措施，并成立了由总经理任组长的安全环保大检查领导小组，于 2010 年 4 月在全系统开展了为期 1 个月的安全环保大检查。针对这次重大突发水环境事件暴露出的管道保护不力问题，制定了《建设期管道保护管理办法》、《在役管道自然与地质灾害风险管理办法》和《在役管道第三方破坏管理及管道保卫管理办法》等规定。同时，理顺了管道企业管理体制，实施了安全环保隐患治理工程，大大提升了环境风险控制和突发环境事件应急管理水平。

图 5-16　施工导致输油管道柴油泄漏事故

图 5-17　输油管道泄漏的柴油

陕西榆林“8·29”长庆油田公司输油管线因强降雨导致原油泄漏事故：2007 年 8 月 29 日 9 时左右，由于连续强降雨引发山体滑坡，长庆油田公司采油四厂位于榆林市靖边县境内的云盘山作业区输油管线发生破裂，约 20 m^3 的油水混合物泄漏，流入杏子河。杏子河下游约 50 km 为延安饮用水水源地王瑶水库，库容量为 1 亿 m^3，少量原油进入王瑶水库库区。事发后，长庆油田公司采油厂及时向延安市和志丹县环保局报告，并立即采取措施，迅速封堵了泄漏口，同时组织力量清理泄漏的原油和被污染的土壤。

长庆采油一厂对可能出现的滑坡地段及其管线进行有效处置，杜绝管线泄漏可能引发的库区水体污染，同时对侯市至王瑶、张渠至杏河超期使用的两条长约 29 km 的管线进行了全面改造，加固跨河管桥 6 座，确保管线稳定安全运行。长庆油田公司制定王瑶水库水源保护区的环境应急预案。建立了“三级梯队、四大主力、五大战区”的应急响应机制，组建了近百人的专业化现场处置组伍，修建了侯市至王瑶水库的应急道路和通信设施，消除通信盲点，并在水库上游建立永久性固定看护点，在附近河道搭建了拦油坝。建成延安应急救援中心和王瑶水库水上应急抢险中心。配备了收油船、快艇、围油栏等 55 项水上专业化应急抢险设备和物资，提升了安塞油田环境敏感区突发环境事件和自然灾害的环境应急处置能力。

附 件

附件一 编写依据

（一）国家法律

1.《中华人民共和国环境保护法》（中华人民共和国主席令第九号，2014 年修订，2015 年 1 月 1 日起施行）。

2 .《中华人民共和国突发事件应对法》（中华人民共和国主席令第六十九号，2007 年 11 月 1 日起施行）。

3.《中华人民共和国水污染防治法》（中华人民共和国主席令第七十号，2017 年修正，2018 年 1 月 1 日起施行）。

4.《中华人民共和国大气污染防治法》（中华人民共和国主席令第十六号，2018 年修正，2018 年 10 月 26 日起施行）。

5.《中华人民共和国土壤污染防治法》（中华人民共和国主席令第八号，2019 年 1 月 1 日起施行）。

6.《中华人民共和国固体废物污染环境防治法》（中华人民共和国主席令第四十三号，2020 年修订，2020 年 9 月 1 日起施行）。

7.《中华人民共和国清洁生产促进法》（中华人民共和国主席令第五十四号，2012 年修正，2012 年 7 月 1 日起实施）。

8.《中华人民共和国海洋环境保护法》（中华人民共和国主席令第八十一号，2017 年修正，2017 年 11 月 5 日起施行）。

9.《中华人民共和国环境噪声污染防治法》（中华人民共和国主席令第二十四号，2018 年修订，2018 年 12 月 29 日起实施）。

10.《中华人民共和国环境影响评价法》（中华人民共和国主席令第二十四号，2018 年修订，2018 年 12 月 29 日起施行）。

11.《中华人民共和国放射性污染防治法》（中华人民共和国主席令第六号，2003 年 10 月 1 日起施行）。

12.《中华人民共和国核安全法》（中华人民共和国主席令第七十三号，2018 年

1 月 1 日起施行）。

13.《中华人民共和国安全生产法》（中华人民共和国主席令第八十八号，2021 年修正，2021 年 6 月 15 日起施行）。

14.《中华人民共和国消防法》（中华人民共和国主席令第二十九号，2021 年修正，2021 年 4 月 29 日起施行）。

15.《中华人民共和国道路交通安全法》（中华人民共和国主席令第八十一号，2021 年修正，2021 年 4 月 29 日起施行）。

16.《中华人民共和国防震减灾法》（中华人民共和国主席令第七号，2008 年修订，2008 年 12 月 27 日起施行）。

17.《中华人民共和国石油天然气管道保护法》（中华人民共和国主席令第三十号，2010 年 10 月 1 日起施行）。

18.《中华人民共和国矿山安全法》（中华人民共和国主席令第十八号，2009 年修正，2009 年 8 月 27 日起施行）。

19.《中华人民共和国防洪法》（中华人民共和国主席令第四十八号，2016 年修正，2016 年 7 月 2 日起施行）。

20.《中华人民共和国气象法》（中华人民共和国主席令第五十七号，2016 年修正，2016 年 11 月 7 日起施行）。

（二）行政法规

1.《国务院关于特大安全事故行政责任追究的规定》（国务院令第 302 号，2001 年 4 月 21 日起实施）。

2.《使用有毒物品作业场所劳动保护条例》（国务院令第 352 号，2002 年 5 月 12 日起实施）。

3.《特种设备安全监察条例》（国务院令第 373 号，2003 年 6 月 1 日起实施）。

4.《地质灾害防治条例》（国务院令第 394 号，2004 年 3 月 1 日起施行）。

5.《安全生产许可证条例》（国务院令第 397 号，2004 年 1 月 13 日起实施）。

6.《危险废物经营许可证管理办法》（国务院令第 408 号，2004 年 7 月 1 日起实施）。

7.《生产安全事故报告和调查处理条例》（国务院令第 493 号，2007 年 6 月 1 日起施行）。

8.《特种设备安全监察条例》（国务院令第 549 号，2009 年 5 月 1 日起施行）。

9.《放射性物品运输安全管理条例》（国务院令第 562 号，2010 年 1 月 1 日起施行）。

10.《自然灾害救助条例）》（国务院令第577号，2019年3月2日起施行）。

11.《中华人民共和国防汛条例》（国务院令第588号，2011年修正，2011年1月8日起施行）。

12.《医疗废物管理条例》（国务院令第588号，2011年修正，2011年1月8日起施行）。

13.《破坏性地震应急条例》（国务院令第588号，2011年修正，2011年1月8日起施行）。

14.《放射性废物安全管理条例》（国务院令第612号，2012年3月1日起施行）。

15.《危险化学品安全管理条例》（国务院令第645号，2013年修正，2013年12月7日起施行）。

16.《安全生产许可证条例》（国务院令第653号，2014年7月29日起施行）。

17.《建设项目环境保护管理条例》（国务院令第582号，2017年7月16日起施行）。

18.《气象灾害防御条例》（国务院令第687号，2017年修正，2017年10月7日起施行）。

19.《道路交通安全法实施条例》（国务院令第687号，2017年修正，2017年10月7日起施行）。

20.《易制毒化学品管理条例》（国务院令第703号，2018年修正，2018年9月18日起施行）。

21.《生产安全事故应急条例》（国务院令第708号，2019年4月1日起施行）。

22.《政府信息公开条例》（国务院令第711号，2019年修正，2019年5月15日起施行）。

23.《排污许可管理条例》（国务院令第736号，2021年3月1日起施行）。

24.《地下水管理条例》（国务院令第748号，2021年12月1日起施行）。

（三）部门规章

1.《危险废物转移联单管理办法》（国家环境保护总局令第5号，1999年10月1日起施行）。

2.《环境信息公开办法（试行）》（国家环境保护总局令第35号，2008年5月1日起施行）。

3.《电子废物污染环境防治管理办法》（国家环境保护总局令第40号，2008年2月1日起施行）。

4.《医疗废物管理行政处罚办法》（环境保护部令第16号，2010年修正，2004年

6 月 1 日起施行）。

5.《突发环境事件信息报告办法》（环境保护部令第 17 号，2011 年 5 月 1 日起施行）。

6.《危险化学品环境管理登记办法（试行）》（环境保护部令第 22 号，2013 年 3 月 1 日起施行）。

7.《环境保护主管部门实施查封、扣押办法》（环境保护部令第 29 号，2015 年 1 月 1 日起施行）。

8.《环境保护主管部门实施限制生产、停产整治办法》（环境保护部令第 30 号，2015 年 1 月 1 日起施行）。

9.《企业事业单位环境信息公开办法》（环境保护部令第 31 号，2015 年 1 月 1 日起施行）。

10.《突发环境事件调查处理办法》（环境保护部令第 32 号，2015 年 3 月 1 日起施行）。

11.《突发环境事件应急管理办法》（环境保护部令第 34 号，2015 年 6 月 5 日起施行）。

12.《放射性物品运输安全监督管理办法》（环境保护部令第 38 号，2016 年 5 月 1 日起施行）。

13.《污染地块土壤环境管理办法（试行）》（环境保护部令第 42 号，2017 年 7 月 1 日起施行）。

14.《固定污染源排污许可分类管理名录（2017 年版）》（环境保护部令第 45 号，2017 年 7 月 28 日起施行）。

15.《农用地土壤环境管理办法（试行）》（环境保护部令第 46 号，2017 年 11 月 1 日起施行）。

16.《工矿用地土壤环境管理办法（试行）》（生态环境部令第 3 号，2018 年 8 月 1 日起施行）。

17.《建设项目环境影响评价分类管理名录（2021 年版）》（生态环境部令第 16 号，2021 年 1 月 1 日起施行）。

18.《新化学物质环境管理登记办法》（生态环境部令第 12 号，2021 年 1 月 1 日起施行）。

19.《生态环境标准管理办法》（生态环境部令第 17 号，2021 年 2 月 1 日起施行）。

20.《危险废物转移管理办法》（生态环境部令第 23 号，2022 年 1 月 1 日起施行）。

21.《企业环境信息依法披露管理办法》（生态环境部令第24号，2022年2月8日起施行）。

22.《尾矿污染环境防治管理办法》（生态环境部令第26号，2022年7月1日起施行）。

23.《危险废物转移管理办法》（生态环境部、公安部、交通运输部令第23号，2022年1月1日起施行）。

24.《非药品类易制毒化学品生产、经营许可办法》（国家安全生产监督管理总局令第5号，2006年4月15日起施行）。

25.《安全生产事故隐患排查治理暂行规定》（国家安全生产监督管理总局令第16号，2008年2月1日起施行）。

26.《生产安全事故信息报告和处置办法》（国家安全生产监督管理总局令第21号，2009年7月1日起施行）。

27.《危险化学品重大危险源监督管理暂行规定》（国家安全生产监督管理总局令第40号，2015年修正，2015年5月27日起施行）。

28.《危险化学品生产企业安全生产许可证实施办法》（国家安全生产监督管理总局令第41号，2011年12月1日起施行）。

29.《危险化学品建设项目安全监督管理办法》（国家安全生产监督管理总局令第45号，2012年4月1日起施行）。

30.《危险化学品登记管理办法》（国家安全生产监督管理总局令第53号，2012年8月1日起施行）。

31.《安全生产监管监察部门信息公开办法》（国家安全生产监督管理总局令第56号，2012年11月1日起施行）。

32.《安全生产违法行为行政处罚办法》（国家安全生产监督管理总局令第77号，2015年修正，2015年4月2日起施行）。

33.《安全生产监管监察职责和行政执法责任追究的规定》（国家安全生产监督管理总局令第77号，2015年修正，2015年4月2日起施行）。

34.《生产安全事故罚款处罚规定（试行）》（国家安全生产监督管理总局令第77号，2015年修正，2015年4月2日起施行）。

35.《尾矿库安全监督管理规定》（国家安全生产监督管理总局令第78号，2015年修正，2015年5月26日起施行）。

36.《海洋石油安全生产规定》（国家安全生产监督管理总局令第78号，2015年修正，2015年5月26日起施行）。

37.《危险化学品输送管道安全管理规定》（国家安全生产监督管理总局令第79号，

2015 年 5 月 27 日起施行）。

38.《工贸企业有限空间作业安全管理与监督暂行规定》（国家安全生产监督管理总局令第 80 号，2015 年修正，2015 年 5 月 29 日起施行）。

39.《危险化学品生产企业安全生产许可证实施办法》（国家安全生产监督管理总局令第 89 号，2017 年 3 月 6 日起施行）。

40.《生产安全事故应急预案管理办法》（应急管理部令第 2 号，2019 年修正，2019 年 7 月 11 日起施行）。

41.《工贸企业粉尘防爆安全规定》（应急管理部令第 6 号，2021 年 9 月 1 日起施行）。

42.《危险货物道路运输安全管理办法》（交通运输部令 2019 年第 29 号，2020 年 1 月 1 日起施行）。

43.《港口危险货物安全管理规定》（交通运输部令 2019 年第 34 号，2019 年修正，2019 年 11 月 28 日起施行）。

44.《仓库防火安全管理规则》（公安部令第 6 号，1990 年 4 月 10 日起施行）。

45.《中华人民共和国矿山安全法实施条例》（劳动部令第 4 号，1996 年 10 月 30 日起施行）。

46.《产业结构调整指导目录（2019 年本）》（国家发展和改革委员会令第 29 号，2020 年 1 月 1 日起施行）。

（四）指导文件

1.《国务院关于全面加强应急管理工作的意见》（国发〔2006〕24 号）。

2.《国务院关于加强环境保护重点工作的意见》（国发〔2011〕35 号）。

3.《国务院关于印发水污染防治行动计划的通知》（国发〔2015〕17 号）。

4.《水污染防治行动计划》（国发〔2015〕17 号）。

5.《大气污染防治行动计划》（国发〔2013〕37 号）。

6.《土壤污染防治行动计划》（国发〔2016〕31 号）。

7.《国务院关于印发打赢蓝天保卫战三年行动计划的通知》（国发〔2018〕22 号）。

8.《国务院关于印发〈“十四五”国家应急体系规划〉的通知》（国发〔2021〕36 号）。

9.《国务院安委会办公室关于进一步加强危险化学品安全生产工作的指导意见》（安委办〔2008〕26 号）。

10.《国务院安全生产委员会关于印发〈国务院安全生产委员会成员单位安全生产工作任务分工〉的通知》（安委〔2020〕10 号）。

11.《国务院安委会办公室关于印发生产安全事故防范和整改措施落实情况评估办法的通知》（安委办〔2021〕4号）。

12.《危险废物污染防治技术政策》（环发〔2001〕199号）。

13.《关于检查化工石化等新建项目环境风险的通知》（环办〔2006〕4号）。

14.《国家排放标准中水污染物监控方案》（环科函〔2008〕52号）。

15.《关于加强环境应急管理工作的意见》（环发〔2009〕130号）。

16.《关于建立健全环境保护和安全监管部门应急联动工作机制的通知》（环办〔2010〕5号）。

17.《环境保护部环境应急专家管理办法》（环发〔2010〕105号）。

18.《关于开展化学品环境管理和危险废物专项执法检查的通知》（环办〔2011〕115号）。

19.《关于进一步加强环境影响评价管理防范环境风险的通知》（环发〔2012〕77号）。

20.《关于加强化工园区环境保护工作的意见》（环发〔2012〕54号）。

21.《重点环境管理危险化学品目录》（环办〔2014〕33号）。

22.《关于加强废烟气脱硝催化剂监管工作的通知》（环办函〔2014〕990号）。

23.《关于印发〈危险废物规范化管理指标体系〉的通知》（环办〔2015〕99号）。

24.《关于做好涉环境风险重点行业建设项目环境影响评价事中事后监督管理的通知》（环评函〔2020〕119号）。

25.《关于进一步做好环境安全保障工作的通知》（环办应急函〔2020〕150号）。

26.《关于公开征求〈危险废物环境污染责任保险管理办法（征求意见稿）〉意见的通知》（环办便函〔2021〕519号）。

27.《关于公开征求〈尾矿污染环境防治管理规定（征求意见稿）〉意见的通知》（环办便函〔2021〕541号）。

28.《关于进一步加强重金属污染防控的意见》（环固体〔2022〕17号）。

29.《关于开展突发环境事件风险隐患排查整治的通知》（环办应急函〔2022〕153号）。

30.《关于印发广东省企业事业单位突发环境事件风险评估和应急预案抽查工作指南（试行）的通知》（粤环办函〔2022〕25号）。

31.《生态环境部　应急管理部关于建立突发生态环境事件应急联动工作机制的协议》（2022年11月4日）。

32.《关于开展重大危险源监督管理工作的指导意见》（安监管协调字〔2004〕56号）。

33.《关于督促化工企业切实做好几项安全环保重点工作的紧急通知》（安监总危化〔2006〕10号）。

34.《重点监管的危险化学品安全措施和应急处置原则》（安监总厅管三〔2011〕142号）。

35.《关于加强化工企业泄漏管理的指导意见》（安监总管三〔2014〕94号）。

36.《关于进一步加强化学品罐区安全管理的通知》（安监总管三〔2014〕68号）。

37.《关于涉及废弃危险化学品利用与处置企业行政许可有关问题的复函》（应急厅函〔2019〕224号）。

38.《关于印发〈危险化学品重大危险源企业专项检查督导工作方案〉的通知》（应急厅〔2020〕23号）。

39.《关于印发〈淘汰落后危险化学品安全生产工艺技术设备目录（第一批）〉的通知》（应急厅〔2020〕38号）。

40.《关于印发〈危险化学品企业重大危险源安全包保责任制办法（试行）〉的通知》（应急厅〔2021〕12号）。

41.《关于印发〈“十四五”危险化学品安全生产规划方案〉的通知》（应急〔2022〕22号）。

42.《关于印发〈化工园区建设标准和认定管理办法（试行）〉的通知》（工信部联原〔2021〕220号）。

43.《广东省应急管理厅　广东省生态环境厅关于加强安全生产环境保护工作协调联动的通知》（粤应急函〔2020〕269号）。

44.《关于严格实施危险化学品道路运输安全风险管控十二项措施的通知》（粤应急明电〔2021〕1号）。

（五）应急预案

1.《国家突发公共事件总体应急预案》（国发〔2005〕11号，2006年1月8日起施行）。

2.《国家突发环境事件应急预案》（国办函〔2014〕119号，2014年修正，2014年12月29日起施行）。

3.《国家安全生产事故灾难应急预案》（国办函〔2005〕39号，2006年1月22日起施行）。

4.《国家自然灾害救助应急预案》（国办函〔2016〕25号，2016年修正，2016年3月24日起施行）。

5.《国家地震应急预案》（国办函〔2012〕149号，2012年修正，2012年8月

28 日起施行）。

6.《突发事件应急预案管理办法》（国办发〔2013〕101 号，2013 年 10 月 25 日起施行）。

7.《国务院有关部门和单位制定和修订突发公共事件应急预案框架指南》（国办函〔2004〕3 号）。

8.《省（区、市）人民政府突发公共事件总体应急预案框架指南》（国办函〔2004〕39 号）。

9.《突发事件应急演练指南》（国务院应急办函〔2009〕62 号）。

10.《国务院办公厅秘书局关于进一步加强应急预案管理的通知》（国办秘函〔2016〕46 号）。

11.《突发环境事件应急预案管理暂行办法》（环发〔2010〕113 号）。

12.《企业事业单位环境应急预案备案管理办法（试行）》（环发〔2015〕4 号）。

13.《企业事业单位环境应急预案评审工作指南（试行）》（环办应急〔2018〕8 号）。

14.《危险废物经营单位编制应急预案指南》（国家环境保护总局公告 2007 年第 48 号）。

15.《石油化工企业环境应急预案编制指南》（环办〔2010〕10 号）。

16.《危险化学品重大危险源企业突发环境事件应急预案编制指南》（深圳市人居环境委员会，2012 年）。

17.《生产经营单位安全生产事故应急预案编制导则》（GB/T 29639—2013）。

18.《尾矿库环境应急预案编制指南》（环办〔2015〕48 号）。

19.《集中式地表水饮用水水源地突发环境事件应急预案编制指南（试行）》（环境保护部公告 2016 年 第 74 号）。

20.《油气管道环境应急预案编制指南（征求意见稿）》。

21.《广东省企业事业单位突发环境事件应急预案评审技术指南》（粤环办函〔2016〕148 号）。

22.《突发环境事件应急预案备案行业名录（指导性意见）》（粤环〔2018〕44 号）。

23.《广东省企业事业单位环境应急预案编制指南（试行）》（粤环办〔2020〕51 号）。

24.《广东省突发环境事件应急预案》（2022 年修正，粤府函〔2022〕54 号）。

（六）法律责任

1.《中华人民共和国刑法》（中华人民共和国主席令第八十三号，2020 年修正，2021 年 3 月 1 日起施行）。

2.《中华人民共和国治安管理处罚法》（中华人民共和国主席令第六十七号，

2012年修正，2012年10月26日起施行）。

3.《中华人民共和国行政处罚法》（中华人民共和国主席令第七十号，2021年修订，2021年7月15日起施行）。

4.《中华人民共和国行政强制法》（中华人民共和国主席令第四十九号，2012年1月1日起施行）。

5.《最高人民法院 最高人民检察院关于办理危害生产安全刑事案件适用法律若干问题的解释》（法释〔2015〕22号，2015年12月16日起施行）。

6.《最高人民法院 最高人民检察院关于办理环境污染刑事案件适用法律若干问题的解释》（法释〔2016〕29号）。

7.《最高人民法院 最高人民检察院 公安部 司法部 生态环境部印发〈关于办理环境污染刑事案件有关问题座谈会纪要〉的通知》（2019年2月20日）。

8.《关于印发〈环境保护行政执法与刑事司法衔接工作办法〉的通知》（环环监〔2017〕17号）。

9.《关于印发〈安全生产行政执法与刑事司法衔接工作办法〉的通知》（应急〔2019〕54号）。

10.《最高人民法院关于审理生态环境损害赔偿案件的若干规定（试行）》（2020年修正，2020年12月23日起施行）。

11.《最高人民法院关于审理环境侵权责任纠纷案件适用法律若干问题的解释》（法释给〔2020〕17号，2020年修正，2021年1月1日起施行）。

12.《最高人民法院 最高人民检察院 公安部印发〈关于办理盗窃油气、破坏油气设备等刑事案件适用法律若干问题的意见〉的通知》（法发〔2018〕18号，2018年9月28日起施行）。

13.《最高人民法院 最高人民检察院关于检察公益诉讼案件适用法律若干问题的解释》（2020年修正，2018年3月2日起施行）。

14.《最高人民法院关于审理环境民事公益诉讼案件适用法律若干问题的解释》（2020年修正，2020年12月23日起施行）。

15.《最高人民法院关于审理生态环境侵权纠纷案件适用惩罚性赔偿的解释》（法释给〔2022〕1号，2022年1月20日起施行）。

（七）技术指南

1.《企业突发环境事件风险评估指南（试行）》（环办〔2014〕34号）。

2.《企业环境安全隐患排查和治理工作指南（试行）》（生态环境部公告2018年第1号）。

3.《行政区域突发环境事件风险评估推荐方法》（环办应急〔2018〕9号）。

4.《重点环境管理危险化学品环境风险评估报告编制指南（试行）》（环办〔2013〕28号）。

5.《化学物质环境风险评估技术方法框架性指南（试行）》（环办固体〔2019〕54号）。

6.《环境风险评估技术指南——氯碱企业环境风险等级划分方法》（环办〔2010〕8号）。

7.《环境风险评估技术指南——硫酸企业环境风险等级划分方法（试行）》（环办〔2011〕106号）。

8.《环境风险评估技术指南——粗铅冶炼企业环境风险等级划分方法（试行）》（环办〔2013〕39号）。

9.《突发环境事件案例管理工作程序》（环应急发〔2009〕5号）。

10.《关于转发尾矿库环境风险评估报告和突发环境事件应急预案典型案例的通知》（环办转发函〔2018〕2号）。

11.《环境应急资源调查指南（试行）》（环办应急〔2019〕17号）。

12.《突发环境事件应急处置阶段污染损害评估工作程序规定》（环发〔2013〕85号）。

13.《突发环境事件应急处置阶段环境损害评估推荐方法》（环办〔2014〕118号）。

14.《关于推进生态环境损害赔偿制度改革若干具体问题的意见》（环法规〔2020〕44号）。

15.《突发生态环境事件应急处置阶段直接经济损失核定细则》（环应急〔2020〕28号）。

16.《突发生态环境事件应急处置阶段直接经济损失评估工作程序规定》（环应急〔2020〕28号）。

17.《重特大突发水环境事件应急监测工作规程》（环办监测函〔2020〕543号）。

18.《突发环境事件应急监测技术规范》（生态环境部公告2021年第69号）。

19.《危险化学品企业生产安全事故应急准备指南》（应急〔2019〕62号）。

20.《危险化学品企业安全风险隐患排查治理导则》（应急〔2019〕78号）。

21.《重点监管危险化工工艺目录》（2013年完整版）。

22.《易制爆危险化学品名录》（2017年版）。

23.《优先控制化学品名录（第一批）》（环境保护部、工业和信息化部、卫生计生委公告2017年第83号）。

24.《优先控制化学品名录（第二批）》（生态环境部、工业和信息化部、卫生健康委公告 2020 年第 47 号）。

25.《有毒有害大气污染物名录（2018 年）》（生态环境部、卫生健康委公告 2019 年第 4 号）。

26.《有毒有害水污染物名录（第一批）》（生态环境部、卫生健康委公告 2019 年第 28 号）。

27.《关于新化学物质环境管理登记有关衔接事项的公告》（生态环境部公告 2020 年第 46 号）。

28.《国家危险废物名录（2021 年版）》（生态环境部、国家发展和改革委员会、公安部、交通运输部、国家卫生健康委员会公告 2021 年第 15 号）。

29.《危险废物排除管理清单（2021 年版）》（生态环境部公告 2021 年第 66 号）。

30.《尾矿库污染隐患排查治理工作指南（试行）》（生态环境部公告 2022 年第 10 号）。

31.《化学品毒性鉴定技术规范》（卫监督发〔2005〕272 号）。

32.《危险化学品名录（2015 年版）》（安全生产监督管理总局公告 2015 年第 5 号）。

33.《特别管控危险化学品目录（第一版）》（应急管理部、工业和信息化部、公安部、交通运输部公告 2020 年第 1 号）。

34.《医疗废物分类目录（2021 年版）》（国卫医函〔2021〕238 号）。

（八）标准规范

1.《常用化学危险品贮存通则》（GB 15603—1995）。

2.《汽车运输、装卸危险货物作业规程》（JT 618—2004）。

3.《化学品分类、警示标签和警示性说明安全规程》（GB 20576～20602—2006）。

4.《危险化学品从业单位安全标准化通用规范》（AQ 3013—2008）。

5.《持久性、生物累积性和毒性物质及高持久性和高生物累积性物质的判定方法》（GB/T 24782—2009）。

6.《化学品分类和标签规范》（GB 30000.2—2013～30000.29—2013）。

7.《危险化学品重大危险源安全监控通用技术规范》（AQ 3035—2010）。

8.《危险化学品重大危险源罐区现场安全监控装备设置规范》（AQ 3036—2010）。

9.《危险化学品泄漏事故处置行动要则》（GA/T 970—2011）。

10.《危险货物品名表》（GB 12268—2012）。

11.《危险化学品单位应急救援物资配置标准》（GB 30077—2013）。

12.《危险化学品应急救援管理人员培训及考核要求》（AQ/T 3043—2013）。

13.《易燃易爆性商品储存养护技术条件》（GB 17914—2013）。
14.《腐蚀性商品储存养护技术条件》（GB 17915—2013）。
15.《毒害性商品储存养护技术条件》（GB 17916—2013）。
16.《危险货物分类和品名编号》（GB 6944—2015）。
17.《危险化学品重大危险源辨识》（GB 18218—2018）。
18.《危险化学品储存柜安全技术要求及管理规范》（DB4403/T 79—2020）。
19.《危险化学品中间仓库安全管理规范》（DB4403/T 80—2020）。
20.《环境保护图形标志　固体废物贮存（处置）场》（GB 15562.2—1995）。
21.《危险废物焚烧污染控制标准》（GB 18484—2001）。
22.《危险废物鉴别技术规范》（HJ/T 298—2007）。
23.《危险废物鉴别标准》（GB 5085.1～5085.7—2007）。
24.《废矿物油回收利用污染控制技术规范》（HJ 607—2011）。
25.《危险废物收集、贮存、运输技术规范》（HJ 2025—2012）。
26.《固体废物处理处置工程技术导则》（HJ 2035—2013）。
27.《危险废物贮存污染控制标准》（GB 18597—2001，2013 年 6 月 8 日修订版）。
28.《危险废物处置工程技术导则》（HJ 2042—2014）。
29.《一般工业固体废物贮存和填埋污染控制标准》（GB 18599—2020）。
30.《环境管理体系规范及使用指南》（GB/T 24001—2004）。
31.《海洋监测规范》（GB 17378.1～7—2007）。
32.《工业污染源现场检查技术规范》（HJ 606—2011）。
33.《建设项目环境影响评价技术导则　总纲》（HJ 2.1—2016）。
34.《排污单位自行监测技术指南　总则》（HJ 819—2017）。
35.《污染地块风险管控与土壤修复效果评估技术导则（试行）》（HJ 25.5—2018）。
36.《建设项目环境风险评价技术导则》（HJ 169—2018）。
37.《环境影响评价技术导则　地表水环境》（HJ/T 2.3—2018）。
38.《环境影响评价技术导则　大气环境》（HJ 2.2—2018）。
39.《企业突发环境事件风险分级方法》（HJ 941—2018）。
40.《污染防治可行技术指南编制导则》（HJ 2300—2018）。
41.《化工建设项目环境保护设计规范》（GB/T 50483—2019）。
42.《生态环境损害鉴定评估技术指南》（GB/T 39791～39793—2020）。
43.《辐射事故应急监测技术规范》（HJ 1155—2020）。
44.《排污单位自行监测技术指南》（HJ 1204～1209—2021）。
45.《突发环境事件应急监测技术规范》（HJ 589—2021）。

46.《职业健康安全管理体系规范》(GB/T 28001—2001)。
47.《低倍数泡沫灭火系统设计规范》(GB 50151—2001)。
48.《呼吸防护用品的选择、使用与维护》(GB/T 18664—2002)。
49.《储罐区防火堤设计规范》(GB 50351—2005)。
50.《防止静电事故通用导则》(GB 12158—2006)。
51.《危险场所电气防爆安全规范》(AQ 3009—2007)。
52.《安全评价通则》(AQ 8001—2007)。
53.《安全标志及其使用导则》(GB 2894—2008)。
54.《生产过程安全卫生要求总则》(GB 12801—2008)。
55.《固定式压力容器安全技术监察规程》(TSGR 0004—2009)。
56.《港口码头溢油应急品设备配备要求》(JT/T 451—2009)。
57.《职业性接触毒物危害程度分级》(GBZ 230—2010)。
58.《工业企业设计卫生标准》(GBZ1—2010)。
59.《袋式除尘工程通用技术规范》(HJ 2020—2012)。
60.《工业企业总平面设计规范》(GB 50187—2012)。
61.《化工企业劳动防护用品选用与配备》(AQ/T 3048—2013)。
62.《火灾自动报警系统设计规范》(GB 50116—2013)。
63.《石油库设计规范》(GB 50074—2014)。
64.《仓储场所消防安全管理通则》(GA 1131—2014)。
65.《建筑抗震设计规范》(GB 50011—2010，2016 年修订版)。
66.《建筑设计防火规范》(GB 50016—2014，2018 年修订版)。
67.《消防给水及消火栓系统技术规范》(GB 50974—2014)。
68.《爆炸危险环境电力装置设计规范》(GB 50058—2014)。
69.《用电安全导则》(GBT 13869—2017)。
70.《泡沫灭火系统技术标准》(GB 50151—2021)。
71.《石油化工企业卫生防护距离》(SH 3093—1999)。
72.《石油化工排雨水明沟设计规范》(SH 3094—1999)。
73.《石油化工防火堤设计规范》(SH 3125—2001)。
74.《石油化工企业给水排水系统设计规范》(SH 3015—2003)。
75.《石油化工企业设计防火规范》(GB 50160—2008)。
76.《石油化工可燃气体和有毒有害气体检测报警设计规范》(GB 50493—2009)。
77.《石油加工业卫生防护距离》(GB 8195—2011)。
78.《石油化工污水处理设计规范》(GB 50747—2012)。

79.《石油化工给水排水管道设计规范》（SH 3034—2012）。
80.《石油天然气工程设计防火规范》（GB 50183—2015）。
81.《石油化工可燃气体和有毒有害气体检测报警设计标准》（GB 50493—2019）。
82.《石油化工生产企业环境应急能力建设规范》（DB32/T 4261—2022）。
83.《成品油管道输送安全规程》（SY/T 6652—2006）。
84.《石油天然气工程总图设计规范》（SY/T 0048—2009）。
85.《油气输送管道线路工程水工保护设计规范》（SY/T 6793—2010）。
86.《油气管道风险评价方法　第 1 部分：半定量评价法》（SY/T 6891.1—2012）。
87.《油气输送管道穿越工程设计规范》（GB 50423—2013）。
88.《油气输送管道跨越工程设计标准》（GB 50459—2017）。
89.《油气长输管道工程施工及验收规范》（GB 50369—2014）。
90.《输油管道工程设计规范》（GB 50253—2014）。
91.《油气输送管道完整性管理规范》（GB 32167—2015）。
92.《埋地钢质管道管体缺陷修复指南》（GB/T 36701—2018）。
93.《输油管道环境风险评估与防控技术指南》（GB/T 28076—2019）。
94.《中国石油化工集团公司水体环境风险防控要点（试行）》（中国石化安环〔2006〕10 号）。
95.《水体污染事故风险预防与控制措施运行管理要求》（Q/SY 1310—2010）。
96.《事故状态下水体污染的预防与控制技术要求》（Q/SY 1190—2013）。
97.《恶臭污染物排放标准》（GB 14554—93）。
98.《海水水质标准》（GB 3097—1997）。
99.《污水排入城镇下水道水质标准》（CJ 343—2010）。
100.《水污染物排放限值》（DB44/26—2001）。
101.《大气污染物排放限值》（DB44/27—2001）。
102.《一般工业固体废物贮存和填埋污染控制标准》（GB 18599—2020）。
103.《地表水环境质量标准》（GB 3838—2002）。
104.《农田灌溉水质标准》（GB 5084—2005）。
105.《城市污水再生利用　工业用水水质》（GB/T 19923—2005）。
106.《城市污水再生利用　城市杂用水水质》（GB/T 18920—2020）。
107.《储油库大气污染物排放标准》（GB 20950—2007）。
108.《声环境质量标准》（GB 3096—2008）。
109.《工业企业厂界噪声排放标准》（GB 12348—2008）。
110.《废水排放去向代码》（HJ 523—2009）。

111.《硫酸工业污染物排放标准》（GB 26132—2010）。

112.《锅炉大气污染物排放标准》（DB44/765—2010）。

113.《环境空气质量标准》（GB 3095—2012）。

114.《轧钢工业大气污染物排放标准》（GB 28665—2012）。

115.《石油炼制工业污染物排放标准》（GB 31570—2015）。

116.《石油化学工业污染物排放标准》（GB 31571—2015）。

117.《合成树脂工业污染物排放标准》（GB 31572—2015）。

118.《地下水质量标准》（GB/T 14848—2017）。

119.《土壤环境质量　农用地土壤污染风险管控标准（试行）》（GB 15618—2018）。

120.《土壤环境质量　建设用地土壤污染风险管控标准（试行）》（GB 36600—2018）。

121.《挥发性有机物无组织排放控制标准》（GB 37822—2019）。

122.《制药工业大气污染物排放标准》（GB 37823—2019）。

123.《工作场所有害因素职业接触限值　第 1 部分：化学有害因素》（GBZ 2.1—2019）。

124.《工作场所有害因素职业接触限值　第 2 部分：物理因素》（GBZ 2.2—2019）。

附件二 应急处置手册

（一）危险化学品泄漏事故应急处置

<table>
<tr><td colspan="4">突发环境事件现场处置措施</td></tr>
<tr><td colspan="2">现场指挥部</td><td colspan="2">总指挥、
副总指挥</td></tr>
<tr><td>应急队伍</td><td>处置任务</td><td>应急处置</td><td>物资、装备</td></tr>
<tr><td>专家咨询组</td><td>核查泄漏原因</td><td>前往现场或通过手机、电话等方式及时了解现场危险化学品泄漏原因、种类、泄漏量、现场控制情况、造成的危害及下一步污染趋势，向应急领导小组反馈处置技术及措施</td><td>通信设备、电动车、应急视频监控</td></tr>
<tr><td rowspan="4">现场处置组</td><td rowspan="3">危险源控制</td><td>1. 开启远距离的警报装置，关闭装置安全截断阀门或其他相关阀门，切断物料流动，开启应急废气设施以加强通风，防止出现中毒等环境事故。严密监控与泄漏化学品易产生化学反应的化学品，保证其安全，防止进一步出现连锁反应</td><td rowspan="4">防毒面具、防护手套、事故提升泵、防护眼镜、防护服、砂石、沙土、毛毡、高效吸附材料（如活性炭）、碎布、消防栓、应急空桶、铲子、石灰、手电、沙包、铁锹、移动泵车、PE贮存罐、胶鞋、应急气囊、各种药剂、快速监测设备等</td></tr>
<tr><td>2. 在确定人员安全的情况下，使用堵漏工具箱，对泄漏的储罐进行堵漏；隔离系统后，对泄漏处及时进行修补和堵漏，制止危险化学品进一步泄漏，用大量的消防水冲洗泄漏处，稀释泄漏的具有挥发性的化学品</td></tr>
<tr><td>3. 利用毛毡、高效吸附材料（如活性炭）、碎布、沙袋等材料进行吸附，利用装置围堰、泵抽走等方式进行阻流，采用应急雨水垫等阻隔物阻隔化学品进入雨水口，防止泄漏的危险化学品进入雨水管网，阻止污染事态进一步扩大，如果事态严重、无法阻隔危险化学品进入雨水管网，则尽量采用活性炭、沙袋围堰等措施，将其控制在雨水沟之内，防止污染物扩散</td></tr>
<tr><td>管网控制</td><td>4. 按照现有雨污管网图，在泄漏物流经处及时做好阻流措施，关闭企业雨水排放口阀门</td></tr>
</table>

续表

突发环境事件现场处置措施			
现场指挥部		总指挥、 副总指挥	
应急队伍	处置任务	应急处置	物资、装备
现场处置组	泄漏物处置	5. 酸性化学品泄漏物处置： ①小量泄漏时，用高效吸附材料（如活性炭）、沙土、干燥石灰或苏打灰混合，也可以用大量水冲洗，冲洗水稀释后排入废水系统。 ②大量泄漏时，临时用沙袋构筑围堤并用高效吸附材料（如活性炭）进行吸附或将酸性泄漏液引流到低洼处收集，同时用泵将泄漏物抽至空置的储罐或者空桶内，便于资源回收。 ③鉴于硫酸、盐酸等具有挥发性，为降低泄漏物向大气环境的蒸发，可用泡沫或其他覆盖物（如活性炭等）在其表面形成覆盖后，抑制其蒸发	防毒面具、防护手套、事故提升泵、防护眼镜、防护服、砂石、沙土、毛毡、高效吸附材料（如活性炭）、碎布、消防栓、应急空桶、铲子、石灰、手电、沙包、铁锹、移动泵车、PE贮存罐、胶鞋、应急气囊、各种药剂、快速监测设备等
		6. 碱性化学品泄漏物处置： ①小量泄漏时，避免扬尘，用洁净的铲子收集于干燥、洁净、有盖的容器中，也可以用大量水冲洗，冲洗水稀释后排入废水系统。 ②大量泄漏时，临时用沙袋构筑围堤，或用大量水冲洗稀释，然后收集、中和处理后废弃	
综合协调组	危险区隔离	1. 判断风向，依照应急领导小组的指示划分出隔离区，设置安全警示牌及警戒带，严格限制无关人员进入隔离区	警示牌、通信设备、扩音器
		2. 对隔离区内外交通秩序进行维护，保证应急车辆有序进入，禁止无关车辆进入	
	人员疏散	3. 迅速拉响事故安全警报，按照疏散撤离路线迅速撤离附近企业人员到各个疏散集合点；在疏散撤离的路线上安排人员维持秩序，引导人员有序安全地撤离；若事故发生在夜间，则应开启应急照明灯或使用其他照明设备；保证企业人员撤离至上风向方位，统计好人数，同时确保消防通道畅通	通信设备、扩音器、照明器材

续表

突发环境事件现场处置措施			
现场指挥部		总指挥、 副总指挥	
应急队伍	处置任务	应急处置	物资、装备
医疗救护组	现场救护	1. 皮肤接触时应立即脱去污染的衣着，用大量流动清水冲洗至少 15 min，送往医院就医	防毒面具、防护手套、防护眼镜、防护服、医疗救护箱、通信设备、应急车辆
		2. 眼睛接触时应立即提起眼睑，用大量缓和流动的清水冲洗至少 15 min，送往医院就医	
		3. 吸入：迅速脱离现场至空气新鲜处，保持呼吸道通畅；如呼吸困难，给输氧；如呼吸停止，立即进行人工呼吸，送往医院就医	
		4. 如有烧伤人员，用冷清水冲洗或浸泡伤处，降低表面温度；脱掉受伤处的饰物，用干净清洁的敷料或就便器材（如方巾、床单等）覆盖伤部，以保护创面，防止污染	
	照顾伤员	5. 负责受伤及中毒窒息人员的处理和跟踪照顾工作	医疗救护箱、担架、救护车辆、通信设备
		6. 负责对事故现场伤员的人员统计、手续办理、家人联系等工作	
应急监测组	现场监测	1. 事故发生后，应急监测组负责人组织人员迅速判断污染物的种类，查阅相关排放标准，并使用检测仪器在现场检测泄漏化学品的浓度以及其他事故污水 pH、COD 等因子的浓度	防毒面具、防护手套、防护眼镜、防护服、气体检测仪器、便携式 pH 计、COD 快速测定仪
		2. 确定可能存在的污染物种类、大致污染范围，对园区和周边环境敏感点进行监测，采用快速测定等方法判断雨水管网是否受到污染	
	初步评估	3. 得到初步监测结果后，向应急领导小组汇报监测所得结果，协助划定警戒区，并提出污染物处置意见	通信设备
	后续监测	4. 若污染物为持久性污染物或突发环境事件未处理完毕时，则需继续进行跟踪监测，直至污染物影响消除为止	根据现场监测结果配置
现场处置组	设备设施检查	1. 检查泄漏罐体、设施以及受泄漏物影响的建筑及设施设备，对危险部位及关键设施进行抢（排）险，对损坏的设备、管线、电器仪表等进行全面抢修	防毒面具、防护手套、防护眼镜、防护服、通信设备、维修工具

续表

突发环境事件现场处置措施			
现场指挥部		总指挥、 副总指挥	
应急队伍	处置任务	应急处置	物资、装备
现场处置组	现场洗消	2. 在危险区外上风向的洗消区对事故现场人员和防护设备进行清洗，用水、清洁剂、清洗液对事故现场进行冲洗稀释，将清洗水排到废水沟	防毒面具、防护手套、防护眼镜、防护服、消防栓、通信设备
		3. 用水对事故现场的沟、围堰等继续冲洗稀释，直至检测确认合格后结束，同时将清洗污水引流到公共污水处理厂处理	
综合协调组	安置受影响群众	1. 通知周边企业和环境敏感点的相应负责人疏散撤离员工和居民，预防事故扩大，最大限度降低事故的人员伤亡、财产损失	通信设备
	事件调查及污染损害鉴定	2. 进行现场调查取证工作，全面收集事件发生的原因、危害及其损失等方面的证据和资料，同时具备相应资质的评估单位开展事件污染损害评估	—

（二）大气污染物泄漏事故应急处置

突发环境事件现场处置措施			
现场指挥部		总指挥、 副总指挥	
应急队伍	处置任务	应急处置	物资、装备
专家咨询组	核查泄漏原因	前往现场或通过手机、电话等方式及时了解现场大气污染物泄漏事故原因、大气污染物理化性质、现场控制情况、造成的危害、对环境造成的污染及下一步趋势，向应急领导小组反馈处置技术及措施	通信设备
现场处置组	危险源控制	1. 对于大气污染物泄漏事故需分情况处置。如为酸性挥发性气体，应使用小苏打或氧化钙溶解后喷洒中和。如为易燃气体，应使用消防水雾稀释、驱散（控制飘散方向），降低泄漏区易燃气体的浓度，避免其与空气形成爆炸性混合物，为抢险人员创造有利条件	防毒面具、防护手套、事故提升泵、防护眼镜、防护服、砂石、沙土、消防栓、应急空桶、铲子、小苏打、氧化钙
		2. 找到泄漏点后，加大泄漏区域的通风并监控泄漏气体浓度，于通风状态下进行修复，防止工作人员中毒	

续表

突发环境事件现场处置措施			
现场指挥部		总指挥、 副总指挥	
应急队伍	处置任务	应急处置	物资、装备
现场处置组	危险源控制	3. 如泄漏的大气污染物涉及有毒有害气体，应用消防水枪喷淋，稀释空气中有毒有害气体气雾	防毒面具、防护手套、防护眼镜、防护服、消防设备
		4. 修筑围堰后，在消防水中加入适当比例的洗消药剂，在下风向喷水雾洗消。废水收集后统一进行无害化处理	
综合协调组	危险区隔离	1. 依照应急领导小组的指示划分出隔离区，设置安全警示牌及警戒带，严格限制无关人员进入隔离区	警示牌、通信设备、扩音器
		2. 对隔离区内外交通秩序进行维护，保证应急车辆有序进入，禁止无关车辆进入	
	人员疏散	3. 迅速拉响事故安全警报，按照疏散撤离路线迅速撤离附近企业人员到各个疏散集合点；在疏散撤离的路线上安排人员维持秩序，引导人员有序安全地撤离；若事故发生在夜间，则应开启应急照明灯或使用其他照明设备；保证企业人员撤离至上风向方位，统计好人数，同时确保消防通道畅通	
医疗救护组	现场医疗救护	1. 皮肤接触时应立即脱去污染的衣着，用大量流动清水冲洗至少 15 min，送往医院就医	防毒面具、防护手套、防护眼镜、防护服、医疗救护箱、通信设备
		2. 眼睛接触时应立即提起眼睑，用大量缓和流动的清水冲洗至少 15 min，送往医院就医	
		3. 吸入：迅速脱离现场至空气新鲜处，保持呼吸道通畅；如呼吸困难，给输氧；如呼吸停止，立即进行人工呼吸，送往医院就医	
		4. 如有烧伤人员，用冷清水冲洗或浸泡伤处，降低表面温度；脱掉受伤处的饰物，用干净清洁的敷料或就便器材（如方巾、床单等）覆盖伤部，以保护创面，防止污染	
	照顾伤员	5. 负责受伤及中毒窒息人员的处理和跟踪照顾工作	医疗箱、通信设备
		6. 负责对事故现场伤员的人员统计、手续办理、家人联系等工作	

续表

突发环境事件现场处置措施			
现场指挥部		总指挥、 副总指挥	
应急队伍	处置任务	应急处置	物资、装备
应急监测组	现场监测	1. 事故发生后，应急监测组负责人组织人员迅速判断污染物的种类，查阅相关排放标准，并使用检测仪器在现场检测泄漏大气污染物的浓度	防毒面具、防护手套、防护眼镜、防护服、气体检测仪器
		2. 确定可能存在的污染物种类、大致污染范围，对园区和周边环境敏感点进行监测	
	初步评估	3. 得到初步监测结果后，向应急领导小组汇报监测所得结果，协助划定警戒区，并提出污染物处置意见	通信设备
	后续监测	4. 若污染物为持久性污染物或突发环境事件未处理完毕时，则需继续进行跟踪监测，直至污染物影响消除为止	根据现场监测结果配置
现场处置组	设备设施检查	1. 检查泄漏罐体、设施以及受泄漏大气污染物影响的建筑及设施设备，对危险部位及关键设施进行抢（排）险，对损坏的设备、管线、电器仪表等进行全面抢修	防毒面具、防护手套、防护眼镜、防护服、通信设备、维修工具
	现场洗消	2. 在危险区外上风向的洗消区对事故现场人员和防护设备进行清洗，用水、清洁剂、清洗液对事故现场进行冲洗稀释，将清洗水排到废水沟	防毒面具、防护手套、防护眼镜、防护服、消防栓、通信设备
		3. 用水对事故现场的沟、围堰等继续冲洗稀释，直至检测确认合格后结束，同时将清洗污水引流到污水处理设施处理	
综合协调组	安置受影响群众	1. 通知周边企业和环境敏感点的相应负责人疏散撤离员工和居民，预防事故扩大，最大限度降低事故的人员伤亡、财产损失	通信设备
	事件调查及污染损害鉴定	2. 进行现场调查取证工作，全面收集事件发生的原因、危害及其损失等方面的证据和资料，同时具备相应资质的评估单位开展事件污染损害评估	—

（三）火灾、爆炸事故应急处置

<table>
<tr><td colspan="4">突发环境事件现场处置措施</td></tr>
<tr><td colspan="2">现场指挥部</td><td colspan="2">总指挥、
副总指挥</td></tr>
<tr><td>应急队伍</td><td>处置任务</td><td>应急处置</td><td>物资、装备</td></tr>
<tr><td>专家
咨询组</td><td>核实泄漏
原因</td><td>前往现场或通过手机、电话等方式及时了解现场引起火灾、爆炸物质的种类、危险性、起火原因和源头，目前应急处理情况、造成的危害、对环境造成的污染及下一步趋势，向应急领导小组反馈处置技术及措施</td><td>通信设备</td></tr>
<tr><td>应急领
导小组
办公室</td><td>消防报警</td><td>在接到火灾发现人的报告之后，应详细询问火灾的起火地点、起火时间、起火原因等具体情况，按照火灾实际情况通知企业消防灭火队进行救援，同时拨打119进行报警</td><td>通信设备</td></tr>
<tr><td rowspan="7">现场
处置组</td><td rowspan="4">扑救准备
工作</td><td>1. 确保警戒区内的火源、电源、管道处于关闭状态</td><td rowspan="4">防毒面具、防护手套、事故提升泵、防护眼镜</td></tr>
<tr><td>2. 确保厂区的雨水排口、污水排口处于关闭状态</td></tr>
<tr><td>3. 救出现场受困人员，配合应急领导小组进行组织疏散、转移受事故影响和威胁的群众以及确定警戒范围的工作</td></tr>
<tr><td>4. 转移或保护周边相关易燃易爆化学品以及设备物品，防止引发次生事故</td></tr>
<tr><td>喷水冷却</td><td>5. 使用消防喷枪对事故周边进行冷却降温，防止连续燃烧和升温升压引起的爆炸造成次生灾害</td><td rowspan="2">防毒面具、防护手套、事故提升泵、防护眼镜、防护服、消防栓</td></tr>
<tr><td>消防灭火</td><td>6. 消防队迅速查清火源所在位置及火势范围，开启消防泵、消防栓，进行灭火处理，防止火势蔓延</td></tr>
<tr><td>管网控制</td><td>7. 用雨水垫将各雨水口封堵，利用沙包和原有围堰封堵厂区大门。同时使用移动泵车于初期雨水收集池处就位，将泄漏的消防污水通过应急管道泵入事故应急池</td><td>移动泵车</td></tr>
<tr><td rowspan="3">综合
协调组</td><td rowspan="2">危险区隔离</td><td>1. 依照应急领导小组的指示划分出隔离区，设置安全警示牌及警戒带，严格限制无关人员进入隔离区</td><td>警示牌、通信设备</td></tr>
<tr><td>2. 对隔离区内外交通秩序进行维护，保证应急车辆有序进入，禁止无关车辆进入</td><td rowspan="2">通信设备、扩音器、照明器材</td></tr>
<tr><td>人员疏散</td><td>3. 迅速拉响事故安全警报，按照疏散撤离路线迅速撤离员工，同时通知附近企业人员进行疏散；在疏散撤离的路线上安排人员维持秩序，引导人员有序安全地撤离；若事故发生在夜间，则应开启应急照明灯或使用其他照明设备；保证企业人员撤离至上风向方位，统计好人数，同时确保消防通道畅通</td></tr>
</table>

续表

突发环境事件现场处置措施			
现场指挥部		总指挥、 副总指挥	
应急队伍	处置任务	应急处置	物资、装备
医疗救护组	现场救护	1. 皮肤接触时应立即脱去污染的衣着，用大量流动清水冲洗至少 15 min，送往医院就医	防毒面具、防护手套、防护眼镜、防护服、医疗救护箱、通信设备
		2. 眼睛接触时应立即提起眼睑，用大量缓和流动的清水冲洗至少 15 min，送往医院就医	
		3. 吸入：迅速脱离现场至空气新鲜处，保持呼吸道通畅；如呼吸困难，给输氧；如呼吸停止，立即进行人工呼吸，送往医院就医	
		4. 如有烧伤人员，用冷清水冲洗或浸泡伤处，降低表面温度；脱掉受伤处的饰物，用干净清洁的敷料或就便器材（如方巾、床单等）覆盖伤部，以保护创面，防止污染	
	照顾伤员	5. 负责受伤及中毒窒息人员的处理和跟踪照顾工作	医疗救护箱、担架、救护车辆、通信设备
		6. 负责对事故现场伤员的人员统计、手续办理、家人联系等工作	
应急监测组	现场监测	1. 火灾、爆炸事故发生后，应急监测组负责人组织人员迅速判断污染物的种类，查阅相关排放标准，并使用检测仪器在现场检测次生污染物的浓度以及其他事故污水 pH、COD 及电导率等参数	防毒面具、防护手套、防护眼镜、防护服、气体检测仪器、便携式 pH 计、COD 快速测定仪
		2. 确定可能存在的污染物种类、大致污染范围，对园区和周边环境敏感点进行监测	
	初步评估	3. 得到初步监测结果后，向应急领导小组汇报监测所得结果，协助划定警戒区，并提出污染物处置意见	通信设备
	后续监测	4. 若污染物为持久性污染物或突发环境事件未处理完毕时，则需继续进行跟踪监测，直至污染物影响消除为止	根据现场监测结果配置
现场处置组	设备设施检查	1. 检查事故罐体、设施以及受次生污染物影响的建筑及设施设备，对危险部位及关键设施进行抢（排）险，对损坏的设备、管线、电器仪表等进行全面抢修	防毒面具、防护手套、防护眼镜、防护服、通信设备、维修工具
	现场洗消	2. 在危险区外上风向的洗消区对事故现场人员和防护设备进行清洗，用水、清洁剂、清洗液对事故现场进行冲洗稀释，将清洗水排到废水沟	防毒面具、防护手套、防护眼镜、防护服、消防栓、通信设备
		3. 用水对事故现场的沟、围堰等继续冲洗稀释，直至检测确认合格后结束，同时将清洗污水引流到公共污水处理厂处理	

续表

突发环境事件现场处置措施			
现场指挥部		总指挥、 副总指挥	
应急队伍	处置任务	应急处置	物资、装备
综合协调组	安置受影响群众	1. 通知周边企业和环境敏感点的相应负责人疏散撤离员工和居民，预防事故扩大，最大限度降低事故的人员伤亡、财产损失	通信设备
	事件调查及污染损害鉴定	2. 进行现场调查取证工作，全面收集事件发生的原因、危害及其损失等方面的证据和资料，同时具备相应资质的评估单位开展事件污染损害评估	—

（四）废水管道破裂应急处置

突发环境事件现场处置措施			
现场指挥部		总指挥、 副总指挥	
应急队伍	处置任务	应急处置	物资、装备
专家咨询组	核查泄漏原因	前往现场或通过手机、电话等方式及时了解现场废水管道泄漏原因、泄漏位置、泄漏废水是否流向河流、目前采取的控制措施等，将处置技术及时汇报应急领导小组	通信设备
现场处置组	事故污水控制	1. 废水管道出现破裂并发生少量外泄时，第一时间关掉破裂点前的管道阀门并将相应集水池水泵关闭。若外排管网泄漏，立刻停止外排泵，采用快速应急接头等将管道第一时间修补好	防毒面具、防护手套、事故提升泵、防护眼镜、防护服、高效吸附材料、堵漏器材、沙包、铁锹、移动泵车、PE贮存罐、胶鞋、应急气囊、各种药剂、快速监测设备等
		2. 大量泄漏时，除采取上述措施外，还应该用水泵或移动泵车将管沟内废水送至事故应急池待处理。企业做好临时停产等相关准备	
		3. 待事故处理完毕后，快速监测事故应急池污染物成分，将事故应急池的废水送至污水处理设施进行处理	
综合协调组	危险区隔离	1. 依照应急领导小组的指示划分出隔离区，设置安全警示牌及警戒带，严格限制无关人员进入隔离区	警示牌、通信设备、扩音器
		2. 对隔离区内外交通秩序进行维护，保证应急车辆有序进入，禁止无关车辆进入	通信设备、扩音器、照明器材

续表

突发环境事件现场处置措施			
现场指挥部		总指挥、 副总指挥	
应急队伍	处置任务	应急处置	物资、装备
综合协调组	人员疏散	3. 迅速拉响事故安全警报，按照疏散撤离路线迅速撤离附近企业人员到各个疏散集合点；在疏散撤离的路线上安排人员维持秩序，引导人员有序安全地撤离；若事故发生在夜间，则应开启应急照明灯或使用其他照明设备；保证企业人员撤离至上风向方位，统计好人数，同时确保消防通道畅通	通信设备、扩音器、照明器材
医疗救护组	现场救护	1. 皮肤接触时应立即脱去污染的衣着，用大量流动清水冲洗至少 15 min，送往医院就医	防毒面具、防护手套、防护眼镜、防护服、医疗救护箱、通信设备
		2. 眼睛接触时应立即提起眼睑，用大量缓和流动的清水冲洗至少 15 min，送往医院就医	
	照顾伤员	3. 负责受伤人员的处理以及跟踪照顾工作	医疗救护箱、担架、救护车辆、通信设备
		4. 负责对事故现场伤员的人员统计、手续办理、家人联系等工作	
应急监测组	现场监测	1. 事故发生后，应急监测组负责人组织人员迅速判断污染物的种类，查阅相关排放标准，并使用检测仪器在现场检测废水出口的浓度以及其他事故污水 pH、COD 及电导率等参数	防毒面具、防护手套、防护眼镜、防护服、便携式 pH 计、COD 快速测定仪
		2. 确定可能存在的污染物种类、大致污染范围，对企业和周边环境敏感点进行监测	
	初步评估	3. 得到初步监测结果后，向应急领导小组汇报监测所得结果，协助划定警戒区，并提出污染物处置意见	通信设备
	后续监测	4. 若污染物为持久性污染物或突发环境事件未处理完毕时，则需继续进行跟踪监测，直至污染物影响消除为止	根据现场监测结果配置
现场处置组	现场洗消	1. 在危险区外上风向的洗消区对事故现场人员和防护设备进行清洗，用水、清洁剂、清洗液对事故现场进行冲洗稀释，将清洗水排到废水沟	防毒面具、防护手套、防护眼镜、防护服、消防栓、通信设备
		2. 用水对事故现场的泄漏废水处道路、土壤等继续冲洗稀释，直至检测确认合格后结束，同时将清洗污水引流到低洼处暂存，待事故处理完再行处理	

续表

<table>
<tr><td colspan="4">突发环境事件现场处置措施</td></tr>
<tr><td colspan="2">现场指挥部</td><td colspan="2">总指挥、
副总指挥</td></tr>
<tr><td>应急队伍</td><td>处置任务</td><td>应急处置</td><td>物资、装备</td></tr>
<tr><td rowspan="2">综合
协调组</td><td>安置受影响群众</td><td>1. 通知周边企业和环境敏感点的相应负责人疏散撤离员工和居民，预防事故扩大，最大限度降低事故的人员伤亡、财产损失</td><td>通信设备</td></tr>
<tr><td>事件调查及污染损害鉴定</td><td>2. 进行现场调查取证工作，全面收集事件发生的原因、危害及其损失等方面的证据和资料，同时具备相应资质的评估单位开展事件污染损害评估</td><td>—</td></tr>
</table>

（五）厂内运输事故导致化学品泄漏应急处置

<table>
<tr><td colspan="4">突发环境事件现场处置措施</td></tr>
<tr><td colspan="2">现场指挥部</td><td colspan="2">总指挥、
副总指挥</td></tr>
<tr><td>应急队伍</td><td>处置任务</td><td>应急处置</td><td>物资、装备</td></tr>
<tr><td>专家
咨询组</td><td>核查泄漏原因</td><td>前往现场或通过手机、电话等方式及时了解现场车辆事故原因、泄漏化学品理化性质、现场控制情况、造成的危害、对环境造成的污染及下一步趋势，向应急领导小组反馈处置技术及措施</td><td>通信设备</td></tr>
<tr><td rowspan="6">现场
处置组</td><td rowspan="3">液态危险源控制</td><td>1. 切断警戒区所有电源、熄灭事故车辆周围明火设备，确定是否已有泄漏物质流出厂区</td><td rowspan="3">防毒面具、防护手套、事故提升泵、防护眼镜、防护服、砂石、高效吸附材料（如活性炭）、沙土、消防栓、应急空桶、铲子</td></tr>
<tr><td>2. 若事故泄漏现场发生燃烧，采取消防水喷淋冷却保护措施及时控制火势，并迅速疏散受威胁的物资</td></tr>
<tr><td>3. 修筑围堰，防止污染物进入水体和下水管道，利用高效吸附材料（如活性炭）、消防泡沫覆盖或就近取用黄土覆盖，收集污染物进行无害化处理。在有条件的情况下，利用防爆泵进行倒罐处理</td></tr>
<tr><td rowspan="3">气态危险源控制</td><td>4. 如运输化学品涉及有毒有害气体泄漏，应用消防水枪喷淋，稀释空气中有毒有害气体气雾</td><td rowspan="3">防毒面具、防护手套、防护眼镜、防护服、消防设备</td></tr>
<tr><td>5. 使用消防水雾稀释、驱散（控制飘散方向）气态危险化学品或环境风险物质，降低泄漏区危险气体的浓度，为抢险人员创造有利条件</td></tr>
<tr><td>6. 修筑围堰后，在消防水中加入适当比例的洗消药剂，在下风向喷水雾洗消。消防水收集后统一进行无害化处理</td></tr>
</table>

续表

突发环境事件现场处置措施			
现场指挥部		总指挥、 副总指挥	
应急队伍	处置任务	应急处置	物资、装备
现场处置组	固态危险源控制	7. 易爆品：用水浸湿后，用不产生火花的木质工具小心扫起，做无害化处理	防毒面具、防护手套、防护眼镜、防护服、消防设备
		8. 剧毒品：穿全密闭防护服，佩戴正压式空气呼吸器（氧气呼吸器），避免扬尘，小心扫起收集后就做无害化处理	
综合协调组	危险区隔离	1. 依照运输事故现场判定情况，将运输车辆事故路段 200 m 范围内设为隔离区，设置安全警示牌及警戒带，严格限制车辆进入事故区	警示牌、通信设备、扩音器
	人员疏散	2. 将事故运输车辆相关人员迅速撤离至上风处，防止危险化学品泄漏扩散，确保人员安全，阻止泄漏物接触任何火源和金属	
医疗救护组	现场医疗救护	1. 皮肤接触时应立即脱去污染的衣着，用大量流动清水冲洗至少 15 min，送往医院就医	防毒面具、防护手套、防护眼镜、防护服、医疗救护箱、通信设备
		2. 眼睛接触时应立即提起眼睑，用大量缓和流动的清水冲洗至少 15 min，送往医院就医	
		3. 吸入：迅速脱离现场至空气新鲜处，保持呼吸道通畅；如呼吸困难，给输氧；如呼吸停止，立即进行人工呼吸，送往医院就医	
		4. 如有烧伤人员，用冷清水冲洗或浸泡伤处，降低表面温度；脱掉受伤处的饰物，用干净清洁的敷料或就便器材（如方巾、床单等）覆盖伤部，以保护创面，防止污染	
	照顾伤员	5. 负责受伤及中毒窒息人员的处理和跟踪照顾工作	医疗箱、通信设备
		6. 负责对事故现场伤员的人员统计、手续办理、家人联系等工作	
应急监测组	现场监测	1. 事故发生后，应急监测组负责人组织人员迅速判断污染物的种类，查阅相关排放标准，并使用检测仪器现场检测泄漏化学品的浓度	防毒面具、防护手套、防护眼镜、防护服、气体检测仪器、便携式 pH 计
		2. 确定可能存在的污染物种类、大致污染范围，对周边环境敏感点进行监测	
	初步评估	3. 得到初步监测结果后，向应急领导小组汇报监测所得结果，协助划定警戒区，并提出污染物处置意见	通信设备

续表

突发环境事件现场处置措施			
现场指挥部		总指挥、 副总指挥	
应急队伍	处置任务	应急处置	物资、装备
应急 监测组	后续监测	4. 若污染物为持久性污染物或突发环境事件未处理完毕时，则需继续进行跟踪监测，直至污染物影响消除为止	根据现场监测结果配置
现场 处置组	设备设施 检查	1. 检查泄漏罐体、设施以及受泄漏物影响的建筑及设施设备，对危险部位及关键设施进行抢（排）险，对损坏的设备、管线、电器仪表等进行全面抢修	防毒面具、防护手套、防护眼镜、防护服、通信设备、维修工具
	现场洗消	2. 在危险区外上风向的洗消区对事故现场人员和防护设备进行清洗，用水、清洁剂、清洗液对事故现场进行冲洗稀释，将清洗水排到废水沟	防毒面具、防护手套、防护眼镜、防护服、消防栓、通信设备
		3. 用水对事故现场的沟、围堰等继续冲洗稀释，直至检测确认合格后结束，同时将清洗污水引流到污水处理设施处理	
综合 协调组	安置受影响 群众	1. 通知周边企业和环境敏感点的相应负责人疏散撤离员工和居民，预防事故扩大，最大限度降低事故的人员伤亡、财产损失	通信设备
	事件调查及 污染损害 鉴定	2. 进行现场调查取证工作，全面收集事件发生的原因、危害及其损失等方面的证据和资料，同时具备相应资质的评估单位开展事件污染损害评估	—

（六）污水处理设施废水排放事故应急处置

突发环境事件现场处置措施			
现场指挥部		总指挥、 副总指挥	
应急队伍	处置任务	应急处置	物资、装备
专家 咨询组	核查泄漏 原因	前往现场或通过手机、电话等方式及时了解现场污水处理设施故障导致原因，常见原因包括废水浓度超过污水处理设施纳污范围、工艺参数设置错误、污水处理设施非正常运作。总结原因后，向应急领导小组反馈处置技术及措施	通信设备、应急视频监控

续表

<table>
<tr><td colspan="4">突发环境事件现场处置措施</td></tr>
<tr><td colspan="2">现场指挥部</td><td colspan="2">总指挥、
副总指挥</td></tr>
<tr><td>应急队伍</td><td>处置任务</td><td>应急处置</td><td>物资、装备</td></tr>
<tr><td rowspan="8">现场
处置组</td><td>超标纳污控制</td><td>1. 关闭外排水泵及废水排水阀门，利用事故应急池提升系统将事故排水提升到事故应急池暂存</td><td rowspan="8">防毒面具、防护手套、事故提升泵、防护眼镜、防护服、砂石、沙土、消防栓、应急空桶、铲子、沙包、铁锹、移动泵车、PE贮存罐、胶鞋、应急气囊、各种药剂、快速监测设备等</td></tr>
<tr><td rowspan="2">工艺参数调整</td><td>2. 若超标等级为一般，减少调节池出水量，增加药剂用量，保证出水水质；若超标等级为严重，立即开启该调节池进入络合废水调节池的管道应急阀门，将废水排入络合废水调节池进行处理，并增加药剂用量，延长水力停留时间；同时采用烧杯实验等判断出水水质，若仍不能达标，立即将各沉淀池的出水排入事故应急池，同时启动应急监测，加强对出水水质相应指标的监控</td></tr>
<tr><td>3. 如为收水浓度超过污水处理设施的纳污范围，应安排技术人员排查超标排放车间，并做好事故笔录，要求达到正确分水，杜绝混排现象</td></tr>
<tr><td rowspan="2">非正常运行处置</td><td>4. 发现污水处理设施设备出现故障时，应立即启动备用设备，保证污水处理设施的正常运行，同时通知技术人员及时进行抢修</td></tr>
<tr><td>5. 发生紧急停电时，立即启动发电机，关闭所有非必要设备，保证废水处理效果。如果应急供电故障或供电不足，应立即关闭外排水泵及闸门，采用应急泵车将未处理的废水通过应急管网泵入事故应急池，杜绝废水外排</td></tr>
<tr><td rowspan="2">危险源控制</td><td>6. 如无法采取措施将废水通往事故应急池，则及时利用沙袋、装置围堰、泵走等方式进行阻流，并尽量将事故污水引入污水管道系统，通过应急管网将废水引入事故应急池。应采用雨水垫等严格防止事故污水进入雨水管网，防止污染范围进一步扩大</td></tr>
<tr><td>7. 如果事态严重，无法阻隔废水进入雨水管网，则尽量采用沙袋、围堰等措施，将其控制在邻近较低水平面的 1 ～ 2 个雨水口之内，防止污染物扩散</td></tr>
<tr><td>管网控制</td><td>8. 按照雨水管网图，在废水流经处及时做好阻流措施，关闭企业雨水相应排放口阀门，并采用应急泵车及水泵将流入雨水集水井处的废水通过应急管网抽到事故应急池暂存</td></tr>
</table>

续表

突发环境事件现场处置措施			
现场指挥部		总指挥、 副总指挥	
应急队伍	处置任务	应急处置	物资、装备
综合协调组	危险区隔离	1. 依照应急领导小组的指示划分出隔离区，设置安全警示牌及警戒带，严格限制无关人员进入隔离区	警示牌、通信设备、扩音器
		2. 对隔离区内外交通秩序进行维护，保证应急车辆有序进入，禁止无关车辆进入	通信设备、扩音器、照明器材
	人员疏散	3. 迅速拉响事故安全警报，按照疏散撤离路线迅速撤离附近企业人员到各个疏散集合点；在疏散撤离的路线上安排人员维持秩序，引导人员有序安全地撤离；若事故发生在夜间，则应开启应急照明灯或使用其他照明设备；保证企业人员撤离至上风向方位，统计好人数，同时确保消防通道畅通	
医疗救护组	现场救护	1. 皮肤接触时应立即脱去污染的衣着，用大量流动清水冲洗至少 15 min，送往医院就医	防毒面具、防护手套、防护眼镜、防护服、医疗救护箱、通信设备
		2. 眼睛接触时应立即提起眼睑，用大量缓和流动的清水冲洗至少 15 min，送往医院就医	
	照顾伤员	3. 负责受伤人员的处理以及跟踪照顾工作	医疗救护箱、担架、救护车辆、通信设备
		4. 负责对事故现场伤员的人员统计、手续办理、家人联系等工作	
应急监测组	现场监测	1. 事故发生后，应急监测组负责人组织人员迅速判断污染物的种类，查阅相关排放标准，并使用检测仪器在现场检测废水出口的浓度以及其他事故污水 pH、COD 及电导率等参数	防毒面具、防护手套、防护眼镜、防护服、便携式 pH 计、COD 快速测定仪
		2. 确定可能存在的污染物种类、大致污染范围，对园区和周边环境敏感点进行监测	
	初步评估	3. 得到初步监测结果后，向应急领导小组汇报监测所得结果，协助划定警戒区，并提出污染物处置意见	通信设备
	后续监测	4. 若污染物为持久性污染物或突发环境事件未处理完毕时，则需继续进行跟踪监测，直至污染物影响消除为止	根据现场监测结果配置

续表

突发环境事件现场处置措施			
现场指挥部		总指挥、 副总指挥	
应急队伍	处置任务	应急处置	物资、装备
现场处置组	现场洗消	1. 在危险区外上风向的洗消区对事故现场人员和防护设备进行清洗，用水、清洁剂、清洗液对事故现场进行冲洗稀释，将清洗水排到废水沟	防毒面具、防护手套、防护眼镜、防护服、消防栓、通信设备
		2. 用水对事故现场的沟、围堰等继续冲洗稀释，直至检测确认合格后结束，同时将清洗污水引流到污水处理设施进行处理	
综合协调组	安置受影响群众	1. 通知周边企业和环境敏感点的相应负责人疏散撤离员工和居民，预防事故扩大，最大限度降低事故的人员伤亡、财产损失	通信设备
	事件调查及污染损害鉴定	2. 进行现场调查取证工作，全面收集事件发生的原因、危害及其损失等方面的证据和资料，同时具备相应资质的评估单位开展事件污染损害评估	—

附件三　相关表格

（一）环境应急预案备案申请表及备案登记表

环境应急预案备案申请表

<table>
<tr><td>单位名称</td><td></td><td>机构代码</td><td></td></tr>
<tr><td>法定代表人</td><td></td><td>联系电话</td><td></td></tr>
<tr><td>联系人</td><td></td><td>联系电话</td><td></td></tr>
<tr><td>传 真</td><td></td><td>电子邮箱</td><td></td></tr>
<tr><td>地 址</td><td colspan="3"></td></tr>
<tr><td>预案名称</td><td colspan="3"></td></tr>
<tr><td>风险级别</td><td colspan="3"></td></tr>
<tr><td colspan="4">本单位于　　年　月　日签署发布了环境应急预案，备案条件具备，备案文件齐全，现报送备案。
本单位承诺，本单位在办理备案中所提供的相关文件及其信息均经本单位确认真实，无虚假，且未隐瞒事实。

预案制定单位（公章）</td></tr>
<tr><td>预案签署人</td><td></td><td>报送时间</td><td></td></tr>
<tr><td>环境应急预案备案文件目录</td><td colspan="3">1. 环境应急预案备案表；
2. 环境应急预案及编制说明：
环境应急预案（签署发布文件、环境应急预案文本）；
编制说明（编制过程概述、重点内容说明、征求意见及采纳情况说明、评审情况说明）；
3. 环境风险评估报告；
4. 环境应急资源调查报告；
5. 环境应急预案评审意见。</td></tr>
<tr><td>备案意见</td><td colspan="3">该单位的环境应急预案备案文件已于　　年　月　日收讫，文件齐全，予以备案。

备案受理部门（公章）　　　　年　　月　　日</td></tr>
<tr><td>备案编号</td><td colspan="3"></td></tr>
<tr><td>报送单位</td><td colspan="3"></td></tr>
<tr><td>受理应急领导小组总指挥</td><td></td><td>经办人</td><td></td></tr>
</table>

注：备案编号由企业所在地县级行政区划代码、年份、流水号、企业环境风险级别（一般 L、较大 M、重大 H）及跨区域（T）表征字母组成。例如，河北省某县重大环境风险非跨区域企业环境应急预案于 2015 年备案，是当地环境保护局当年受理的第 26 个备案，则编号为 130429-2015-026-H；如果是跨区域的企业，则编号为 130429-2015-026-HT。

环境应急预案备案登记表

备案编号：

<table>
<tr><td>单位名称</td><td colspan="3"></td></tr>
<tr><td>法定代表人</td><td></td><td>经办人</td><td></td></tr>
<tr><td>联系电话</td><td></td><td>传真</td><td></td></tr>
<tr><td>单位地址</td><td colspan="3"></td></tr>
<tr><td colspan="4">你单位上报的：　　　　　　　　　　等资料已收到，文件齐全，予以备案。
并请你单位将已备案的环境应急预案和风险评估报告等资料抄送至所在地生态环境分局。

（盖章）

________年____月____日</td></tr>
</table>

注：1. 企业需严格按照《企业事业单位环境应急预案备案管理办法（试行）》落实环境应急预案管理工作；2. 企业确保提供的资料真实有效，如因存在故意隐瞒或生产工艺和技术、应急管理组织体系及周围环境敏感点发生变化等情况导致与环境应急预案编制内容不一致的，或企业应急预案备案有效期超过三年的，企业根据实际情况进行修订后报备；3. 环境应急预案备案编号由县及县以上行政区划代码、年份和流水序号组成。

（二）环境应急预案演练及变更记录表

演练记录表

<table>
<tr><td>演练时间</td><td></td></tr>
<tr><td>演练地点</td><td></td></tr>
<tr><td>演练项目</td><td></td></tr>
<tr><td>演练目的</td><td></td></tr>
<tr><td colspan="2">参加人员名单：</td></tr>
<tr><td colspan="2">演练过程及效果：

实施负责人签字：　　　　年　　月　　日</td></tr>
<tr><td colspan="2">对演练效果的评审意见：</td></tr>
</table>

续表

参加评审的人员签名： 年　　月　　日

变更记录表

变更依据	根据预案修订原则及上级要求，将对环境应急预案实施以下变更：
会审意见	会审人： 批准人： 年　　月　　日

（三）突发环境事件报告表

突发环境事件报告表（初报、续报）

发生事故企业		发生事故地点	
发生事故时间		污染类型	
报告时间		联系电话	
事故简要经过：			
污染基本情况：			
人员伤害中毒情况：			
已采取的基本处置措施及效果：			

续表

事态及次生或衍生事态发展情况预测：
需要请求上级援助情况：

突发环境事件报告表（处理结果报告）

发生事故企业		发生事故地点	
发生事故时间		污染类型	
报告时间		联系电话	
处理事件的措施、过程和结果：			
污染的范围和程度：			
事件潜在或间接的危害、社会影响：			
处理后的遗留问题：			
参加处理工作的有关部门和工作内容：			
有关危害与损失的证明文件等详细情况：